cán
蚕

sī
丝

中国农业的『四大发明』

王思明　丛书主编
高国金　著

中国科学技术出版社
·北京·

图书在版编目（CIP）数据

中国农业的“四大发明”. 蚕丝 / 王思明主编；高国金著. -- 北京：中国科学技术出版社，2021.8

ISBN 978-7-5046-9151-4

Ⅰ. ①中… Ⅱ. ①王… ②高… Ⅲ. ①蚕丝—文化史—中国 Ⅳ. ① S-092

中国版本图书馆 CIP 数据核字（2021）第 163236 号

总 策 划　秦德继
策划编辑　李　镅　许　慧
责任编辑　李　镅　张敬一
版式设计　锋尚设计
封面设计　锋尚设计
责任校对　吕传新　邓雪梅
责任印制　马宇晨

出　　版　中国科学技术出版社
发　　行　中国科学技术出版社有限公司发行部
地　　址　北京市海淀区中关村南大街 16 号
邮　　编　100081
发行电话　010-62173865
传　　真　010-62173081
网　　址　http://www.cspbooks.com.cn

开　　本　710mm × 1000mm　1/16
字　　数　177 千字
印　　张　14
版　　次　2021 年 8 月第 1 版
印　　次　2021 年 8 月第 1 次印刷
印　　刷　北京盛通印刷股份有限公司
书　　号　ISBN 978-7-5046-9151-4 / S · 780
定　　价　398.00 元（全四册）

丛书编委会

序言

谈到中国对世界文明的贡献，人们立刻想到“四大发明”，但这并非中国人的总结，而是近代西方人提出的概念。培根（Francis Bacon，1561—1626）最早提到中国的“三大发明”（印刷术、火药和指南针）。19 世纪末，英国汉学家艾约瑟（Joseph Edkins，1823—1905）在此基础上加入了“造纸”，从此“四大发明”不胫而走，享誉世界。事实上，中国古代发明创造数不胜数，有不少发明的重要性和影响力绝不亚于传统的“四大发明”。李约瑟（Joseph Needham）所著《中国的科学与文明》（*Science & Civilization in China*）所列中国古代重要的科技发明就有 26 项之多。

传统文明的本质是农业文明。中国自古以农立国，农耕文化丰富而灿烂。据俄国著名生物学家瓦维洛夫（Nikolai Ivanovich Vavilov, 1887—1943）的调查研究，世界上有八大作物起源中心，中国为最重要的起源中心之一。世界上最重要的 640 种作物中，起源于中国的有 136 种，约占总数的 1 / 5。其中，稻作栽培、大豆生产、养蚕缫丝和种茶制茶更被誉为中国农业的“四大发明”[1]，对世界文明的发展产生了广泛而深远的影响。

---

1 王思明. 丝绸之路农业交流对世界农业文明发展的影响. 内蒙古社会科学（汉文版），2017（3）：1-8.

中国农业的『四大发明』

蚕丝

中国是世界最早发明养蚕缫丝的国家。传说黄帝妃子嫘祖发明了养蚕。考古学家在河南舞阳贾湖史前遗址遗骸腹品中，检测到了蚕丝蛋白的残留物及骨针等编织工具，表明中国先民早在8500年前已开始利用蚕丝。

山西夏县西阴村出土了一个距今 5000 年的蚕茧。湖南长沙马王堆汉墓出土的素纱单衣，精美华丽，薄如蝉翼，重量只有 49 克。可见，中国古代养蚕缫丝的技术达到了令人惊叹的高度。西方在希腊、罗马时代就知道中国的丝绸，他们将蚕称为“Ser”，称中国为“Seres”（丝国），“赛里斯”即成为中国的代称。也因为历史上很长一段时间丝绸和丝织品是中外经济与文化交流的重要物品，李希霍芬（Ferdinand Freiherr von Richthofen）在 1877 年描述这些中外交通之路时称其为“丝路之路”。

世界上所有国家的蚕种和育蚕术大多源自中国。公元前 11 世纪，蚕种和育蚕术传入朝鲜，243 年之前日本已有丝织业，3 世纪后半叶进入西亚，4 世纪前南传进入越南、泰国、缅甸等国家，复经东南亚传入印度，6 世纪传入拜占庭帝国，7 世纪已至阿拉伯和埃及，8 世纪始见于西班牙，11 世纪再到意大利，15 世纪抵达法国，英国人再在 17 世纪将其引入美洲。

19 世纪中期以前中国生丝对欧洲出口长期占据整个西方市场生丝出口的 70% 以上。然而，19 世纪末，尤其是 20 世纪初期，中国在蚕丝生产上的优势地位为日本所取代，日本占据了西方蚕丝市场的 70%。蚕丝业被称为日本经济起飞的“功勋产业”。目前，世界蚕丝生产国已达 40 多个，中国仍然是蚕丝生产大国，年产量约占世界总量的 70%，次为印度、乌兹别克斯坦、巴西、泰国。

世界农业文明是一个多元交汇的体系。这一文明体系由不同历史时期、不同国家和地区的农业相互交流、相互融合而成。任何交流都是双向互动的。如同西亚小麦和美洲玉米在中国的引进推广改变了中国农业生产的结构一样，中国传统农耕文化对外传播对世界农业文明的发展也产生了广泛而深远的影响。中华农业文明研究院应中国科学技术出版社之邀编撰这套丛书的目的，一方面是希望大众对古代中国农业的发明创造能有一个基本的认识，了解中华文明形成和发展的重要物质支撑；另一方面，也希望读者通过这套丛书理解中国农业对世界农耕文明发展的影响，从而增强中华民族的自信心。

王思明

2021 年 3 月于南京

前言

中国农业的“四大发明”是中华农业文明研究院王思明院长经过多年学术积累形成的概念。“蚕丝”作为中国农业“四大发明”之一，影响深远。中国传统社会农桑并举，蚕桑丝织涉及的技术、生产、生活、经营、习俗等是小民营生的重要内容，蚕桑丝织涉及的政治、经济、文化、思想等是历代王朝治理的重要环节。

前人研究主要有：丝绸史，赵丰等出版研究成果已相当丰硕。纺织史，相关研究已出现兼顾纺织与蚕桑的新成果。科技考古，刘兴林等早已将丝织与考古相结合。蚕桑文化，顾希佳较早开启文化习俗研究。蚕业史，以蒋猷龙《中国蚕业史》为代表关注蚕书与技术领域成果颇多。目前，周匡明、章楷、唐志强等出版著作已经兼顾古籍、技术、蚕业、丝绸、贸易、文化等内容。借鉴前人研究成果，《蚕丝》试图囊括蚕、桑、丝、织四个领域；着重增加了蚕桑技术、生产、贸易、祭祀、禁忌、习俗、诗词等篇幅，以体现农业“四大发明”中“农”这一内涵；着重提炼丝织、丝绸、考古、文物、文化、艺术等内容，以此体现蚕桑丝织对中国文明乃至世界文明深入且广泛的影响。

《蚕丝》以蚕桑丝织发展史为脉络，突出历史阶段特征，最大限度展示蚕桑丝织的历史概况。全书分为六章，每章内容分布略有差异，前四章内容较均衡，后两章内容较丰富。宋元明清时期蚕桑丝织撰写素材较多，体现蚕桑丝织的技术成熟与发展巅峰。近代以来，更加注重蚕桑丝织技术科学化的转向，展示传统技术与近代科学的碰撞与融合，不断走向世界的强大生命力。

丛书编委会以坚持打造高端科普精品为目标，出版定位兼具学术性与科普性，注重图文并茂，通俗易懂。书中特别注重知识丰富性、文字简洁性、联系紧密性、内容全面性、学术前沿性、题材新颖性、素材经典性，使读者能够较快获取信息，满足不同读者阅读需求。

《蚕丝》特色之一是选用大量插图。博物馆文物原图保证了史料的真实性，准确性，更能诠释文字。我长期从事本科生通识课“博物馆与文物鉴赏”教学，掌握了一些将知识通俗传播给读者的教学方法，贯彻行走中体验文化，让文物活起来等与读者产生共鸣的理念。平时注重拍摄馆藏文物的习惯，让我积累了大量蚕桑丝织文物素材。比如，邹城孟庙孟母断机处碑实物；山东省博物馆与南京博物院纺织石刻；中国人民大学博物馆缫丝局股票等。《蚕丝》所选文物插图注明了馆藏信息，以便读者前往参观鉴赏。精选古籍中的插图制作成线图，可以呈现图画原有的历史韵味，为文字提供可靠知识解读。我在撰写过程中翻阅了大量蚕桑类古籍，拣选有价值且足够精美的插图，增加本书美观度与历史感。《蚕丝》还选用大量档案、稿本、善本、手写本以及一些从未问世的稀见古籍图片，最大限度地增加本书的知识性、专业性、学术性、前沿性。

《蚕丝》历时一年半撰写与编排过程，实属不易。感谢王思明院长对我的信任，感谢秦德继总编的大力支持，感激之情无以言表。感谢中国科学技术出版社李镅老师对该书倾注了无数心血。感谢各位编辑老师对稿件编排精益求精。感谢全国农业展览馆唐志强老师、中国丝绸博物馆罗铁家老师，以及几位课上学生提供图片。感谢敦煌研究院、广东省博物馆、故宫博物院、甘肃省博物馆、高台县博物馆、贵州省博物馆、湖南省博物馆、荆州博物馆、昆明市博物馆、洛阳古代艺术博物馆、四川博物院、苏州丝绸博物馆、上海博物馆、山西博物馆、温州博物馆、宜宾市博物院、中国国家博物馆、中国丝绸博物馆、浙江省博物馆等二十余家博物馆提供图片授权，感谢诸位图片拍摄者，没有你们提供精美的图片，不可能完成《蚕丝》。以上拍摄者和所属单位均已注明版权。

高国金

2021 年 3 月于山东

第四章

异乡为客

隋唐时期蚕桑丝织的南移与外传

第五章

惊艳世人

宋元明清蚕桑丝织的精湛与繁荣

第六章

枯树新芽

近代以来蚕桑丝织的曲折与新生

目录

第一章 懵懂崇拜
远古时期蚕桑丝织起源与传说

第二章 文以载绩
夏商周蚕桑丝织的兴起与发展

第三章 遍落丝路
秦汉魏晋南北朝蚕桑丝织的贸易与融合

第一章

憧憬崇拜

远古时期蚕桑丝织起源与传说

中国是世界上最早开始养蚕缫丝的国家，自古以来，总是以农桑并重概括民生衣食，足见蚕桑业在中华农业文明中的重要地位。随着考古发展，越来越多关于蚕桑丝织的文物与史料被发现，逐渐证实了养蚕缫丝起源于中国。远古传说又为养蚕缫丝的起始提供了许多线索，也为我们提供了充足的蚕桑丝织文化素材。

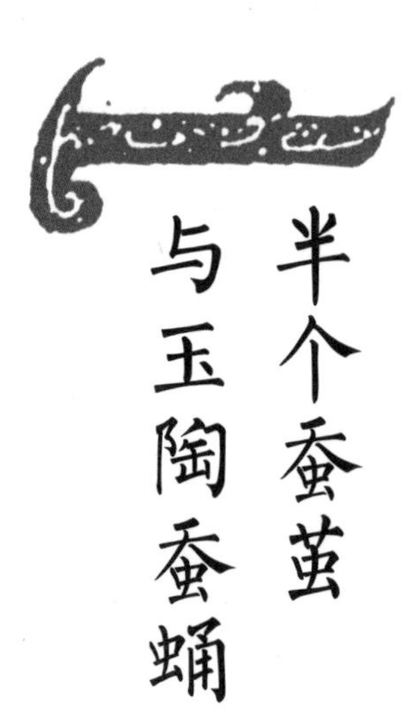

第一节

半个蚕茧与玉陶蚕蛹

中国是古老的丝绸之国，古代中国即已通过『丝绸之路』将精美绝伦的丝绸制品输送到世界各地，推动了世界农业文明的进步与发展。中国养蚕织丝的历史可追溯到新石器时代，原始人类以毛皮、麻为衣着材料，那时蚕丝文化遗存就已零星可见。新石器时代典型的文化遗存主要有：仰韶文化、红山文化、贾湖文化、良渚文化等，这些文化遗址中发现的重要相关文物成为当时古人使用蚕丝的证明。

1926年，考古学家在山西夏县西阴村的仰韶文化[1]遗址中发现了一件令世人瞩目的文物——半个人工切割下来的蚕茧标本。经确认，这半个现珍藏于台北故宫博物院的蚕茧，成为中国远古即已开始养蚕的重要实物证据。山西夏县西阴村半个仰韶文化蚕茧的出现，证实了早在夏代以前，晋南广大地区就已经开始了人工养蚕，那里也成为中国北方人工养蚕的最早起源地。

1 仰韶文化是黄河中游地区一种重要的新石器时代彩陶文化，距今7000～5000年，分布中心在整个黄河支流汇集的关中豫西晋南地区。1921年，遗址首次发现于河南省三门峡市渑池县仰韶村，按照考古惯例命名为“仰韶文化”。仰韶文化是中华民族远古先民的文化遗存，考古认为“华夏”一词中，“华”的概念应该出自仰韶文化。

半个仰韶文化蚕茧·山西夏县西阴村出土

丨王宪明　绘，原件藏于台北故宫博物院丨

已故现代考古学家

夏鼐 认为：

我国的养蚕文化基本上是从黄河中下游和沿长江中下游两条干线发展起来的。虽然起始时代有所差异，但南北人民都是独立地创造了各自的养蚕文化。

如果把20世纪20年代中期山西夏县西阴仰韶文化晚期遗址所出土的半个人工割裂的蚕茧标本与20世纪70年代在山西夏县东下冯遗址及汾水下游涑水流域的同类遗址发现的茧形窖穴和《诗经》中所反映的情况联系在一起考虑的话，问题就会更清楚一些，这不是某种巧合，而是人们长期养蚕，对蚕茧的形状功能有了足够的认识，并加以仿照运用的实际表现。这说明，早在夏代以前，晋南广大地区已经开始人工养蚕是比较可靠的，同时作为我国北方人工养蚕的最早起源地也是比较可信的。从而再次为西阴遗址所出土的蚕茧标本属家蚕之茧提供了例证。

红山文化[1]出土了大量石耜农具与蚕神崇拜器物。目前，大多数学者都对“4000多年前全球普遍气候突变说”持认同态度。燕山以北辽河上游在5000年前曾是气候温暖湿润的农桑乐土，但在经历了突如其来的降温与干旱后，曾经辉煌一时的红山文化骤然消失，红山人则被迫举族南迁。有学者推测，红山人南迁成为后来的商人。这一观点从古书记载的商之始祖“契居亳”“肃慎、燕、亳，吾北土也”，以及“自契至于成汤，八迁”等，均可得到印证。

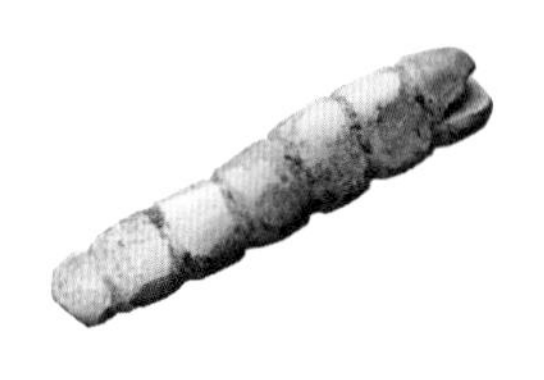

商后期玉蚕 · 安阳殷墟出土

| 中国国家博物馆藏 |

呈扁圆长方形，头大身细，白色。

商代的墓葬发掘出土中就有玉雕蚕即玉蚕。如河南安阳殷墟出土的一件商代玉蚕，以及从西周、春秋和战国时期的许多墓葬中也出土了大量玉蚕，形状有直身形、弯曲形和璜形等。

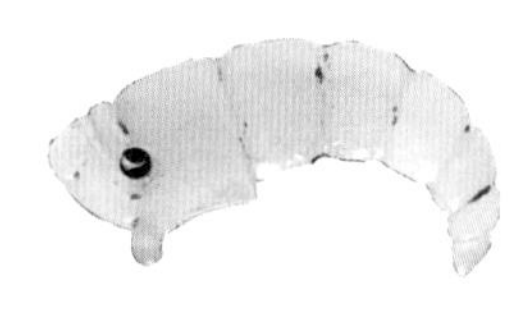

玉蚕佩 · 西周墓出土

| 中国国家博物馆藏 |

玉蚕是红山文化的一类典型玉器，呈现了红山文化所处历史时期中国古代先民对大自然未解之谜的想象。当时，人们无法解释蚕吐丝的现象，进而对蚕产生了崇拜，并将其敬为蚕神。由此推知当时社会的基本经济形态，农桑是中国社会的衣食之根本，自上古时代即是如此。而玉蚕出现，说明红山文化时期，蚕桑已成为当时社会重要的经济形式。

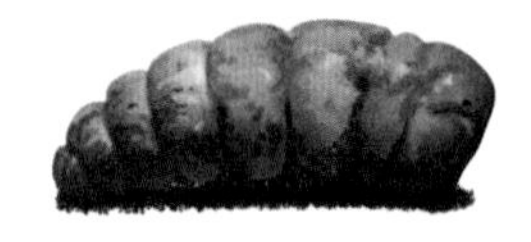

古玉蚕 · 科尔沁战国墓出土

| 王宪明　绘 |

1 红山文化是华夏文明最早的遗迹之一，距今6000～5000年，发源于中国内蒙古中南部至东北西部一带。遗址最早发现于1921年，因1935年首先对赤峰东郊红山后遗址进行发掘而命名。20世纪70年代以后，考古发掘遗址分布范围广泛。

1981 年，河北省石家庄正定县南杨庄村出土的一枚酷似蚕蛹的陶器，为判断中国养蚕最早开始的时间提供了依据。这枚黄灰色、神似蚕蛹的陶质小器物，经中国科学院动物研究所昆虫学专家郭郛严格鉴定，确定为仿照家蚕蚕蛹烧制而成的陶质蚕蛹模型。又经北京大学研究所测定，明确其烧制年代为距今 5400 ± 70 年，远早于成书于战国时期或两汉之间《夏小正》记载有关夏代“三月……摄桑，……妾子始蚕”等物候知识，亦早于黄帝时代。

这枚蚕蛹陶器的发现说明，中国可资考证的养蚕、缫丝、纺织技术至晚也应该出现在距今 5400 ± 70 年，地点就在南杨庄附近。此外，南杨庄还出土了陶纺轮，即石制，中间打孔，可用于纺线；骨针，即通体磨光，上粗下细，两端磨尖，顶端穿孔，可用于织布；骨匕，即一端穿孔，磨成柳叶形，通体扁平，“既能理丝，又可打纬”，也是织布工具；还有骨锥、两端器等，大多磨制精细，均为加工工具，多用于纺织等。这些文物都是当时家庭养蚕的重要证据，可见南杨庄附近的古代先民已经掌握了相当程度的养蚕丝织技术。

世界上最早的蚕蛹陶器 · 南杨庄村出土

| 王宪明　绘 |

新石器时代陶蚕蛹 · 浙川下王岗遗址出土

| 王宪明　绘，原件藏于河南博物院 |

河南舞阳贾湖遗址[1]出土的一大批文物，如骨针、纺轮等，以及在许多陶器上都出现的绳纹、网纹和席纹等，加上考古出土最早的纺轮，都说明中国丝绸产业至少拥有8000年的历史。考古学家在贾湖遗址两处墓葬人遗骸的腹部土壤样品中，检测到了蚕丝蛋白残留物。再对遗址中发现的编织工具和骨针综合分析认为，当地古代先民已经掌握了基本的编织和缝纫技艺，且已有意识地利用蚕丝纤维制作丝绸。这些考古学证据，将中国丝绸出现的时间提前了近4000年，证实了中国是首个发明蚕丝和利用蚕丝的国家。

中国的蚕桑丝织历史可以追溯到新石器时代。在新石器时代遗址中，浙江吴兴钱山漾[2]出土的绢片和丝带，经鉴定确认为家蚕丝，说明当时长江流域的中国先民已经人工饲养家蚕。钱山漾出土的绢片、丝带、丝线被认为是世界上迄今发现最早的丝织品。钱山漾遗址也因此被称为“世界丝绸之源”。

---

1 贾湖遗址是淮河流域迄今所知年代最早的新石器时代文化遗存，距今9000～7500年，位于河南省舞阳县北舞渡镇西南的贾湖村。遗址发现于20世纪60年代初，先后经历8次考古发掘，发现重要遗迹数以千计，文化积淀极其丰厚，再现了淮河上游八九千年前的辉煌，与同时期西亚两河流域的远古文化相映生辉。

2 钱山漾文化是良渚文化消亡后的一种全新文化类型，距今4200～4000年，位于浙江省湖州市城南钱山漾东岸南头。1934年夏湖州人慎微之发现，分别于1956年、1958年、2005年、2008年进行了4次发掘，遗存处于良渚文化和马桥文化之间。学界认为，它与年代稍晚的广富林文化一起，可填补长江下游环太湖地区新石器时代晚期文化原序列中，从良渚文化到马桥文化之间的缺环。

钱山漾遗址出土丝线

| 罗铁家摄于湖州市博物馆 |

钱山漾遗址出土的绢片、丝带等丝麻织物表明，早在4700多年前的新石器时代晚期，湖州先民已经开始从事种桑、养蚕、缫丝和纺织绸绢活动。

新石器时代良渚文化[1]丝带

| 浙江省博物馆提供 |

丝带出土时已经揉作一团，无法正确量定长度，宽约0.5厘米。编织方法与现代的草帽鞭一样，有着两排平行的人字形织纹，体扁，但靠近尾端一节呈圆形。

1 良渚文化是长江下游地区的远古文明，距今5300～4300年，分布中心在钱塘江流域和太湖流域，遗址中心位于杭州市余杭区西北部瓶窑镇。遗址于1936年被发现，依照考古惯例命名为良渚文化，实证中华五千年的新石器时代人类文化史。该文化遗址的最大特色是所出土的玉器。

良渚腰机玉饰 · 余杭良渚文化墓地出土

| 良渚博物院藏 |

该玉质腰机是新石器时代原始织机最为完整的发现。此套织机玉饰件共有三对六件，出土时对称分布于两侧，相距约35厘米，可组成一台原始腰机。

纺轮 · 钱山漾遗址出土

| 罗铁家摄于湖州市博物馆 |

装有丝织品的瓮棺·河南荥阳汪沟遗址出土

| 王宪明　绘 |

然而根据中国考古所见最早的丝织物，出现在距今约5500年的仰韶文化中期。2019年，中国丝绸博物馆和郑州市文物考古研究院共同宣布了仰韶时期的丝绸新发现：在黄河流域的河南荥阳汪沟仰韶文化遗址发现的丝织物，确认是目前中国发现现存最早的丝织品，距今5000多年。

中国丝绸博物馆馆长

赵丰 陈述：

1926年山西夏县西阴村仰韶文化遗址中发现的半个蚕茧，是人类利用蚕茧的实证；1958年浙江吴兴钱山漾遗址发现的家蚕丝线、丝带和绢片，是长江流域出现丝绸的实证；1983年河南青台遗址出土瓮棺葬中的丝绸残痕，是黄河流域出现丝绸的实证，也被认为是中国发现最早的丝织品。但是河南荥阳青台遗址出土的丝织品没有保留下来，这个物证就没有了。在距离青台遗址不远的汪沟遗址，又挖出了5000多年前的丝织品实物，我们终于有了第一手的实物资料去证实早在5000多年前中国就已经有丝绸的存在，而且用我们的新技术手段也证实新发现的丝织品是家蚕丝。

第二节

蚕纹蚕雕与纺坠织机

新石器时代，服饰已经是中国古代先民日常生活的重要内容。各地出土了大量纺织工具及配件，说明原始人类初步掌握了磨制技能与纺织技术。随着对蚕丝的利用，人们开始刻画蚕纹与打磨蚕雕。蚕桑相关的艺术形式成为原始人类日常生活的组成部分。

发现于浙江河姆渡文化遗址的这枚牙雕小盅，距今约 6500 年，其上所刻蚕纹图案已被证明是家蚕，这枚牙雕小盅也因此被视为野蚕人工驯化之始。而目前学界认为，长江流域从野蚕驯化为家蚕的过程比黄河流域明确。从崧泽文化[1]遗址中层的孢粉分析可知，崧泽文化时期已经有了人工栽桑、养蚕的可能。

1 崧泽文化是长江下游太湖流域重要文化阶段，距今 6000～5300 年，属新石器时代母系社会向父系社会过渡阶段。1958 年，崧泽遗址首次在上海市青浦区崧泽村发现，之后有计划地发掘出古墓 100 座，众多出土遗存证明崧泽人是上海人最早的祖先。1982 年中国考古年会认定崧泽文化介于以嘉兴为中心的马家浜文化和以余杭为中心的良渚文化之间。

牙雕小盅：新石器时代河姆渡文化蚕纹象牙杖首饰

| 韩志强摄于浙江省博物馆 |

代表野茧人工驯化之始。

蚕纹二联陶罐

| 甘肃省博物馆藏 |

牙雕蚕 · 双槐树遗址出土

| 王宪明　绘，原件藏于河南博物院 |

这只用野猪獠牙雕刻而成的蚕，造型与现代家蚕相似。专家根据蚕的整体造型及头昂尾翘的绷紧“C”形姿态，推测这是一只处于吐丝阶段的家蚕。从先民选材野猪獠牙做雕刻可以发现牙雕蚕工艺之精巧。獠牙材质基本透明，符合蚕吐丝阶段体态透明的特点；而牙雕蚕的一侧是野猪獠牙的原始表面，形似吐丝阶段的蚕体发黄。

牙雕蚕是中国目前发现的最早的蚕雕艺术品。出土于河南巩义双槐树遗址[1]的这枚牙雕蚕，距今已有5000多年。结合附近青台、汪沟遗址发现的仰韶时期丝绸来看，当时中原地区的先民已经掌握了养蚕缫丝技术。

1　双槐树遗址地处河洛文化中心区，是华夏文明发祥地的核心地区之一。2013年以来，多家考古单位联合对双槐树遗址开展了调查勘探与考古发掘。双槐树遗址的出土文物中有仰韶文化晚期完整的精美彩陶，以及与丝绸制作工艺相关的骨针、石刀、纺轮等。这些证实双槐树遗址是一处距今5300～4800年仰韶文化晚期阶段的最大中心遗存。

中国古代纺织品采用麻、丝、毛、棉的纤维为原料，经过纺织加工成纱线，之后经编织和机织成为纺织品。机具纺织起源于5000年前新石器时代的纺轮和腰机。当时的先民已经掌握了纺织技术。

陶纺轮

| 中国丝绸博物馆藏 |

纺轮是纺坠的主要部件，而纺坠是一种最古老的纺纱工具，其出现改变了原始社会的纺织生产方式。中国大多数省市已发掘的早期遗址中，几乎都有纺轮出土。纺坠的工作原理是：操作者一手转动拈杆，另一手牵扯纤维续接。由于纺坠纺纱效率较低，纱线的拈度也不均匀，于是出现了根据纺坠工作原理制作的单锭手摇式纺车（由一个锭、一个绳轮和手柄组成）。河姆渡遗址已经发现有麻的双股线。

石纺坠

| 作者摄于西北农林科技大学中国农业历史博物馆 |

腰机是织造者席地而坐操作的“踞织机”。云南晋宁石寨山遗址出土了距今2000多年的纺织贮贝器[1]，器皿盖上就铸造着席地而织的人物形象，尤其刻画了足蹬式腰机。这种机具没有机架，织造者将卷布轴的一端系于腰间，用双足蹬住另一端的经轴，同时张紧织物，用分经棍将经纱按奇偶数分成两层，再用提综杆提起经纱，之后形成梭口，并以骨针引纬，以打纬刀打纬。腰机织造最重要的成就是采用了提综杆、分经棍和打纬刀。直到现在，中国一些传统生态保存较好的地区，或是在一些少数民族地区依然保留着古老的腰机织造技艺。

1 贮贝器是滇国特有的青铜器，具有浓郁的地方特色和民族风格。

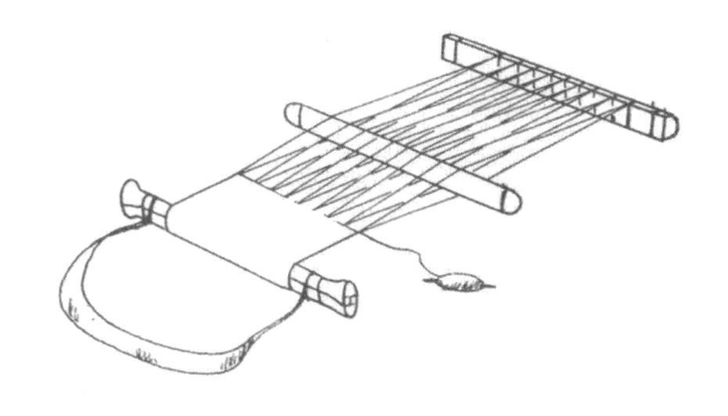

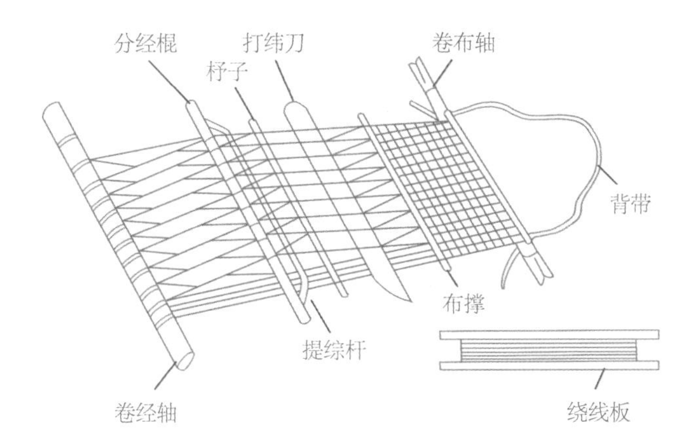

晋宁石寨山滇人腰机结构线图

丨作者摄于云南省博物馆丨

原始腰机的主要组成部件是前后两根横木，相当于现代织机上的卷布轴和卷经轴。用人代替支架，将腰带缚于织造者腰上，人与腰机两者之间没有固定的支架。另外是一个杼子、一根较粗的分经棍和一根较细的提综杆。织造时，人席地而坐，依靠两脚的位置挪动以及腰部力量来控制经丝的张力。通过分经棍把经丝分成上下两层，形成一个自然的梭口，再用竹制的提综杆，从上层的经丝上面用线垂直穿过上层经纱，把下层经纱一根根地牵吊起来。这样用手将分经棍提起便可使上下两层的位置对调，形成新的织口，进而将众多上下层的经丝均牵系于一综。当纬丝穿过织口后，再用木制打纬刀打纬。

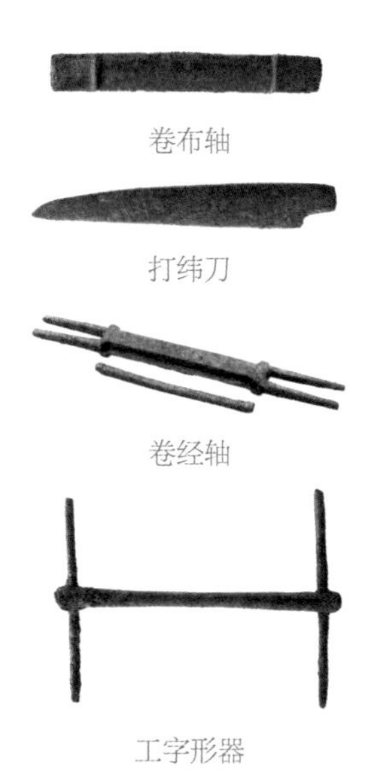

战国铜纺织工具

丨昆明市博物馆藏丨

第三节 嫘祖传说与蚕神崇拜

原始人类对自然界未知之谜产生浓厚的好奇心，宗教、占卜、巫术、神话、信仰、图腾等思维形式与崇拜产物不断出现。山川、日月、草木、动物、祖先、英雄等，都是原始人类最佳的崇拜对象。蚕桑丝织相关崇拜对象与神话人物也开始出现，现今这些传说与神话已经成为中国习俗信仰与传统文化的重要组成部分。

嫘祖，5000多年前诞生于四川省盐亭县金鸡镇嫘祖村。她是与黄帝齐名的“人文女祖”，也是中国上古传说中养蚕治丝的伟大发明家。据文献记载：“黄帝元妃西陵氏始教民蚕桑，治丝蚕以供衣服。”西陵氏即为嫘祖。司马迁《史记·五帝本纪》载：“黄帝居轩辕之丘，而娶于西陵之女，是为嫘祖。嫘祖为黄帝正妃，生二子，其后皆有天下。”轩辕黄帝的妻子嫘祖，是有史籍记载的中华民族的伟大母亲。

自周代起，嫘祖就被天子与庶民尊奉为“先蚕”，民间尊称她为“蚕神”或“行神”，亦称为“嫘姑”“丝姑”“蚕姑娘”，历代将其视为蚕神来崇拜。嫘祖“养天虫以吐经纶，始衣裳而福万民”，开启了享誉中外的丝绸文明。

黄帝元妃西陵氏及众蚕神像：《王祯农书》，嘉靖九年山东布政司刊本

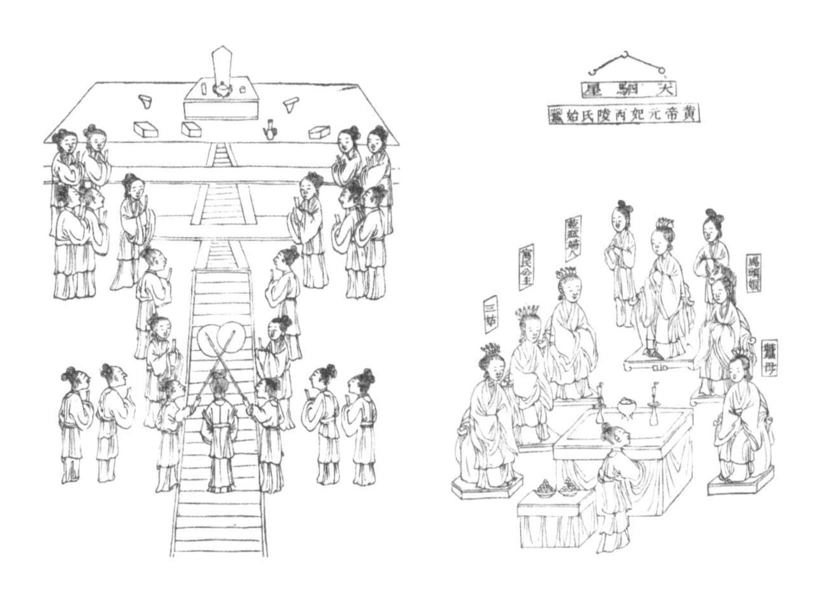

先蚕坛与蚕神：《王祯农书》，嘉靖九年山东布政司刊本

中国有许多与蚕姑庙相关的遗址，分布广泛；现在还有不少与“蚕姑庙”名称有关的地名。蚕神崇拜也已经成为中华民族重要的民俗。

河南省商丘市柘城县陈青集镇梁湾村有一个蚕姑庙，始建于明嘉靖年间，重建于清乾隆年间，专门用于祭祀嫘祖，历经数百年香火不断。这座蚕姑庙楼内上下层均供奉着嫘祖塑像，墙壁上绘有蚕姑娘养蚕抽丝、刺绣插花的壁画。当地百姓将每月初九定为蚕姑庙会。

杭州的蚕庙里则是草庵村三组中的一个自然村，“蚕庙里”即以庙命名。杭嘉湖在南宋时期已是蚕桑丝织业最发达的地区，杭州的乔司、笕桥、尧典桥、蚕庙里是当时种桑、养蚕、缫丝、织绸的生产基地。到了明代以后，蚕庙、土地庙越来越常见，各地庙宇众多。

蚕神在中国古代社会具有极其重要的地位。为了向蚕神表示敬仰，表达对来年蚕业丰收的美好希冀，蚕民自发祭祀蚕神，并衍生出许多相关风俗。由此，中国蚕桑丝织的生产历史延续发展形成了丝绸文化。

茧馆：《王祯农书》，嘉靖九年山东布政司刊本

祀谢：《耕织图》，南宋楼璹原作，狩野永纳摹写，和刻本，1676 年

《原化传拾遗》记载：

古代高辛氏时期，蜀中有一名蚕女，其父被坏人劫走，只留下所乘的马匹。蚕女的母亲发誓，谁将蚕女的父亲找回，就将女儿许配给他。马听到这些话，奔驰而去，不多久就将蚕女的父亲载回。自此，马嘶鸣不肯饮食。父亲知道这件事之后，杀了马，将马皮晒在庭中。当蚕女由此经过的时候，就被马皮卷上了桑树。人们发现，姑娘和马皮悬在一棵大树上，化成了蚕，人们把蚕带回去饲养。那棵树取“丧”音叫作桑树，而身披马皮的姑娘被供奉为蚕神。又因蚕头像马，所以叫作“马头娘”。

“蚕身”金虎形饰

| 张建平摄于三星堆博物馆 |

此金虎形饰呈半圆形，有学者认为此为“蚕身”金虎，以蚕为主体而附以虎形。此饰与“蚕女马头娘”传说及祭祀“青衣神”习俗，共同构成了成都三江平原蚕丝业起源的样貌。

及阿儂別有情
祭馬頭娘迎神送神曲
鋪輦氈列華筵廟門擊鼓聲淵淵旌旗雜管絃紅男綠女
邀神眷靈之來兮乘風便有輝兮蘭燭香有馨椒漿薦村
巫禱祝舞且歌喁喁告語醉顏酡降康兮東風扇我宜蠶
兮繭絲多　月上牖星移斗明璫翠羽流連久何事歌揚
枻長簫短笛尚悠悠雲車風馬霎時休來格兮如聞見既
逝兮漫勾留士女盤桓剪紅燭嘉肴旨酒共饜足歸來兮

马头娘记载：何品玉《蚕桑会粹》，光绪二十二年龙南刊本，江西省图书馆自古以来，“蚕神献丝”与“黄帝教民养蚕缫丝”广泛流传。传说之中轩辕黄帝始教民养蚕缫丝，染五彩，正衣裳，定四时节令、权量衡度，立步制亩，八家为井，封建社会自此有了雏形。

《皇图要览》记载：“伏羲化蚕。”《通鉴外记》记载：“太昊伏羲氏化蚕桑为繐帛。”《纲鉴易知录》记载：“伏羲化蚕桑为繐帛。”

远自伏羲女娲时代，中国古代先民就已开始驯化野蚕以家养、抽丝织帛以为衣。其中蚕桑衣帛的织作也有女娲的功劳。传说伏羲派田野子、郁华子两位大臣到浮戏山养蚕制丝、织绸。这些传说进一步反映出中国蚕桑丝织起源的历史悠久。

伏羲女娲画像石与石拓

| 作者摄于山东博物馆 |

第二章

文以载绩

夏商周蚕桑丝织的兴起与发展

中国的蚕桑丝织技术在夏商西周与春秋战国时期就已得到充分发展，织造技术已然成熟。早期甲骨文中开始出现关于蚕桑的记载，春秋战国时期则有大量文学创作流传至今，影响深远。随着丝织技术水平的提高，以及丝绸产量的增加，中国开始出现一些丝织中心。目前有很多出土的文物遗存都直接反映出当时蚕桑丝织的生产过程与发达程度。

第一节

甲骨文字与典故传颂

汉字是华夏文明的重要发明，商代甲骨文出现了很多蚕桑丝织的文字记载。周代的蚕桑相关记载更多，蚕桑业发展迅速，蚕桑丝织已经成为农户的衣食之源。得益于诸子百家文化思想大发展，这一时期出现了很多蚕桑丝织典故，充分融合在日常文化创作之中，许多典故流传至今。

中国蚕业产生于距今五六千年的新石器时代晚期，至夏商西周时期已有初步发展，主要表现为当时社会对蚕业生产高度重视，栽桑养蚕业已初具规模，丝织技术亦有重大进步。商代已有“蚕神”崇拜，甲骨文中有用三头牛祭蚕的“蚕示三牢”。商代还用玉雕蚕陪葬，如安阳大司空村殷墓中出土的玉雕蚕。商代开始种植不同种类的桑树，丝织物已出现普通的平纹和文绮织法。西周则已初步形成“农桑并举”“男耕女织”的生产方式。

甲骨文与蚕桑丝织之间早就结下了缘分。目前，已经解读的殷商甲骨文里就有“蚕”“桑”“丝”“帛”等字，被作为象形文字和祭祀蚕神所记载。这充分说明商代黄河流域已经有了蚕桑和丝织业。商代甲骨文还辟出从“桑”、从“糸”等与蚕丝有关的文字 100 多个。同时，留存的能识别字义的约 1500 个甲骨文字中，“蚕”“桑”“丝”“帛”等频繁出现达 153 字之多。甲骨文中的“桑”字更具象形意义，用以代表生长着许多柔软细枝的桑树。

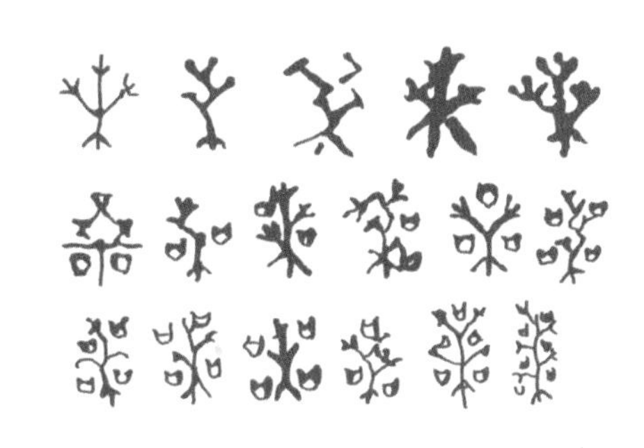

甲骨文中的“桑”字

| 王宪明　绘 |

商代含“丝”字的祭祀狩猎涂朱牛骨刻辞 · 安阳殷墟出土

| 任琨摄于中国国家博物馆，反面线图由王宪明绘制 |

甲骨文是商周时期刻在龟甲、兽骨上与占卜有关的记事文字，其中屡见有关于桑、蚕、丝的字和卜辞。此甲骨上形如两束成绞的丝缕的图形，据说是“丝”的象形字。

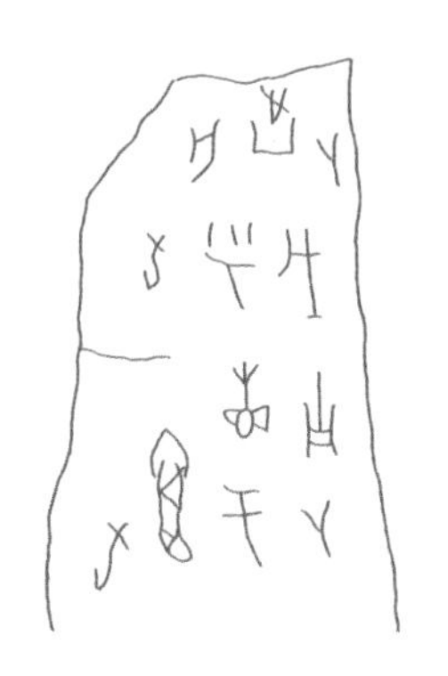

“乎省于蚕”线图 · 商代甲骨文

| 王宪明　绘 |

商周时期出现了很多蚕桑丝织典故，得益于诸子百家文化思想的大发展，许多典故充分融合在日常文化创作之中，流传至今，影响深远。

商汤是商代的开国帝王，也是上古圣王之一。汤为部落联盟首领时，正值夏帝桀在位。帝桀残暴，国势渐衰，民怨沸腾，汤乘机起兵，推翻了夏。汤建立商后，对内减轻征敛，鼓励农业生产，安抚各地民心，扩展统治区域，影响远至黄河上游地区，甚至连氐、羌部落都来纳贡归服。传说中商汤桑林祷雨的地点，历来争议纷呈。由于古代覃怀地区是商汤主要的活动区域之一，又是商汤兴起之地，所以说在这里比较容易令人信服。如今，焦作及其周边地区有很多汤帝庙遗存，这些地方广泛流传着商汤桑林祷雨的传说。

禱雨類

占時

地利人事無不兼備如是可種椹乎曰未也久旱時不可種地過燥不生久雨後不可種地過溼不發惟黃梅熟後荷花生前以新畦新椹安排停當其歌曰坐看西山雲起時急忙種椹勿遲遲如種後數日遇雨則苗必勃然而興之矣

桑林禱雨

每歲五六月間或種椹未生或椹生未齊天旱太甚井涸泉枯不敷澆灌擇丙丁前吉日偕同事至桑林謹備三牲醴酒香燭果品恭設　龍王神位虔誠禱雨行二跪六叩禮越日叩禱一次若不設位望桑林禱之行三跪九叩禮直局連年祈禱皆驗以民和而神降之福也

桑林禱雨文

某官某紳惟神之靈洞燭民隱降嘉福比者歲久不雨維農維桑備虔恪祈神之所聞古之人呼號禱禳典則斯具尊情肸蠁以康下民昭格感應神之所職謹祈雨澤多福

禱雨辭令兒童歌於祠下

天生蒸民有物有則民之秉彝好是懿德昭格於下保兹天子惟天陰騭下民風雨和四時序

報賽辭亦令兒童歌之

神心天心應如響甘雨灑枝長且養神之降福德心廣報賽神靈以歆饗

商汤桑林祷雨：卫杰《蚕桑萃编》，浙江书局刊行，1900 年

桑林祷雨：张居正《帝鉴图说》，万历元年潘允端刊本

《古本竹书纪年》载：

二十四年，大旱。王祷于桑林，雨。

《吕氏春秋》记载：

昔者汤克夏而正下，天大旱，五年不收，汤乃以身祷于桑林。

《文选·思玄赋》中李善注引《淮南子》说：

汤时，大旱七年，卜，用人祀天。汤曰：“我本卜祭为民，岂乎？自当之！”乃使人积薪，剪发及爪，自洁，居柴上，将自焚以祭天。火将然，即降大雨。

《史记·周本纪》载：

> 公刘虽在戎狄之间，复脩后稷之业，务耕种，行地宜，自漆、沮度渭，取材用，行者有资，居者有蓄积，民赖其庆。百姓怀之，多徙而保归焉。周道之兴自此始，故诗人歌乐思其德。

后稷像

| 王宪明　绘 |

公刘，姬姓，名刘，公是尊称。公刘是古代周部族的杰出首领，周后稷的第四世孙，不窋之孙，鞠陶之子，生子庆节，周文王祖先。

传说夏部落取代黄帝部落之后，后稷的儿子不窋即公刘，继续为稷官，掌管农业，一直在邰地作农官。夏后氏时，轻视农业，“弃稷不务”。公刘迁到西北边的少数民族戎狄之地，即现在关中的庆阳一带，建立了国家。他继承并重振后稷以农为本的事业，一生致力于发展农业生产，带领族人励精图治、奋发图强，使周人兴盛起来。后来，族人的生活越来越好，很多外族人也迁徙归附于他。

邹城孟庙孟母断机处碑

孟母断机杼

| 王宪明　绘 |

孟母仉氏（或为李氏），是鲁国大夫党氏的女儿，贤德，颇有见地，善于教子，是中国历史上公认的三位伟大母亲之一。孟子是中兴儒学的“亚圣”，其成为传统儒家思想体系中地位仅次于孔子的人物，离不开孟母教子有方。《三字经》中“昔孟母，择邻处；子不学，断机杼”便是千古传诵的名句，记录了孟母用“割断的纱无法变成织品”做比喻，教育孟子切勿荒废学业。孟母“断机教子”的故事，成为中国妇孺皆知的千古佳话。

战国青玉蚕纹小玉环

｜广东省博物馆藏｜

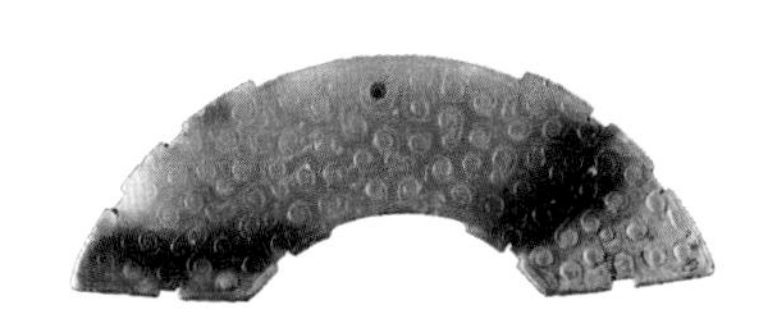

战国卧蚕纹玉璜

｜中国国家博物馆藏｜

西汉刘向《列女传·母仪传》记载：

孟子之少也，既学而归，孟母方绩，问曰：“学何所至矣？”孟子曰：“自若也。”孟母以刀断其织。孟子惧而问其故。孟母曰：“子之废学，若吾断斯织也。”

据《史记·吴太伯世家》记载，吴王僚九年（公元前518年），楚国与吴国的边邑为争采桑叶发生了纠纷，引发双方边民械斗，吴王僚遂派公子光（即后来的吴王阖闾）攻打楚国。这是中国古代文献记载中最早因争桑而引发的战争，即“争桑之战”。

中国古人常于居宅旁栽种桑树和梓树。《诗·小雅·小弁》曰“维桑与梓，必恭敬止”，是说见桑梓容易引起对父母的怀念，因而起恭敬之心，后世即以桑梓指代家乡。唐代诗人柳宗元《闻黄骊诗》中就有“乡禽何事亦来此，今我生心忆桑梓”的感伤之句。《诗经·朱熹集传》载，“桑、梓二木。古者五亩之宅，树之墙下，以遗子孙给蚕食、具器用者也……桑梓父母所植”。东汉以来，一直以“桑梓”借指故乡或乡亲父老。

《庄子·让王》中有“桑枢瓮牖”，是说以桑条为门枢，用破瓮做窗户，形容生活极其贫寒。

汉代乐羊子中途停学，其妻亦有引刀断织以劝诫夫君的举动。《三国志·蜀志·诸葛亮传》记载：

> 羊子外出求学，一年来归。妻跪问其故。羊子曰:“久行怀思，无他异也。”妻乃引刀趋机而言曰:“此织生自蚕茧，成于机杼，一丝而累，以至于寸，累寸不已，遂成丈匹。今若断斯织也，则损失成功，稽费时月。夫子积学，当日知其所亡，以就懿德。若中道而归，何异断斯织乎?”羊子感其言，复还终业，遂七年不反。

春秋战国《墨子·天志（中）》载有，“从事乎五谷麻丝，以为民衣食之财”。将“五谷麻丝”相提并论，足以说明当时社会对养蚕的高度重视。春秋战国时期，黄河流域尤其泰山南北的齐鲁地区是当时最重要的蚕桑生产区。除了栽培乔木桑之外，也开始培育高干桑和低干桑。“战国水陆攻战纹铜壶”上就绘有高产形态的乔木桑，从“铜壶盖”则可以看到经过培育的低干桑。当时蚕已进入室内饲养，专用蚕室、成套餐具、浴种消毒、忌喂湿叶等养蚕技术普遍应用。丝产量也有所增加，质量亦有所提高。

战国水陆攻战纹铜壶

| 陈成　摄，四川博物院提供 |

战国铜壶盖上的采桑图

| 王宪明　绘，原件藏于日本国立东京博物馆 |

战国时期，丝织品已经成为大众的生活用品，采桑则成为铜壶（古人盛酒浆或粮食的器皿）等铜器上一类重要的劳作场景图案。1965 年，四川成都百花潭中学 10 号墓出土了一把宴乐采桑射猎交战图铜壶。

宴乐采桑射猎交战图壶

丨故宫博物院藏丨

壶颈部右侧的采桑歌舞图案细节丰富。在两棵茁壮的桑树上面挂着篮筐，有人正忙着采摘桑叶，有人在接应传送。树下一个形体较为高大的妇女扭腰侧胯、高扬双臂，跳起豪放的舞蹈；旁边有两个采桑女子，面向舞者击掌伴奏。整个采桑场景气氛热烈、欢快，令人神往。

宴乐采桑射猎交战图壶展示图

| 故宫博物院藏 |

此壶颈部为第一区，上下两层，分为左右两组，主要表现采桑、射礼活动。采桑组画面树上、下共有采桑和运桑者五人。其中，妇女在桑树上采摘桑叶，可能表现的是后妃所行的蚕桑之礼。

第二节

《禹贡》桑土与《豳风》图景

伴随着农业工具的材质由石、骨、蚌、木、铜进入铁器时代，牛耕广泛使用，人们衣食所需得到保证。从地理与土壤方面，凭借着观察认知，人们已将天下分为九州，且皆宜于植桑。《豳风》等文学艺术作品中绘有优美蚕桑生活图景，呈现出的小民生活理想画卷，成为千古传诵佳话。

《禹贡》认为九州，即冀、兖、青、徐、扬、荆、豫、梁、雍，都是宜于植桑的土地。《禹贡》载：“桑土既蚕，是降丘宅土。”《孔颖达疏》载：“宜桑之土既得桑养蚕矣。”《史记·夏本纪》载：“九河既道，雷夏既泽，雍、沮会同，桑土既蚕，于是民得下丘居土。”北魏郦道元《水经注·浪水》载：“高则桑土，下则沃衍，林麓鸟兽，于何不有？”

桑是《诗经》所载出现次数最多的一类植物，超过主要粮食作物“黍”“稷”的记载次数。从诗中记载可知，当时在如今山西、山东、河南、陕西等地区的桑林、桑田极丰，且广泛植桑于宅旁和园圃之中，蚕桑生产几乎遍布黄河流域。

最早记载养蚕的文字见于《夏小正》，三月“妾子始蚕”“执养宫事”。宫，即养蚕专门使用的蚕室。《夏小正》把养蚕列为国家要政之一，足以证明当时养蚕业已经具备较大规模，必须以大范围地种植桑树来提供保障，这从“十亩之间兮，桑者闲闲兮”可见。

《诗经·七月》载：

春日载阳，有鸣仓庚。女执懿筐，遵彼微行，爰求柔桑。

蚕月条桑，取彼斧斨，以伐远扬，猗彼女桑。

这说的都是采桑的故事，可见当时所植大多为乔木桑，另外还有一种低矮的地桑。

战国铜钫上的采桑图

| 王宪明　绘，原件藏于台北故宫博物院 |

魏惠王因迁都大梁又称梁惠王，据《孟子·梁惠王上》记载：孟子对梁惠王说“五亩之宅，树之以桑，五十者可以衣帛矣”，即在五亩大的住宅旁边种上桑树，上了五十岁的人就可以穿丝绸了。三年桑枝，能够做老杖，可卖三钱。十年的桑枝，可以做马鞭，可以卖二十钱。十五年的桑枝，可以做弓的材料，可以做木屐。二十年的桑树，可以做轺车的材料，而一辆轺车，则值万钱上下。桑树还能做上好的马鞍，桑葚能吃，桑叶喂蚕。五亩之宅所植桑树，除去日常开销之外，满足家中老年人“衣帛”的需求实在不算是什么难事。此生活图景自古就是君主、大臣、民众共同的愿望。这句流传至今的古语，成为历代劝课蚕桑的士人与官员的信念和鼓励他们济世救民的理论依据。

孟子陈王道图：杨屾《豳风广义》，宁一堂藏版，1740 年

战国时期，荀子开创“赋”这一文学体裁，他在《赋篇》中写了《礼》《知》《云》《蚕》《箴》五赋。荀子称颂蚕桑“功被天下，为万世文”，从功立身废、事成家败、女身马头、屡化不寿、善壮拙老、有父子无牝牡、冬伏夏游、食桑吐丝、前乱后治、夏生恶暑、喜湿恶雨、三伏三起等外形变化、生活习性等方面描写，揭示家蚕眠性、化性、生殖、性别、食性、生态、结茧、缫丝和制种等养蚕缫丝的环节特征，显示战国时期养蚕、缫丝、织绸工艺的成熟程度。

荀子《蚕赋》写蚕，实则多用引喻，将蚕与当时的种种社会现象进行对比，其“蚕理”代表了一种哲学理念。到魏晋时期又有嵇康的《蚕赋》，仅存残句：“食桑而吐丝，前乱而后治。”

荀子

《蚕赋》记载：

有物于此，兮其状，屡化如神，功被天下，为万世文。礼乐以成，贵贱以分，养老长幼，待之而后存。名号不美，与暴为邻；功立而身废，事成而家败；弃其耆老，收其后世；人属所利，飞鸟所害。臣愚而不识，请占之五泰。五泰占之曰：此夫身女好而头马首者与？屡化而不寿者与？善壮而拙老者与？有父母而无牝牡者与？冬伏而夏游，食桑而吐丝，前乱而后治，夏生而恶暑，喜湿而恶雨，蛹以为母，蛾以为父，三俯三起，事乃大已，夫是之谓蚕理。

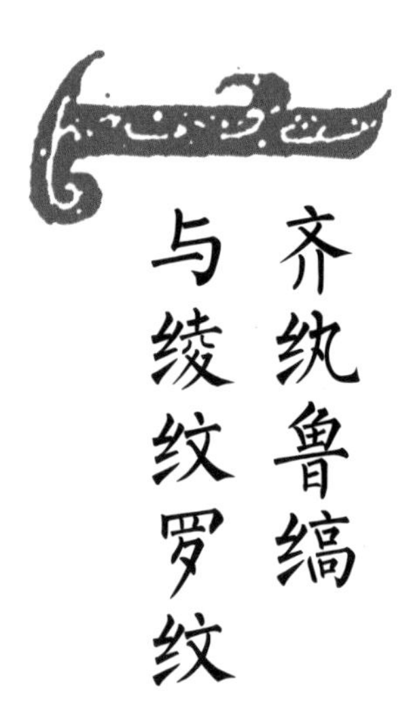

第三节 齐纨鲁缟与绫纹罗纹

商周时期，丝织手工业水平已经非常高超，蚕桑丝织技术提高主要表现在植桑、养蚕、缫丝、织绸等方面。随着社会经济发展，大众的丝织品需求不断增加，丝织、技法、图案、染色等方面都有重要进展。

商周时期，古代中国丝织手工业水平之高超从这一时期的出土文物中可见一斑。福建武夷山崖洞船棺出土的商代平纹纱罗，经纬丝都加强捻。河北藁城台西村出土的商代中期丝织残品粘附在铜觚上，其中有平纹的纨、绉纹的縠、绞经的素罗，经纬丝都加强捻。安阳殷墟妇好墓出土的商代青铜礼器表面粘附有 50 多件织物残片，距今已有 3300 多年。另外，商代的丝织品在陕西宝鸡茹家庄、辽宁朝阳魏营子、河南光山宝相寺等处也都有出土，年代分西周早期、晚期，春秋早期、晚期，种类有五枚的菱形花绮、经二重丝织锦、平纹方孔纱、纬重平组织并丝加捻的缣、窃曲纹绣绢等。

商周时期，过去神秘、简约、古朴的图案风格已不复存在，以蟠龙凤纹取而代之。当时的纹样已不再注重原始图腾、巫术占卜、宗教信仰的含义，而是穿插、盘叠，或多个动物合体，或多个植物共生，色彩丰富、风格细腻，构成了龙飞凤舞的图样形式。当时，织和绣表现纹样的技术相差较大，丝织主要采用变化多端的几何纹样，而刺绣则是以龙凤为主题的动物图案。

战国蚕纹铜戈图像

丨王宪明　绘，原件藏于成都博物馆丨

商代铜觚腹饰蚕纹

丨王宪明　绘，原件藏于浙江安吉生态博物馆丨春秋时期，中国已经出现了以齐国临淄为中心的丝织业中心。春秋早期，齐国丝织业已日臻成熟，无论技术水平还是织造规模都远远领先于其他诸侯国，并且已经成为当时丝织品的生产和交换中心。颜师古（581 — 645 ）注释《汉书·地理志》“齐冠带衣履天下”时说：“言天下之人冠带衣履，皆仰齐地。”这证明春秋战国时期齐国的丝织品源源不断地输送到其他诸侯国，是名副其实的全国丝织业中心。《考工记》是记载齐国手工业技术的重要史料，其中有负责绘画染织工艺的“设色之工”，分工极为精细，含五个工种，体现出当时高超的织务练染技术。唐代诗人杜甫用“齐纨鲁缟车班班，男耕女织不相失”描述鲁国纺织业发达的盛况。齐鲁以“齐纨鲁缟”并称，誉满天下。

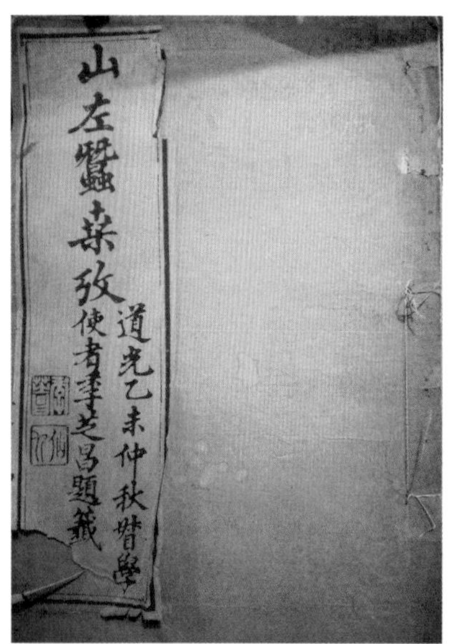

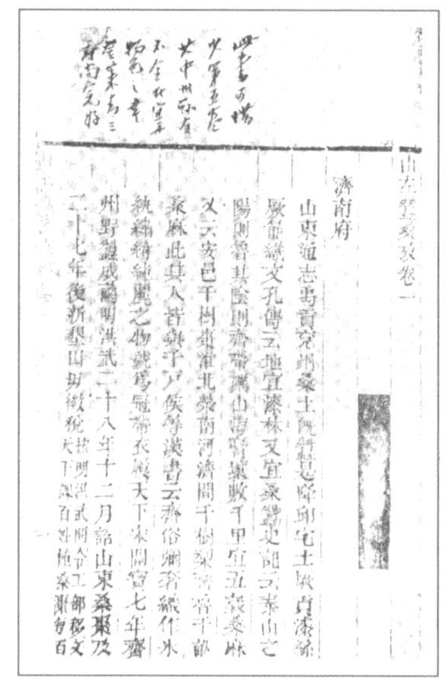

山左蠶桑攷卷一

濟南府

山東通志禹貢兗州桑土既蠶是降邱宅土厥貢漆絲厥篚織文孔傳云地宜漆林又宜桑蠶史記云泰山之陽則魯其陰則齊齊帶山海膏壤數千里宜五穀桑麻又云安邑千樹棗淮北滎南河濟閒千樹梨齊魯千畝桑麻此其人皆與千戶侯等漢書云齊俗彌侈織作冰紈綺繡純麗之物號爲冠帶衣履天下宋開寶七年齊州野蠶成繭明洪武二十八年十二月諭山東桑棗及二十七年後新墾田地毋徵稅[illegible]

齐鲁千亩桑麻的记载：陆献《山左蚕桑考》，道光十五年刻本，中国国家图书馆

此篇号为“齐冠带衣履天下”的记载。

齐国丝织生产场景图

| 作者摄于山东博物馆 |

是書構選鐫工梗延紳士書梓圖盡
盡美校訂點畫無差三載告成足稱
全璧倘有書坊翻刻定行經官究治

考工記通

花萼樓藏板

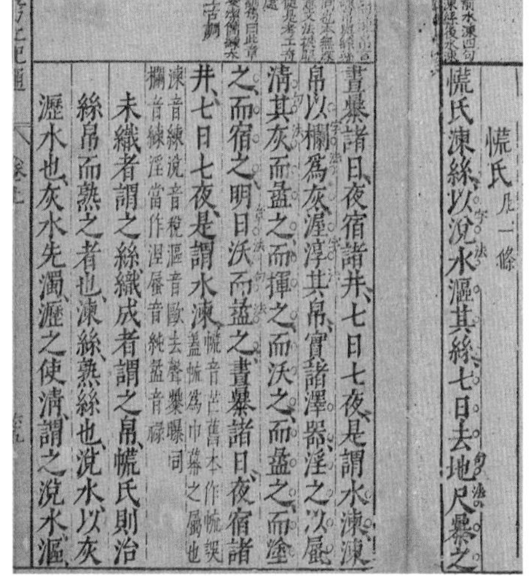

前水湅四句
湅絲後水湅

慌氏 凡一條

慌氏湅絲以涚水漚其絲七日去地尺暴之
晝暴諸日夜宿諸井七日七夜是謂水湅湅
帛以欄為灰渥淳其帛實諸澤器淫之以蜃
清其灰而盝之而揮之而沃之而盝之而塗
之而宿之明日沃而盝之晝暴諸日夜宿諸
井七日七夜是謂水湅 慌音芒舊本作慌誤 蓋慌為巾幕之屬也
湅音練涚音稅漚音歐去聲㬥曝同
欄音練淫當作湮蜃音純盝音祿
未織者謂之絲織成者謂之帛慌氏則治
絲帛而熟之者也湅絲熟絲也涚水以灰
瀝水也灰水先濁瀝之使清謂之涚水漚

慌氏治丝帛的记载：《考工记通》，徐昭庆辑注，梅鼎祚校阅，明万历花萼楼藏版战国时期出土的主要丝织品大多为楚绣，品种丰富，分属战国早、中、晚各期，出土地点有湖北随县擂鼓墩，湖南长沙左家塘、五里牌、仰天湖、陈家大山、子弹库，还有湖北江陵马山砖瓦厂等处。其典型代表是人物御龙帛画、帛书等。

战国时期，以蚕丝为原料的罗[1]纹织品风靡一时，罗帐、罗幔、罗衣、罗衾，种类繁多，轻盈霏霏，琳琅满目。古时所谓的罗纹组织，是指用经纱互相绞缠，在绞缠处通以纬纱，其孔眼大小均匀，经纬线都很稀的织品。楚国人宋玉《神女赋》中的“罗纨绮缋盛文章”，就是赞叹丝织纱罗的精美，如同生动活泼、富于文采的文章。目前，保存完好的战国时期丝织品文物大多发现于湖南、湖北两省。与战国龙凤虎纹绣罗单衣一同出土的有35件战国中期衣物，以及众多其他种类的丝织品，根据其组织结构的不同可以分为绨、绢（纨或缟）、绮、锦、绦、组、绣等九大类。其中用绣品作衣缘和衣面的就有20件。

战国时期，丝绸纹样已突破了原有几何纹的单一局面，表现形式复杂多样，形象趋于灵活、生动、写实。

---

1 “罗”是中国传统丝织物中的一类品种，在没有“纠经”的织机上织出，显椒眼纹，又称“椒眼日罗”，又因纤柔被冠以“云罗”“雾罗”“轻罗”之称。罗又分为素罗、纹罗，罗地不起花者为素罗，起花纹者称纹罗。战国以后，罗一直是贵族世家的首选衣料。素罗更是上佳的绣料，经绣工精心制作成为美奂绝伦的绣品，用以体现着装者华贵身份和典雅气质。

战国龙凤虎纹绣罗单衣（局部）

| 王宪明　绘，原件藏于荆州博物馆 |

1982年荆州马山一号墓出土。见于龙凤虎纹绣罗单衣衣面。图案由龙、凤、虎、虬四种动物组成，一侧是一只凤鸟，双翅张开，脚踏虬；另一侧是一只斑斓猛虎，张牙舞爪前奔逐龙；龙作抵御状。色彩鲜艳，绣工精细。

第三章

遍落丝路

秦汉魏晋南北朝蚕桑丝织的贸易与融合

秦汉魏晋南北朝时期，中国北方蚕桑丝织技术持续发展，尤其到了汉代，丝绸之路的开辟促进了中外丝绸文化的交流。《齐民要术》关于蚕桑技术的记载已经十分成熟，且影响深远。汉代以来，中国人民开始关注野蚕成茧，说明中国古人对各类蚕丝的利用也在不断拓展。随着丝织技术水平的提高，这一时期出土了大量的精美丝织品遗存，尤其是散落在丝绸之路沿线一带的文物极其珍贵。蚕桑丝织文化也不断发展与深化，精彩纷呈。

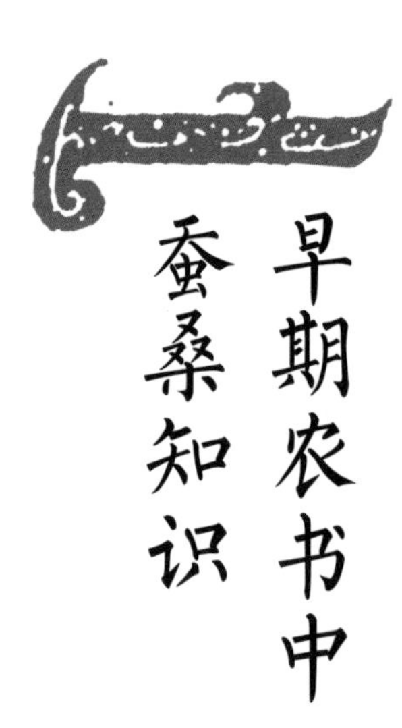

第一节 早期农书中蚕桑知识

秦汉魏晋南北朝时期，已经有了丰富的农业经验总结，出现了综合性农书《齐民要术》，这代表着北方旱作农业体系的成熟。蚕桑丝织兼具农业与手工业属性，蚕桑丝织技术知识已经非常完备，这都为后世蚕桑丝织的繁荣与发展打下了坚实的基础。

秦汉时期，蚕桑生产曾经盛极一时，主要表现在地桑的培育、人工加温饲蚕、丝织品生产与消费三个领域。沸水煮茧缫丝是中国缫丝工艺上的一大技术革新，缫丝及其纺织品的质量因此得到大大提高。汉代，帛是书写材料。汉代丝织品的发展又进一步促进了中国对外通商贸易和中外交流。

汉代采桑画像砖 · 四川德阳黄浒蒋家坪出土

| 唐志强摄于中国农业博物馆 |

砖面为桑园图。

桑园图：汉代采桑画像砖图像

丨王宪明　绘，原件藏于成都博物馆丨

从西汉的《氾胜之书》到后魏的《齐民要术》，两部著作相隔500多年，其间只出现了一部重要的农书《四民月令》。尽管《四民月令》对蚕桑技术记述简略，且散佚不全，但仍为当时农业生产与经营的研究提供了重要线索。《四民月令》现存3000多字，属月令类农书，按月记述谷类生产、瓜菜种植、养蚕纺织、酱菜腌制等农事活动，涉及古代农耕生活很多方面，可以看出东汉时期洛阳地区农业生产技术与经营的基本状况。其以农业生产经营为主体，兼具经营蚕桑，畜牧，而蚕桑生产的专业性强，技术成熟，且商品属性很强。

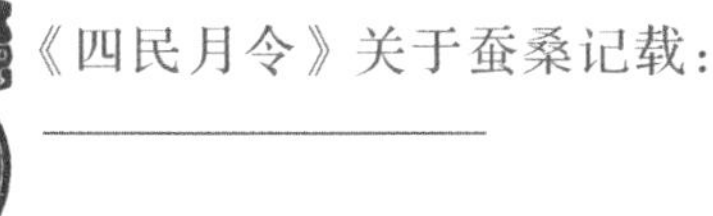

《四民月令》关于蚕桑记载：

二月：蚕事未起，命缝人浣冬衣，彻复为袷。其有嬴帛，遂为秋服。三月：清明节，令蚕妾治蚕室，涂隙、穴，具槌、持，薄、笼。谷雨中，蚕毕生，乃同妇子，以勤其事。无或务他，以乱本业；有不顺命，罚之无疑。四月：茧既入簇，趣缲，剖绵，具机杼，敬经络。八月：凉风戒寒，趣练缣帛，染采色。擘绵治絮，制新浣故。十月：可析麻，趣绩布缕，卖缣帛、弊絮。

魏晋南北朝时期，黄河流域的蚕丝生产虽然遭到破坏，但仍占全国的较大比例；南方地区的蚕业也有所发展。杨泉《蚕赋》用四言俳句阐述养蚕过程。张华《博物志》记述蚕的孤雌生殖现象。葛洪《抱朴子》提出叶粉添食。南朝宋郑缉之《永嘉记》载有低温控制蚕卵化性。陶弘景《药总诀》创始了盐渍杀蛹储蚕法。尤其是《齐民要术·种桑柘》对蚕业生产技术做了全面总结。

西晋时期哲学家杨泉是道家崇有派的代表人物，曾为东吴处士。太康六年（280年），西晋灭东吴后，杨泉被征入晋，不久隐居，从事著述，著有《蚕赋》。《蚕赋》用较短的篇幅描述了植桑、养蚕、饲育、缫丝、织作全过程，展示了西晋时期蚕桑生产的基本状况，详细描述了皇后亲蚕缫丝，然后织成丝绸、做成服装礼神纳宾等场景，从一个侧面反映出汉晋时期养蚕缫丝的社会地位以及当时养蚕业的兴旺繁荣。上至皇家，下至百姓，蚕桑丝织真正覆盖了全社会的生活。

汉代鎏金铜蚕

| 罗铁家摄于定州博物馆 |

西汉青玉兽面蚕纹璧

| 故宫博物院藏 |

此璧双面雕，以夔龙纹、蚕纹各一周为主题纹样，间以窄条绹纹。

汉玉雕卧蚕纹璧

| 广东省博物馆藏 |

汉代蚕纹半璧

| 广东省博物馆藏 |

浴蚕、下蚕、喂蚕:《耕织图》，南宋楼璹原作，狩野永纳摹写，和刻本，1676 年

《齐民要术》是中国现存最早、最完整的一部古农书，由农圣贾思勰总结6世纪及以前劳动人民的生产经验，撰写而成。书中主要描述北魏统治的黄河流域中下游，以及华东、岭南和西北地区的农业情况，记录各地农作物栽培种植以及农产品生产、收获、加工情况，是研究中国古代农业科学技术的重要文化遗产。仅从蚕桑技术的角度看，书中专门撰写了“种桑柘”一篇，卷五包括：种桑、种柘、养蚕。书中引用蚕桑类文献《尔雅》《搜神记》《礼记·月令》《周礼》《孟子》《尚书大传》《春秋考异邮》《淮南子》《氾胜之书》《永嘉记》《杂五行书》《物理论》《五行书》《龙鱼河图》《淮南万毕术》等十几种，很多文献较为珍贵稀见。

《齐民要术》对桑树栽植的记载非常完善。对桑种类分辨为荆桑、地桑、鲁桑。从桑葚开始，直至桑树长成、饲蚕，都有基本记载。记述蚕有一化、二化、三眠、四眠之分，并引述南方有八化的多化性种，说明当时人们已掌握用低温控制产生不滞卵以达到一年分批多次养蚕，这标志着中国古代蚕业技术的重大发展。蚕的良种选留应以茧为主，一定以取蚕簇中层的茧为上。书中总结了对蚕室温度、湿度、采光等环境条件的掌握和调节技术，以及防治病害、敌害等技术。盐腌储茧法能够保证丝质坚脆悬绝，创用此法是该时期养蚕技术的一大进步。南朝时，浙江民间已然出现了盐腌储茧法，使缫丝不必忙于一时，缫丝劳作人工不足得到了进一步缓解。

董开荣

《育蚕要旨》评价《齐民要术》对蚕桑丝织书籍的影响：

顾古农家诸子书传流绝少，魏贾思勰《齐民要术》九十二篇，始有蚕桑之说，而未能详尽，且不尽与今同。宋陈旉《农书》下卷，附论养蚕。秦湛又附《蚕书》一卷。元官撰《农桑辑要》，鲁明善又撰《农桑衣食撮要》，世久而渐详。国朝乾隆初年，钦定《授时通考》，以蚕桑列为一门，崇宏赅博，与《豳风》无逸，鼎足不祧。

齊民要術序

史記曰齊人無蓋藏如淳注曰齊等無有貴賤故謂之齊人者古今言

後魏高陽太守賈思勰撰

蓋神農為耒耜以利天下。堯命四子，敬授民時。舜命后稷，食為政首。禹制土田，萬國作乂。殷周之盛，詩書所述，要在安民，富而教之。管子曰一農不耕，民有飢者，一女不織，民有寒者。倉廩實，知禮節，衣食足，知榮辱。丈人曰四體不勤，五穀不分，孰為夫子。傳曰人生在勤，勤則不匱。語曰力能勝貧，謹能勝禍。蓋言勤力可以不貧，謹身可以避禍。故李悝為魏文

齊民要術 十卷

上海涵芬樓借江寧鄧氏羣碧樓藏明鈔本景印原書葉心高營造尺六寸五分寬五寸

贾思勰《齐民要术》，上海涵芬楼影印本

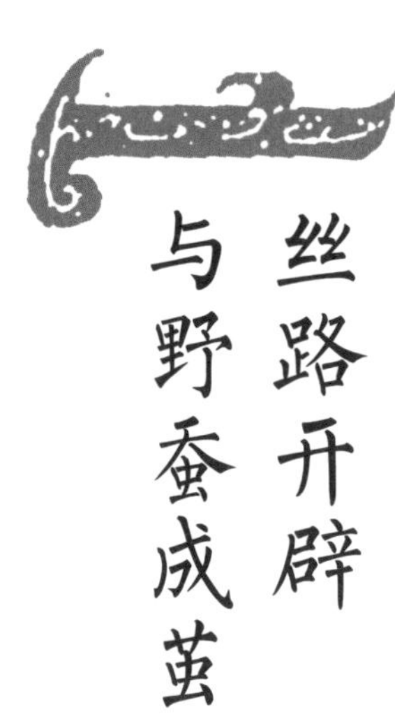

第二节 丝路开辟与野蚕成茧

秦汉大一统开创了对外交流新局面，陆上丝绸之路开辟后，蚕桑丝织成为丝路沿线物质文化交流的重要载体。野蚕是相对于家蚕而言的种类，随着明代中后期野外人工放养技术发展，在大自然捡拾蚕丝已不再是罕见祥瑞之象，人们对蚕又一次拓展了认知。

德国地理学家费迪南·冯·李希霍芬1877年出版《中国》一书，最早使用“丝绸之路”一词，简称“丝路”。丝绸之路是由中国蚕桑业发展引发的丝绸对外贸易之路，它开启了中外物种与文化的交流，成就了兼容并蓄的中华农耕文明特质。

汉代丝织品·新疆出土

丨作者摄于中国国家博物馆丨

丝绸之路形成于公元前2世纪—前1世纪，直至16世纪仍在使用。丝绸之路的开辟，最初就是为了将中国内陆腹地出产的丝绸向外运输。为此汉武帝于河西设置武威、张掖、酒泉、敦煌四郡以保障丝运畅通，并借此控制河西交通。他派遣张骞两次出使西域，打通了东西通路的丝绸之路，将中原、西域与阿拉伯半岛、波斯湾紧密联系在一起，开辟了中外物质文化交流的新纪元。自此，中国的丝绸、瓷器、漆器、铁器、冶铁技术、蚕种和养蚕技术、造纸术和印刷术、哲学伦理道德等沿着丝绸之路传输到西方世界，影响巨大，意义深远。

莫高窟第323窟北壁张骞出使西域图

丨敦煌研究院文物数字化研究所制作丨

该图讲述霍去病攻打匈奴获胜，得到两个“祭天金人”；汉武帝建造“甘泉宫”供奉之；汉武帝每日带领群臣焚香礼拜，却不知金人名号，于是派张骞赴西域询问金人名号的故事。该图是研究丝绸之路历史和中外文化交流史极为珍贵的图像资料。

汉代关于“野蚕成茧”的史书记述较多，且都用来表祥瑞。《后汉书》记载光武帝建武二年（公元26年）“野蚕成茧，野民收其絮”的故事。山东地区的野生蚕资源丰富，常有人将在山间野外捡拾的野蚕丝作祥瑞物进贡皇帝。如“元帝永光四年（公元前40年），东莱郡东牟山有野蚕为茧，茧生蛾，蛾生卵，卵着石。收得万余石，民人以为丝絮”。历史上最后一次此类记录出现在明英宗正统十年（1445年）的真定府，其时“真定府所属州县野蚕成茧”，知府“以丝来献”，明英宗将其“制幔褥，陈于太庙之神位”。嘉靖、万历年间，山东地方志中频繁提及山茧绸，山蚕蚕丝成为山民营生的一种重要手段，说明当时已经开始蚕的人工规模化养殖。

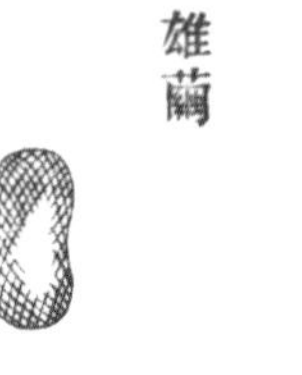

雌茧和雄茧图：吴诒善《蚕桑验要》，光绪二十九年刻本

野蚕蛾：徐澜《柞蚕茧法补遗》，宣统二年刻本

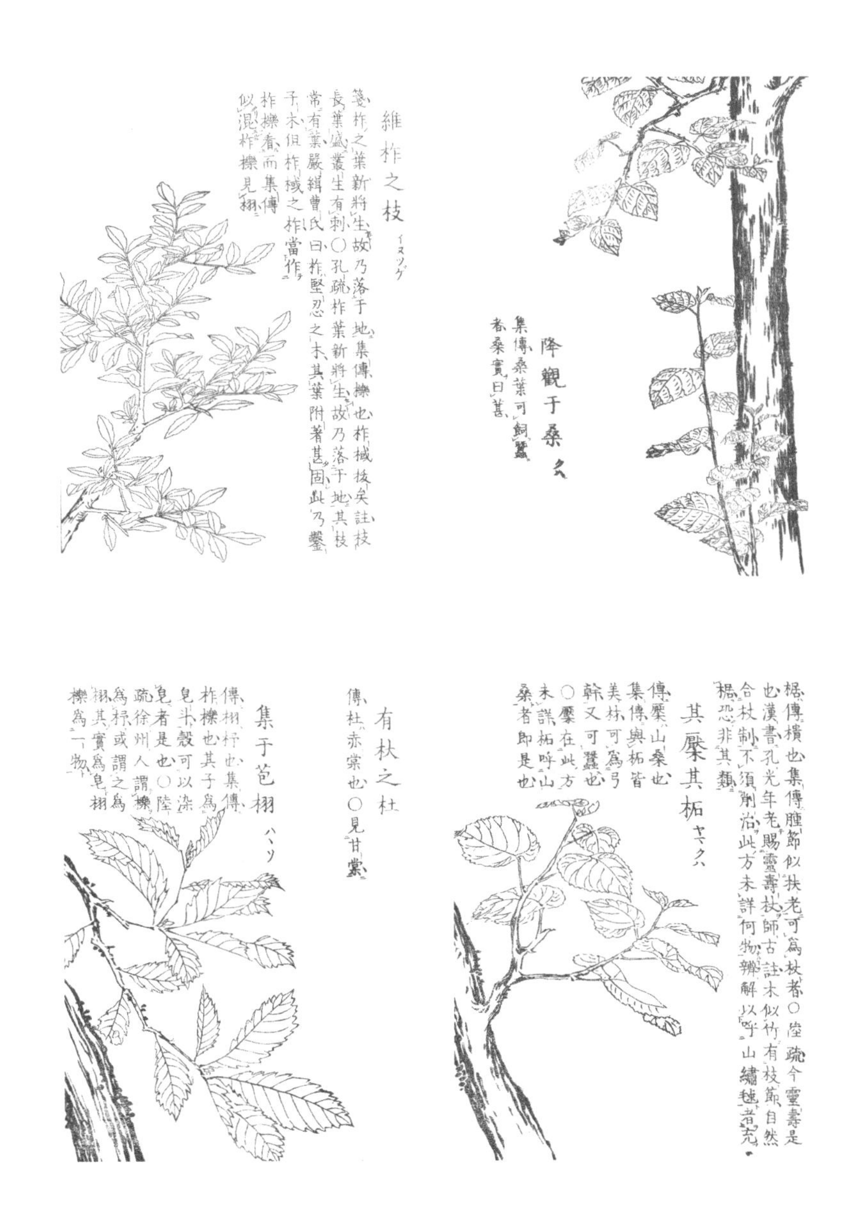

桑树叶图：《毛诗品物图考》，[日]冈元凤纂辑，橘国雄画，1785年

毛诗，指西汉时，鲁国毛亨和赵国毛苌所辑和注的古文《诗》，也就是现在流行于世的《诗经》。东汉经学家郑玄曾为《毛传》作“笺”，至唐代孔颖达作《毛诗正义》。

《毛诗品物图考》专门解释中国古代第一部诗歌总集《诗经》中的动物与植物，分为草、木、鸟、兽、虫、鱼6个类别，包含了其中较为常见的物种，图文并茂，200余幅图画，都属名家工笔摹绘，形态逼真，纤毫毕见。

橡子树,《本草》橡实，栎木子也。其壳一名杼斗，所在山谷有之。木高二三丈，叶似栗叶而大，开黄花，其实橡也。

柘树，其木坚劲，皮纹细密，上多白点，枝条多有刺。叶比桑叶甚小而薄，色颇黄淡，叶稍皆三叉，亦堪饲蚕。

小槲柞叶，粗厚，顶微圆，上宽下窄，大如掌，有歧缺，齿亦微圆，初生色黄有微毛，味苦。有色青者一种，饲蚕颇肥美。

大青槲叶，大而长，有歧缺，如锯齿，色青，有微毛，味苦。采其枝，用水生之，可以养蛾。

红柞叶，细而长，无歧缺，有细刺，锐如针，初生色微黄，味甘，最发蚕。早眠早起，茧大而厚。且叶尽易生，春秋相继，宜于头眠后食之。

黄栎叶，短而厚，上半有歧缺，作锯齿形，初生色微黄，味甘。饲蚕以黄栎为最。

野蚕，色绿，长三寸，共十二节，自顶以上微赤，两牙对列如剪，平动为不能起落，前六足为硬壳，后八足则膜质。

小青㭎叶，小而薄，有歧缺，如锯齿，色青，有微毛，味苦。萌蘖最早，春蚕喜食之。

栲柞叶，似栎而长大无歧缺，有刺，色绿，甚光滑，味微苦。以饲蚕出丝坚韧，惟易致病，宜于大眠后食之。

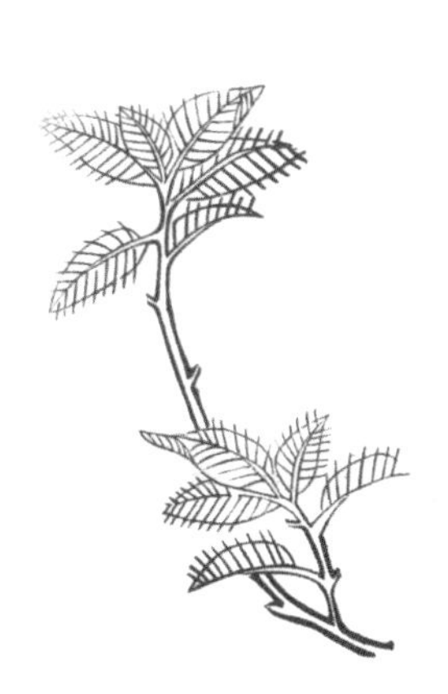

白柞叶，微小无歧缺，有细刺，锐如针，初生色微黄，味甘。以饲小蚕尤佳。

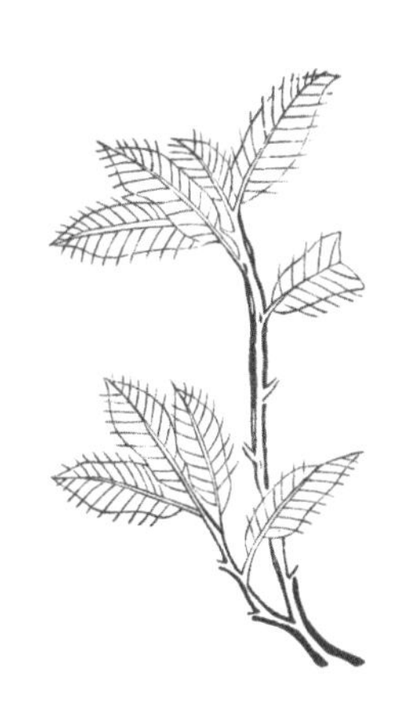

灰栎叶，微长无歧缺，有刺，初生色微白，背有细茸，灰色，味苦，然多汁。饲蚕易肥，且出丝坚韧。

樗，樗树及皮皆似漆，青色耳，其叶臭。樗木根叶尤良。樗木气臭，北人呼樗为山椿。

桑树图：《农政全书》《古今图书集成》《柞蚕简法补遗》《野蚕录》四册书中插图

第三节 织机改进与多彩织锦

汉代的织机不断改进，生产效率提高。汉代墓葬出土了很多绘有织机劳作的石刻，特别是山东、四川、江苏北部的墓葬中出现了极具价值的织机图。熟练织工与高超织机催生了精美织锦的出现。目前，这些织锦已经成为各地博物馆反映汉代丝织技术与艺术创作水平的稀世珍品。

中国古代丝织技术的发展，纺织出精美的丝织品，主要得益于织造工具的进步。商代出现了平纹织机，周代出现了提花织机。中国最早的纺车出现在春秋战国时期，汉代刘向《列女传·鲁寡陶婴》中出现有一幅纺车图，东晋画家顾恺之将其画出，此图被视为中国最早的脚踏三锭纺车图。汉代画像石中可见到手摇纺车，其结构简单，易操作。

成都曾家包东汉织工利用脚踏织布机织布画像石图像

| 王宪明　绘，原件藏于成都博物馆 |

此画像石上的斜织机是现存最早的织机图像。

中国古代丝织业重要的发明创造之一——踏板斜织机，是纺织平纹类素织物的织机，其经面与水平机座呈50°~60°斜角，便于织工观察经面是否平整、经纱有无断头。斜织机使用固定机架后，经轴与布轴将经纱绷紧，纱线的张力均匀，就能使织物的布面平整丰满，织工操作时也较为省力。斜织机的最大技术改进是将提综装置制作成一个专门的综框，并将综框和一只被称为“蹑”的脚踏相连，使操作者可以用脚控制综框升降，双手都被解放出来，可用于引纬和打纬，极大提高了织作效率。斜织机的发明可以追溯到战国时期，汉代已经普遍使用。

江苏沛县留城出土

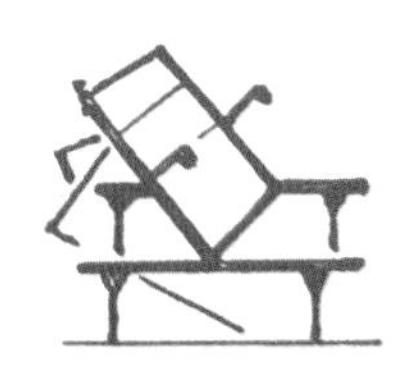

江苏徐州青山泉出土

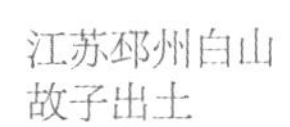

江苏邳州白山
故子出土

四川成都曾家包出土

汉代画像石上主要织机图[1]

1 赵丰．汉代踏板织机的复原研究．文物，1996（5）．

到了三国时期，织绫机在汉代织机基础上有所简化，但仍显复杂笨重，操作不便，织一匹绫子需耗时一个月。三国时期著名的机械发明和制造专家马钧，对机械的研究制造即是始于织绫机改革。织绫机就是织造“绫”的提花机，“绫”是一种表面光洁的提花丝织品，是在传统丝织品的基础上发展起来一种比较高级的织品。马钧发现“绫”的花色、图案有许多对称与重复，便利用此特点大大简化织绫机的结构和操作，使生产率提高数倍，而织出绫的色彩、图案、质量也得到了保障。据传，曹魏景初元年（237年）日本使者来访，魏明帝赠给日本使团大批丝织品，其中许多就是用马钧改进后的织绫机织成的。这种高效织绫机很快传播到其他地区，得到广泛应用。

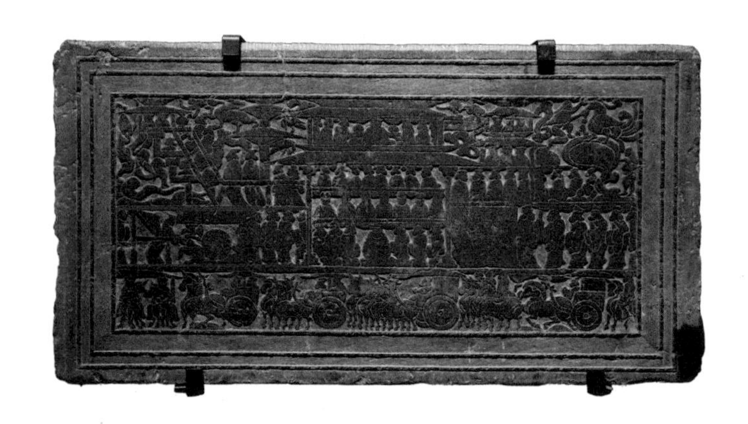

东汉楼阁人物画像石·滕州西户口出土

丨作者摄于山东博物馆丨

画面共分三层，一层、二层是起居纺织图。左边有人纺线织布，织布机是目前见到较早的纺织机械图形。三层是车马出行图。

纺织图：东汉楼阁人物画像石图像

| 王宪明　绘 |

东汉纺织画像石 · 滕州龙阳店出土

| 作者摄于山东博物馆 |

画面共分四层，一层、二层是起居纺织、楼阁水榭，三层、四层是车马出行图。

纺织图：东汉纺织画像石图像

| 王宪明　绘 |

陕西咸阳宫出土的秦代丝织品中有一批单衣、夹衣、锦衣，包括几何纹绣绢、经锦、夹缬和蜡缬印染织物，说明秦代丝织品种类已经不少。汉代丝织品出土更丰富，以湖南长沙马王堆出土的西汉丝织楚绣种类最齐全。西汉丝织文物有山东临沂金雀山绢地帛画；马王堆有绢地彩绘帛画的导引图、地形图、驻军图，各类帛书，服装、服饰等共 200 余种。1972 年在湖南长沙马王堆汉墓中发现的绛丝毛织物，制作极为精美。自张骞通西域，“丝绸之路”上往返的丝织品种类繁多，包括绢、绸、锦、缎、绫、罗、纱、绮、绒、绛等。目前，出土的东汉丝织品以新疆民丰县最多，甘肃嘉峪关也有部分出土。此外，汉代罗绮是高级的丝织品。

褐色绢地“信期绣”起绒锦残片

| 湖南省博物馆藏 |

绒圈锦，或称起绒锦、起毛锦，是三枚经线提花并起绒圈的经四重组织，是长沙马王堆一号汉墓出土的汉代丝织文物中又一项重要发现，该类丝织品是采用提花装置与双经轴机构的织机，利用“假织纬”起绒工艺，在锦面上形成丰满美丽的大小几何纹绒圈。其绒经由四根一组的变化重经组织组成，相当于地经的五倍，使用了双经轴和提花装置，并科学地利用起绒纬工艺，使织锦具备了“锦上添花”的立体效果。它代表了汉代织锦工艺的高超水平，突出地反映了汉初的缫纺技术。

素纱单衣·马王堆一号汉墓出土

| 湖南省博物馆藏 |

古诗形容此素纱单衣为“轻纱薄如空”，代表了西汉初期养蚕、缫丝、织造工艺的最高水平。汉代服饰用料主要有锦、纱、罗，锦优在厚重，而纱的特质是材质轻薄。素纱单衣的轻柔程度可与现代轻薄的蝉翼乔其纱媲美，可见2000年前古代中国的丝织工艺何等高超。

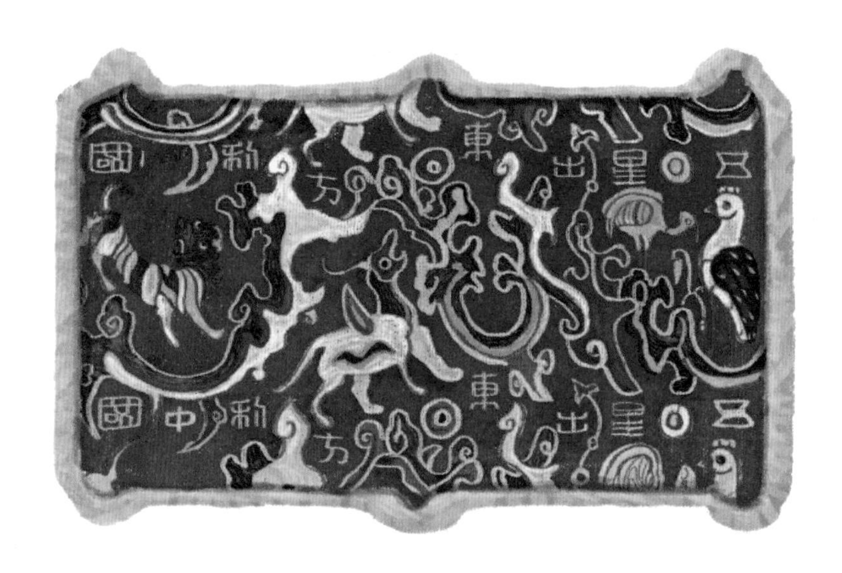

五星出东方利中国护膊

丨王宪明　绘，原件藏于新疆维吾尔自治区博物馆丨

“五星出东方利中国”是一件汉代蜀地织锦护膊，被誉为20世纪中国考古学最伟大的发现之一，于1995年由中日尼雅遗址学术考察队成员在新疆和田地区民丰县尼雅遗址一处古墓中发现，出土时系在一具男性遗骸上，一同出土的还有弓、弓囊、箭、箭壶，共同反映了汉代军事军制情况。该锦织造工艺非常复杂，运用“平纹五重经”工艺，可代表汉代织锦技术的最高水平。织锦文字经中国丝绸博物馆复原为“五星出东方利中国诛南羌四夷服单于降与天无极”，被新疆维吾尔自治区博物馆选作《国家宝藏》节目的三件代表性国宝之一。此锦以凤凰、鸾鸟、麒麟、白虎等瑞兽和祥云瑞草为纹饰，采用青赤黄白绿五色，皆从秦汉以来发展广泛的植物染料所得。此织锦将阴阳五行学说表现得淋漓酣畅，实属罕见。

灯树对羊纹锦·北朝吐鲁番出土

| 王宪明　绘，原件藏于新疆维吾尔自治区博物馆 |

平纹经锦中以灯树对羊纹锦颇为著名，据吐鲁番高昌章和十八年（548年）出土文书记载的“阳树锦”一词，且吐鲁番文书中“阳”和“羊”互通，阳树锦应为羊树锦。此锦图案左右对称。幅边起为一对跪着的山羊，面目喜气洋洋，双羊之上有一棵大大的“灯树”，其侧各有两鸟，分列上下，鸟背处另有一小树，上系葡萄状灯。平纹经锦是最早出现的锦织物品类，采用1∶1平纹经重组织织造，因以经线显花而得名，其兴盛时间较长，自战国时期一直延续至唐代初年。

第四节 《尔雅》释蚕与壁画绘桑

《尔雅》是中国古代读书人了解动植物知识的主要书籍。历代文人对《尔雅》注疏不断，蚕作为书中重要内容，在近代西方博物学传入之前，学人都以《尔雅》为其分类依据。桑已经成为石刻壁画中常见题材，用以反映农业生产与生活场景。在此基础上，与桑相关的文学创作与历史典故逐渐增多，影响深远。

《尔雅》是“十三经”之一，是中国古代首部按词义系统和事物分类编排的词典，记载了中国古代丰富的生物学与植物学知识，是研究中国早期动植物的重要书籍。《尔雅》最早著录于《汉书·艺文志》，但未载作者姓名。东汉窦攸因能根据《尔雅》中的记载识别各种动植物，被光武帝赐帛众多。汉代以后，研究《尔雅》备受重视，晋代郭璞《尔雅注》、清代郝懿行《尔雅义疏》均为此中经典。《尔雅》记载吐丝类昆虫的种类很多，但多属描述性质，中国传统的分类方法与西方分类学差异较大。如《尔雅·释义》释蚕“桑中虫也”。

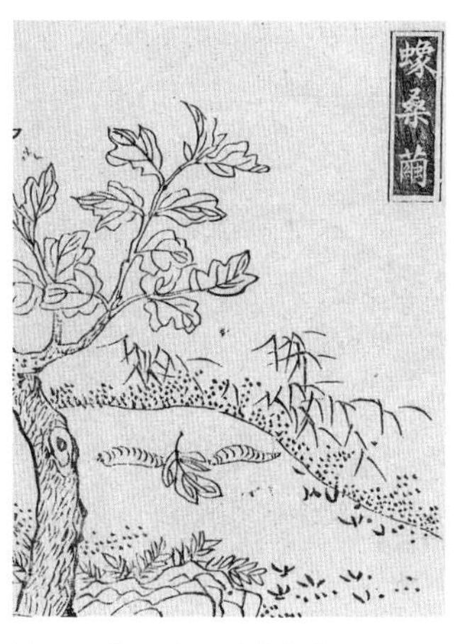

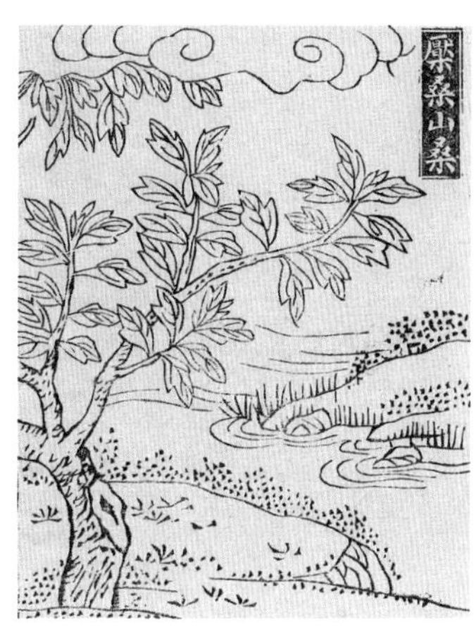

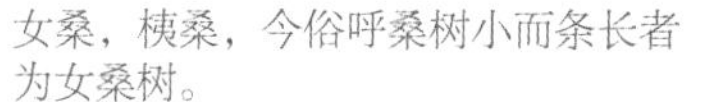

女桑，桋桑，今俗呼桑树小而条长者为女桑树。

蟓，桑茧，食桑叶作茧者，即今蚕。

檿桑，山桑，似桑，材中作弓及车辕。

女桑桋桑、蟓桑茧、檿桑山桑：晋代郭璞《尔雅音图》，嘉庆六年艺学轩影宋本

《尔雅》记载有很多野蚕种类：

厥后由桑蚕推广见于《尔雅》者，有檽茧、萧茧、棘茧、乐茧。又载蟓桑茧，李时珍谓蟓即桑上野蚕。见于《禹贡》者有檿丝，见于《唐史》者有槲菜蚕，见于《宋史》者有苦参蚕，见于《齐民要术》及《蚕书》者有柘蚕，见于张文昌《桂州》诗者有桂蚕，见于《诗疏》者有蒿蚕。

汉代养蚕缫丝业发展已达高峰。大型作坊均为官府经营，织工可达数千人，所产丝织品颜色鲜艳，花纹多样，做工极为精致。西汉丝织品不仅畅销国内，而且途经西亚行销中亚和欧洲。中国通往西域的商路以“丝绸之路”驰名世界。

徐州铜山洪楼村出土东汉织机画像石图像

| 王宪明　绘 |

汉代出现许多纺织题材画像石，江苏北部、山东西南部、四川地区出土的纺织图画像石尤其丰富，多雕刻精美，都有故事情节，反映了当时的纺织技术、社会生活和文化思想，具有较高的研究价值。

纺织图：汉代画像石图像[1]

| 王宪明　绘 |

1953 年出土于徐州铜山洪楼村的汉代画像石，其图像展示了脚踏提综式斜织机技术。这是当时世界上最先进的纺织技术，也是中华民族对世界文明的伟大贡献之一。

1　参考国家邮政局 1999 年发行特种邮票图像绘制。

东汉纺织画像石

丨作者摄于南京博物院丨

此石刻自上至下分为四层，其中第二层是纺织图，刻的是曾母投杼的故事。画面上有三人，自左至右分别是曾母、曾参及“谗言者”。“曾母投杼”故事始见于《战国策》：有人误言曾参杀人，曾母“投杼逾墙而走”。此图做曾母怒斥曾子，投杼于地，以宣扬孝道。所刻器具大如织机，小如梭杼，与人物均雕刻精细。

东汉纺织画像石图像（局部）

丨王宪明　绘丨

画面中曾母使用的是一架脚踏式织机。

魏晋时期墓画中，桑园、采桑、护桑、蚕茧、丝束、绢帛、丝织工具等图像应有尽有。画中有采桑女在树下采桑；有童子在桑园外扬杆驱赶飞落桑林的乌鸦。采桑女中既有服饰较好、长衣曳地者，也有短衣赤足的婢女。展现了众人一起参与蚕桑的生产图景。画面上桑树枝叶茂密，桑葚果实累累，一看就是人工精心培育的桑园。从画中树形、树高与采桑者身高比例，如妇女站立采桑，童子站立采桑，树上挂筐采桑，甚至跪坐采桑等，可知画中桑树多为质地良好且低矮易采的地桑。汉代画像石中常见树下射鸟、射猴的景象，依据《礼记·射义》中“射侯者，射为诸侯也”，引申为“射侯射爵”。郑玄注《周礼·司裘》载：“天子中之则能服诸侯，诸侯以下中之则得为诸侯。”

魏晋驱鸟护桑图画像砖

| 王锦辉摄于嘉峪关长城博物馆 |

画面左侧一个身着锦袍的妇女正在采桑，中间是一棵落鸟的桑树，右侧妇人的孩子手持弓箭在射鸟，展示了树下射鸟的情景。此画像砖体现出当时蚕桑业与纺织业状况。锦袍则能反映当时的服装特征及手工业发展水平，由此可见当时的社会、生活、生产与经济面貌。

酒泉市有近1500座魏晋时期的古墓，其中保存了大量珍贵壁画及彩绘画像砖。魏晋墓室壁画包括酒泉市肃州区果园丁家闸、西沟、高闸沟魏晋墓壁画和彩绘砖画，嘉峪关新城镇魏晋墓壁画和壁画砖，敦煌佛爷庙湾魏晋墓室砖画等。这些墓室壁画具有很高的艺术价值，其中大量关于蚕桑业的壁画，形象地反映出魏晋时期蚕桑业的兴盛历史。

绢帛图画像砖

| 张掖市高台县博物馆藏 |

砖左右各绘数卷绢帛，以墨线勾勒，着红色、淡墨色，以线绑扎竖立。中间有一高脚盘，其上满置蚕茧。说明当时河西地区不仅遍植桑树，缫丝业也已具备相当规模，佐证“丝绸之路”的名副其实。

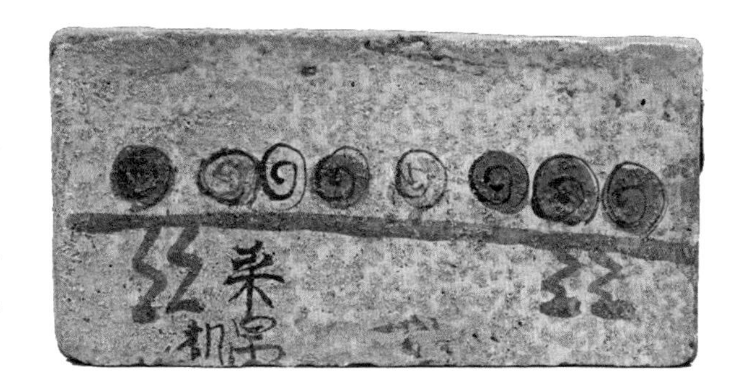

采帛机丝束图画像砖

| 张掖市高台县博物馆藏 |

画面左下方墨书两行题款“采帛”“机”，“采”即“彩”“机”即“几”。“采帛”即“彩帛”，意为几上放着彩色束帛。画面表现了一组不同色彩的丝帛卷放置于长几之上。

汉代留下许多有关蚕桑的文化记忆。如“失之东隅，收之桑榆”“衣锦还乡”“拾葚供亲”等。其中“拾葚供亲”讲述了蔡顺的孝行，是《二十四孝》的第十一则故事。蔡顺幼时丧父，和母亲相依为命。战乱之际，无以果腹，便在桑葚结果时节，每天采摘桑子充饥。一天，几个赤眉军士兵看到蔡顺提着两篮子桑葚，问：“把你的桑葚拿出来，给我们解渴好吗?”蔡顺说：“不行，桑葚是采给母亲充饥的，怎么能给你们吃呢!”一个士兵发现两个篮子里的桑葚不一样，一篮是黑的，另一篮是白的，问蔡顺：“你为什么把白桑葚和黑桑葚分开呢?”蔡顺说：“白桑葚是酸的，我自己吃。黑桑葚是甜的，留给母亲吃。我应该孝顺母亲。”赤眉军士兵感其孝心，送他米肉回家供养母亲。

北宋“蔡顺”人物长方砖与砖拓

| 故宫博物院藏 |

砖雕图中右侧一人，头裹巾，巾带飘动，身穿圆领袍，衣上有花纹，腰间束带，足穿长筒靴，左足抬起，右足下垂，坐于石台上，身后立一披甲持刀的护卫。左侧一人身穿交领上衣，腰后系袋子，下穿裤，躬身拱手，作恭谦状，其前有一袋米和两只牛蹄，身后一盛满桑葚的竹篮。背景有山石树木点缀。从画面上看，右侧高大者当为起义军首领，左侧恭谦者应是蔡顺。正统道学家眼里的绿林贼子在这里成了被歌颂的对象，真是孝感天地了。

著名的汉代乐府民歌《陌上桑》，描述了汉代一位太守春季巡查地方发生的故事。诗文开篇“秦氏有好女，自名为罗敷。罗敷喜蚕桑，采桑城南隅，”随后展开一个采桑女智胜劝民农桑官员的场景。

罗敷采桑图：上垣守国《养蚕秘录》(1803年刊本)，《日本农书全集》第三十五卷，日本农山渔村文化协会影印，1981年

明治维新之前日本引入大量中国蚕书，并吸收了中国蚕桑文化。

第四章

异乡为客

隋唐时期蚕桑丝织的南移与外传

隋唐时期，受安史之乱影响，蚕桑技术不断南移，与此同时养蚕植桑逐渐适应了江南地区的生产环境。陆龟蒙《蚕赋》等文学作品的出现，说明当时社会已将蚕桑生产融入文化生活。蚕种外传是这一时期的另一个重要事件，7世纪养蚕技术经波斯传入阿拉伯半岛和埃及，8世纪阿拉伯人又把养蚕技术带到西班牙，12世纪引入意大利，15世纪再由意大利传入法国。唐代丝织品织造技术高超，各地出土绢丝种类繁多，用途多样，精美绝伦。

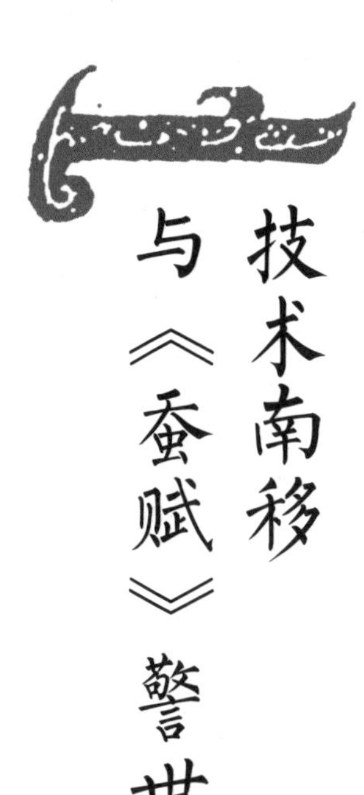

第一节 技术南移与《蚕赋》警世

隋唐时期，中国蚕桑丝织业的重心开始逐步转移到长江流域。唐中期是北方黄河流域蚕桑业和丝织业向江南地区转移的重要时期。安史之乱对北方蚕桑生产造成了巨大破坏，南方社会环境相对稳定，北方人口的大举南迁，为南方地区带去了大量的劳动力和先进的生产技术，促进了江南的经济发展。

《四时纂要》记述了唐代蚕桑生产技术发展的状况，该书共有9处涉及蚕桑。唐代桑田已经向专门化和园圃化方向发展；在养蚕技术方面，保持蚕室清洁卫生已经得到了重视。唐代丝织业分私营和官营两种，官营手工产品供皇宫或朝廷使用；民间织坊也颇兴旺发达，丝织工艺取得了突出的成就。中唐以后，天下闻名的丝织品达数十种，主要产地在河北、河南、山东，以及成都平原、太湖流域和钱塘江流域地区。其中，定州（今河北正定）以产绫为主，赵州临城以产纩为主，扬州的锦被、锦袍为贡品，越州（今浙江绍兴）以产绫、纱著称，成都的蜀锦闻名于世。

选种　　栽桑

移桑　　盘桑

选种、栽桑、移桑、盘桑：卫杰《蚕桑萃编》，浙江书局刊行，1900 年

唐代开始，南方桑园开发不断扩大，桑树培植技术不断成熟。由北方传来的桑树品种与栽桑技术开始适应南方的自然环境。

唐代农学家、文学家陆龟蒙曾任湖州、苏州刺史幕僚，后隐居松江甫里（今甪直镇），其《甫里先生文集》流传于世。陆龟蒙与荀子和杨泉对蚕的赞美不同，他提出“伐桑灭蚕”，主要是因为陆龟蒙身处吴越，深知吴越“逮蚕之生，茧厚丝美。机杼经纬，龙鸾葩卉”的优点。但唐代末年，丝绸的这些优点恰恰导致了“官涎益馋”，百姓辛苦养蚕缫织，却被官府“尽取后已”。陆龟蒙以愤懑的情绪作《蚕赋》，“遍身罗绮者，不是养蚕人”，反映出当时民不聊生的社会状况。

陆龟蒙《蚕赋》是江南地区蚕桑技术发展的真实写照，其中的蚕桑元素更是成为了后人文化创作的重要题材。

陆龟蒙像

| 王宪明　绘 |

陆龟蒙

《蚕赋》并序：

荀卿子有《蚕赋》，杨泉亦为之，皆言蚕有功于世，不斥其祸于民也。余激而赋之，极言其不可，能无意乎？诗人“硕鼠”之刺，于是乎在。古民之衣，或羽或皮。无得无丧，其游熙熙。艺麻缉纑，官初喜窥。十夺四五，民心乃离。逮蚕之生，茧厚丝美。机杼经纬，龙鸾葩卉。官涎益馋，尽取后已。呜呼！既豢而烹，蚕实病此。伐桑灭蚕，民不冻死。

中国历史上的许多唐代名家，如李白、白居易、杜甫、李商隐、王昌龄等创作的诗词，多以丝绸为题材。李商隐《无题》有“春蚕到死丝方尽”，其中“丝”用“思”的谐音，一字双关，比喻情深谊长，至死不渝。由于蚕一生只吃桑叶，等到老时却吐尽柔软、光滑、洁白的丝。此句原指爱情如春蚕吐丝，到死方休，后也用来赞扬人的奉献精神。

“作茧自缚”出自白居易《江州赴忠州，至江陵已来，舟中示舍弟五十韵》：“虎尾忧危切，鸿毛性命轻。烛蛾谁救活，蚕茧自缠萦。”这是说蚕吐丝作茧，却将自己包裹其中，用以比喻自我束缚。

蚕月条桑：《毛诗品物图考》，[日]冈元凤纂辑，橘国雄画，1785年

挑茧：宗景藩《绘图蚕桑图说》，吴嘉猷绘，光绪十六年

择茧：《耕织图》，南宋楼璹原作，
狩野永纳摹写，和刻本，1676 年

摘茧：卫杰《蚕桑萃编》，浙江书局
刊行，1900 年

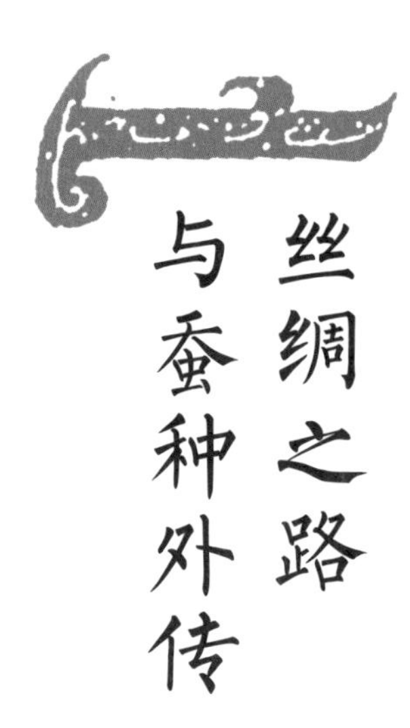

第二节 丝绸之路与蚕种外传

唐代，陆上丝绸之路与海上丝绸之路都是中外交流的重要途径，丝绸成为中外交流的文化符号。这一时期，蚕桑丝织技术途经中亚传入西亚，其后传至欧洲，影响遍及欧亚大陆，丝绸成为中国在世界上举世闻名的文化名片。

唐代陆上丝绸之路不仅延续了以往的贸易线路，而且将南北朝以来因战乱中断的部分路段进行疏通，开通了天山北路一段。丝绸之路从长安出发，经甘肃河西走廊，至新疆，过天山南北，到达中亚，一路至中东，一路到欧洲，其中过天山以后还有一路到印度。

唐代是东西方经济、文化、科技交流的高峰时期，丝绸之路对此发挥了巨大作用，并且陆海两路相继繁荣。唐代前期，陆上丝路繁荣，随后因多种原因陆路失去了发展优势。唐代中期以后是海上丝路的重要发展时期，当时海上通道运送的大宗货物主要就是丝绸。

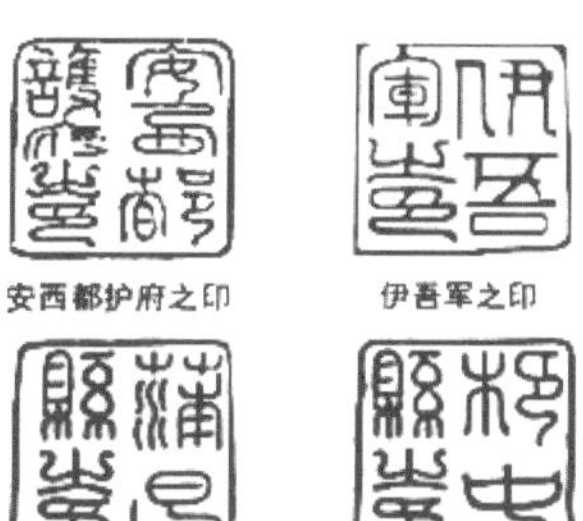
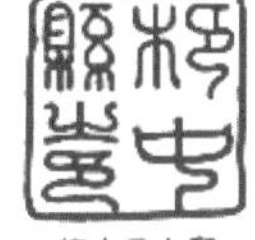

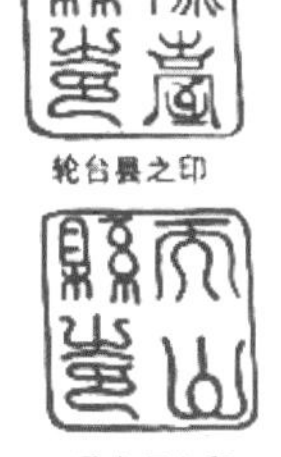

唐代西域官府印谱

丨作者摄于中国国家博物馆丨

此皆为吐鲁番出土官方文书上的印钤，篆书。唐代都护府下的行政系统分为两种：一种是州、县制；另一种是羁縻府、州制。

骆驼驮丝绸壁画

丨洛阳古代艺术博物馆藏丨

此壁画发现于洛阳唐代安国相王李旦孺人（夫人）唐氏和崔氏壁画墓，为洛阳地区首次发现此类题材的壁画。

中国古代的丝绸输出大体上是沿着张骞出使西域的路线，经新疆昆仑山脉的北坡西行，穿越葱岭，经中亚，再转运至希腊、罗马等国。蚕种和养蚕技术随之首先传到新疆，再由新疆沿着“丝路”传入欧洲。玄奘所著《大唐西域记》载有瞿萨旦那国（梵ku-stana，于阗）引进桑种和蚕种的故事。

公元7世纪，养蚕技术从波斯传到阿拉伯半岛和埃及。公元751年，穆罕默德率领军队与唐朝大将高仙芝部队在今哈萨克斯坦境内的怛罗斯河发生战争，其间一些中国的丝绸织工和造纸工被对方俘获，可能正是由这些被俘虏的工人将中国丝绸工艺和造纸术传入了西亚。公元8世纪，西亚的养蚕业及缫织作坊迅猛发展，出现了许多专门从事缫丝、纺织、印染和刺绣的城市。波斯成为继中国之后的世界第二大丝绸产地，西亚市场逐渐用本地丝织产品作为替代，而中国丝绸开始逐渐转销东南亚。公元8世纪后，阿拉伯人又把养蚕技术介绍到西班牙，12世纪传至意大利，15世纪再由意大利传入法国。中国的丝绸逐步传遍世界。

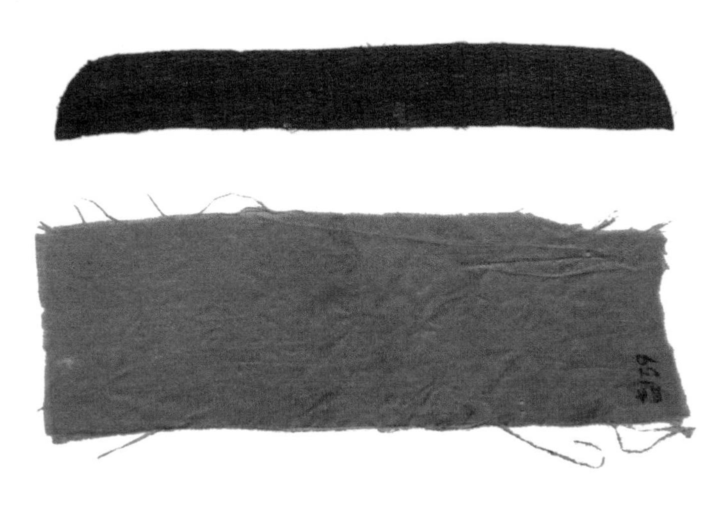

唐代丝绸残片

丨作者摄于陕西历史博物馆丨

唐代东国公主传丝木版画·丹丹乌里克佛寺遗址出土

丨王宪明　绘，原件藏于大英博物馆丨

此长方画板中央绘一盛装贵妇，头戴高冕，有侍女跪于两旁，一端有一篮，其畔充满形同果实之物，另一端有一多面形物，左边侍女的左手指着贵妇高冕，冕下即是其从中国私运来的蚕种，篮中所盛即是茧，而多面形物即是纺车。唐玄奘《大唐西域记·瞿萨旦那·麻射僧伽蓝及蚕种的传入》和此木版画相互印证。但也有观点认为这幅画描绘的是佛教故事，而非“传丝公主”。

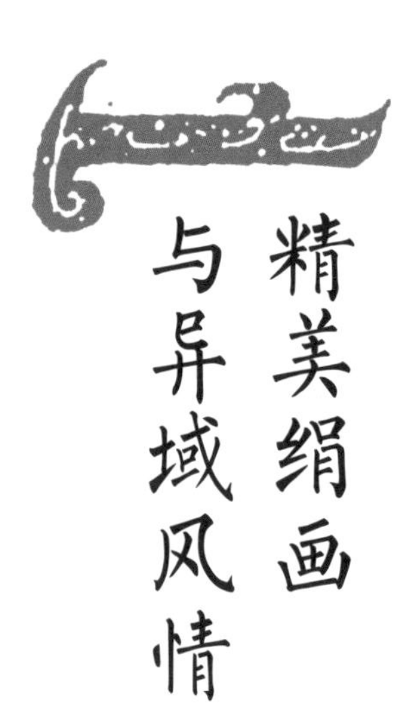

第三节 精美绢画与异域风情

隋唐时期，丝绸产量不断提高，丝织业手工技能日益娴熟。丝绸之路沿线出土的织锦与绢画，通过吸收西域与国外文化元素，图纹兼具了异域风情，异常精美，充分展示了丝绸之路对中外文化交流的影响。

隋代，河北地区“人多重农桑”，扬州地区“一年蚕四五熟，勤于纺绩，亦有夜浣纱而旦成布者，俗呼为鸡鸣布”。中唐以前，蚕桑纺织业的中心大部分在北方。北方相州“调兼以丝，余州皆以绢”。河南道“陈、许、汝、颍州调以絁、绵，余州并以绢及绵”。当时的绢产地分为八等，前三等为：一等宋、亳；二等郑、汴、曹、怀；三等滑、卫、陈、魏、相、冀、德、海、泗、徐、博、贝、兖。中唐以后，北方地区持续战乱，大量手工业者被迫南迁，推动了南方蚕桑纺织业的长足发展。唐后期，越、宣、扬、润四州的丝织品质量突飞猛进。

唐代丝绸在产量、质量和品种花色方面均达到了前所未有的高超水平。除继承秦汉时期生产的纱、縠、絣、绢、纨、绫、缟、罗、绡、缦等传统特色织物以外，又出现了不少新品种和新技法，谱写了大唐盛世辉煌的丝绸记忆。例如，现今仍有大量珍贵的反映唐代人物、神话等题材的绢画存世。

唐代彩绘仕女绢画

| 作者摄于陕西历史博物馆 |

隋唐时期，丝绸之路畅通，对外交流繁荣，丝织品上开始出现模仿西域风格的图案。如西域的狮、大象、骆驼、翼马、孔雀，狩猎骑士、牵驼胡商、对饮番人以及异域神祇等，这些都成为丝绸品上重要的图画题材。来自波斯萨珊王朝、中世纪波斯王朝、罗马、印度等地区的大量外来的图案样式，对唐代织锦艺术产生了重大影响，使隋唐丝织工艺较以往别具异国风情。

唐代丝织品在吐鲁番高昌遗址、拜城克孜尔石窟、青海都兰、莫高窟藏经洞、陕西法门寺佛塔地宫等处均有出土。阿斯塔那出土的唐代丝织品特别多，有联珠彩锦、织花罗、花鸟蜡缬绢、方胜四叶纹双层锦和各类动物、花鸟、几何纹锦等。

唐代对鸭纹锦覆面 · 吐鲁番阿斯塔那墓出土

| 王宪明　绘，原件藏于新疆维吾尔自治区博物馆 |

图中央为对鸭，对鸭色彩上下对比鲜明，此为纬锦的产地、年代、纹样演化和中西纹样的比较研究提供了重要的资料。

唐代团花和联珠猪头纹锦覆面 · 吐鲁番阿斯塔那墓出土

| 作者摄于中国国家博物馆 |

此覆面呈椭圆形，原白色绢荷叶边，面芯由两块织锦拼接而成，一块是红地联珠猪头纹，另一块是黄地联珠团花四叶纹，其中猪头上翘的獠牙与几何形的眼睛极富装饰性。

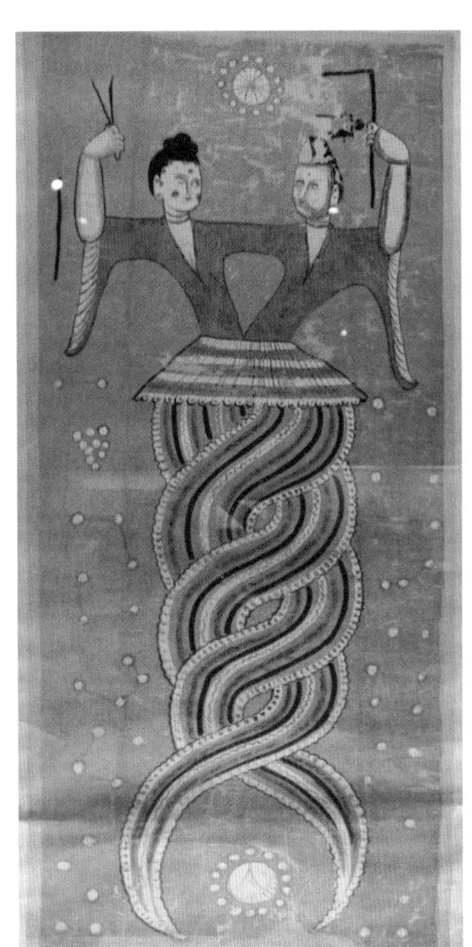

唐代彩绘伏羲女娲绢画·吐鲁番阿斯塔那佛塔出土

丨作者摄于中国国家博物馆丨

由窦师纶[1]创造的陵阳公样是中国传统丝绸重要的纹样之一，其对称结构的纹样特点，成为唐代织锦中经常采用并极具特色的图案形式。窦师纶研究过舆服制度，精通织物图案设计，被唐政府派往盛产丝绸的益州（今四川省）大行台检校修造。他创造出的样式、花式主题有瑞锦、对雉、斗羊、翔凤、游麟等，在传统蜀锦织造艺术基础上融合波斯、粟特等纹饰特点，穿插组合祥禽瑞兽、宝相花鸟，呈现的图案繁盛隆重，庄严华丽。该样式因窦师纶获封陵阳公而被誉为“陵阳公样”。

联珠对马纹锦图案

| 王宪明　绘，原件藏于新疆维吾尔自治区博物馆 |

1 张彦远《历代名画记》记载：“窦师纶，初为太宗秦王府咨议、相国录事参军，封陵阳公。性巧绝，善绘事，尤工鸟兽。草创之际，乘舆皆阙，敕兼益州大行台，检校修造。凡创瑞锦宫绫，章彩奇丽，蜀人至今谓之陵阳公样。”

唐代联珠花树对鹿纹锦残片图案复原图 [1]

丨由日本私人收藏，原残锦出土于新疆吐鲁番阿斯塔那高昌遗址丨

唐代立狮宝花纹锦图案复原图

丨中国丝绸博物馆藏丨

此锦以大窠花卉为环，环中一站立狮子，环外以花卉纹作宾花。花的造型如牡丹，花蕾如石榴。现有花团和狮子的图案造型尽显盛世的华贵。

1 赵丰，屈志仁．中国丝绸艺术．北京：外文出版社，2012．

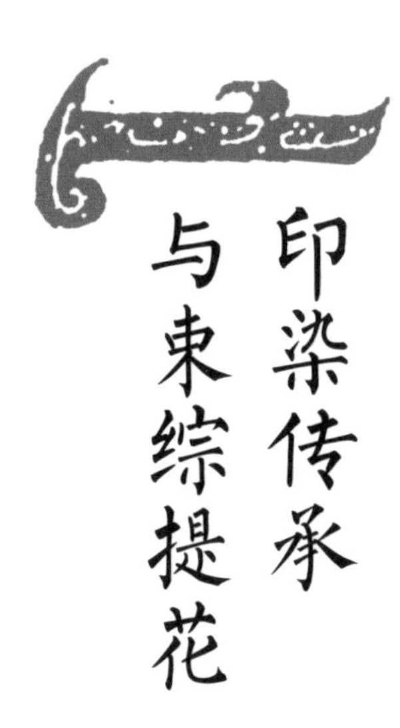

第四节 印染传承与束综提花

中国古代印染技术又分为夹缬、绞缬和蜡缬三大类。「缬」专指在丝织品上印染出图案花样。唐代印染技术已经十分成熟。丝织业发展离不开织机进步，唐代束综提花织机已经完善和定型，为宋元明清提花技术水平达到巅峰奠定了基础。

夹缬，唐代印花染色方法，始出现于汉代。用二木版雕刻同样花纹，以绢布对折，夹入此二版，然后在雕空处染色，成对称花纹，其印花所成锦、绢等丝织物叫夹缬。唐代有诗句称“成都新夹缬，梁汉碎胭脂”“醉缬抛红网，单罗挂绿蒙”。

绞缬，又称“撮花”，是一种对染前织物进行缝绞、绑扎、打结的处理过程，以使染液在织物处理部分不能上染，或不等量渗透，从而达到显花效果的印花工艺及其制品。魏晋南北朝时期，绞缬已经“贵贱皆服之”。唐代，绞缬流行于妇女服饰之上，技艺高超。绞缬的色彩层次丰富，韵味十足。

蜡缬，又称蜡染，是指用蜡在织物上画出图案，然后入染，最后沸煮去蜡，使成为色底白花的印染品。唐代，蜡染十分盛行，技术已经成熟，可分为单色染与复色染，复色染可套色四、五种之多。唐代中国文化对日本的影响巨大，奈良正仓院一直保存着各种唐代传入的中国蜡缬工艺珍品。

唐代丝织品出现了斜纹经锦、斜纹纬锦以及双层锦。平纹织物并没有花纹，古人采用挑花杆挑织图案，使织物更加漂亮。提花就是纺织物以经线、纬线交错组成的凹凸花纹。提花的工艺方法源于原始腰机挑花，唐代束综提花机已逐渐完善和定型。隋唐时期，莲花、卷草、写生团花等造型饱满圆润，丰润浓艳。宋元明清时期，丝绸提花织物纹样自然流畅、纤巧精细。

染色：卫杰《蚕桑萃编》，浙江书局刊行，1900 年

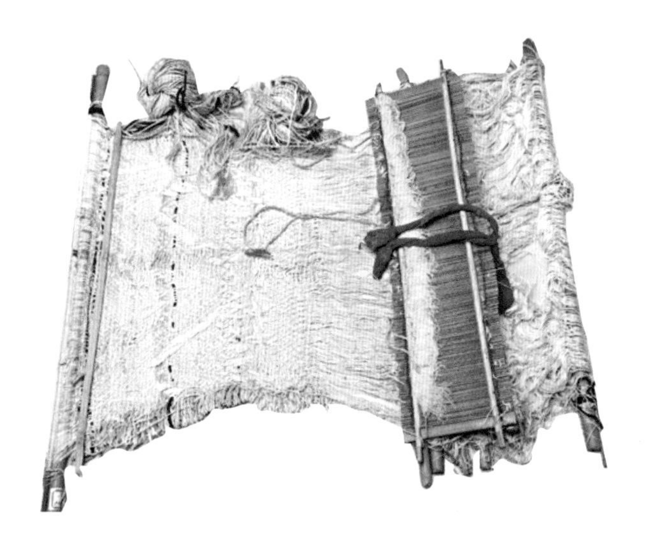

水傣族织机花本及综扣

丨中国丝绸博物馆藏丨

此套花本连有综扣，其中花本以线编制而成，为云南当地水族和傣族人织机上所使用。

台江苗族平绣鹡宇孵人袖片

丨贵州省博物馆藏丨

安顺苗族蜡染石榴蝴蝶纹垫单

丨贵州省博物馆藏丨

贵州、云南苗族、布依族等民族特别擅长蜡染。蜡染是用蜡刀蘸熔蜡绘花于布，再以蓝靛浸染，待去蜡，布面就呈现出蓝底白花，或白底蓝花等多种图案。在浸染中，作为防染剂的蜡自然龟裂，使布面呈现出特殊的冰纹，魅力十足。蜡染图案丰富，色调素雅，风格独特，用于制作服装服饰和各种生活用品，外观朴实大方、清新悦目，富有民族特色。

宋代鹭鸟纹彩色蜡染褶裙

| 王宪明　绘，原件藏于贵州省博物馆 |

这件鹭鸟纹彩色蜡染褶裙集挑花、刺绣、蜡染工艺手法于一体，纹样繁缛多变，呈色丰富多彩。图案模取的是早期铜鼓上的鹭鸟纹，画面大、线条流畅、着色不多，融欢乐、严谨、热烈、大方为一体，呈现了古代少数民族的艺术观及工艺技术。它对于研究贵州蜡染史、古代贵州民族服饰及其演变有着重要的实证作用。

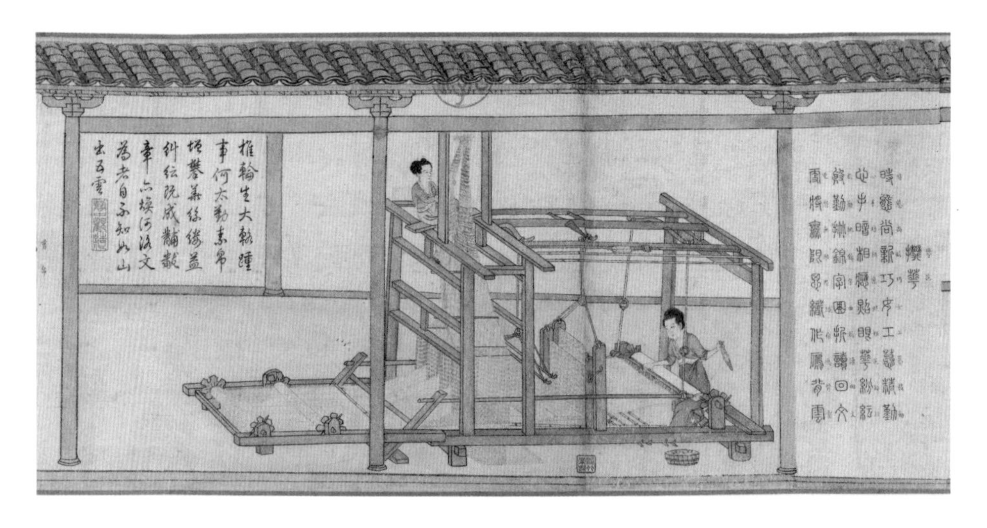

攀花：《耕织图》，南宋楼璹原作，元代程棨摹

楼璹《耕织图》中绘有一部大型提花机，有双经轴和十片综，上有挽花工，下有织花工，相互呼应，织造结构复杂的花纹。中国古代精巧的提花机造就了精美的丝绸。11—12 世纪，中国的提花机传入欧洲，对此后的工业革命产生了重要影响。

攀花：《御制耕织图》，清代焦秉贞绘，康熙三十五年彩绘本

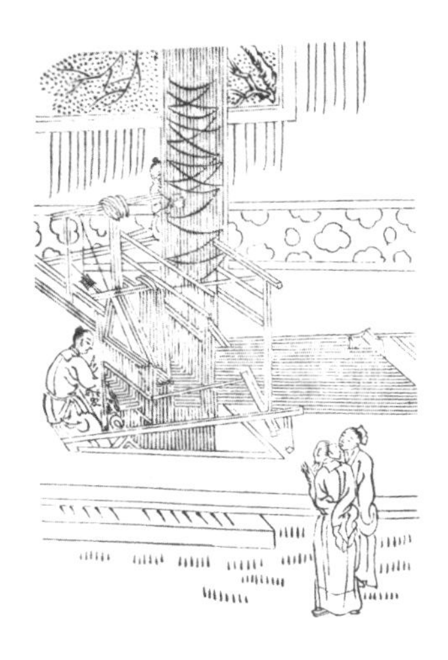

攀花图：卫杰《蚕桑萃编》，浙江书局刊行，1900 年

织紝图：杨屾《豳风广义》，宁一堂藏版，1740 年

花机图：宋应星《天工开物》，崇祯十年涂绍煃版

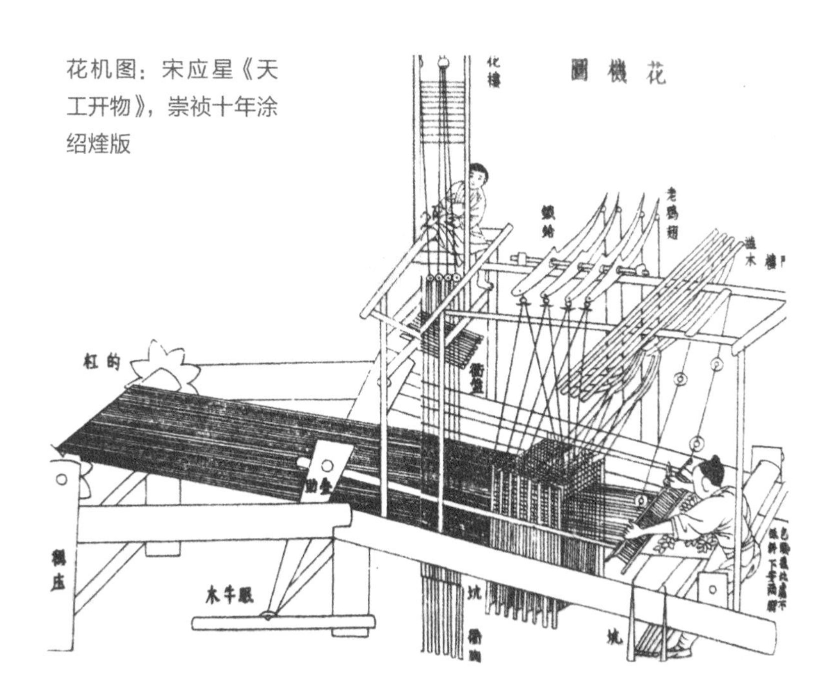

第五章

惊艳世人

宋元明清蚕桑丝织的精湛与繁荣

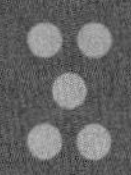

宋元明清是中国蚕桑丝织技术发展的巅峰时期，中国蚕桑丝织品以极其精湛的技艺所呈现出的面貌受到海内外消费者的青睐，举世闻名。宋代以来江南蚕桑生产技术不断提高，至明清更加繁荣。随着丝绸贸易的兴起，海上丝绸之路逐渐形成。蚕桑专业书籍的大量涌现成为这一时期的重要特点，大量文字记载传承了中国传统的蚕桑文化。晚清以来，蚕桑丝织技术开启了近代化历程。丝织业逐渐融入国际市场，开始参与国际竞争。

第一节 海上贸易与技术巅峰

宋元明清时期，海上贸易不断发展，丝绸成为重要的贸易商品。随着经济重心的南移，太湖流域蚕桑丝织技术出现了大发展，尤其是杭嘉湖地区创造了传统蚕桑丝织技术巅峰。

宋代，造船技术和航海技术发展，南宋政府于嘉定十二年（1219 年）下令以丝绸交换外国商品，中国丝绸输出日益增多，与中国进行丝绸贸易的国家和地区遍及亚、非、欧、美各大洲，覆盖了大半个地球，海上丝绸之路的发展也进入了鼎盛阶段。

与此同时中国的植桑、养蚕、缫丝、织绸技术开始向外传播。11 世纪传入意大利，之后逐渐传遍欧洲。15 世纪末航海大发现之后，西班牙用从美洲殖民地开采的白银向中国换取了大量的生丝与丝绸。这些丝织品在西班牙，甚至美洲殖民地都深受欢迎。16 世纪，法国致力于发展本国的丝绸工业。17—18 世纪，里昂已获得欧洲“丝绸之都”的美誉。路易十四时期，法国的丝绸制品已成为当时欧洲的时尚。

12 世纪拜占庭丝绸长袍残片

| 王宪明　绘 |

查士丁尼皇帝拿到蚕茧

| 王宪明　绘 |

公元 552 年，拜占庭皇帝查士丁尼一世为了发展丝绸产业，派遣两名使者到中国，用空心竹竿窃走蚕卵。此后，拜占庭丝绸逐渐闻名。1204 年君士坦丁堡被围困，丝绸业衰落，2000 名熟练织工前往意大利。意大利丝绸业借此蓬勃发展起来，产品占领了整个欧洲市场。

18 世纪里昂丝织厂

| 王宪明　绘 |

由于法王路易十一大量种植桑树，并赋予丝绸前所未有的高贵地位，法国丝绸贸易的地位逐渐超越了意大利。1540 年法国里昂被授予丝绸生产专营权，有超过 12000 名里昂人以丝绸业为生。今天，里昂的众多丝绸主题博物馆成为当地的旅游景点，许多世界知名奢侈品牌仍以里昂为主要制作基地。

北宋时期，中国丝绸制品输出持续增多，仅全国二十五路之一的两浙路向政府缴纳的绢，就占了全国总数的 1/4，此间尤以嘉兴、湖州一带的蚕桑业最盛。南宋时期，太湖流域蚕桑生产发展更加迅速。许多北方躲避战乱南逃的流民成为江南地区蚕桑业发展不可或缺的技术劳动力，太湖地区农村的蚕桑丝织业十分繁荣。当时，太湖地区普遍饲养四眠蚕，其所产丝茧比北方饲养的三眠蚕质优，说明长江流域的养蚕技术已比北方先进。明清时期，棉花最终取代丝麻成为主要的制衣原料，导致蚕桑业在许多地区趋于萎缩，但是杭嘉湖地区蚕桑生产依然繁荣，并取得了蚕桑丝织生产与工艺的辉煌成就。

蚕眠：宗景藩《绘图蚕桑图说》，吴嘉猷绘，光绪十六年

初眠、再眠、三眠：
卫杰《蚕桑图说》，
1895年

宋元明清时期，家蚕饲养技术不断发展，高产稳产的技术经验已得到总结。技术进步还表现在蒸茧法的发明以及选留良种受到重视。宋元时还出现了天浴的技术，注重从蚕的生理上择优。《农桑辑要》将育蚕经验总结和概括为十个字，集中反映了这一时期养蚕经验的丰富成就。

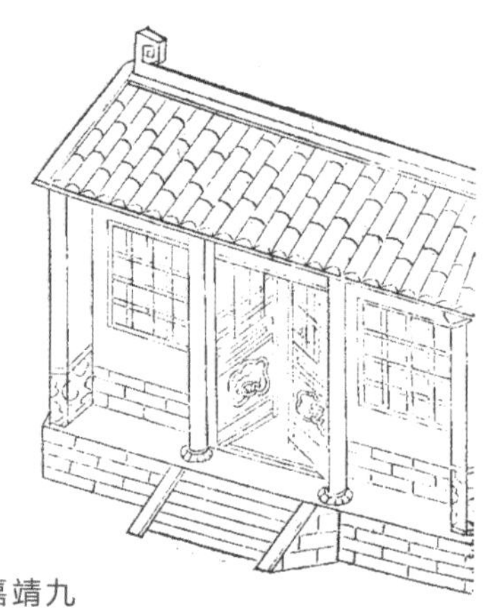

蚕室:《王祯农书》，嘉靖九年山东布政司刊本

蚕室：杨屾《豳风广义》，宁一堂藏版，1740 年

头眠图：杨屾《豳风广义》，宁一堂藏版，1740 年

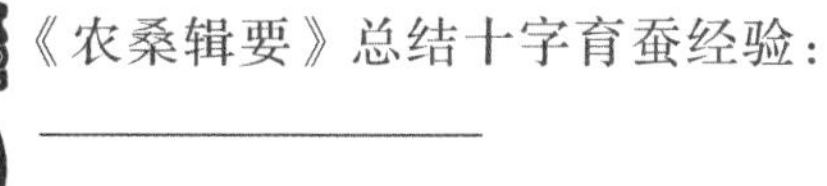

《农桑辑要》总结十字育蚕经验：

“十字经验”指十体、三光、八宜、三稀、五广十个字。“十体”，《务本新书》记载：养蚕要注意掌握“寒、热、饥、饱、稀、密、眠、起、紧、慢”。“三光”，为古代蚕农通过蚕体皮色变化来确定饲养措施之尺度，《蚕经》记载：“白光向食，青光厚饲，皮皱为饥，黄光以渐住食。”“八宜”，即强调要注意养蚕环境，《韩氏直说》记载：“方眠时，宜暗。眠起以后，宜明。蚕小并向眠，宜暖，宜暗。蚕大并起时，宜明，宜凉。向食，宜有风，避迎风窗，开下风窗。宜加叶紧饲。新起时怕风，宜薄叶慢饲。蚕之所宜，不可不知；反此者，为其大逆，必不成矣。”“三稀”，《蚕经》载，“下蛾、上箔，入簇”要稀。“五广”，指养好蚕必须具备五个基本条件，即“一人、二桑、三屋、四箔、五簇”。

明清时期，植桑养蚕技术不断提高。桑树栽培技术进步良多，桑树嫁接、剪伐、枯桑更新，以及桑树施肥、病虫害防治都得到升级。太湖流域原有的桑树称“荆桑”，也叫野桑。湖桑是一种低干桑，南宋时期由鲁桑南移至浙江的杭嘉湖地区，经过人工和自然选择，由北方桑种与当地土桑嫁接，在当地独特的气候与生态条件下培育而成的优良品种。湖桑不是一个品种，而是对一个桑种的通称，因其高产优质、被各地引种而称为“湖桑”。中国桑树种质分属十几个品种，是世界上桑树品种最多的国家。

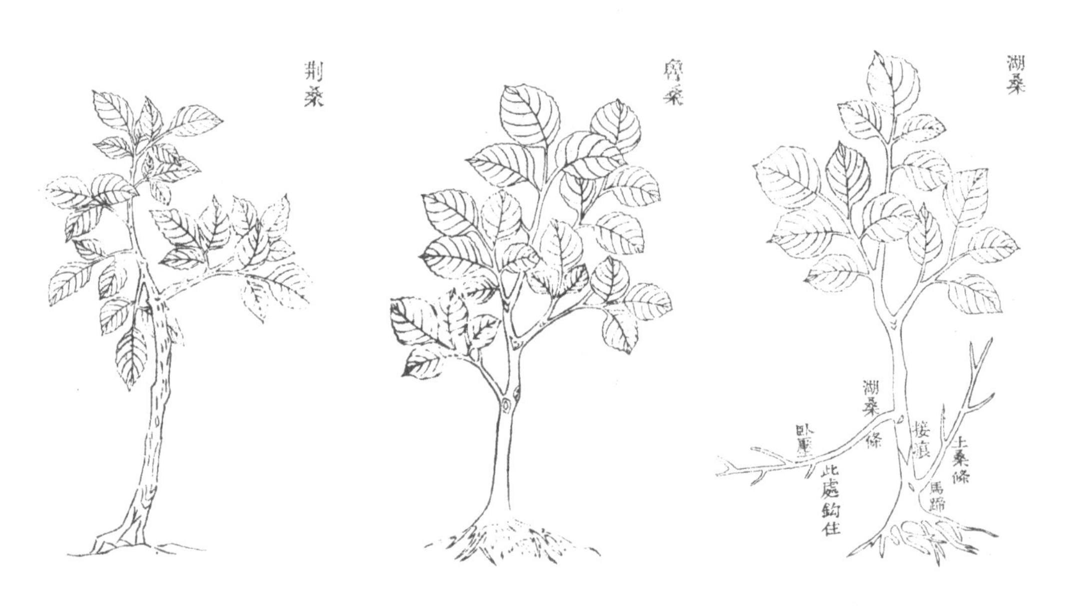

荆桑、鲁桑、湖桑：吴诒善《蚕桑验要》，光绪二十九年刻本

袋接技术是中国古代的一种桑树嫁接技术，明清时期在桑园管理中普遍使用。传统的“袋接法”繁苗技术一般分为两种：一是在原实生苗圃地留部分苗就地嫁接，叫广接；二是实生苗圃地疏掘出的部分实生苗移植到准备好的圃地再嫁接，叫火培接，此法多用。袋接操作手法：把接穗削成斜面的前端，插入砧木切面捏开皮层和木质部分离的袋口中，使愈合成活。这种嫁接方法操作简易，成活率高，适于大面积育苗。

接桑：宗景藩《绘图蚕桑图说》，吴嘉猷绘，光绪十六年

明代初年，珠江三角洲已在利用花簇。竹制花簇的创造基本解决了熟蚕上箔后的排湿问题。明代《便民图纂》首先记载了方格簇。方格簇是出现于太湖地区的一种簇具，对控制上簇密度，减少双宫、黄斑、柴印等屑茧，提高茧质具有重要作用。

《便民图纂》的两幅插图“上簇”和“炙箔”，清楚地描绘了明代太湖地区使用方格簇的情形。但是方格簇因其缺点，至清代，逐步被折帚簇、墩帚簇、蜈蚣簇等新簇具所取代。

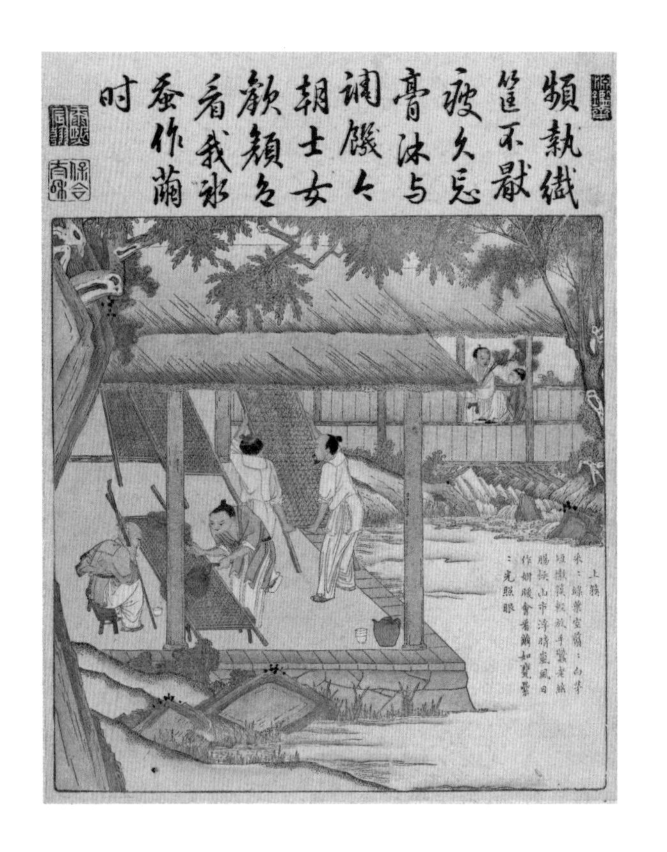

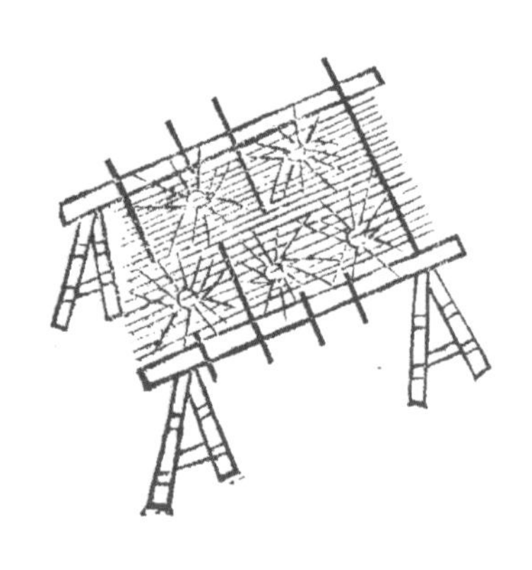

山棚芦簾草带式蚕簇：叶向荣《蚕桑说》，光绪二十二年刻本

上簇：《御制耕织图》，清代焦秉贞绘，康熙三十五年彩绘本

上簇：《耕织图》，南宋楼璹原作，狩野永纳摹写，和刻本，1676 年

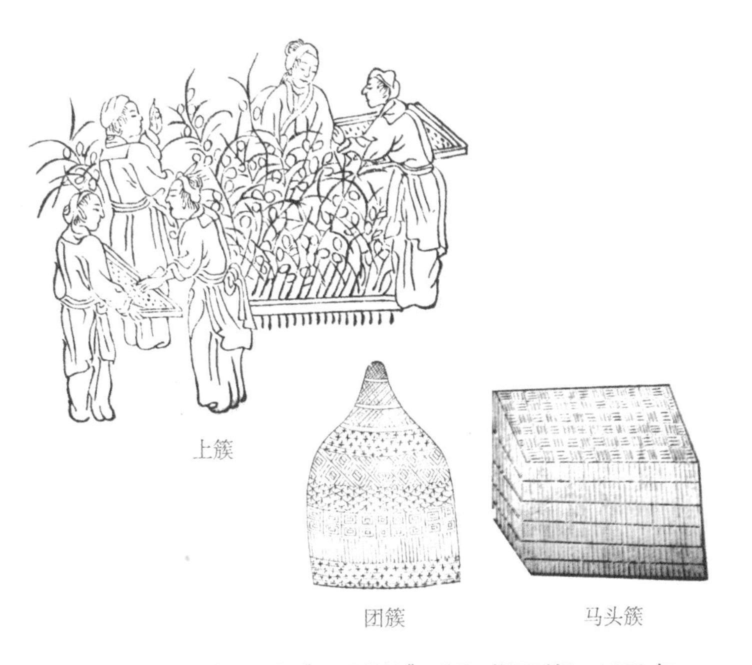

上簇、团簇、马头簇：卫杰《蚕桑萃编》，浙江书局刊行，1900 年

元明清时期，湖州桑基鱼塘系统逐渐成熟。明末清初，桑基鱼塘建设和种桑养鱼技术积累了丰富的经验，桑基鱼塘系统已相当完善。如今，“浙江湖州桑基鱼塘系统”成为全球重要农业文化遗产。

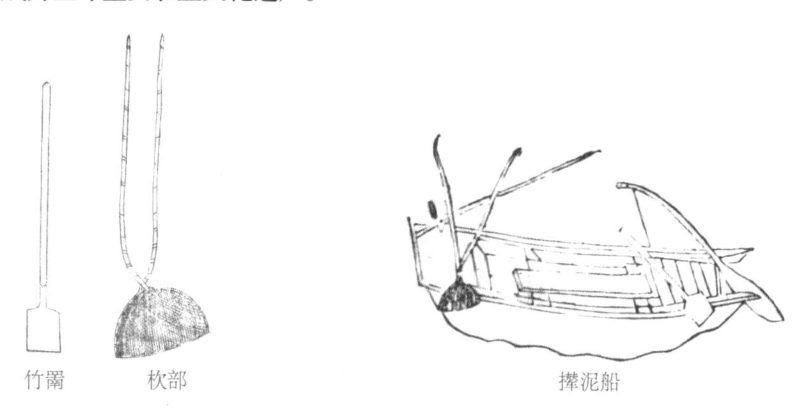

竹罱、杴部、撵泥船：俞墉《蚕桑述要》，同治十二年刻本

竹罱，水底有泥，驾船捞取，以此探入水中夹取，散置船舱运回，傍泊近桑地处。杴部，用长柄杴部摔拨上地，灵便而轻，自下而上，柄长则摔远。撵泥船，挖取淤泥作为肥料培植桑树。

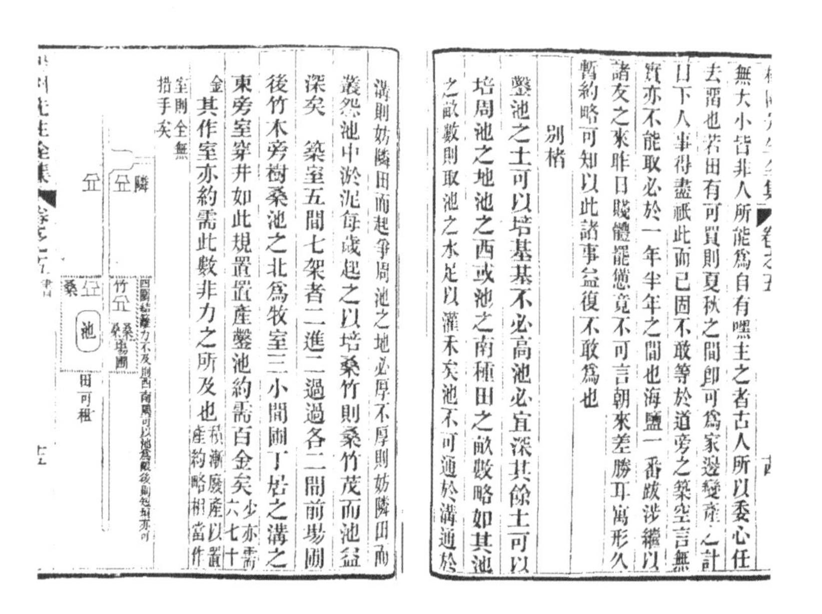

無大小皆非人所能爲自有嘿主之者古人所以委心任去留也若田有可買則夏秋之間即可爲家道變產之計目下人事得盡祇此而已固不敢等於道旁之築室言無實亦不能取必於一年半年之間也海鹽一番跋涉纔以諸友之來昨日賤體罷憊竟不可言朝來差勝耳寓形久暫約略可知以此諸事益復不敢爲也

別楮

鑿池之土可以培基基不必高池必宜深其餘土可以培周池之地池之西或池之南種田之畝數略如其池之畝數則取池之水足以灌禾矣池不可通於溝通於溝則妨隣田而起爭周池之地必厚不厚則妨隣田而叢然池中淤泥每歲起之以培桑竹則桑竹茂而池益深矣　築室五間七架者二進二過各二間前場圃後竹木旁樹桑池之北爲牧室三小間廁丁居之溝之東旁室穿井如此規置産盤池約需百金矣少亦需六七十金　其作室亦約需此數非力之所及也積漸廢產以置產約略相當作室則全無措手矣

隣　竹　桑　場圃　池　桑　田可租

四圍皆隣力不及則西南隅可以池爲限後則短垣亦可

凿池四周栽桑：张履祥《杨园先生全集》，同治辛未夏江苏书局刊行

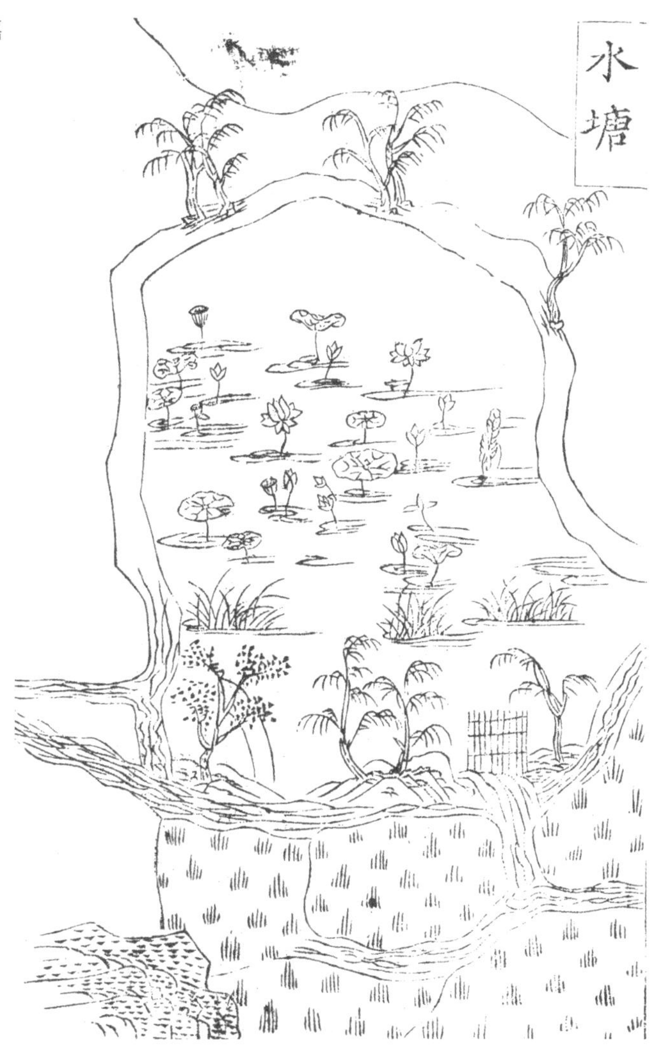

水塘:《王祯农书》，嘉靖九年山东布政司刊本

桑基鱼塘

桑基鱼塘是种桑养蚕同池塘养鱼相结合的一种生产经营模式，即在池埂上或池塘附近种植桑树，以桑叶养蚕，以蚕沙、蚕蛹等作鱼饵料，以塘泥作为桑树肥料，形成池埂种桑、桑叶养蚕、蚕蛹喂鱼和塘泥肥桑的生产结构或生产链条，两者互相利用，互相促进，达到鱼蚕兼取的效果。

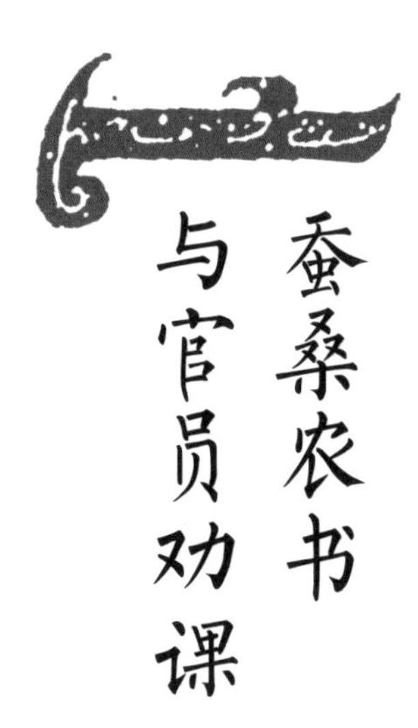

第二节 蚕桑农书与官员劝课

宋元明清时期，蚕桑丝织专著不断被撰写出来，数量达二百多种，且内容丰富，成为传统蚕桑丝织技术与文化的重要留存载体。蚕桑书籍撰刊的背后，是大规模官员的劝课行为，充分展现了古代官员『济世救民』的思想内涵与治理实践。

北宋时期，秦观撰著的《蚕书》是现存最早的一部关于养蚕和缫丝的专书。在此书之前，中国古代蚕桑专书有淮南王《蚕经》、孙光宪《蚕书》等，但都已失传。秦观《蚕书》分为种变、时食、制居、化治、钱眼、锁星、添梯、车、祷神、戎治等10目，且叙述简明。

南宋陈旉撰写的《农书》是第一部反映南方水田农事的综合性农书，标志了宋代农业技术所达到的新水平。全书分上、中、下3卷，22篇，1.2万余字。下卷对栽桑和养蚕做了详细记载，首次将蚕桑作为农书中的一个重点内容记述。陈旉关于“坡塘堤上可以种桑，塘里可以养鱼，水可以灌田”的表述，体现了中国早期农业社会生态发展的理念。

秦观

《蚕书》记载：

予闲居，妇善蚕，从妇论蚕，作《蚕书》。考之《禹贡》，扬、梁、幽、雍不贡茧物，兖篚织文，徐篚玄纤缟，荆篚玄纁玑组，豫篚纤纩，青篚檿丝，皆茧物也。而桑土既蚕，独言于兖。然则九州蚕事，兖为最乎？予游济河之间，见蚕者豫事时作，一妇不蚕，比屋詈之，故知兖人可为蚕师。今予所书，有与吴中蚕家不同者，皆得兖人也。

蠶書

秦觀 少游

予閒居婦善蠶從婦論蠶作蠶書
考之禹貢揚梁幽雍不貢繭物兖篚織文徐篚玄纖縞
荆篚玄纁璣組豫篚纖纊青篚檿絲皆繭物也而桑土
既蠶獨言于兖然則九州蠶事兖爲最乎予游濟河之
閒見蠶者豫事時作一婦不蠶比屋詈之故知兖人可
爲蠶師今予所書有與吴中蠶家不同者皆得之兖人
也

蠶書　　知不足齋叢書

秦观《蚕书》，乾隆知不足斋丛书刊本

古者四民農處其一洪範八政食貨居其二食謂嘉穀
可食貨謂布帛可衣蓋以生民之本衣食爲先而王化
之源飽煖爲務也上自神農之世斲木爲耜揉木爲耒
耒耜之利以教天下而民始知有農之事堯命羲和以
欽授民時東作西成使民知耕之勿失其時舜命后稷
黎民阻飢播時百穀使民知種之各得其宜及禹平洪
水制土田定貢賦使民知田有高下之不同土有肥磽
之不一而又有宜桑宜麻之地使民知蠶績亦各因其
利殷周之盛書詩所稱井田之制詳矣周衰魯宣稅畝

農書卷上　　知不足齋叢書

陈旉《农书》，乾隆知不足斋丛书刊本

《农桑辑要》成书于至元十年（1273年），是元代司农司编纂的一部综合性农书。由孟祺、畅师文、苗好谦等编写与修订，政府颁发，以指导各地农业生产。《农桑辑要》对中国13世纪以前的农耕技术经验做了系统性研究。全书共7卷，包括典训、耕垦、播种、栽桑、养蚕、瓜菜、果实、竹木、药草、孳畜等10部分内容，分别叙述中国古代有关农业的传统习惯和重农言论，以及各种作物的栽培，家畜、家禽饲养等技术。

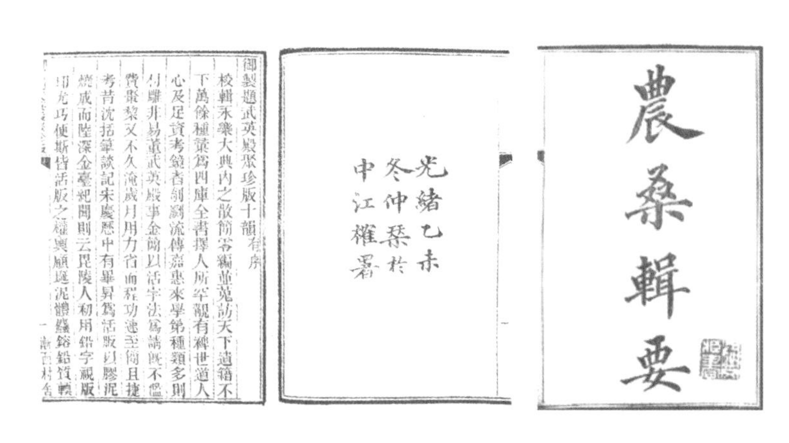
農桑輯要

光緒乙未冬仲棨於中江權署

御製題武英殿聚珍版十韻有序
校輯永樂大典內之散簡零編並蒐訪天下遺籍不
下萬餘種彙爲四庫全書擇人所罕覯有裨世道人
心及足資考鏡者剞劂流傳嘉惠來學第種類多則
付雕非易董武英殿事金簡以活字法爲請既不濫
費棗梨又不久淹歲月用力省而程功速至簡且捷
考昔沈括筆談記宋慶歷中有畢昇爲活版以膠泥
燒成而陸深金臺紀聞則云毘陵人初用鉛字視版
印尤巧便斯皆活版之權輿顧埏泥體麤鎔鉛質輭

《农桑辑要》刻本，光绪乙未中江榷署刊本

元成宗时（1295—1300年），王祯曾在旌德、永丰任职，其间认真组织劝农，1313年撰成《王祯农书》。全书共计37集，371目，约13万字。第一部分即为“农桑通诀”，总论耕垦、耙劳、播种、锄治、粪壤、灌溉、收获，以及植树、畜牧、桑缫等；第二部分为“百谷谱”；第三部分为“农器图谱”。

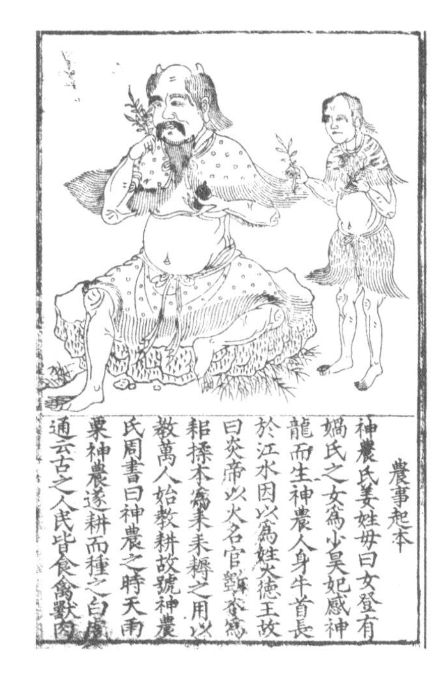

農事起本
神農氏姜姓毋曰女登有
媧氏之女為少昊妃感神
龍而生神農人身牛首長
於江水因以為姓火德王故
曰炎帝以火名官斲木為
耜揉木為耒耒耨之用以
教萬人始教耕故號神農
氏周書曰神農之時天雨
粟神農遂耕而種之白虎
通云古之人民皆食禽獸肉

农事起本：《王祯农书》刻本，嘉靖九年钤八千卷楼珍藏善本等印，南京图书馆

蠶事起本
黄帝少昊之子姓公孫
名軒轅生而神靈弱而
能言幼而徇齊長而聰
明神農氏衰諸侯相侵
伐神農氏弗能征於是
軒轅乃習用干戈以征
不享諸侯咸來賓從而
蚩尤為最暴乃徵師殺
蚩尤垂衣裳而天下治
易係曰神農氏沒黄帝
堯舜氏作通其變使民
不倦垂衣裳而天下治
蓋取諸乾坤按黄帝元
妃西陵氏始勸蠶事月
大火而浴種夫人副褘
而躬桑乃獻繭稱絲織
維之功因之廣織以供
郊廟之服所謂黄帝垂
衣裳而天下治蓋由此
也然黄帝始置宮室后
妃乃得育蠶是為起本

蚕事起本：《王祯农书》，嘉靖九年山东布政司刊本

元代维吾尔族农学家鲁明善于延祐元年（1314年）出任安丰肃政廉访使，兼劝农事。他坚持农本思想，并以农桑为本，编纂刊印《农桑衣食撮要》。该书为月令体，月下条列农事与做法。全书分上、下2卷，共1.5万余字。记载农事208条，如气象物候、农田水利、作物蔬菜、瓜果竹木、植桑养蚕、家禽蜜蜂、粮食种子、食品衣物等，内容极丰。

明代黄省曾（1490—1540）所撰《蚕经》，又称《养蚕经》，是第一部关于江南地区栽桑养蚕的专书，书中对苏杭一带种桑养蚕的经验做了系统性总结。《明儒学案》记黄省曾，“少好古文，解通《尔雅》。为王济之、杨君谦所知”。嘉靖十年（1531年）以《春秋》乡试中举，名列榜首，后进士累举不第，便放弃了科举之路，转攻诗词和绘画，精通农业与畜牧。

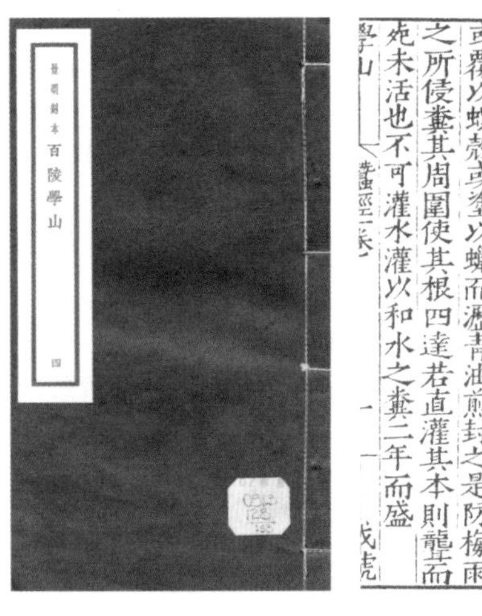
景明刻本百陵學山

蠶經一卷　吳郡五嶽黃省曾勉之

一之藝桑

有地桑出於南潯有條桑出於杭之臨平其蠶之時以正月之上中旬其蠶之地以北新關內之江將橋旭旦也擔而至陳于梁之左右午而散（大者株以二尺其長八尺）蠶其種也釋地而糞之截其枚謂之嫁留近本之餘尺餘許深埋之出土也寸焉培而高之以泄水墨其瘢或覆以螺殼或塗以蠟而瀝青油煎封之是防梅雨之所侵蠹其周圍使其根四達若直灌其本則壟而死末活也不可灌水灌以和水之糞二年而盛

黄省曾《蚕经》《百陵学山》刻本，上海商务印书馆据明隆庆本影印，1938年

農桑衣食撮要卷上　墨海金壺　子部

元　魯　明　善　撰

正月　元旦宜齋戒焚香捧燭拜謝天地日月星辰國王本土祖宗父母社稷六神勿興惡念每月若遇朔望之日依上焚香拜謝福德必厚

驗歲朝

一日雞二日犬三日豕四日羊五日牛六日馬七日人八日穀日色晴明溫暖則蕃息安康風雨陰寒慘冽則疾病衰耗以各日驗之

驗歲章

薺菜先生歲欲甘葶藶先生歲欲苦藕先生歲欲雨蒺藜

《农桑衣食撮要》刻本

《农政全书》刻本

| 作者摄于西北农林科技大学中国农业历史博物馆 |

明万历年间，徐光启（1562—1633）撰写《农政全书》。全书共60卷，50余万字，分为12目，分别为农本、田制、农事、水利、农器、树艺、蚕桑、蚕桑广类、种植、牧养、制造、荒政。《农政全书》的蚕桑部分位于全书第31—34卷，依次是《总论》《养蚕法》《栽桑法》《蚕事图谱》《桑事图谱》。全书引用了诸如《王祯农书》《齐民要术》《农桑辑要》《务本新书》《士农必用》《桑蚕直说》《韩氏直说》《蚕经》等书中的蚕桑知识。

利玛窦、徐光启像：基歇尔《中国图说》，印刷于阿姆斯特丹，1668年

蚕槌：《农政全书》，崇祯十二年平露堂版

桑网：《农政全书》，崇祯十二年平露堂版

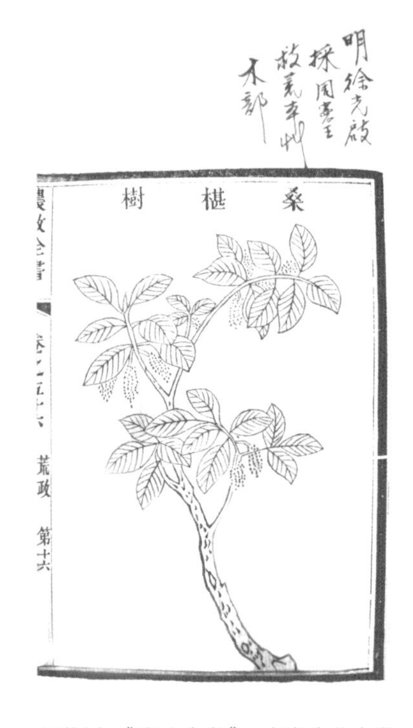

桑葚树：《农政全书》，南京农业大学

采摘桑叶图:《耕织图》，南宋楼璹原作，元代程棨摹

采桑:《御制耕织图》，清代焦秉贞绘，康熙三十五年彩绘本

明末清初，宋应星（1587—1666）撰《天工开物》。该书共 3 卷 18 篇，记载各类农业与手工业技术，附 123 幅插图，描绘 130 多项技术和工具的名称、形状、工序。其中蚕桑丝织部分的内容包括：蚕种、蚕浴、种忌、种类、抱养、养忌、叶料、食忌、病症、老足、结茧、取茧、物害、择茧、造绵、治丝、调丝、纬络、经具、过糊、边维、经数、花机式、腰机式、结花本、穿经、熟练、龙袍、倭缎。《天工开物》是世界第一部关于农业和手工业生产的综合性百科全书，被称为“中国 17 世纪的工艺百科全书”。

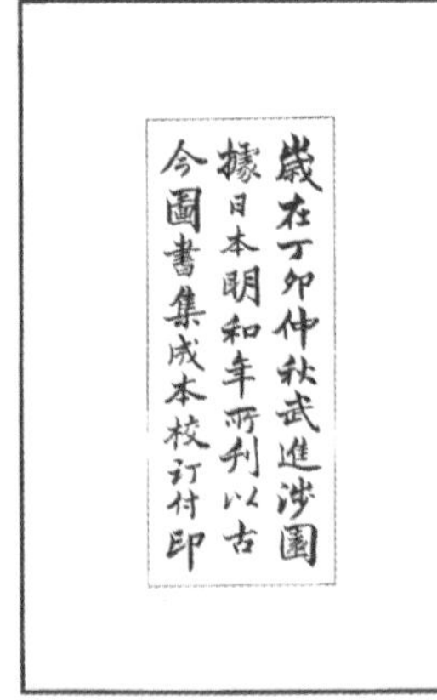

《天工开物》刻本，明宋应星著，罗振玉署，武进涉园据日本明和八年刊本，1927 年

宋应星

《天工开物》记载：

天孙机杼，传巧人间。从本质而见花，因绣濯而得锦。乃杼柚遍天下，而得见花机之巧者，能几人哉？“治乱”“经纶”字义，学者童而习之，而终身不见其形象，岂非缺憾也！先列饲蚕之法，以知丝源之所自。盖人物相丽，贵贱有章，天实为之矣。

张履祥（1611—1674）对《沈氏农书》加以辑录整理并作跋文。该书共4部分，包括“逐月事宜”“运田地法”“蚕务（六畜附）”和“家常日用”，以水稻生产为主，兼及栽桑、育蚕等相关内容。顺治十五年（1658年），张履祥编成《补农书》下卷，分“补《农书》后”“总论”“附录”3部分，以栽桑、育蚕为主，兼及水稻。《补农书》对桐乡一带栽桑养蚕、畜牧饲养等农业生产影响深远。

张履祥像：张履祥《杨园先生全集》，同治辛未夏江苏书局刊行

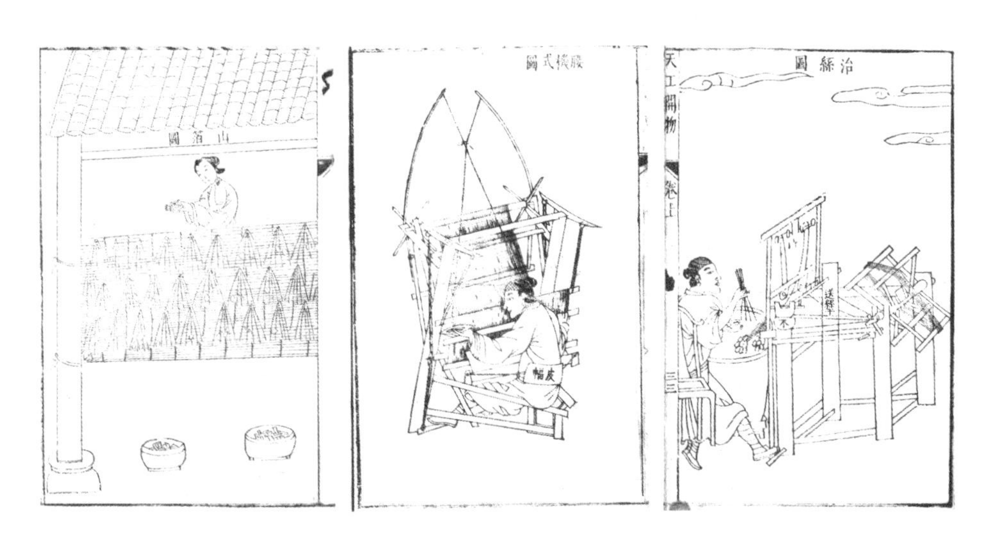

山箔图、腰机式图、治丝图：宋应星《天工开物》，崇祯十年涂绍煃版

《耕织图》是南宋绍兴年间画家楼璹所作，包括耕图 21 幅、织图 24 幅。该作得到历代帝王的推崇和嘉许，其中“天子三推”“皇后亲蚕”“男耕女织”，描绘了中国古代社会小农经济的美好图景。康熙南巡时见到《耕织图》，感慨于织女之寒、农夫之苦，传命内廷供奉焦秉贞在楼绘基础上重新绘制。康熙三十五年（1696 年），焦秉贞奉旨运用西洋画的焦点透视法绘制了《耕织图》46 幅。第 1 幅至 23 幅为耕图，第 24 幅至 46 幅为织图。其中织图的内容包括：

成衣：《御制耕织图》，清代焦秉贞绘，康熙三十五年彩绘本

浴蚕、二眠、三眠、大起、捉绩、分箔、采桑、上簇、炙箔、下簇、择茧、窖茧、练丝、蚕蛾、祀谢、纬、织、络丝、经、染色、攀花、剪帛、成衣。每幅图的空白处均以小楷题楼璹所作五言律诗一首。康熙五十一年（1712 年），此图刻印成书。康熙五十三年（1714 年），颁布此书为《御制耕织图》。其后，乾隆帝再收集和翻刻《耕织图》。

经：《御制耕织图》，清代焦秉贞绘，康熙三十五年彩绘本

清代杨屾（1687—1785）所著《豳风广义》，是一部论述陕西蚕桑生产兼及畜牧兽医的综合性农书。杨屾是一位讲求经世致用之学的理学家和农学家，一生居家讲学，经营农桑。他曾建立“养素园”，种桑、养蚕、畜牧、粪田，事必躬亲，验证农书成说，总结生产经验。《豳风广义》于乾隆五年（1740 年）完成，书分 3 卷，约 8 万字，主要记载养蚕、植桑、织帛等内容，并附图 50 余幅说明有关方法和工具。该书所述技术方法等素材，有的来自古书资料，有的来自南方友人，有的记载本人经验，但都经过作者亲身实践、反复斟酌，具有很强的实用价值。

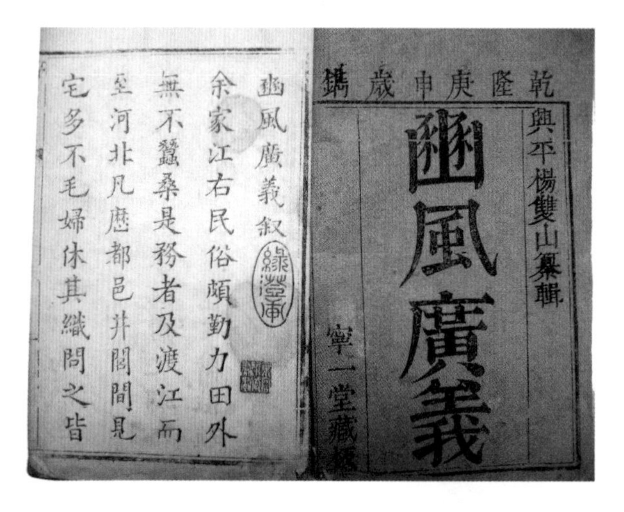
乾隆庚申歲鐫
興平楊雙山纂輯
豳風廣義
寧一堂藏板

豳風廣義敘
余家江右民俗頗勤力田外
無不蠶桑是務者及渡江而
至河北凡歷都邑井閭間見
宅多不毛婦休其織問之皆

《豳风广义》刻本：杨屾《豳风广义》，宁一堂藏版，1740 年

秦中豳风王政劝桑图：杨屾《豳风广义》，宁一堂藏版，1740 年

养素园墙内周围树桑图：杨屾《豳风广义》，宁一堂藏版，1740 年

清道光年间，杨名飏撰《蚕桑简编》，该书成为劝课农桑的经典之作。杨名飏曾在陕西汉中府为官多年，嘉道时期受杨屾、叶世倬、周春溶撰刊劝课蚕书熏染，以及经世致用理念促使，于汉中府劝课蚕桑，撰刊《蚕桑简编》。因其劝课行为得到道光皇帝褒奖，《蚕桑简编》深受后继劝课农桑的名臣推崇，多次重刊，流传广泛。该书流传过程中内容变化不大，技术选用地区明确，基本形成了现今中国传统蚕桑农书固有的体例、形式与内容。

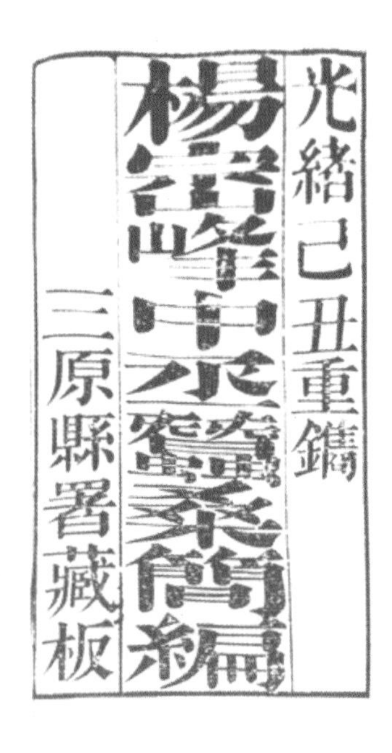
光緒己丑重鐫
楊名颺中丞蠶桑簡編
三原縣署藏板

《蚕桑简编》，光绪十五年三原县署刻本

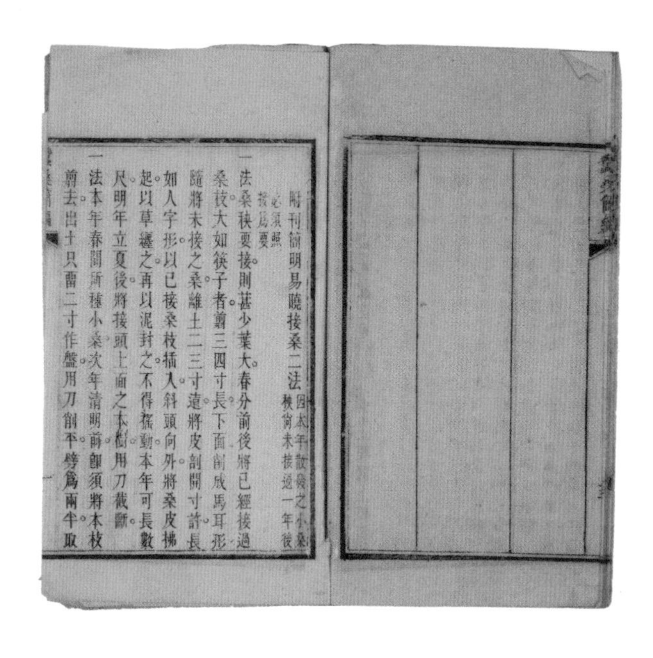

附刊簡明易曉接桑二法（因本年新發之小桑秧尚未接過一年後必須照接為要）

一法桑秧要接則葚少葉大。春分前後將已經接過桑枝大如筷子者。剪三四寸長。下面削成馬耳形。隨將未接之桑離土二三寸遠將皮剖開寸許長。如入字形。以已接桑枝插入。斜頭向外。將桑皮拂起。以草纏之。再以泥封之。不得搖動。本年可長數尺。明年立夏後將接頭上面之本樹用刀截斷。

一法本年春間所種小桑次年清明前即須將本枝剪去。出土只留二寸作盤。用刀削平。劈為兩半。取

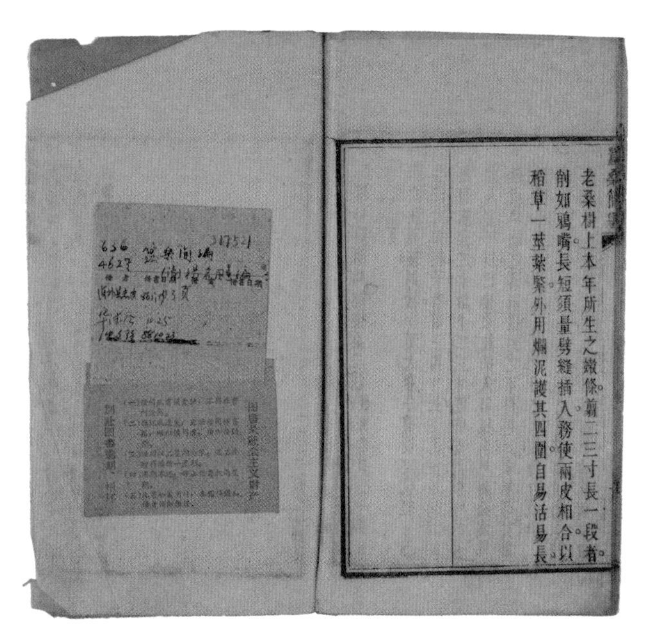

老桑樹上本年所生之嫩條。剪二三寸長一段者。削如鴉嘴長短須量劈縫插入。務使兩皮相合。以稻草一莖紮緊。外用爛泥護其四圍。自易活易長。

杨名飏《蚕桑简编》，光绪年间刻本，浙江图书馆

该书最早版本见于陕西省图书馆藏道光九年（1829 年）版，落款为：岁次己丑季夏月既望识于汉·中府官廨滇南杨名飏。另外，该书被收录于吴荣光《牧令书》卷十农桑下，道光二十八年（1848 年）秋镌。光绪年间该书又被多次翻刻，广泛流传。

《蚕桑合编》是嘉道年间经世学派代表性人物魏源仅有的直接参与撰刊的农学著作，道光二十四年（1844年）由文柱首刊，到光绪年间已衍生出许多相关蚕书。《蚕桑合编》的刊刻流传契合了晚清大规模劝课蚕桑的时代背景，作为传统蚕桑技术与文化的文本，历经文柱、沈则可、连常五、张清华、许道身、尹绍烈、沈秉成、谭钟麟、豫山、恽畹香等人辑录、增补、重刊，流传最广，影响最大。

晚清，沈秉成著《蚕桑辑要》。该书有诸家杂说、图说各1卷，书前附“告示规条”，书后附沈炳震辑乐府（以蚕桑为题材）20首。蚕桑农书作为传统蚕桑技术重要的传承载体，也是地方劝课官员大规模引进与推广蚕桑技术的重要工具。

丝车床总图：沈秉成《蚕桑辑要》，同治版本

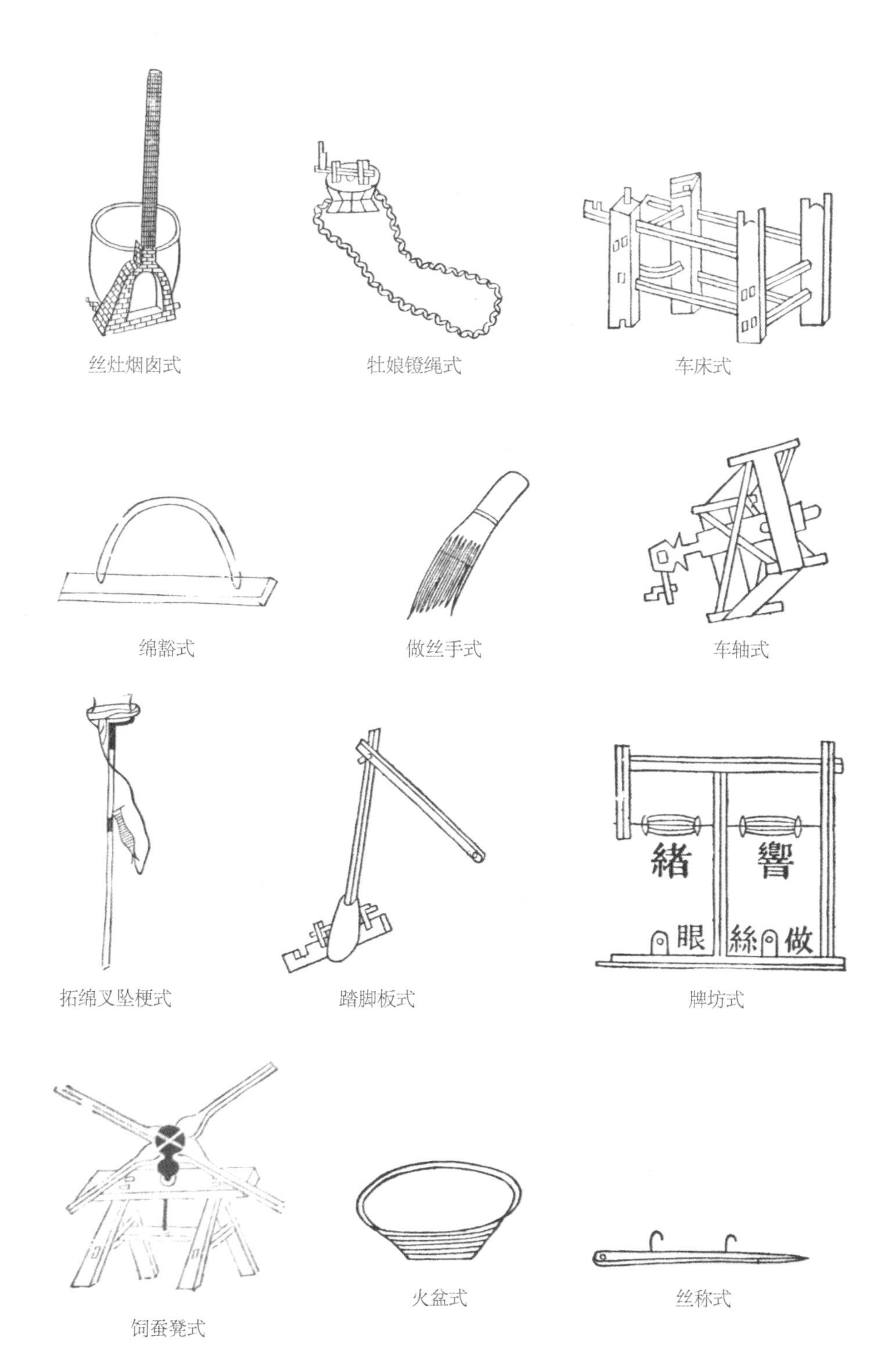

缫丝工具：沈秉成《蚕桑辑要》，同治版本

道光甲辰季冬鐫
蠶桑合編
本衙藏板

陆伊湄、沙式庵、魏默深辑《蚕桑合编》，澳大利亚国家图书馆

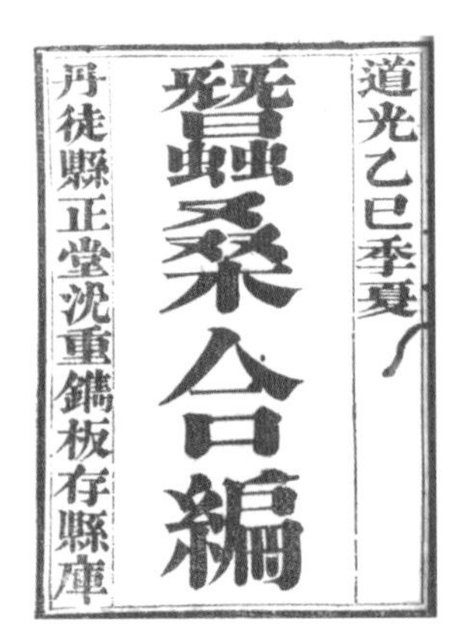
道光乙巳季夏
蠶桑合編
丹徒縣正堂沈重鐫板存縣庫

《蚕桑合编》，丹徒县正堂沈重镌板存县库，陕西省图书馆

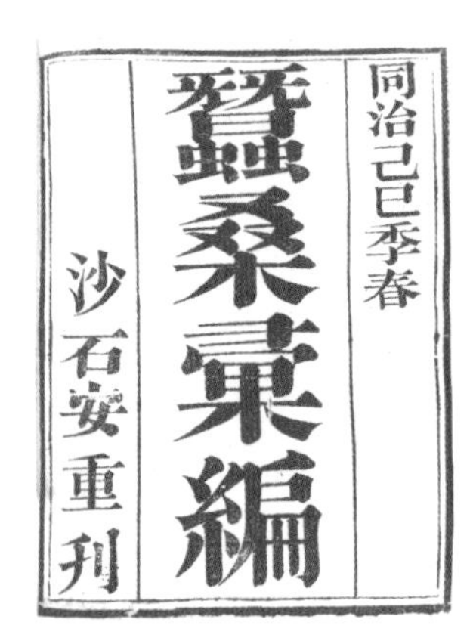
同治己巳季春
蠶桑彙編
沙石安重刊

《蚕桑汇编》，沙石安重刊，复旦大学

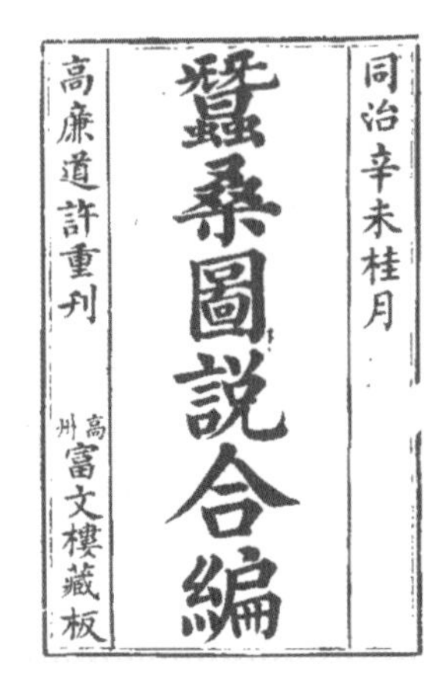
同治辛未桂月
蠶桑圖說合編
高廉道許重刊
高州富文樓藏板

《蚕桑图说合编》，高廉道许重刊，高州富文楼藏版

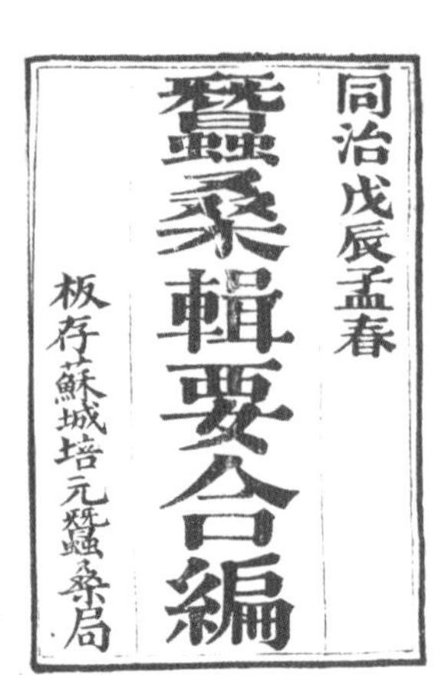
同治戊辰孟春
蠶桑輯要合編
板存蘇城培元蠶桑局

《蚕桑辑要合编》，板存苏城培元蚕桑局，西北农林科技大学

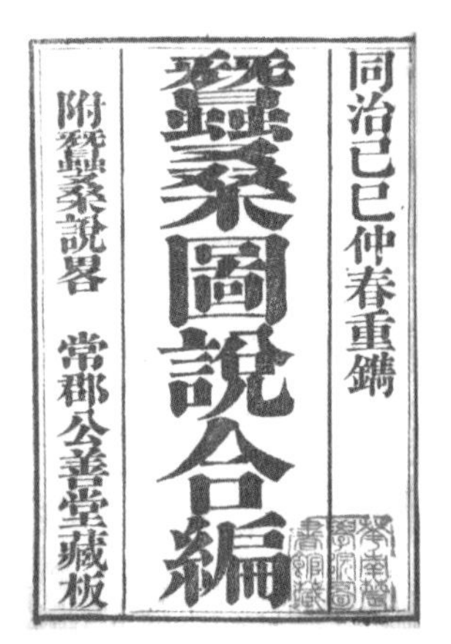
同治己巳仲春重鐫
蠶桑圖說合編
附蠶桑說畧
常郡公善堂藏板

《蚕桑图说合编》，常郡公善堂藏版，华南农业大学

同治辛未夏六月
常鎮通海道署刊

世人泥禹貢桑土既蠶之說謂種桑之地必擇土性所
宜以致天下大利輒爲方隅所限不知五畝之宅可樹
桑匹婦之家可飼蠶天下有土之地皆可種桑之地皆
可養蠶之地也文王善養老於西岐孟子策王政於齊
魏俱以樹桑爲首務未嘗慮土性不宜其明證矣彼斤
斤然謂遷地弗良者皆游惰之民不善治生遂使先王
良法美意不能徧及於天下豈不重可惜哉浙之湖州
蠶桑與農事並重男耕女織寖爲風俗秉成生長是邦
親見每年所出之絲四方來購者相望於道竊謂此利
若推之他省更可衣被無窮私願所存有志未逮同治
己巳夏奉

《蚕桑辑要》，常镇通海道署刊本

光緒九秊季春
金陵書局刊行

鎮郡鄉民祇知耕稼不知蠶桑是以地多曠土家無蓋
藏兵燹後尤荒蕪不治同治己巳冬觀察吳興沈公奉
命來鎮是邦軫念民瘼周歷原野遂出俸錢興蠶桑之利學
培蒙憲諭董正其事因商諸同志學博張君（太生）貳尹
張君（開謨）司馬沙君（石安）尚以鎮地彫敝一時籌款維
艱爲慮其時別駕沈君（增）司馬魏君（昌壽）力爲慫恿設
法貸資又得少尉包君（履）正郎張君（維楨）理問汪君（淦）
貳尹蔡君（慶坊）廣文沈君（鳳藻）皆觀察同里素樂善贊
成其事遂設局於城西之南郊購桑分給鄉民并遴雇
湖屬善種之人教以樹藝之法一時分司其責如少府
汪君（玉振）少尉楊君（德徵）太學王君（銘勳）茂才睦君（世）

《蚕桑辑要》，金陵书局刊本

聖朝
古之言治者農與桑並重詩言
蠶月條桑其地在豳孟子言墻
下樹桑其地在岐而今西北若
寒鮮蒔桑育蠶者豈土宜異今
古地脉判肥磽歟我
聖朝勤政恤民知民之大利非農事

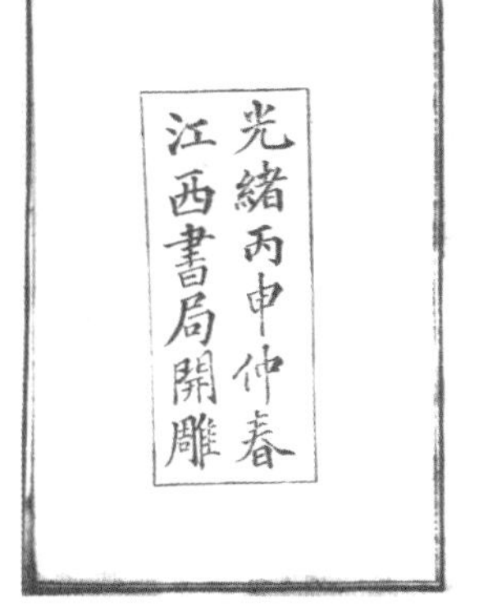
光緒丙申仲春
江西書局開雕

《蚕桑辑要·广蚕桑说》，江西书局合刊本

清末，卫杰编成《蚕桑萃编》。该书汇集多种蚕书中的文献，共分15卷，是中国古代篇幅最大的一部蚕书。其中叙述栽桑、养蚕、缫丝、拉丝绵、纺丝线、织绸、练染共10卷，蚕桑缫织图3卷，外记2卷。《蚕桑萃编》内容详尽，通俗易懂。书中除介绍和评价中国古蚕书外，对当时中国蚕桑和手工缫丝织染的技术进行了重点叙述。书中的多锭大纺车，体现了当时中国手工缫丝织绸技术的最高成就。该书较全面地记载了从栽桑、养蚕，到织染、成布的全过程，并对不同地区的不同工艺分别予以描述与说明。

书封：卫杰《蚕桑萃编》，浙江书局刊行，1900年

祈蚕神之蚕姑神祠：卫杰《蚕桑萃编》，浙江书局刊行，1900 年

中国古代儒家“修身治家齐国平天下”“济世救民”的思想深深影响着中国古代读书人。入仕后，官员多以劝课农桑为己任。汉代黄霸、龚遂、召信臣、茨充、张堪、王景等人，都以重视农桑为本。清代陈宏谋、叶世倬、李拔等名臣凭借劝课蚕桑闻名于世。而最有影响力的，当属乾隆年间的陈玉壂，由遵义郑珍所撰写，独山莫友芝订注的《樗蚕谱》中对此有明确记载。

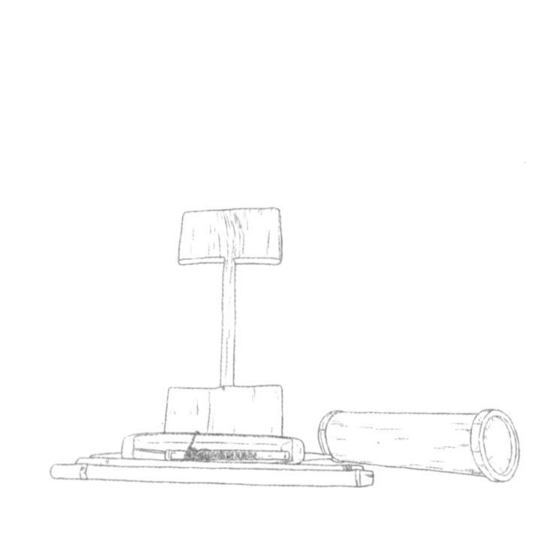

缫丝、纺车工具

| 王宪明　绘，原件藏于遵义市博物馆 |

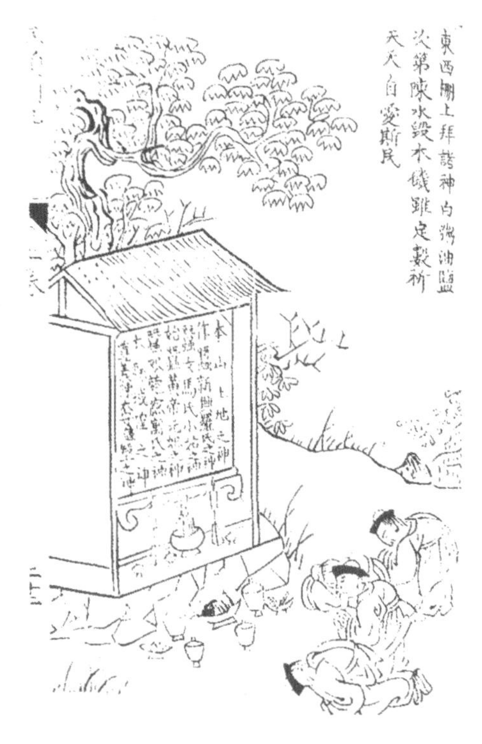

祈蚕图中陈玉壂牌位：刘祖宪《橡茧图说》，道光七年刻本

陈玉壂，山东省济南府历城县人，凭借父亲余荫任贵州遵义知府。他在任期间因见到遵义所辖各地满山遍野的青杠树，正是他家乡用来养柞蚕的槲树，于是决心兴办蚕丝事业。从此，遵义缫丝、织造业应运而生。“遵义府绸”名扬海内，遵义山蚕丝绸由此兴盛百年。

道光十八年（1838 年），清廷将陈玉壂列入名宦祠，后来，又分别在遵义凤朝门、苟江、尚嵇三处建祠堂，供奉神位，诏示后辈，勿忘蚕丝之父。如今，遵义人民依然怀念着陈玉壂，纪念陈玉壂的陈公祠也成为国家级重点文物保护单位。

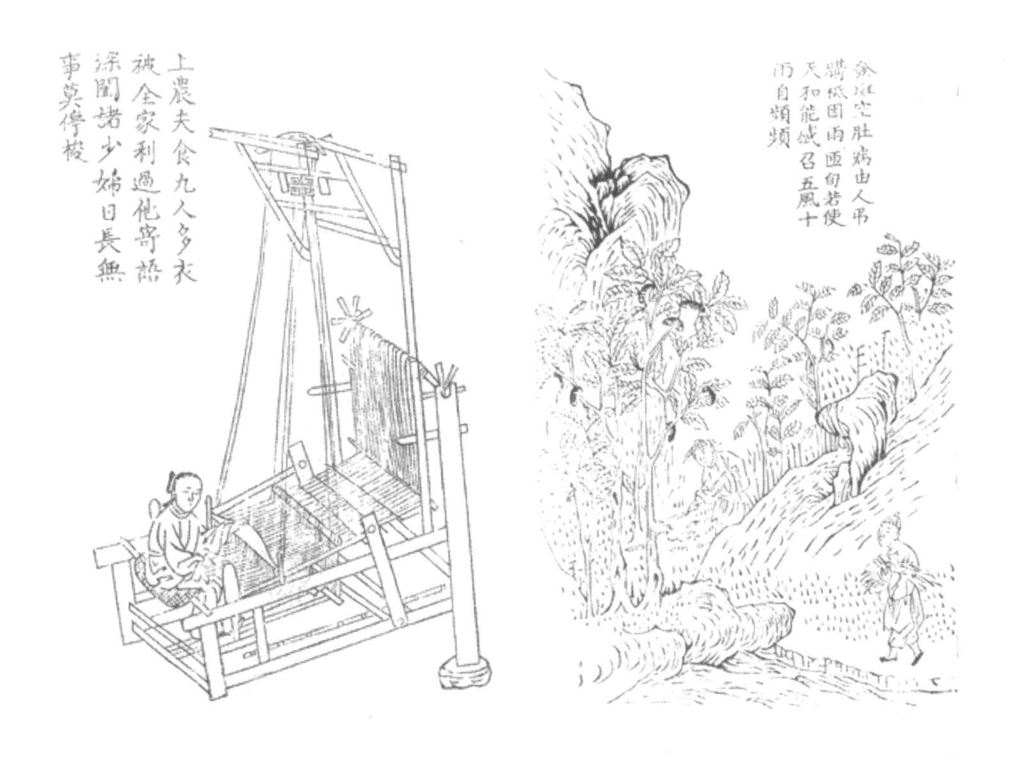

织机图、放养树上蚕病图：刘祖宪《橡茧图说》，道光七年刻本

第三节

锦绣缂丝与织造缫丝

宋元明清时期，苏州宋锦、南京云锦、四川蜀锦成为全国并称的三大名锦。这一时期，出现苏绣、蜀绣、粤绣、湘绣四大名绣，以及上海顾绣，真可谓百花齐放，争奇斗艳。缂丝工艺精美绝伦，技艺高超。江南三家织造集齐能工巧匠，在高端织品上推陈出新。衮服与补服是古代官员等级划分的象征，极具文化内涵。缫丝是蚕桑丝织生产重要环节，这一时期已经成熟完备。

宋锦，是具有宋代织造艺术风格的织锦，织物以斜纹为基本组织，经线和纬线同时以显花为特征，因主要产地在苏州而称“苏州宋锦”。南宋时期，苏州设立了宋锦织造署，江南丝织业也开始进入全盛时期。当时，宋锦已有四十多个织锦品种。到了明代，宋锦样式已发展到上百余种。清代，苏州生产的宋锦具有宋代以来的传统风格特色，织工精细，纹样高雅。据其结构、工艺、用料、织物厚薄及使用性能的不同，分为大锦、小锦和匣锦三类。现在，宋锦已成为中国“锦绣之冠”，2009 年被列入世界非物质文化遗产。

明代橘红色地盘绦四季朵花纹锦裱片：苏州织造产

| 故宫博物院藏 |

此锦“艳而不火，繁而不乱”，原为“文徵明墨迹”包首，是宋锦中的上乘之作。花纹以盘绦构成六边形几何框架，芯内填以朵花海棠、勾莲、秋菊、蜀葵为主花。纹样构图布局均衡，色彩富丽典雅，层次分明。

云锦，是中国南京生产的著名丝织物品种，因其花纹色泽绚丽多彩，如彩云般美丽而得名。云锦始于元，盛于明清。明代，织锦工艺日臻成熟和完善，形成了具有南京地方特色的丝织提花锦缎工艺。清政府在南京设有“江宁织造署”，云锦织造一时极为兴盛，织造工艺达到最高水平。

南京云锦是一种提花丝织工艺品，主要用金线、银线、铜线与蚕丝、绢丝以及各种鸟兽羽毛等织造而成，丝织物尽显华贵，美轮美奂。云锦则为南京生产的库缎、库锦、妆花织物的总称。库缎，是在缎纹地上织本色花纹或其他颜色花纹的缎织物。库锦，是织物花纹全部用金或银线织出。妆花，是在绫、罗、绸、缎、纱、绢等地上起五彩花纹。明清时期妆花织物更趋成熟，织物品种丰富多样，织工精细。其纹饰多选取花卉、翎毛、鱼虫、走兽、祥云、八仙、八宝等寓意吉祥如意的图案；以红、黄、蓝、白、黑、绿、紫等色彩作基本色，以晕色法配色，色调浓艳鲜亮，绚丽而协调。

彩色丝线

| 罗铁家　摄 |

明宣德黄色天鹿月桂纹妆花纱裱片

| 故宫博物院藏 |

此妆花纱以黄色经、纬线织平纹纱地，以棕、墨绿、橘黄、黄、白、蓝、浅粉等色线及圆金、圆银线为纹纬与地经交织成平纹花。构图为3行小兔，间饰菊花和牡丹。小兔皆仰首，或口衔灵芝，或口衔桂花。花纹全用挖梭工艺织成，故全部高出地子，具有很强的装饰性及立体效果。此妆花纱构图严谨，富有创意。用色艳丽古雅，织工细密精湛，为明代早期南京云锦织物的精品。

清雍正红色彩云蝠龙凤纹妆花缎龙袍料

| 故宫博物院藏 |

此为织成妆花缎袍料，采用挖梭的技法织蟒、凤纹，间饰五彩如意流云、石榴捧寿、暗八仙、杂宝及海水江崖纹。织工细腻，设色浓重鲜艳，纹样造型生动，富于变化，是南京云锦中妆花缎作品的典范之作。

织：《耕织图》，南宋楼璹原作，元代程棨摹

宋代《织机图卷》，明代夏厚摹，绢本

丨作者摄于山东博物馆丨

该作描绘了宋代缫丝织绸的生活生产情景，观之倍感亲切。恍惚之间，令人忘却这已是几百年前之事。

清代红地蔓草纹加金细锦

| 苏州丝绸博物馆藏 |

此件以红色为地，蓝、绿色为花纹主色调，在花纹包边处织有金线，增加了富贵奢华之感，工艺繁复细腻，显示出工匠高超的技艺。

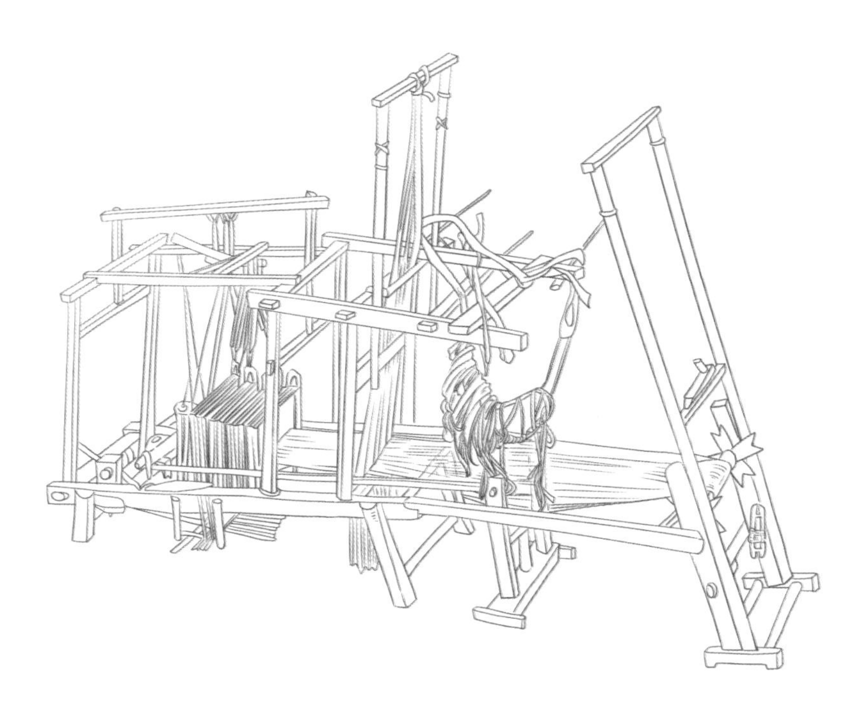

云锦织机复原[1]线图

| 王宪明　绘 |

1 参考中国丝绸博物馆图像资料绘制。

刺绣是中国民间传统手工艺之一。宋代刺绣技术高超，工艺繁杂。绣前先有计划，绣时度其形势，以使作品达到书画之传神意境，趋于精巧。元代绣品传世极少。明代刺绣始于嘉靖年间上海顾氏露香园，以绣传家，名媛辈出。顾绣针法主要继承了宋代完备的绣法，并加以变化，可谓集针法之大成。清代苏绣、蜀绣、粤绣、湘绣等各具特色，刺绣形成争奇斗妍的局面。清代中期刺绣花纹图案趋向小巧精细，有所创新。受西洋画影响，清代刺绣大多使用西洋花卉图案，用色艳丽豪华。

元代刺绣枕顶

| 王宪明　绘，原件藏于中国丝绸博物馆 |

该枕顶为一对，是在褐色绢制绣地上以白、浅绿等丝线绣出飞舞于花间的孔雀和玩耍于花枝下的松鼠。这一小件绣品绣工精致，生活气息浓郁。

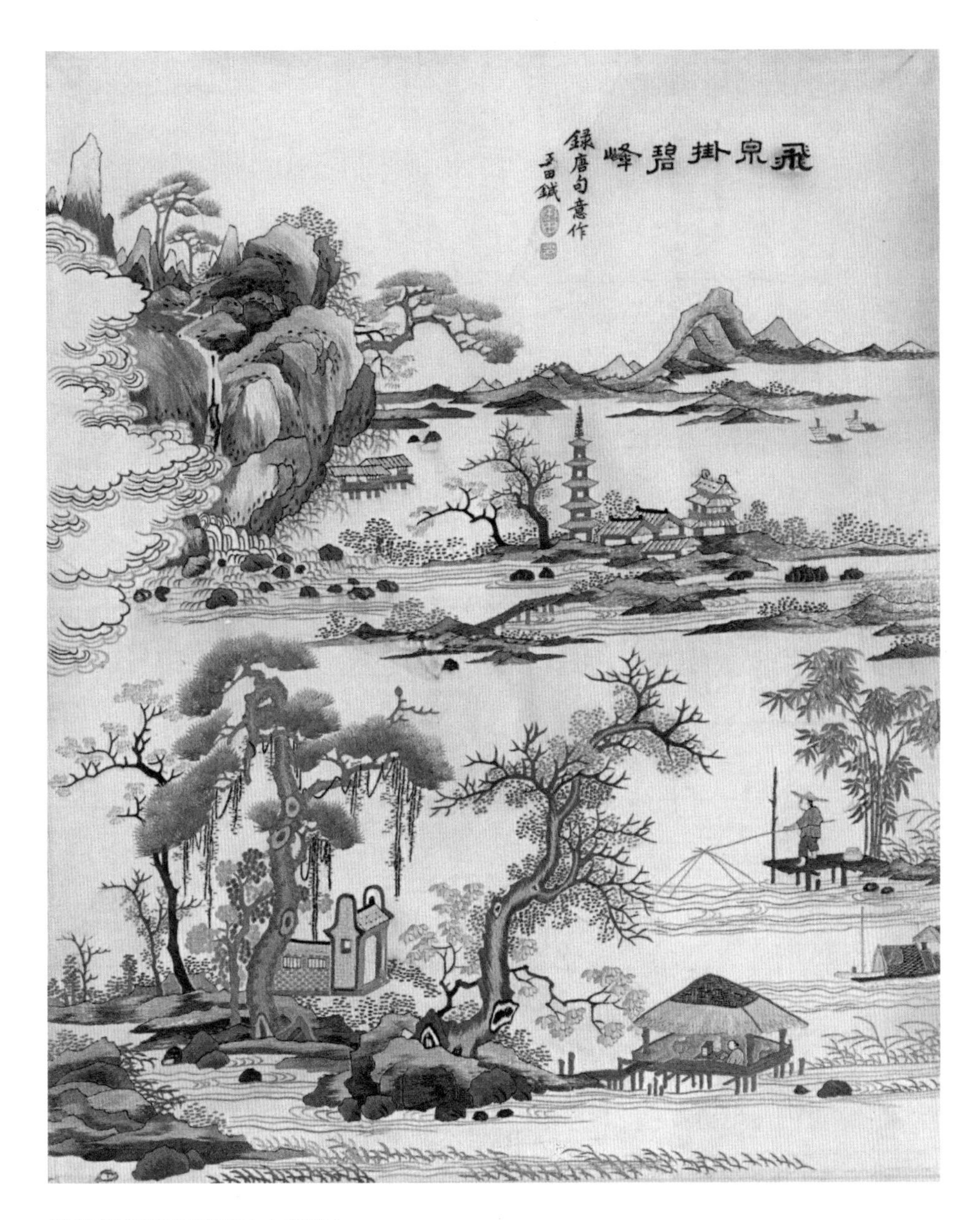

清代粤绣玉田绣渔读山水图镜心

| 故宫博物院藏 |

该图以工笔将远山近景层次鲜明地表现出来，恬静古朴的茅屋农舍，庄严肃穆的古刹，清幽的江水渔帆，迷蒙的远山云霭，天地之间，渔父书生各得其趣。此图反映粤绣针法繁复、穷其巧变的特点。全图以棕、褐、驼等色为主色调，配以深绿、浅绿、蓝色等，典雅古朴而又不乏鲜丽明快，体现了粤绣的配色特点。

浓香文锦图镜片：清代顾绣花鸟屏

丨上海博物馆藏丨

顾绣系明嘉靖三十八年（1529 年）松江府进士顾名世之子顾汇海之妾缪氏所创，是江南唯一以家族冠名的绣艺流派。顾名世次孙媳韩希孟善画，在针法与色彩运用上独具巧思，显著提高了这种绣法的艺术品格，顾绣由此又称画绣。其特点主要有三：第一，半绣半绘，以补色、借色见长；第二，用料奇特；第三，运用中间色化晕。韩希孟以这种绣、画结合的方法，穷数年心力摹绣宋元绘画名迹八幅（册页），为世所重。韩希孟创立画绣阶段是顾绣发展的初期，绣品多为家庭女红，世称韩媛绣，基本用于家藏或馈赠。韩希孟之后，顾氏家道中落，逐渐倚赖女眷刺绣维持生计，并广招女工，从此顾绣由家庭女红转向商品绣。目前，顾绣已入选国家级非物质文化遗产代表性项目名录。

清代顾绣三星图轴

| 上海博物馆藏 |

三星图轴以福禄寿三星为题，以表达美好的祝愿。福、禄、寿在民间流传为天上三吉星，“福”寓意五福临门，“禄”寓意高官厚禄，“寿”寓意长命百岁。

缂丝流行于隋唐，繁盛于宋代，采用“通经断纬”的织法，织物表面只显彩色的纬纹和单色的地纬，正反两面花纹和色彩一致。由于采用局部回纬织制，纬丝并不贯穿整个幅面，即花纹与素地及色与色之间呈小空或断痕，“承空观之，如雕镂之象”，故名缂丝，有“一寸缂丝一寸金”之说。宋代缂丝以名家书画题材为多，著名的作品有南宋沈子蕃缂丝梅鹊图轴与朱克柔缂丝莲塘乳鸭图。明清时期，除缂织书画、诗文、佛像外，还缂织袍服、屏风、靠垫等，尤以苏州缂丝最为精美。

元代缂丝天鹿云肩残片

| 罗铁家摄于中国丝绸博物馆 |

云肩图案多为几何形骨架，轮廓线内外图案不同，内部多为折枝花卉、海石榴、群龙戏珠、灵芝云纹、凤穿牡丹等纹样；外部则为折枝花、回首鹿、狮子、紫汤荷花等。图案彰显了汉、蒙古、伊斯兰三种文化的融通。

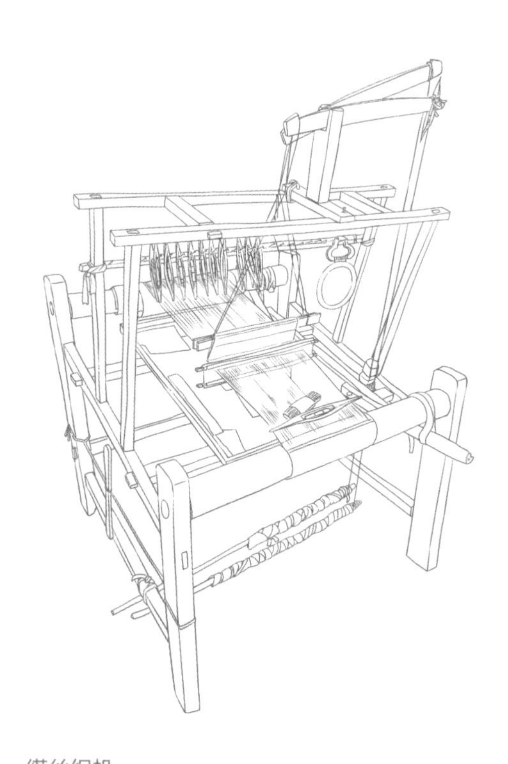

缂丝织机

| 王宪明　绘 |

缂织时先在织机上安装好经线，经线下衬画稿或书稿，织工透过经丝，用毛笔将画样的彩色图案描绘在经丝面上，再分别用长约十厘米、装有各种丝线的舟形小梭依花纹图案分块缂织。

南宋沈子蕃缂丝梅鹊图轴

| 故宫博物院藏 |

此织物很好地体现了原画稿疏朗古朴的意趣，画面生动，清丽，典雅，是沈子蕃为数不多的存世作品之一，也是南宋时期缂丝工艺杰出的代表作。

元代重要丝织品种纳石失，是一种用镂金法织成的织金锦。中国历史上游牧民族的贵族大都喜欢穿用织金锦做的服装。元代朝廷官服及帐幕等多用织金锦缝制。纳石失因其纹样很像波斯风格，被称为“波斯金锦”。元代在弘州（今河北阳原）和大都（今北京）等地设专局织造纳石失，以满足织金锦需求。元代的织金锦主要分为两大类：一类用片金法织成，另一类用圆金法织成。明清两代的织金锦、织金缎、织金绸、织金纱、织金罗等多种加金织物的出现，均因有纳石失奠定了技术基础。

纳石失靴套和六出地格力芬绫裤

| 中国丝绸博物馆藏 |

纳石失靴套一般穿在蒙古传统皮靴的上面。这对靴套面料是一件纳石失织金锦，一个循环内有三行纹样：第一行是一只飞鸟和立鸟，两者之间是一朵牡丹花；第二行是两只野兔，两者之间是一朵莲花；第三行是两只飞鸟，鸟后是一朵牡丹花蕾。该裤所用面料是花绫，纹样是六出地上六瓣团窠格力芬。

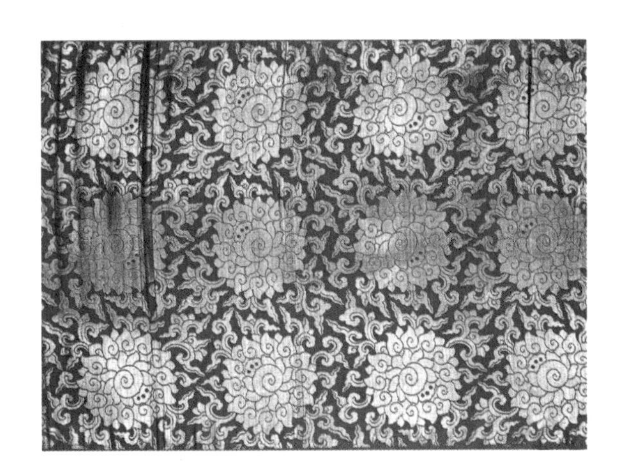

清代江宁织造月白色缠枝莲纹织金缎

| 故宫博物院藏 |

此织物花型硕大肥亮，具有西域特征，大块面的片金显花，光彩夺目。由于在花头的周边装饰有翻卷的藤蔓，因而整个画面不显呆板。淡黄金与月白的配色，华丽中透着淡雅。这种以金线为主体表现的织锦工艺渊源于元代的“纳石失”。

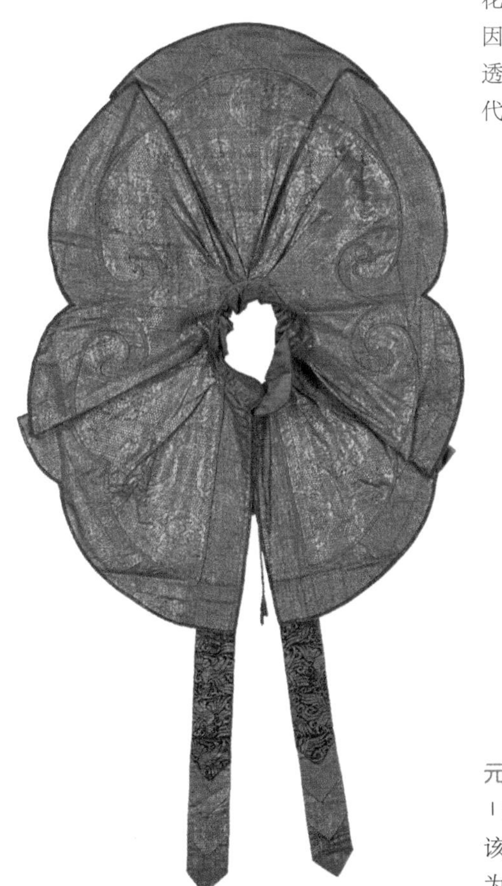

元代大红色龟纹地团龙纹片金佛衣

| 故宫博物院藏 |

该织物提花规矩，金线匀细，花纹光泽悦目，为元代纳石失织物中所罕见。

衮服又称“衮”，是古代皇帝及上公出席重大场合穿着的正装，与冕冠合称为“衮冕”，是中国古代最尊贵的礼服之一。皇帝在重大庆典活动，如祭天地、宗庙及正旦、冬至、圣节等穿着此礼服。中国传统的衮服由上衣下裳两部分构成，衣裳以龙、日、月、星辰、山、华虫、宗彝、藻、火、粉米、黼、黻十二章纹为饰，另外带有蔽膝、革带、大带、绶等配饰。

清康熙石青色缎缉米珠绣四团云龙纹银鼠皮衮服

| 故宫博物院藏 |

此衮服为皇帝的礼服。衮服圆领，对襟，平袖，左右及后开裾。衮服在石青色缎地上用珍珠、珊瑚珠及猫睛石缉缀四团云龙纹，纹样轮廓以白和月白色龙抱柱线勾勒。领、襟缀铜镏金錾花扣五。服内镶银鼠皮里。

补服也称为“补袍”或“补褂”，是一种饰有品级徽识的官服，与其他官服不同处在其服饰的前胸后背各缀有一块形式、内容及意义相同的补子。到了明代，代表官位的补服得以定型。从明代出土及传世的官补来看，其制作方法主要有织锦、刺绣和缂丝三种。早期的官补较大，制作精良。文官补子图案都用双禽，相伴而飞；武官则用单兽，或立或蹲。到了清代，文官的补子变成只用单只立禽，各品级略有区别。在中国古代服饰制度中，文武百官的补服最能反映丝绸与封建等级制度的密切关系。

清乾隆缂丝云凤纹方补

| 故宫博物院藏 |

按大清会典规定，清代文官用“飞禽”图案、武官用“走兽”图案缀于补服前后。具体规定如下：文官一品为鹤，二品为锦鸡，三品为孔雀，四品为雁，五品为白鹇，六品为鹭鸶，七品为鸂鶒，八品为鹌鹑，九品为练雀；武官一品为麒麟，二品为狮，三品为豹，四品为虎，五品为熊，六品为彪，七品为犀，八品为犀，九品为海马。

清道光石青色缂金云鹤纹方补夹褂

| 故宫博物院藏 |

此为清朝一品文官补服，石青色地，在前胸后背用三色圆金线缂织仙鹤，云水回纹边。三色金线捻制极细，织造细密。

清代补子缀鸟

| 中国丝绸博物馆藏 |

此盘金绣对鸟为清代文官方补上的标志，形似云雁，云雁为清代文官四品的补子。

清代，在江宁、苏州和杭州三处设立了专办宫廷御用和官用各类纺织品的织造局。江宁织造府是清代为制造宫廷丝织品专设在南京的衙门，其产品只供皇帝和亲王大臣使用，清初顺治二年（1645年）成立，光绪年间废止。江宁织造府在康熙帝主政下由曹家三代担任江宁织造时期最为兴盛。康熙帝六次下江南，其中五次住在江宁织造府。曹雪芹在《红楼梦》中对丝绸纺织品有大量描写，如锁子锦、妆花缎、蝉翼纱、轻烟罗、茧绸、羽纱、绛丝、弹墨、洋绉、西洋布、雀金呢、哆罗呢、氆氇、倭缎等，多不胜数。

江宁织造府复原图

| 作者摄于江宁织造博物馆 |

《红楼梦》主题绘画

丨罗铁家　摄丨

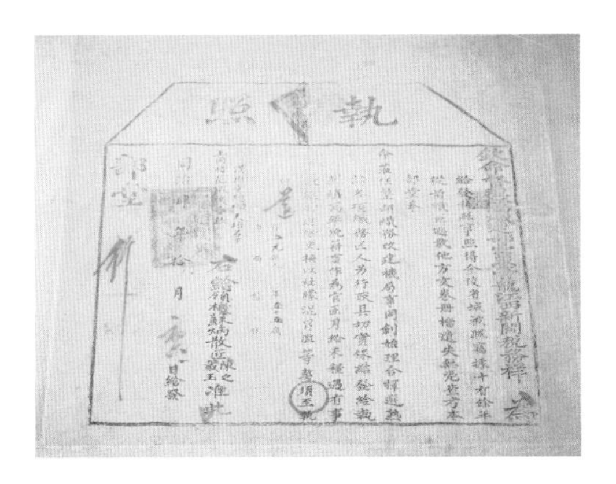
執照

清代官机执照

丨罗铁家摄于南京博物院丨

光绪二十四年金陵厘捐总局寄江宁织造部堂公文封套、光绪十四年十月苏州织造部堂寄江宁织造部堂公文封套

丨作者摄于江宁织造博物馆丨

宋元时期的缫丝工具南北有别，分为南北两大类，其中最大的区别是热釜和冷盆。络车在宋代已经定型，整经和做纬形成完整过程。

明代江南广为流传的缫丝工具主要由炉、灶、锅、钱眼、缫星、丝钩、转轮、曲柄轴、踏绳、踏板等部件构成，需由两人操作，基本由北缫车和冷盆相结合，成为后代缫丝技术的主流。当时，手摇缫车发展成脚踏缫车，并得到普遍应用，标志着手工缫丝机具的新成就。

清代的脚踏缫丝车制式沿用前朝，但比过去更重视缫丝技术与传统经验，以提高生丝产量和质量。清代土丝（与厂丝相对）共分为细丝、肥丝、粗丝三种。晚清，机器缫丝工业兴起，厂丝（与土丝相对）产量质量均得到很大提高，并用优点明显的蒸汽煮茧。

缫丝：《耕织图》，南宋楼璹原作，元代程棨摹

繅絲

採繭下。先剝去其外衣。入鍋煮之。以繭六七枚。各撈其頭。繅成一縷者。為細絲。以十二三枚繅絲一縷者。為粗絲。楚人繅絲用手車。不若吾浙脚踏車之靈活。人工亦省。惟踏車之藝。非可言傳。擬買絲車來。命家人親授。俾可傳習。又繅車下須用炭火一盆。帶繅帶烘。絲燥而白。不烘而聽其自乾。則其色黃。八煮繭不宜燒松柴。因松有烟煤。絲染其氣。色不明亮。尤不可不講也。

缫丝：宗景藩《绘图蚕桑图说》，吴嘉猷绘，光绪十六年

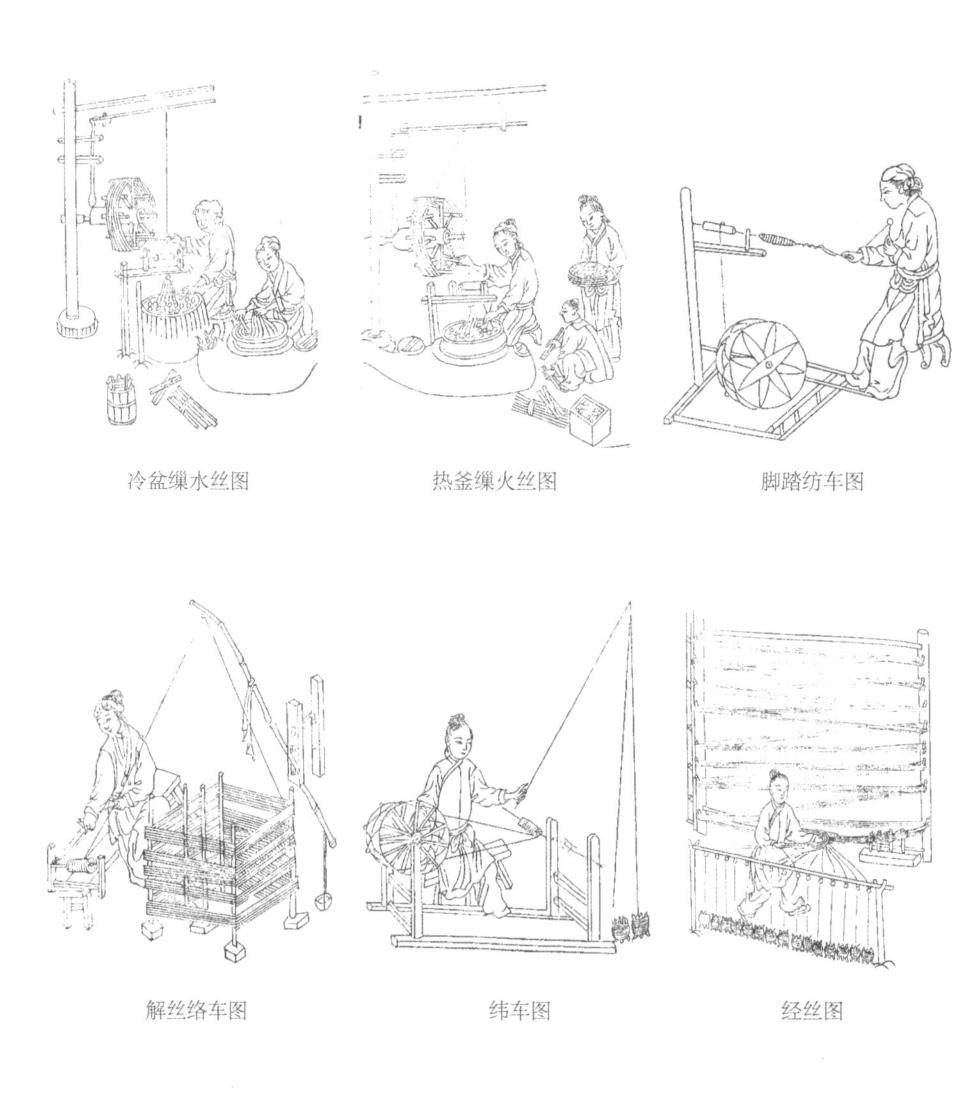

冷盆缫水丝图　　热釜缫火丝图　　脚踏纺车图

解丝络车图　　纬车图　　经丝图

纼丝图

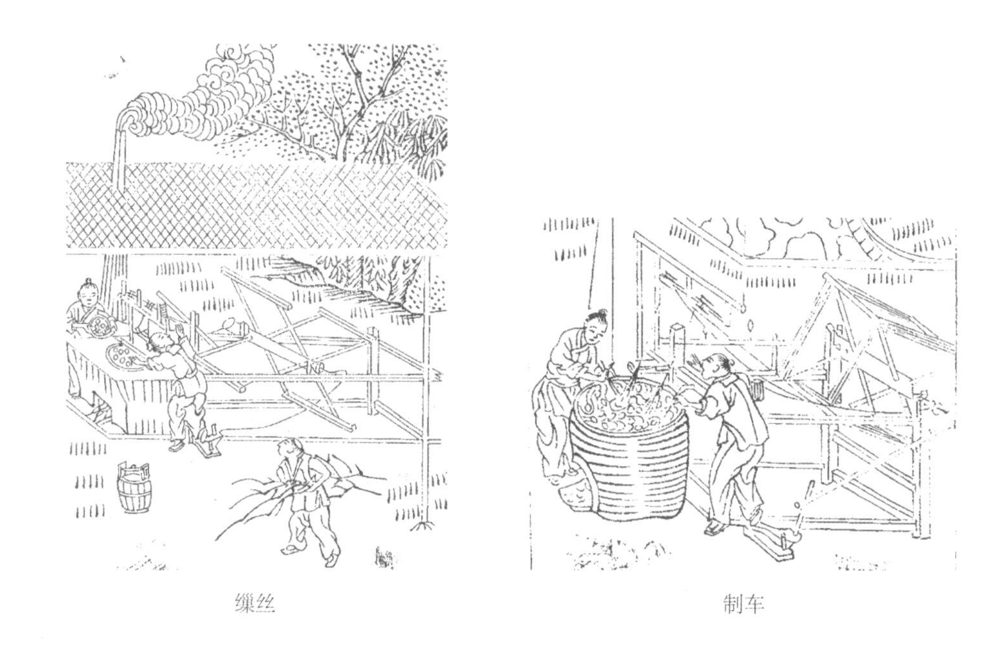

缫丝　　制车

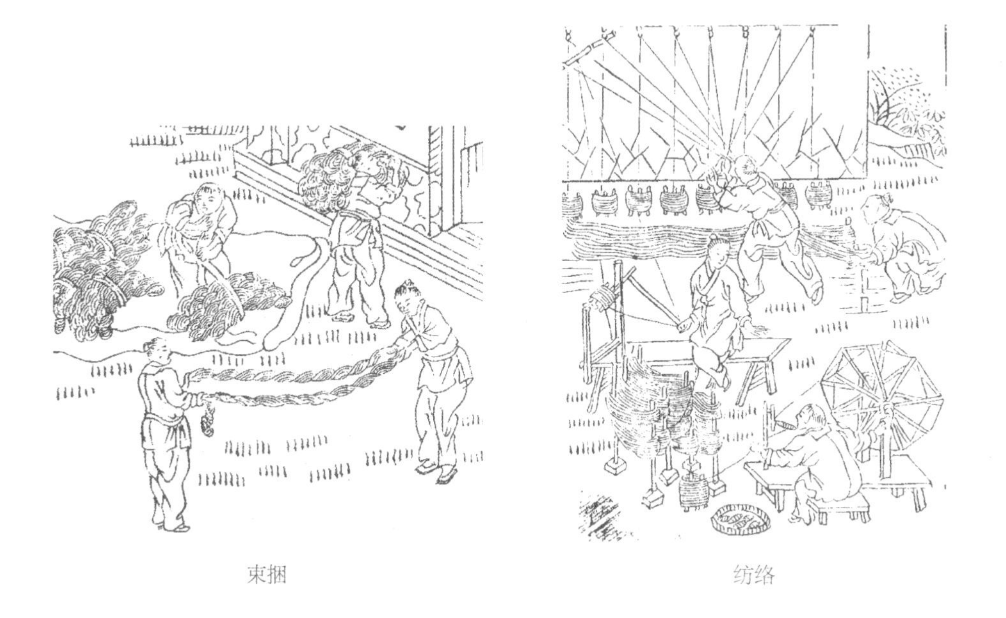

束捆　　纺络

缫纺工序图：卫杰《蚕桑萃编》，浙江书局刊行，1900 年

備吾家好機杼豈知縣吏已催科不時揭去無餘紇迫索仍憂宿負多車乎車乎將奈何

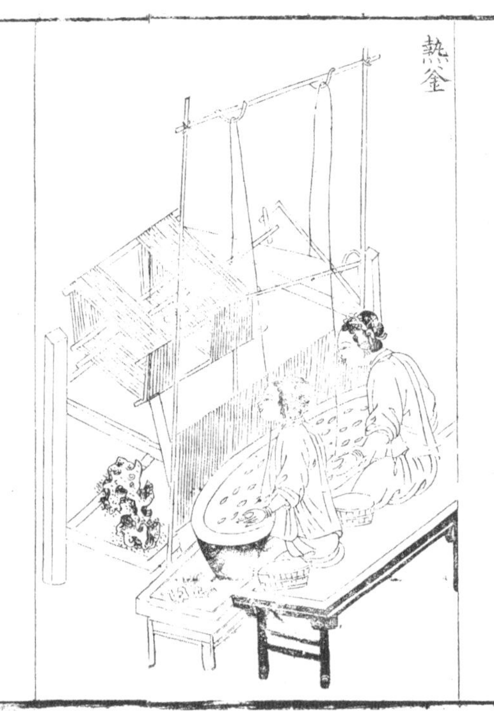

熱釜秦觀蠶書云繅絲自鼎面引絲直錢眼此繅絲必用鼎也今農家象其深大以盤甑按釜亦可代鼎故農桑直說云釜要大置於竈上如蒸竈法可繅粗絲單繳者雙繳者亦可釜上大盤甑接口添水至甑中八分滿可容二人對繅水須常熱宜旋旋下繭繅之多則煮損凡繭多者宜用此釜以趨速效詩云蠶家熱釜趁繅忙火候長存蟹眼湯多繭不須愁不辦時時頻見脫絲軖

热釜、冷盆、北缫车、南缫车：《王祯农书》，嘉靖九年山东布政司刊本

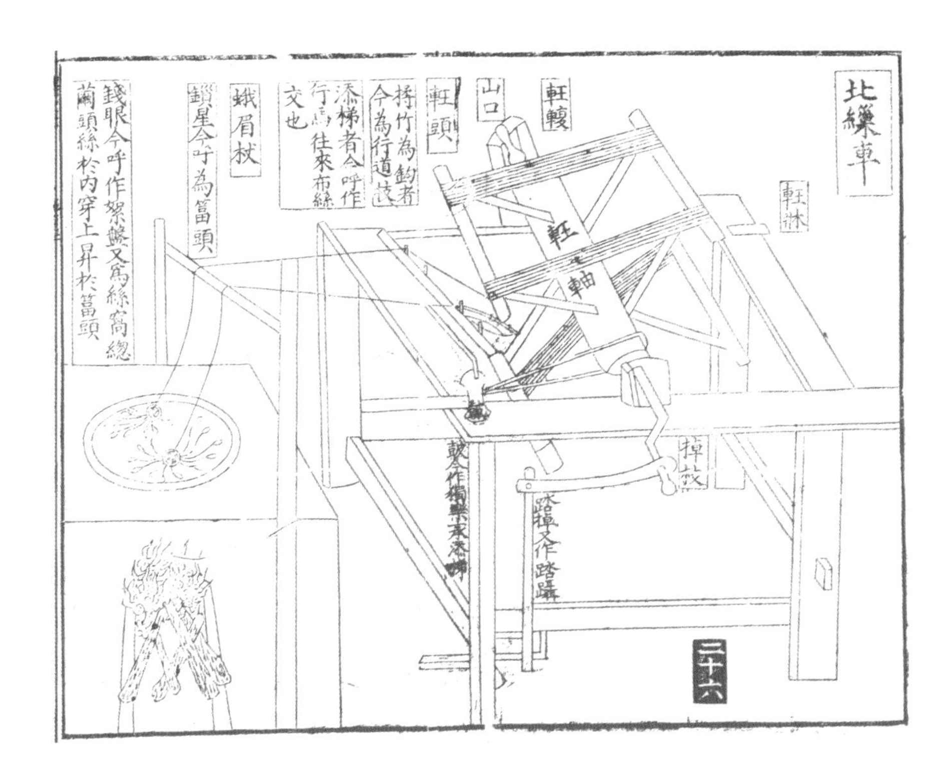
北繅車
軠牀
軠輹
山口
軠頭
捋竹為鉤者今為行道菝
添梯者今呼作行馬往來布絲交也
蛾眉杖
鎖星今呼為篭頭
錢眼今呼作絮盤又寫絲竅總繭頭絲於內穿上昇於篭頭
軠軸
鼓今作獨樂承添梯
掉拔
踏撞又作踏躡
二十六

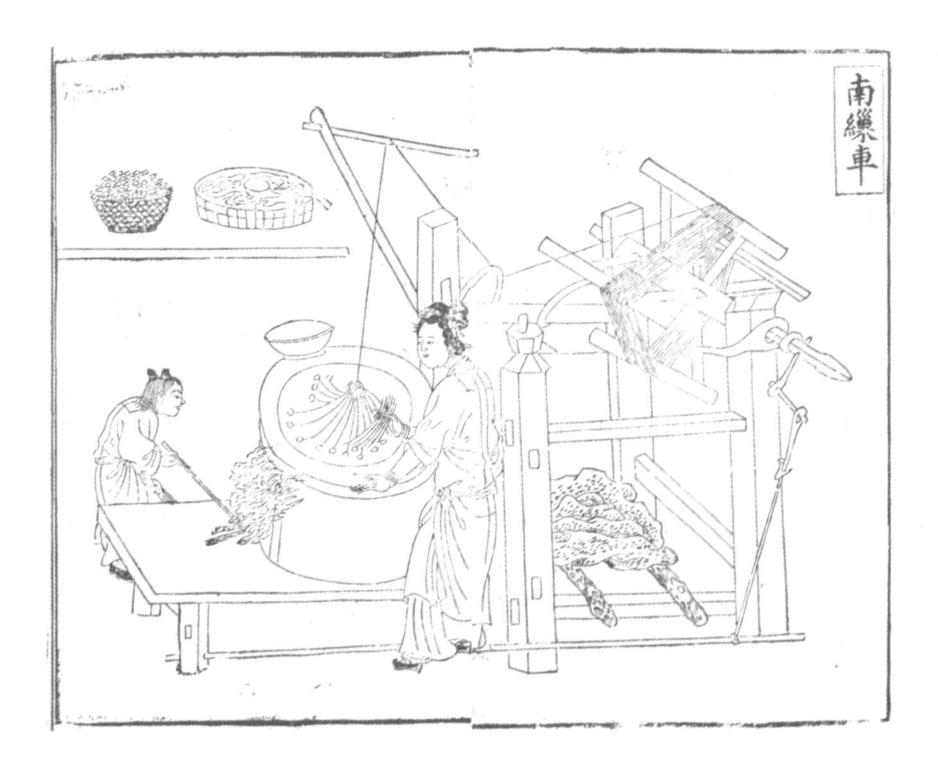
南繅車

第四节 皇家重礼与禁忌习俗

中国古代耕织社会亲蚕礼是皇家重要的典礼，目的是为天下祈祷蚕神以获丰收。宋元明清时期，诗词、美术、工艺、装饰等创作中越来越多地融入蚕桑元素。蚕神崇拜是蚕乡风俗中重要的活动。至今，各地仍然延续着丰富多彩的蚕桑习俗。

周代，亲蚕礼是由皇后主持的国家大典。现存的先蚕坛原建于北京北郊，明嘉靖十年（1531 年）迁至西苑，清乾隆七年（1742 年）移建于北海东北隅。举行亲蚕礼仪式之前要祭祀先蚕神，典礼于农历三月择吉日举行，届时皇帝要到先蚕坛祭祀先蚕神西陵氏。此外，还举行皇后采桑礼。皇后等人将桑叶交给蚕妇喂蚕，蚕妇将选好的蚕茧献给皇后，皇后再献给皇帝、皇太后。之后再择吉日，皇后到织室亲自缫丝，染成朱绿玄黄等颜色，绣制祭服。

乾隆时期，颐和园兴建了耕织图、蚕神庙、织染局、络丝房、水村居等颇具江南特色的田园村舍。每年开春，这里都要举办男耕女织的农桑活动，由南方来的农家女负责采桑、养蚕、缫丝、织绸等。每年农历九月都要在蚕神庙祭祀蚕神，以保佑民生。

皇后亲蚕图：《王祯农书》，嘉靖九年山东布政司刊本

《濯龙蚕织》图：《历朝贤后故事图》，清代焦秉贞绘，绢本设色

历史故事是清代宫廷绘画中的重要题材之一。《历朝贤后故事图》图册题材取自历代有良好德行的皇后、皇太后的故事。此图人物选自《后汉书·明德马皇后纪》："内外从化，被服如一，诸家惶恐，倍于永平时。乃置织室，蚕于濯龙中。"画家绘此画册就是借她们的懿德来宣传封建的伦理纲常，给宫廷里的妃嫔们树立行为楷模。

诣坛

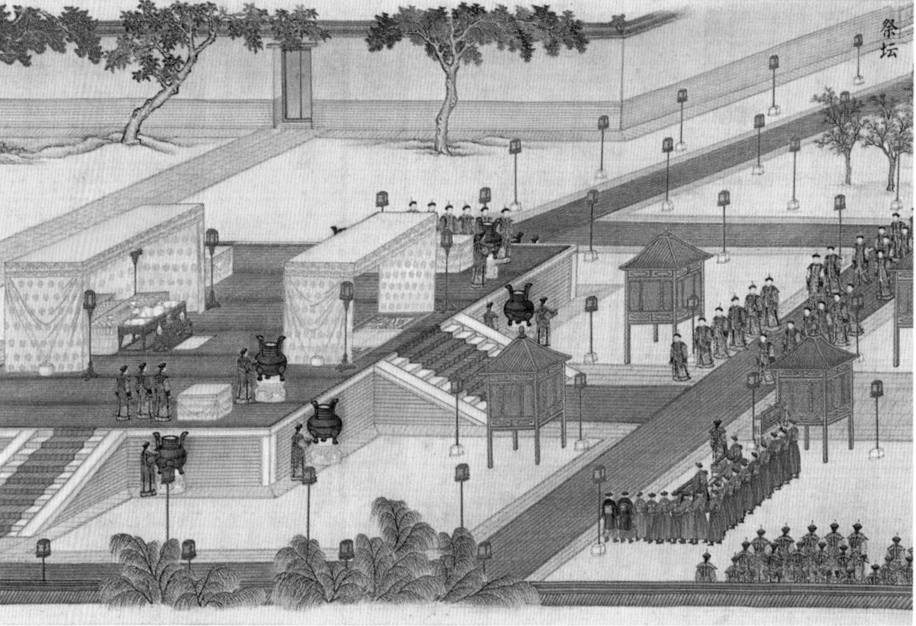
祭坛

诣坛、祭坛、采桑、献茧:《孝贤纯皇后亲蚕图》，乾隆九年清院本

孝贤纯皇后，又称富察皇后。1744 年，清廷举行祭先蚕神的典礼。祭礼程序繁缛，其中最有特点的是被称作“躬桑”的皇后采桑礼。当孝贤纯皇后行过第一次亲蚕礼后，乾隆皇帝即命宫廷画家绘制长卷“皇后亲蚕图”。

宋代诗词中有不少描绘蚕桑丝织景象的。苏轼《浣溪沙》写道："麻叶层层苘叶光，谁家煮茧一村香。隔篱娇语络丝娘。""簌簌衣巾落枣花，村南村北响缫车，牛衣古柳卖黄瓜。"辛弃疾《鹧鸪天》写道："陌上柔条初破芽，东邻蚕种已生些。"明清时期蚕丝业十分繁荣，读书人开始用笔墨记录蚕桑。清代诗人沈炳震、董蠡舟、董恂三人，撰写数十首《蚕桑乐府》，详细记录了从育蚕、护种、收茧、缫丝的全过程。此外，宋元明清时期，蚕桑丝织题材在美术、工艺、装饰等创作领域也得到不断拓展。

桑上寄生：《金石昆虫草木状》，明代文俶绘，万历时期彩绘本

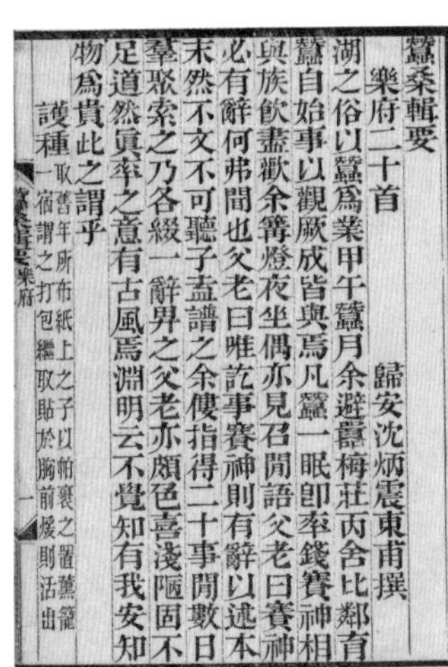

蠶桑輯要

樂府二十首　歸安沈炳震東甫撰

湖之俗以蠶爲業甲午蠶月余避囂梅莊丙舍比鄰育蠶自始事以觀厥成皆與焉凡蠶一眠即率錢賽神相與族飲盡歡余篝燈夜坐偶亦見召問語父老曰賽神必有辭何弗聞也父老曰雖訖事賽神則有辭以述本末然不文不可聽子盍譜之余僂指得二十事閒數日羣聚索之乃各綴一辭畀之父老亦頗色喜淺陋固不足道然真率之意有古風焉淵明云不覺知有我安知物爲貴此之謂乎

護種　取舊年所布紙上之子以帕裹之置薰籠一宿謂之打包繼取貼於胸前煖則活出

乐府二十首：沈秉成《蚕桑辑要》，同治版本

清代棕竹股雕花边画蚕织图面折扇之一眠

| 故宫博物院藏 |

蠶詞四首　國朝王士禛

青青桑葉映迴塘，三月紅蠶欲暖房。相約明朝南陌去，背人先借馬頭娘。

戴勝初來水染藍，女桑漠漠葉滿江南。誰家少婦青綠籠，知向香閨飼女蠶。

玉蛾飛飛金繭酥，蠶時幾日閉門樞。白筆與儂作璘藉，黃金與儂作躊躇。

鳩鳴屋角桑葉低，三眠四眠蠶始齊。小姑嬌小好閑事，詠蠶學蠶學添梯。

山蠶詞四首　同上

大司農益都孟公作山蠶說，其詞最古雅，因廣其意作山蠶詞。

清溪槲葉始濛濛，樹底春蠶葉葉通。曾說蘇黃蜀道險，誰知齊道亦蠶叢。

郡問蠶奩更火箱，春山到處是蠶房。槲林正綠椒園碧，間郤綺綺陌上桑。

愁不辨時時，頻見脫絲紅。

春蠶　明 劉基

可笑春蠶獨苦辛，為誰成繭却焚身。不如無用蜘蛛網，網盡飛蟲不畏人。

春田園雜詠　明 蔣冕

茅舍新蠶作繭遲，鄰家桑柘盡空枝。持筐欲向街頭賣，更向豪門索舊絲。

茶陵竹枝歌　明 李東陽

春盡田家郎未歸，小池涼雨試絺衣。團桑綠蔭蠶初熟，野麥青時雉始飛。

蒲杲別業竹枝詞　明 沈明臣

東村西村姑惡啼，家家麥熟黃雲齊。春蠶作繭桑園綠，睡起日斜鬪竹雞。

春蠶詞　明 朱靜菴

桃花落盡日初長，陌上雨晴桑葉黃。拜罷三姑祭蠶室，漸籠溫火煖蠶房。

有关蚕桑的诗词：崔应榴、钱馥《蚕事统纪》，雍正十三年，中国国家图书馆

樹桑百益目錄

桑根白皮

脩治　凡使采十年以上向東畔嫩根銅刀刮去青黃薄皮一重取裏白皮切焙乾用其皮中涎勿去之藥力俱在其上也忌鉄忌鉛或云木之白皮亦可用煑汁染褐色久不落

氣味　甘寒無毒

主治　傷中。五勞六極。羸瘦。崩中絕脈。補虛益氣。○去肺中水氣。唾血。熱渴。水腫。腹滿臚脹。利水道。去寸白。可以縫金瘡○治肺氣喘滿。虛勞客熱頭痛。內補不足。○煑汁飲利五臟。入散用下一切風氣水氣。○調中下氣。消痰止渴。開胃下食。殺腹臟蟲。

子細嚼先嚥汁后嚥滓新水送下乾者亦可　小兒赤禿桑椹取汁頻服　小兒白禿黑椹入罌中懸三七日化為水取之三七日神效　拔白變黑黑椹一斤科蚪一斤瓶盛封閉懸屋東頭一百日盡化為黑泥以染白髮如漆　髮白不生黑熟桑椹水浸日曬搽塗令黑而復生也　陰證腹痛桑椹絹包風乾過伏天為末每服三錢熱酒下取汗

桑葉

氣味　苦甘寒有小毒大明曰家桑葉煖無毒

主治　除寒熱出汗○汁解蜈蚣毒○煎濃汁服。能除脚氣水腫。利大小腸○炙熟煎飲代茶止渴。○煎飲利五臟。通關節。下氣。嫩葉煎酒服。治一切風

口不歛經霜黃桑葉為末敷之　穿掌腫毒新桑葉研爛盦之即愈　湯火傷瘡經霜桑葉燒存性為末油和敷之三日愈　手足麻木不知痛癢霜降後桑葉煎湯頻洗

桑枝

氣味　苦平

主治　徧體風癢乾燥。水氣。脚氣。風氣。四肢拘攣。上氣眼運。肺氣欬嗽。消食。利小便。久服輕身。聰明耳目。令人光澤。療口乾。及癰疽後渴。用嫩條細切一升熬香煎飲。亦無禁忌。久服終身不患偏風。一法名桑

桑的药用：叶世倬《增刻桑蚕须知》之《树桑百益》，同治十一年冬月镌，中国国家图书馆

蚕桑一直都是中医药重要来源，许多蚕桑类物品适于药用，如桑白皮、桑叶、桑枝、桑葚、桑根、僵蚕、蚕沙、蛹虫草等。《神农本草经》《本草纲目》等医学古籍详细记载了蚕桑的药用价值。

“稍叶”或称“秒叶”，是一种桑叶买卖行为。明代朱国祯《涌幢小品》记载：“湖之畜蚕者多自栽桑，不则豫租别姓之桑，俗曰秒叶。”《湖蚕述》载：“叶之轻重率以二十斤为一个，南浔以东则论担，其有则卖，不足则买，胥为之稍，或作秒。”蚕农在桑叶买卖交易中，购买方应预先约定价格，然后等蚕毕贸丝后偿还，这种赊账的行为称为“赊稍”；预先谈妥价格，等到桑叶长成可以采摘时再交易，这种情况称“现稍”。

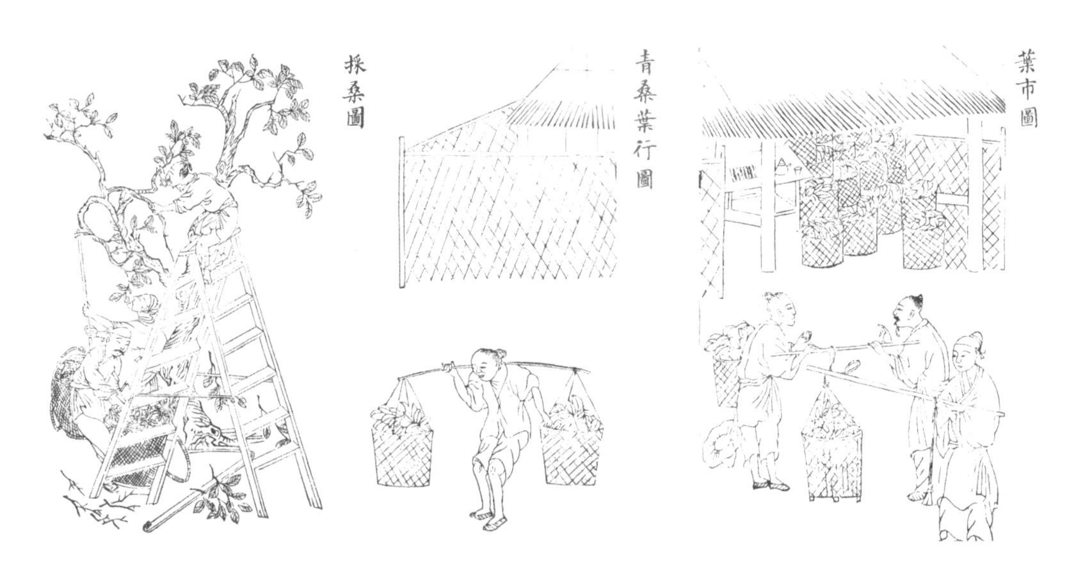

采桑图、青桑叶行图、叶市图：俞墉《蚕桑述要》，同治十二年刻本

养蚕过程还衍生了各种禁忌。诸如在养蚕前要打扫蚕房，清洗蚕匾，张贴用红纸剪成的猫、虎形剪纸等；在蚕室门上贴写有“育蚕”“蚕月知礼”等字的红纸，并谢绝相互走动与往来等。养蚕过程中的语言禁忌也十分普遍，诸如蚕不能叫“蚕”，要叫“宝宝”或“蚕姑娘”；忌讳说“跑了”“没了”“死了”等不吉语。蚕病有关的字词也禁忌，“亮蚕”“僵蚕”是蚕病，忌说“亮”“僵”。这些禁忌，虽笼罩着些许迷信色彩，但多有一定的根据，是古代劳动人民蚕桑生产劳动的经验之谈。

杨屾

《豳风广义》记载：

蚕室一切禁忌开列于后：蚕属气化，香能散气，臭能结气，故蚕闻香气则腐烂，闻臭气则结缩。凡一切麝、檀、零陵等诸香，并一切葱、韭、薤、蒜、阿魏等臭，并有气臭之物，皆不可入蚕室。忌西南风；忌灯火纸燃于室内；忌吹灭油烟之气；忌敲击门窗、箔槌及有声之物；忌夜间灯火射入蚕室窗孔；忌酒醋入室并带入喝酒之人；忌煎炒油肉；忌正热忽着猛风暴寒；忌侧近舂捣；忌蚕室内哭泣叫唤；忌秽语淫辞；忌正寒骤用大火；忌放刀于箔上；忌不吉净人入蚕室；忌水泼火；忌烧皮毛猪骨臭物；忌当日迎风窗；忌一切腥臭之气；忌烧石灰之气；忌烧硫黄之气；忌仓促开门；忌高抛远掷；忌湿水叶；忌饲冷露湿叶及干叶；忌沙燠不除。以上诸忌，须宜慎之，否则蚕不安箔，多游走而死。

蠶忌

蠶喜溫而愛潔。室宜高燥。前後有窗。晴暖開窗通氣。冷則閉之。燒炭火置室中。看蠶人身手皆宜潔淨。家中不宜動鑼鼓爆竹。不宜哭泣怒罵。不宜生人及凶服人入室。不宜染香臭及油腥氣。又須養貓防鼠。

蚕忌：宗景藩《绘图蚕桑图说》，吴嘉猷绘，光绪十六年

蚕神是民间信奉的掌管蚕桑之神，祭祀蚕神是蚕乡风俗中的重要活动。除祭祀嫘祖外，各地也根据风俗不同祭祀不同的蚕神，有“马头娘”“蚕母”“蚕花娘娘”“蚕姑”“蚕女”“蚕三姑”“蚕丝仙姑”“蚕皇老太”“蚕花五圣”“青衣神”等。民间供奉蚕神的场所也不相同，有的地方建了专门的蚕神庙、蚕王殿，有的地方在佛寺偏殿或所供奉的菩萨旁塑蚕神像。

蚕神庙在中国很多地区仍有分布，庙里通常供奉着五位蚕神牌位，主位为黄帝元妃西陵氏嫘祖神位，两侧为民间曾经供奉的蚕神，从东至西依次是：蚕姑神位、马头娘神位、苑窳妇人神位和寓氏公主神位。

蚕母像：北宋国安寺木刻套色版画

| 温州博物馆藏 |

画面以蚕母、蚕茧和吉祥图案为主，反映了北宋时期蚕神的形象和蚕茧丰收的情景。

惟誠奠拜畢將蟻筐上架飼之此祭先蠶之章程也
歌曰
一家大小禮神明
惟祈三春蠶事成
滿室櫃箔蒙神祐
盈箱衣帛托聖靈
祀先蠶圖

祀先蚕图、谢先蚕图：杨屾《豳风广义》，宁一堂藏版，1740 年

海宁皮影马鸣王菩萨

| 罗铁家 摄 |

马鸣王菩萨[1]

| 王宪明 绘 |

马鸣王菩萨，民间又叫马明菩萨、蚕花娘娘、马头娘、蚕姑、蚕皇老太等，在传说中是一位身披马皮的仙女，是中国民间影响最大、流传最广的蚕神。马鸣王菩萨深深影响着中国人民的蚕桑生产和生活，堪称“世界丝绸之神”。

1 参考桐乡非物质文化遗产保护中心图像资料绘制。

江南蚕桑之家供奉的蚕神蚕姑像：《蚕姑宫》，清代山东潍坊“万盛”画店木版年画图样

| 王宪明　绘 |

水乡踏白船

丨王宪明　绘丨

传说农历三月十六是蚕花娘娘生日。这天，杭嘉湖地区的划船能手们组成赛船队，由最快到达终点的船队获胜。嘉兴三塔的踏白船活动，之前会在茶禅寺前祀蚕神，之后要在庙前谢蚕神。

蚕花年画《蚕花茂盛》

丨王宪明　绘丨

轧蚕花，是浙江湖州含山等地在每年清明庙会祭拜蚕神的习俗，每年从清明节开始，至清明第三天结束。传说蚕花娘娘化作村姑踏遍含山土地，留下蚕花喜气，得“蚕花二十四分”。因此，蚕民把含山作为“蚕花圣地”。

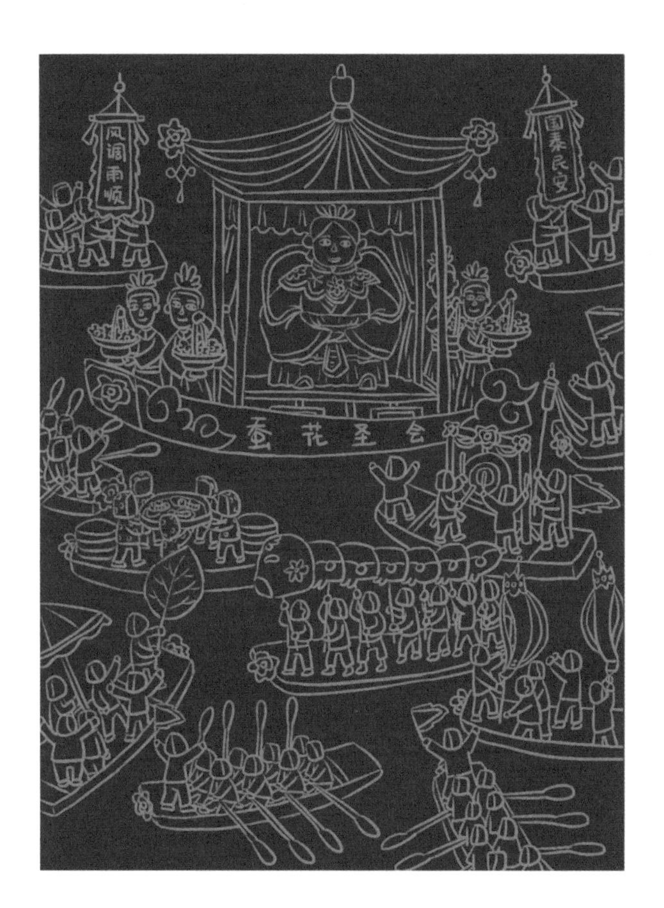

水上蚕花圣会

| 王宪明　绘 |

浙江桐乡洲泉双庙渚蚕花水会，是在水上举行的蚕花庙会，即水上蚕花圣会。桐乡自古就是蚕桑之乡，向来有信仰蚕神马鸣王的习俗。据传，双庙渚蚕花庙会源于南宋时期，宋高宗定都临安之后，为激励蚕农栽桑养蚕，封蚕神马鸣王为“马鸣大士”。庙会活动从清明节开始，先在龙蚕庙前殿祭祀四大天王、后殿祭祀马鸣王菩萨，然后将马鸣王神像从庙中移到船上，由各村参加迎会的船队对其进行朝拜。

海宁“蚕花五圣”[1]

| 王宪明　绘 |

接蚕花，春季在养蚕农户家中举行，仪式由赞神歌手诵唱“蚕花歌”，唱毕，女主人“接蚕花”。待到这家收茧缫丝时，举行“谢蚕花”祭祀，祭祀焚化蚕花纸、蚕花马幛（蚕神妈）。

---

1 参考云龙村委会图像资料绘制。

第六章

枯树新芽

近代以来蚕桑丝织的曲折与新生

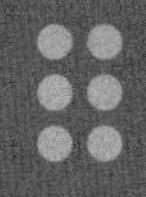

近代，中国蚕桑丝织的发展之路虽然荆棘遍布，但却在各个领域都开启了近代化历程。这体现在翻译西方技术书籍、发行报纸期刊、创办浙江蚕学馆、兴起蚕业试验场、经营继昌隆缫丝厂等诸多方面。清末，中国蚕丝出口受到日本、美国、欧洲市场的剧烈冲击，其行业逐渐萎缩。中华人民共和国成立以来，蚕桑丝织在教育、科研、文化、技术、产业、设计、文博、展览、交流等各领域均取得了巨大的成就。中国古老的蚕桑丝织文明再次焕发出了新的活力。

第一节 技术革新与新式教育

蚕学馆是近代最早的蚕业教育机构，其在培养人才与推广技术方面取得了成效，开启了全国蚕业教育机构大量创办的序幕，推动了全国蚕桑事业的发展。清末以来，不仅蚕桑领域完成技术革新，缫丝行业也逐渐近代化，丝织工厂生产效率提高，壮大行业公会的同时，也冲击了传统小农自然经济。

自清末至民国时期，养蚕浴种出现了多种方法，主要有天浴、盐水浴、灰水浴。太湖地区所出蚕书中记述的暖种，即是对蚕种进行催青。蚕病防治也从传统手段过渡到了技术防治蚕瘟（微粒子病）和脓病。另外，桑树繁殖、栽种和树型养成等技术都有不同程度的提高。直播、扦插、压条、嫁接等繁殖方法也都有了进步。

19世纪末，蚕瘟蔓延。日本人学习法国技术，采用600倍显微镜逐一检验蚕种母体，淘汰带病蚕种，有效地控制了蚕瘟。而中国却面临着蚕瘟蔓延的危险，病蚕所产丝茧的质量越来越差，丝茧出口日趋减少，养蚕的利润被日本所夺。甲午战争后，一些爱国人士纷纷主张引进国外先进的养蚕技术，并借此逐步解决了蚕瘟造成的破坏问题。

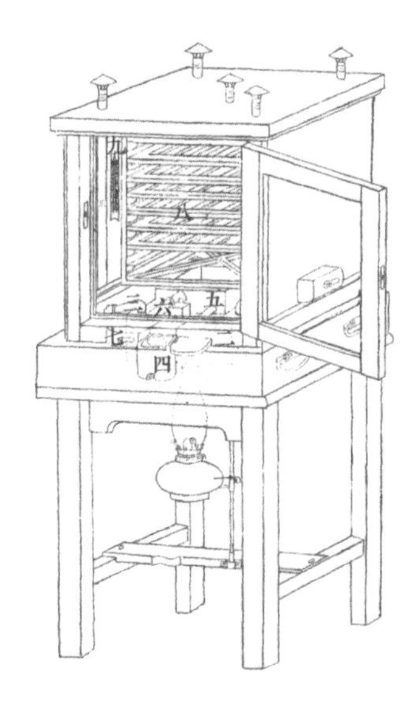

孵蚕卵器：日本农商务省《试验蚕病成绩报告第二》，藤田丰八译，罗振玉《农学丛书》第二集第九册，光绪年间江南农学会石印本

一洋灯，二火气室，三火气管，四注水口，五水管，六空气管，七排气孔，八卵置架，九检温器。

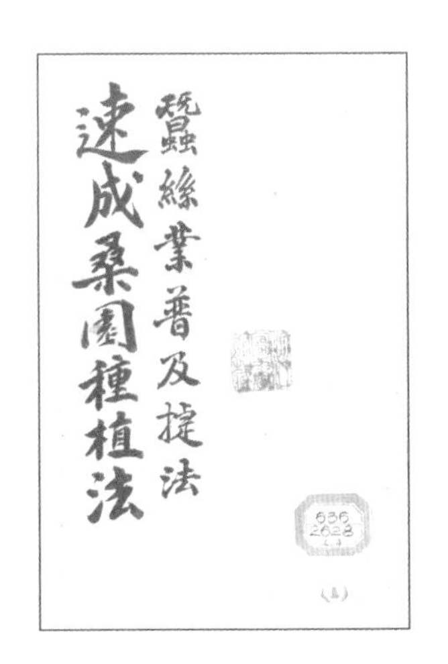
速成桑園種植法
蠶絲業普及捷法

吴锦堂、倪绍雯《速成桑园种植法·蚕丝业普及捷法》，宣统二年

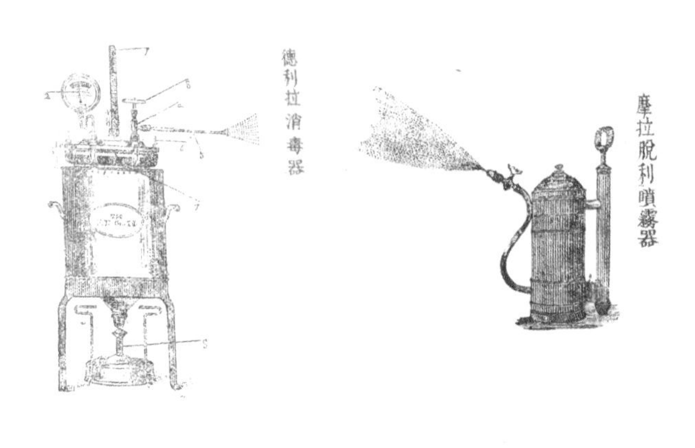

德利拉消毒器、摩拉脱利喷雾器：日本农学会《蚕病治毒病》，罗振玉译，《农学报》一九O卷

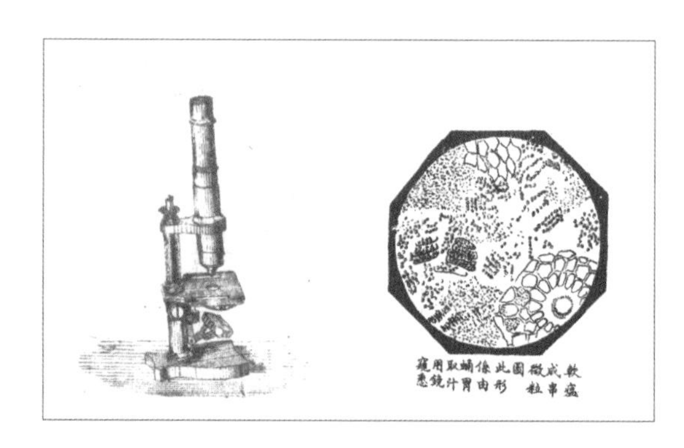

显微镜查看蚕瘟图：[法] 勒窝滂《喝茫蚕书》，罗振玉《农学丛书》第二集第九册，清代郑守箴译，光绪年间江南农学会石印本

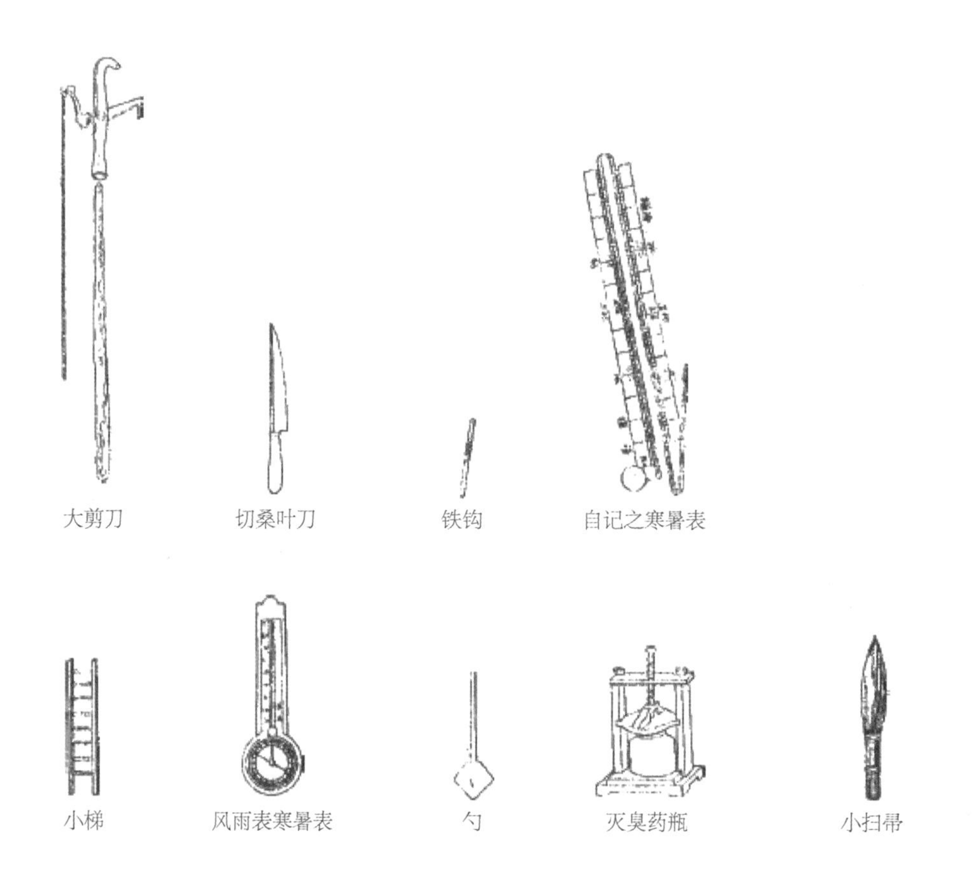

大剪刀　切桑叶刀　铁钩　自记之寒暑表

小梯　风雨表寒暑表　勺　灭臭药瓶　小扫帚

近代西式养蚕工具：[意] 丹吐鲁《意大利蚕事书》，汪振声笔述，袁俊德辑，富强斋丛书续全集，光绪二十七年小仓山房石印本

近代中国最早兴办的蚕业教育机构，是光绪二十三年（1897 年）由杭州知府林启创办的“浙江蚕学馆”。在其影响下，各地陆续兴办了一批蚕桑学堂、试验场等教育与推广机构。蚕学馆工作人员深入民间，检查土蚕种病毒，指导蚕农使用改良蚕种。蚕学馆的毕业生在很多地区推广养蚕新法，取得了成效。

浙江蚕业学校

| 作者摄于浙江理工大学档案馆 |

1905 年，湖北农务学堂创办了蚕科。此后，许多地区兴起了蚕桑教育，例如出现了上海私立女子蚕桑学堂及江苏女子蚕业学校。这些学馆和学堂为近代中国大学的蚕桑系构成了来源。

蠶預科第一年第一學期考試分數册

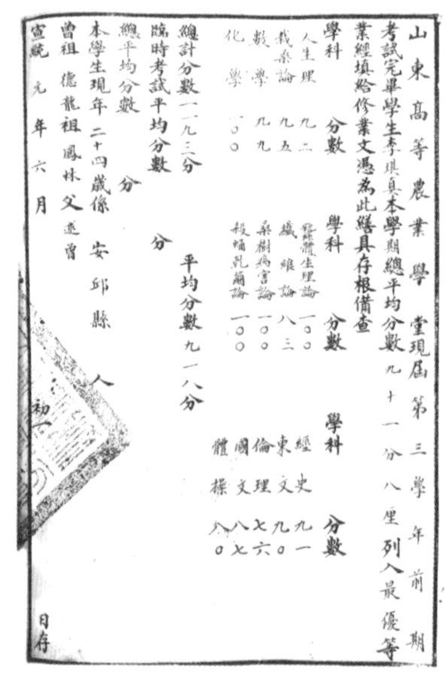

山東高等農業學堂現屆第三學年前期
考試完畢學生李琪真本學期總平均分數九十一分八厘列入最優等
業經填給修業文憑為此繕具存根備查

學科	分數	學科	分數	學科	分數
人生理	九二	蠶體生理論	一〇〇	經史	九一
栽桑論	九五	纖維論	八三	東文	九〇
數學	九九	桑樹病害論	一〇〇	倫理	七六
化學	一〇〇	殺蛹乾繭論	一〇〇	國文	八七
				體操	八〇

總計分數一一九三分　平均分數九一八分
臨時考試平均分數　分
總平均分數　分
本學生現年二十四歲係　安邱縣　人
曾祖　德龍　祖　鳳林　父　道曾
宣統元年六月　日存

宣统元年山东高等农业学堂蚕预科成绩单

| 山东省档案馆藏 |

蚕学馆旧照：日本东京西原蚕业传习所清国视察员与蚕学馆师生合影，1898年11月

1898年，杭州、上海等城市出现了制造改良蚕种的机构。1906年，清政府农工商部在北京设立了农事试验场中的蚕桑科，到民国时期改称为中央农事试验场。1918年2月，上海正式成立了中国合众蚕桑改良会，这是中央级的蚕业试验推广机构。1934年设立的蚕丝改良委员会是中央级蚕业试验推广的专职机构。1935年，国民政府在南京成立中央农业实验所，其中也设立了蚕桑系。

蠶桑叢編

蠶務條陳 英國 康發達

蠶桑答問 朱祖榮

蠶桑實驗説 日本 藤田豐八

養蠶成説法 韓理堂

粤東治八蠶法 蔣斧

腹蠶 日本 井原鶴太郎

樗繭譜 鄭珍

湖蠶述 附篇 汪曰楨

吳苑栽桑記 孫福保

目录：《蚕桑丛编》，光绪年间刻本

近代中国已用电动机缫丝取代了脚踏手摇的方式，大大提高了生产效率。但最早的机器缫丝厂是英商怡和洋行于 1862 年在上海创办的纺丝局。陈启沅创办的南海继昌隆缫丝厂是中国人最早独立开办的机器缫丝厂，标志着中国缫丝工业进入了新的历史时期。20 世纪 30 年代初，环球铁工厂试制成功了国内最早的立式缫丝车。1937 年后，上海新建的厂以及原有的怡和丝厂等均已采用新型循环式煮茧机、剥茧机、立缫缫丝机。机器缫丝工业在中国逐渐兴起。

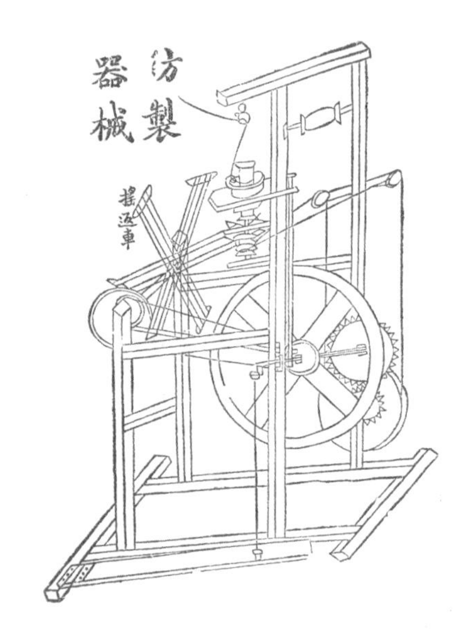

纺制器械：上海新学会社《屑茧纺丝论》，光绪三十四年

民国大和生丝厂包装纸

| 中国丝绸博物馆藏 |

大和生丝厂是广东丝业巨子岑国华在顺德桂洲开设的第一间缫丝厂。

浙杭振新织绸公司织款

| 中国丝绸博物馆藏 |

中国古代官营作坊都有物勒工名的传统，称作“织款”。该织款织有“浙杭振新织绸公司”“商标蚕桑牌”“新发明爱国绮霞缎”“本厂拣选最优等经纬监制真正头号”多排文字。

机汽单车图与机汽大偈图：
陈启沅《广东蚕桑谱》

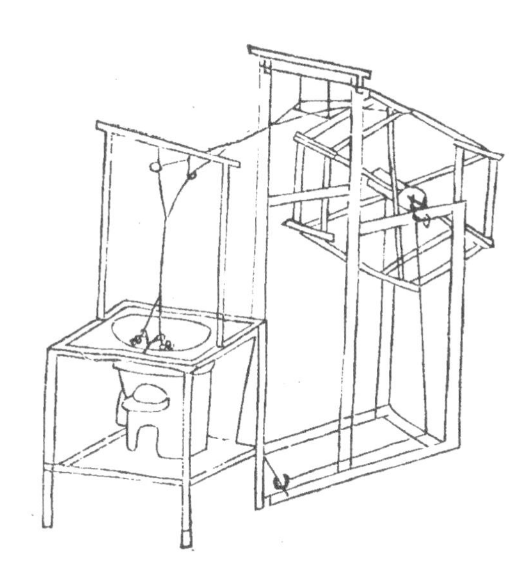

单车图

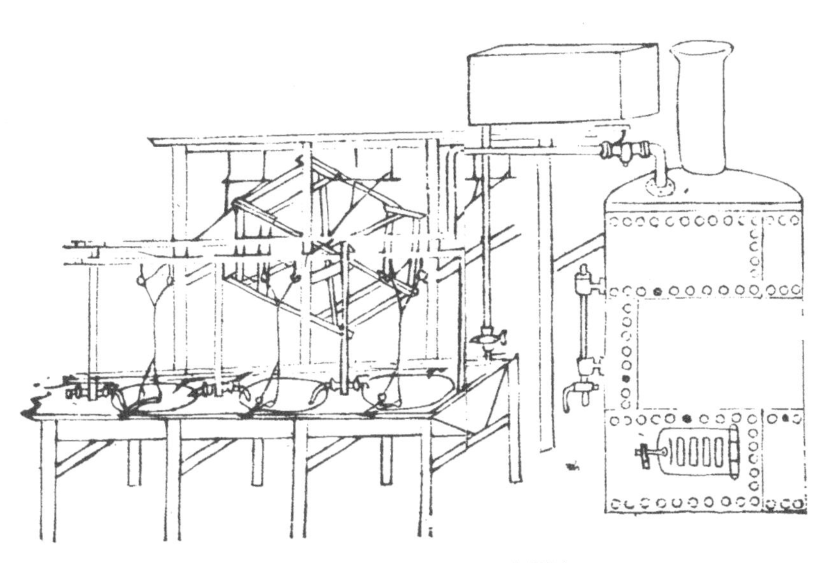

大偈图

辑里丝，原名七里丝，产于太湖流域浙江南浔镇、江苏盛泽镇一带，元末辑里湖丝就已开始生产。雍正初年（1723年）之后，即有“辑里湖丝，擅名江浙”的记载。“七里”被雅化为“辑里”大概是南浔镇丝商所为，因“七”与“辑”发音相近，而“辑”又有缫织之意。在机器缫丝尚未盛行的时期，辑里丝的质量尤佳，具有“细、圆、匀、坚、白、净、柔、韧”八大优点，畅销海内外。

辑里缫丝车

丨中国丝绸博物馆展出丨

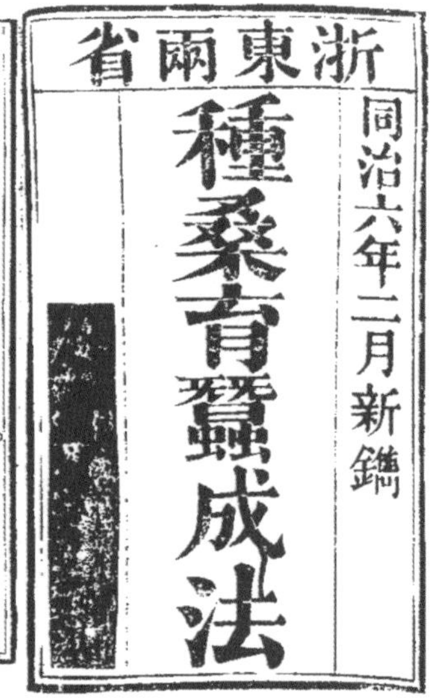

浙東兩省

種桑育蠶成法

同治六年二月新鐫

爲剴切示諭講求蠶桑以利民生事照得農桑爲民生衣食之源原屬並行不悖乃縣屬鄉民祗知力穡而講求蠶桑者十無一二殊未盡地之利也本縣生長吳興深知蠶桑之利甚溥茲承之是邦每於下鄉之便察看地土尚與種桑相宜第恐民間於植桑育蠶之法未得要領故就平日所習聞並參以湖南丁星樹大令蠶桑成法纂輯成書以示規則第事在人爲尤望吾民實力奉行俾收成效合亟剴切示諭爲

《浙东两省种桑育蚕成法》刻本

明清以来，大量工商业会馆在中国涌现出来。拥有名甲天下的辑里湖丝的南浔，自然也有丝行业的会馆。南浔丝业会馆开始叫作南浔丝业公所，成立于清同治四年（1865年）春，以收解捐税、维护丝商利益为宗旨。1916年，丝业公所改称丝业公会，又叫丝业会馆。它是南浔商业组织中最早、实力最强的同业公会。

《春蚕》是著名作家茅盾先生创作的“农村三部曲”的第一部，发表于1932年11月《现代》第2卷第1期。小说记述了老通宝一家经过一个春天勤勤恳恳养蚕，收获的茧子颇丰，但由于战事影响，茧厂的大门紧锁，老通宝一家不得不把茧子送到无锡去卖，但市价被压得很低，导致他家不得不赔本卖掉那些上好的茧子，最后，还赔上一块桑田。小说通过对20世纪30年代初期江南农村蚕事丰收反而成灾的描述，揭示造成这一悲剧的社会根源是帝国主义经济侵略、地主和高利贷者层层盘剥、国民政府征收苛捐杂税等，真实地反映了当时江南农村经济破产和蚕农的悲剧命运。

湖州南浔丝业会馆

| 罗铁家　摄 |

会馆每年四月举办蚕王会，南浔镇的数百位丝业从业人员聚集在这里共同祭祀蚕神，祈祷蚕事兴盛，祝愿丝业生意年年兴隆。

第二节 柞蚕兴起与旅行游记

近代以来，柞蚕受海外贸易刺激，形成了生产、加工、贸易成熟体系。以烟台为中心的柞蚕丝贸易规模空前，行业迅速崛起，影响深远。清代，外国来华人员在游历中国之际，非常关注蚕桑丝织，撰写很多游记，对中国蚕桑丝织情况详细描述，给西方世界打开了中国蚕桑丝织文化窗口，促进了文化交流。

柞蚕之名始见于晋代郭义恭所著《广志》，“柞蚕食柞叶，民以作绵”，因放养在山野，又称山蚕或野蚕。其体绿色，以麻栎叶为食料，结褐色茧，其丝用以织绸。柞蚕作的茧，也叫作山茧。明代中后期，随着野蚕放养与加工技术的成熟，山东登莱青沂泰地区居民开始将其视为农村副业，并将茧绸制品进行贸易。茧绸是与家蚕丝绸相对的概念，是由野蚕丝织成的绸缎，异名有土绸、山绸、毛绸、大茧绸、槲绸、樗绸、椒绸、椿绸、府绸、柞丝绸。

缫具：清代余铣《山蚕讲义》，宣统三年遵义艺徒堂书石印本

清代，茧绸贸易已经非常兴盛了。手工茧绸业集中于烟台附近的栖霞、昌邑、宁海等地。劝课官员开始将相关技术不断向河南、安徽、贵州、四川、陕西、东北三省等地区输出。清末民初，柞蚕所产的丝织品销售很广，成为出口生丝的重要种类。柞蚕仅指以柞树为食材的蚕类。山蚕的种类则更多，包括食用槲叶、橡叶、栎叶、柞叶、樗叶、椿叶、柘叶的蚕类，不可混淆。19 世纪末柞蚕传入日本，外国称柞蚕为中国柞蚕。

柞蚕的一生[1]

1 杨洪江，华德公. 柞蚕三书. 北京：农业出版社，1983（11）.

右柞枝柯每生子栗凡結子之樹爲牧柞子所落處茁生新枝嚴桐有子之柞頗多乃土性使然北地子大南地子畧小實同種耳

右北地曰柞南地曰白櫟又曰柴櫟山鄉一帶隨處皆有不獨嚴桐一處詩云維柞之枝其葉蓬〻有堅韌之性質幹與栗同葉亦相類土人不識可育山蠶刊刈作薪

《劝办桐庐柞蚕歌》，清末刻本，浙江图书馆

清代以来，柞蚕因受海外贸易发展的刺激，形成了生产—加工—贸易的成熟体系。以山东烟台为中心的柞蚕丝贸易规模庞大，行业迅速崛起，影响深远。

1877 年，烟台开埠后德资“宝兴”洋行设立了缫丝局，由德国人哈根和盎斯共同出资共建。它是山东第一家机器缫丝厂，且专缫柞丝，缫丝机为法国“开奈尔”式，使用蒸汽动力。1882 年，缫丝局被迫停业，改由中德合办，重新招股。在李鸿章的大力推动下，各地海关道甚至动用关银入股，各地商人也纷纷入股。1885 年，烟台缫丝局因负债过多而再次歇业。第二年，李鸿章委任新任道台盛宣怀接手收购该厂，共支付白银 3 万两。1895 年，缫丝局租给华商“顺泰号”经营，改名为华丰行丝厂。到 1900 年，该厂已拥有法式缫丝机 550 台，雇工 2600 多人，日产丝 250 斤，具有相当规模。

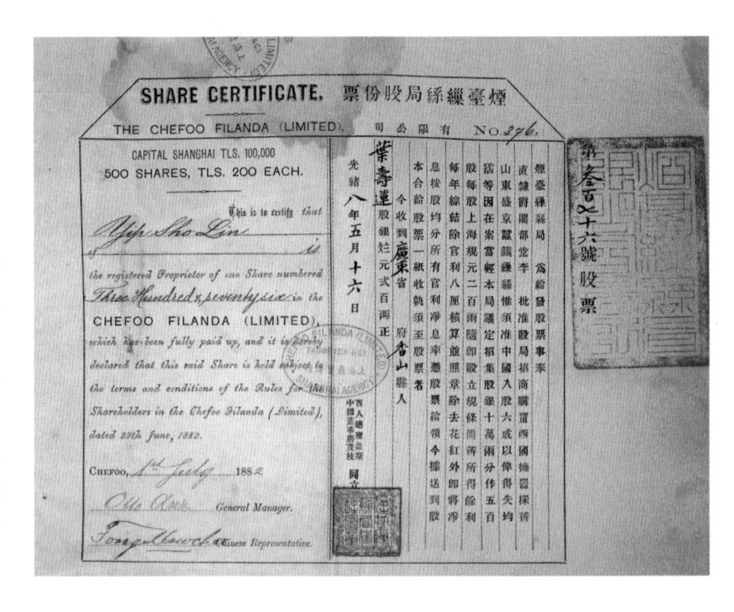
SHARE CERTIFICATE. 煙臺繅絲局股份票

THE CHEFOO FILANDA (LIMITED). 有限公司 NO. 376.

CAPITAL SHANGHAI TLS. 100,000
500 SHARES, TLS. 200 EACH.

This is to certify that Yip Sho Lin of is the registered Proprietor of one Share numbered Three Hundred & seventy six in the CHEFOO FILANDA (LIMITED), which has been fully paid up, and it is hereby declared that this said Share is held subject to the terms and conditions of the Rules for the Shareholders in the Chefoo Filanda (Limited), dated 29th June, 1882.

CHEFOO, 1st July 1882

General Manager.

Chinese Representative.

煙臺繅絲局　爲給發股票事奉
直隸爵閣部堂李　批准股局招商購置西國機器採辦
山東盛京蠶繭繅絲惟須准中國入股六成以俾得失均
霑等因在案當經本局議定招集股銀十萬兩分作五百
股每股上海規元二百兩隨即設立規條開辦所得餘利
每年綜結除官利八厘核算並照章除去花紅外即將淨
息按股均分所有官利淨息牽憑股票給領今據送到股
本合給股票一紙收執須至股票者
今收到廣東省　府香山縣人
葉壽蓮股銀[illegible]元弍百兩正
光緒八年五月十六日
西人總理益斯
中國董事唐茂枝　同立

第叁百七十六號股票

山东烟台缫丝局股份票：彩样票，1882 年发行，中国人民大学博物馆

这是浓缩和见证中国近一百多年来政治、经济、文化、科技发展历史的中国实物股票，是目前存世量仅百余张的清代股票中，年代最久的第一张合资公司股票。

清代来华的外国人员在游历中国之际，非常关注蚕桑丝织，撰写了多部著作，对中国蚕桑丝织情况进行了详细描述，为西方世界打开了了解中国蚕桑丝织文化的窗口，进而促进了中外文化交流。

江浙的蚕桑丝织知识也被欧美旅行家传播到海外。1845 年 3 月至 5 月，麦都思游历江苏、安徽、浙江等地。他搭轮船去江浙蚕桑和茶叶产地，调查桑树的栽培技术、养蚕技术和采茶、制茶技术，写出《中国内地一瞥：在丝茶产区的一次旅行所见》一书，并由上海墨海书馆于 1849 年出版。书内的一些地图和版画以及一些著名蚕桑农书中的生产器具插图，极具历史价值。

近代，众多欧美人士对神秘的山东野蚕蚕桑技术颇感兴趣。上海及烟台开埠以来，随着口岸生丝海外贸易繁盛，山东白野丝、黄野丝、野生丝、茧蚕丝等大量出现于海关贸易。随着近代博物学的发展，西方对山东野蚕知识极度关注。

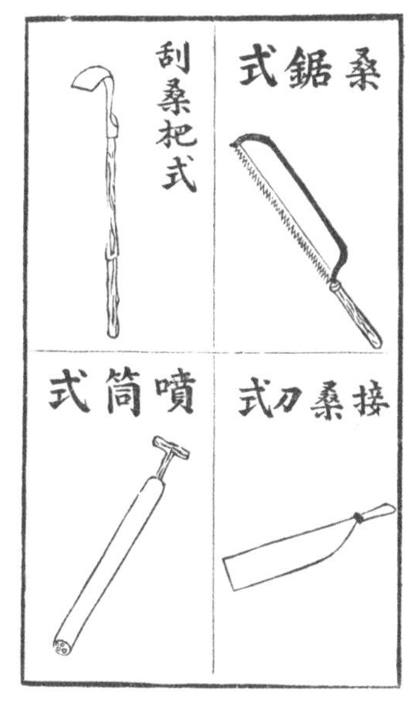

植桑修桑采桑工具：麦都思《中国内地一瞥：在丝茶产区的一次旅行所见》，上海墨海书馆，1849 年

法国博物学家福威勒分别于1875年出版《山东省：地理自然历史》，1895年出版《中国野蚕丝》。《中国野蚕丝》的内容包括历史、植物、昆虫、行业、丝绸五部分，是研究欧美学者早期认识山东野蚕的重要史料。该书在山东野蚕地区分布、种类辨别、技术发展、生产习俗等方面做了专业的翻译与描述，对提高大众认知以及知识传播很有意义。

法国传教士 **李明**

书信片言：

康熙初年，法国传教士李明在写给欧洲友人的书信里特别提到了柞蚕丝织成的山茧绸："除去我刚刚谈到的，欧洲也见得到的普通丝绸，中国还有另一种产于山东省的丝绸。取丝的蚕是野生的，人们到树林中去寻找这种蚕，我不知道是否可在家中饲养。蚕丝的颜色发灰，毫无光彩，以致不熟悉的人会错把用这种蚕丝织成的料子当成橙黄色的布料或最粗糙的毛呢；然而，这种料子却受到人们极大的喜爱，比缎子价格高许多，人称茧绸。茧绸经久耐用，质地质实，用力挤压也不会撕裂；洗涤方法同一般布料。中国人肯定地说，不仅一般污渍无损于它，甚至它还不沾油渍。"

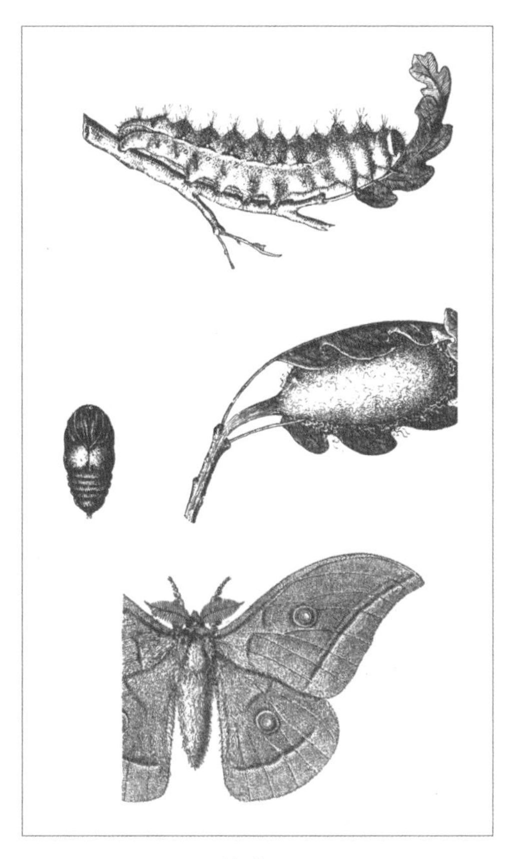

柞蚕

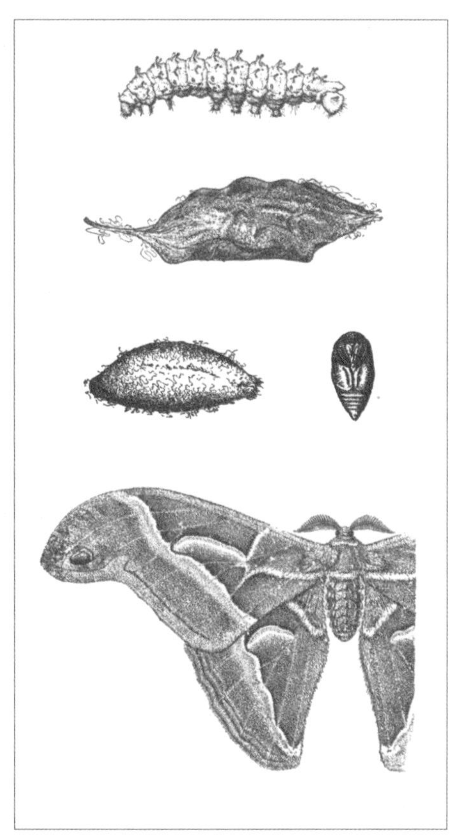

樗蚕

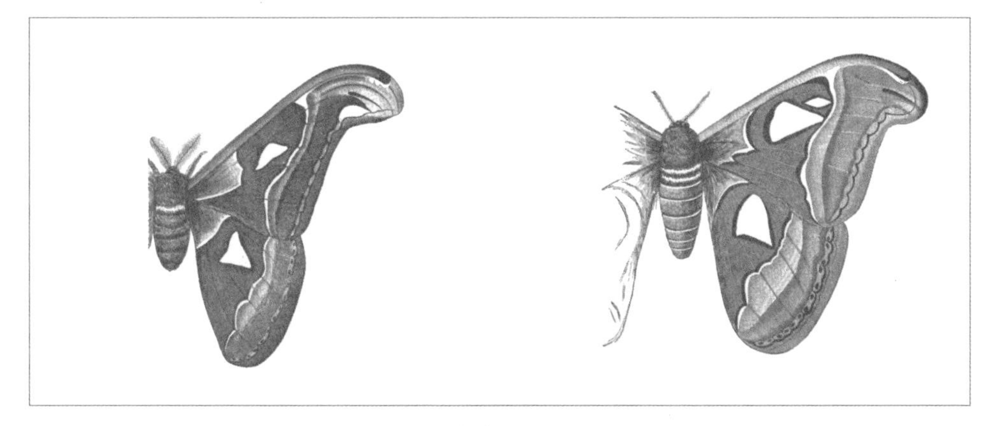

柏大蚕蛾

柞蚕、樗蚕、柏大蚕蛾的不同生长阶段：[法] 福威勒《中国野蚕丝》，印刷于巴黎，1895 年

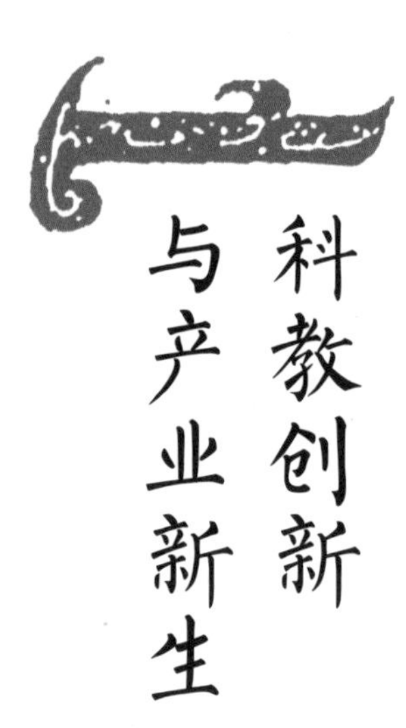

第三节 科教创新与产业新生

中华人民共和国成立以后，对蚕桑的历史研究从未间断，出现了几位知名的蚕桑史专家。他们引领该领域研究不断向前推进。蚕桑丝织类杂志的创办，吸引了很多学者关注蚕桑丝绸史，因而取得了丰硕的成果。此外，蚕桑丝织文化与产业也取得了巨大成就，促进了产业新生。

中华人民共和国成立以后，中国蚕业教育与科学研究快速发展。经过几代人努力，中国传统蚕桑丝织相关的历史与文化研究也不断推进，取得了丰硕成果。

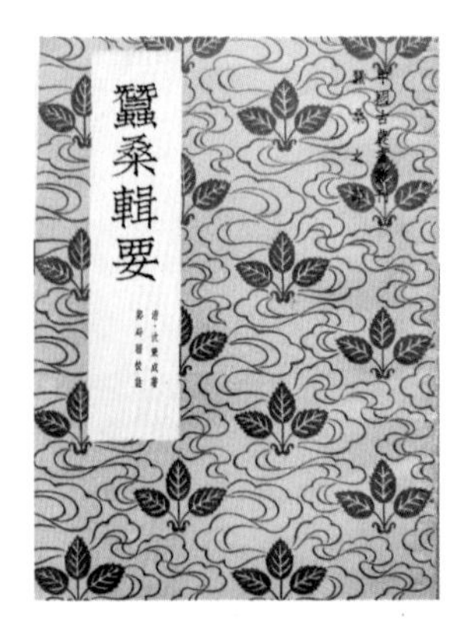

郑辟疆校注《农桑辑要》

章楷《中国农业推广史略》

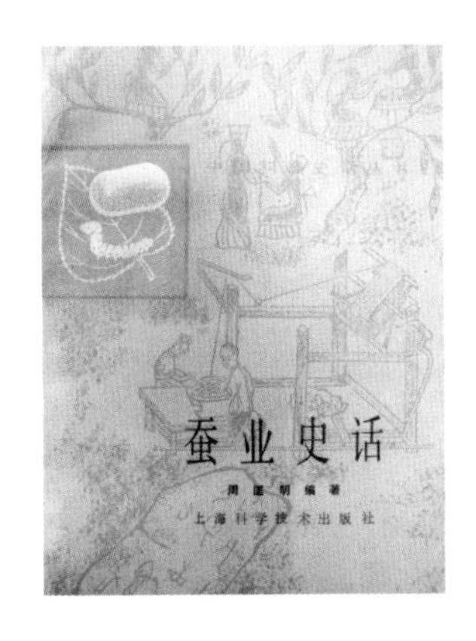

周匡明《蚕业史话》

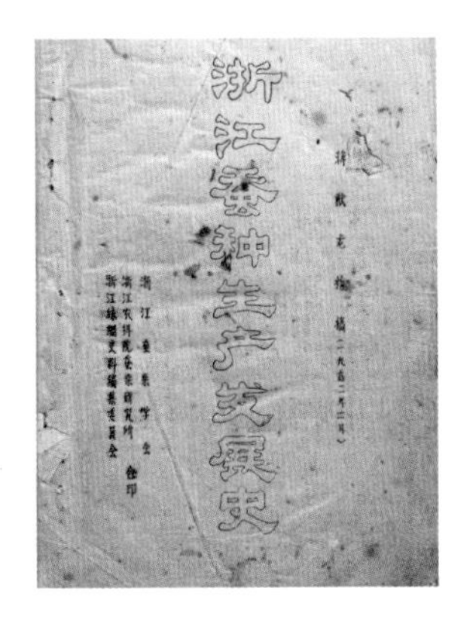

蒋猷龙《浙江蚕种生产发展史》

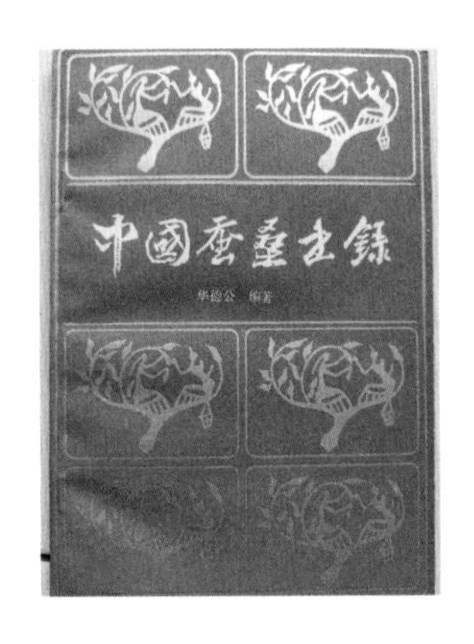

华德公《中国蚕桑书录》

郑辟疆是蚕丝教育家，1905—1917年先后在山东青州蚕丝学堂、山东省立农业专门学校任教，编纂了《桑树栽培》《蚕体生理》《养蚕法》《蚕体解剖》《蚕体病理》《制丝学》《蚕丝概论》等教科书，这是中国蚕丝教育最早的有系统的一套教科书。1918年郑辟疆任江苏省立女子蚕业学校校长，1950年该校与蚕丝专科学校合并为苏南蚕丝专科学校。郑辟疆晚年校译了《蚕桑辑要》《豳风广义》《广蚕桑说辑补》《野蚕录》等古籍，颇具影响。万国鼎是中国农史学科主要创始人之一，1920—1931年发表了《改进我国蚕业刍议》《我国蚕业概况》《蚕业史》《蚕业考》《中国蚕业书籍考》《中国之柞蚕业》《农桑撮要解题》等重要论文。蒋猷龙是浙江省农业科学院蚕桑研究所研究员。他著有《中国蚕业史》《浙江省蚕桑志》《浙江认知的中国蚕丝业文化》论述中国蚕丝业的多中心起源，撰写了“家蚕的起源和分化”。周匡明是中国科学院蚕业研究所研究员，著作有《蚕业史话》《中国蚕业史话》《蚕业史论文选》。周匡明在蚕桑史、丝绸史、蚕桑技术史等诸多领域有着重要的影响。章楷是中国农业遗产研究室研究员，编成《中国古代养蚕技术史料研究》《中国古代养蚕技术史料选编》，他在蚕业史研究中有重要影响。华德公是山东省蚕业研究所研究员，出版了中国首部古蚕书述评《中国蚕桑书录》，在古蚕书领域影响极大。

《丝绸》创刊于1956年，是由浙江理工大学主管，浙江理工大学、中国丝绸协会、中国纺织信息中心主办的丝绸行业期刊。1956年，由朱新予先生在杭州西湖畔筹划创办了《浙江丝绸工业通讯》，后曾改名《浙江丝绸》《丝绸情报》《丝绸通讯》，1964年正式定名为《丝绸》。《丝绸》主要专栏设有改革与管理、设计与产品、研究与技术、综述与译介、历史与文化、标准与测试等；《丝绸》在纺织技术、服饰、蚕桑丝绸文化等领域研究论文有很强的影响力。

《丝绸史研究》杂志创办于20世纪80年代，由浙江丝绸工学院主办。该杂志专门发表蚕桑丝织史论文，这也是目前为止仅见的蚕桑丝织史专业期刊。

“放风筝”设计稿[1]：黄能馥创作，20世纪50年代

| 王宪明　绘，原件藏于中国丝绸博物馆 |

1　参考黄能馥捐赠品图像资料绘制。

中华人民共和国成立以来，蚕桑丝织产业也迎来了新生，在植桑、饲蚕、缫丝、原料、设计、科研、生产、贸易、交流等环节都取得了新的成就，古老的丝绸焕发出新的光彩。从业人员不断精益求精，高端丝绸产品享誉世界，精美的丝绸制品也已成为普通大众的日常生活消费品。

蚕桑丝织文化的保护与传承日臻完善。目前，各地博物馆纷纷开设蚕桑丝织专门展区，借此为观众展示中国蚕桑丝织的历史与文化。各大博物馆经常组织的相关展览备受追捧，其社会影响力也日益增大。与此同时，还出现了一批以展览蚕桑丝绸为主题的博物馆，如中国丝绸博物馆、南京云锦博物馆、苏州丝绸博物馆、成都蜀锦织绣博物馆、柳疃丝绸文化博物馆、浙江理工大学丝绸博物馆等。其中，中国丝绸博物馆是中国最大的纺织服装类专业博物馆，也是世界最大的丝绸专业博物馆。其常年举办蚕桑丝织类展览，充分体现了中国丝绸在中外文化交流中的重要地位和中华民族的文化自信。

蚕桑丝织是中国的伟大发明，是中华民族认同的文化标识，对人类文明产生了深远的影响。蚕桑类文化遗产是人类非物质文化遗产，以及全球农业文化遗产的重要组成部分。2009 年，“中国蚕桑丝织技艺”被联合国教科文组织列入人类非物质文化遗产代表作名录。2018 年，“山东夏津黄河故道古桑树群”入选全球重要农业文化遗产。

自从野蚕驯化成家蚕以来，中国蚕桑丝织持续发展，养蚕技术不断成熟，桑树种类逐步增多，丝织技艺愈发精湛，风俗文化多姿多彩，并在历经数千年的不断累积与沉淀中，最终凝结成为中华文明一个独特的文化基因。与此同时，中国蚕桑丝织又保持了与东亚、中亚、南亚、西亚、非洲、欧洲、美洲等地区的交流，共同谱写了中华文明与世界文明的璀璨乐章。今后，中国人民将继往开来，对蚕桑丝织文化进行创造性转化和创新性发展。

主要参考文献

（一）书籍

[1] 陈娟娟．丝绸史话［M］．北京：中华书局，1979．

[2] 顾希佳．东南蚕桑文化［M］．北京：中国民间文艺出版社，1991．

[3] 华德公．中国蚕桑书录［M］．北京：农业出版社，1990．

[4] 姜颖．山东丝绸史［M］．济南：齐鲁书社，2013．

[5] 李强，李斌，等．中国古代纺织史话［M］．武汉：华中科技大学出版社，2020．

[6] 李奕仁．神州丝路行：中国蚕桑丝绸历史文化研究札记［M］．上海：上海科学技术出版社，2013．

[7] 李喆．苏州蚕桑专科学校简史［M］．苏州：苏州大学出版社，2009．

[8] 梁家勉．中国农业科学技术史稿［M］．北京：农业出版社，1989．

[9] 林锡旦．太湖蚕俗［M］．苏州：苏州大学出版社，2006．

[10] 刘克祥．蚕桑丝绸史话［M］．北京：社会科学文献出版社，2011．

[11] 刘兴林．长江丝绸文化［M］．武汉：湖北教育出版社，2006．

[12] 陆星垣. 中国农业百科全书：蚕业卷[M]. 北京：农业出版社，1987.
[13] 舒惠国. 蚕桑趣话 [M]. 北京：中国农业出版社，2007.
[14] 孙可为. 绍兴丝绸史话 [M]. 北京：中国戏剧出版社，2011.
[15] 唐珂. 农桑之光：中华农业文明拾英 [M]. 北京：中国时代经济出版社，2012.
[16] 唐志强，等. 中华大典·蚕桑分典 [M]. 开封：河南大学出版社，2017.
[17] 唐志强. 中华蚕桑文化图说 [M]. 北京：中国时代经济出版社，2010.
[18] 王翔. 晚清丝绸业史 [M]. 上海：上海人民出版社，2017.
[19] 王翔. 中国近代手工业史稿 [M]. 上海：上海人民出版社，2012.
[20] 王毓瑚. 中国农学书录 [M]. 北京：中华书局，2006.
[21] 许鹏翊. 柳蚕新编 [M]. 南洋印刷官厂代印，宣统元年七月.
[22] 杨虎，胡明. 江南蚕桑生产与蚕俗文化变迁 [M]. 郑州：河南人民出版社，2013.
[23] 袁宣萍，赵丰. 中国丝绸文化史[M]. 济南：山东美术出版社，2009.
[24] 袁宣萍. 浙江丝绸文化史 [M]. 杭州：杭州出版社，2008.
[25] 张保丰. 中国丝绸史稿 [M]. 上海：学林出版社，1989.
[26] 张芳，王思明. 中国农业科技史 [M]. 北京：中国农业科学技术出版社，2011.
[27] 张维刚. 蚕桑丝绸古诗赋三百首注释 [M]. 北京：中国文史出版社，2016.
[28] 章楷. 蚕业史话 [M]. 北京：中华书局，1979.
[29] 章楷. 中国栽桑技术史料研究 [M]. 北京：农业出版社，1982.
[30] 赵丰，尚刚，龙博. 中国古代物质文化史·纺织 [M]. 北京：开明出版社，2014.
[31] 浙江大学. 中国蚕业史 [M]. 上海：上海人民出版社，2010.
[32] 中国农业博物馆. 中国近代农业科技史稿 [M]. 北京：中国农业科学技术出版社，1996.

[33] 周匡明．蚕业史论文选[M]．北京：中国文史出版社，2006．

[34] 周匡明．中国蚕业史话[M]．上海：上海科学技术出版社，2009．

[35] 朱新予．中国丝绸史通论[M]．北京：纺织工业出版社，1992．

（二）硕博论文

[1] 陈欣．唐代丝织品装饰探究[D]．山东大学硕士论文，2010．

[2] 陈彦姝．十六国北朝的工艺美术[D]．清华大学硕士论文，2004．

[3] 杜璠．中国传统服饰文化网络传播内容的现状研究[D]．北京服装学院，2019．

[4] 何雨馨．嫘祖故事（第一部分）中英翻译实践报告[D]．西南科技大学，2016．

[5] 黄丽明.《玉烛宝典》研究[D]．上海师范大学，2010．

[6] 刘杨志．蒲城传统土布纺织工艺研究[D]．西安美术学院，2006．

[7] 龙博．低花本织机及其经锦织造技术研究[D]．浙江理工大学，2012．

[8] 龙妙莎．泸溪县辛女广场民俗风情浮雕墙设计[D]．湖南大学，2013．

[9] 孙金荣.《齐民要术》研究[D]．山东大学，2014．

[10] 张华．孟子道德教育思想及其现代价值研究[D]．西北师范大学，2013．

[11] 郑晖．园林中传统纹样装饰与工艺的关系研究[D]．北京林业大学硕士论文，2006．

[12] 周文军．中国蚕业文化论[D]．苏州大学，2005．

（三）期刊论文

[1]段明辉．什么是海上丝绸之路［J］．海洋世界，2003（6）．

[2]耿昇．法国学者对丝绸之路的研究.［J］．中国史研究动态，1996（1）．

[3]管兰生．中国古代传统染缬艺术研究与分析［J］．艺术教育，2011（1）．

[4]蒋猷龙．关于《齐民要术》所载桑、蚕品种的研究［J］．蚕业科学，1929（1）．

[5]金少萍，王璐．中国古代的绞缬及其文化内涵［J］．烟台大学学报（哲学社会科学版），2014（3）．

[6]卢华语．唐代长江下游蚕桑丝织业之发展［J］．中国史研究，1995（1）．

[7]陕锦风．丝绸之路上族群交往的多重展演——《撒拉族与丝绸之路民族社会文化研究》评介［J］．青海民族研究，2015（4）．

[8]尚民杰．冕服十二章溯源［J］．文博，1991（4）．

[9]孙占鳌．论河西魏晋墓画所反映的经济社会生活［J］．丝绸之路，2015（8）．

[10]王宪明．清代帝王与柞蚕产业［J］．古今农业，2002（3）．

[11]王中杰，梁惠娥．女书“田”字纹在现代女装设计中的应用［J］．艺术与设计（理论），2013（9）．

[12]卫思宇，张永军，李骊明．论新丝绸之路［J］．西部大开发，2013（1）．

[13]杨共乐．古代罗马作家对丝之来源的认识［J］．北京师范大学学报（社会科学版），2011（3）．

[14]殷晴．中国古代养蚕技术的西传及其相关问题［J］．民族研究，1998（3）．

[15] 于孔宝. 古代最早的丝织业中心——谈齐国“冠带衣履天下”[J]. 管子学刊，1992(2).

[16] 赵雪野. 从画像砖看河西魏晋社会生活[J]. 考古与文物，2007(5).

[17] 周娟妮. 汉晋时期祥瑞物品的考古发现与趋避风俗研究[J]. 遗产与保护研究，2019(1).

[18] 周匡明，刘挺. 夏、商、周蚕桑丝织技术科技成就探测(二)——甲骨文揭开华夏蚕文化的崭新一页[J]. 中国蚕业，2012(4).

shuǐ
水

dào
稻

中国农业的『四大发明』

水稻

王思明 丛书主编
龚 珍 著

中国科学技术出版社
·北 京·

图书在版编目（CIP）数据

中国农业的“四大发明”. 水稻 / 王思明主编；龚珍著 .
-- 北京：中国科学技术出版社，2021.8
ISBN 978-7-5046-9151-4

Ⅰ . ①中… Ⅱ . ①王… ②龚… Ⅲ . ①水稻—文化史—中国 Ⅳ . ① S-092

中国版本图书馆 CIP 数据核字（2021）第 163237 号

总 策 划 秦德继
策划编辑 李 镅 许 慧
责任编辑 李 镅
版式设计 锋尚设计
封面设计 锋尚设计
责任校对 焦 宁
责任印制 马宇晨

出 版 中国科学技术出版社
发 行 中国科学技术出版社有限公司发行部
地 址 北京市海淀区中关村南大街 16 号
邮 编 100081
发行电话 010-62173865
传 真 010-62173081
网 址 http://www.cspbooks.com.cn

开 本 710mm × 1000mm 1/16
字 数 113 千字
印 张 10
版 次 2021 年 8 月第 1 版
印 次 2021 年 8 月第 1 次印刷
印 刷 北京盛通印刷股份有限公司
书 号 ISBN 978-7-5046-9151-4 / S · 780
定 价 398.00 元（全四册）

丛书编委会

序言

谈到中国对世界文明的贡献，人们立刻想到“四大发明”，但这并非中国人的总结，而是近代西方人提出的概念。培根（Francis Bacon，1561—1626）最早提到中国的“三大发明”（印刷术、火药和指南针）。19世纪末，英国汉学家艾约瑟（Joseph Edkins，1823—1905）在此基础上加入了“造纸”，从此“四大发明”不胫而走，享誉世界。事实上，中国古代发明创造数不胜数，有不少发明的重要性和影响力绝不亚于传统的“四大发明”。李约瑟（Joseph Needham）所著《中国的科学与文明》（*Science & Civilization in China*）所列中国古代重要的科技发明就有26项之多。

传统文明的本质是农业文明。中国自古以农立国，农耕文化丰富而灿烂。据俄国著名生物学家瓦维洛夫（Nikolai Ivanovich Vavilov，1887—1943）的调查研究，世界上有八大作物起源中心，中国为最重要的起源中心之一。世界上最重要的640种作物中，起源于中国的有136种，约占总数的1/5。其中，稻作栽培、大豆生产、养蚕缫丝和种茶制茶更被誉为中国农业的“四大发明”[1]，对世界文明的发展产生了广泛而深远的影响。

---

1 王思明．丝绸之路农业交流对世界农业文明发展的影响．内蒙古社会科学（汉文版），2017（3）：1-8.

中国农业的『四大发明』

水稻

稻作起源于中国，江西万年仙人洞、湖南道县玉蟾岩、浙江浦江上山均发现万年以前的稻作遗存。

中国稻作栽培技术公元前25世纪经丝绸之路进入印度和印度尼西亚、泰国、菲律宾等东南亚地区，公元前23世纪传至朝鲜，公元前15—前9世纪传至大洋洲波利尼西亚群岛，公元前5—前3世纪入近东，再经巴尔干半岛于公元前传入罗马帝国，公元前4世纪传入日本，公元前3世纪由亚历山大大帝带入埃及，7世纪越太平洋往东至复活节岛，15世纪末以哥伦布第二次航海为契机、在美洲的西印度群岛推广，16世纪后传到美国的佛罗里达州并向西扩展，19世纪传入加利福尼亚州。拉美的哥伦比亚1580年始有稻作栽培，巴西则是始于1761年，最后澳大利亚在1950年引种成功。

如果说“丝绸之路”是“贵族之路”的话，那么“稻米之路”则是“平民之路”或“生命之路”。今天，稻米已成为全球30多个国家的主食，世界上约40%的人口以稻米为主食。因为稻米在世界民食中的重要性，联合国甚至将2004年定为“国际稻米年”。

世界农业文明是一个多元交汇的体系。这一文明体系由不同历史时期、不同国家和地区的农业相互交流、相互融合而成。任何交流都是双向互动的。如同西亚小麦和美洲玉米在中国的引进推广改变了中国农业生产的结构一样，中国传统农耕文化对外传播对世界农业文明的发展也产生了广泛而深远的影响。中华农业文明研究院应中国科学技术出版社之邀编撰这套丛书的目的是：一方面，希望大众对古代中国农业的发明创造能有一个基本的认识，了解中华文明形成和发展的重要物质支撑；另一方面，也希望通过这套丛书理解中国农业对世界农耕文明发展的影响，从而增强中华民族的自信心。

王思明

2021 年 3 月于南京

前言

中国是水稻的起源地，大约在一万年前，水稻被驯化种植以后，就逐步成了东方社会的主要食物，不仅养活了具有庞大人口数量的中华民族，而且在某种意义上颠覆了农业必定会破坏生态环境的定律，进而避免了中国因环境恶化而造成文明中断的厄运。在中国乃至世界的文明史上，水稻的贡献都无法估量。

关于水稻起源，曾有学者提出不同的看法，争论点主要集中在起源地是印度、东南亚还是中国中纬度地区。考古发现和相关研究已经证明中国才是水稻的起源地。相较于印度、东南亚地区丰富的物种资源，中国中纬度地区的采集工作非常辛苦。然而水稻的产量却很可观，且不存在可替代品。即便麦类从华北引种至此，也是为了进行稻麦复种，增加土地产出。相较而言，华北地区旱作农业品种却发生了两波更迭，先是小米被麦类所取代，后期美洲作物的引入，又掀起了新一轮的种植结构变更。相较于麦类，水稻能养活更多的人。

在长期种植过程中，水稻逐渐展示了自身所具备的生态功能。华北地区，旱作农业造成了水土流失等问题。而在南方，除了稻鸭共生系统、稻鱼共生系统这类不依赖于化学物质投放，对周遭的生态环境有重大保护作用的自平衡生态系统，水稻发达的根须还在梯田开垦中防止了水土流失。南方山区农业也存在水土流失的问题，但是应当归咎于旱作农业，特别是美洲高产作物。能够进行水稻种植的地区多是低湿地，由于水源较为充分，植物生长速度快，植被有较强的水分拦蓄作用。当然，水稻种植也存在间接的环境问题。在长江中下游平原等地区，由于湿地开垦种植水稻，挤占了洪水缓冲的空间，导致季节性洪水无法快速下泄而引发洪涝灾害，在宋代就已显现出了弊病，这是应该解决的问题。

2019 年，《环球科学》刊登印度水稻调查研究，揭示了水稻多样性消失的现状。印度原有多达 11 万种水稻，各自有着鲜明的特征和独特的营养价值，而多个品种同时存在，也有助于抵御虫灾、风暴等自然灾害。但是，为了提高产量，印度政府近年来大力推广高产水稻品种，90%的地方品种逐渐消失。由此带来的问题是，印度的水稻多样性显著下降，水稻抵御病虫害的能力也大不如前。对此，中国已有先见之明，先有袁隆平利用远缘的野生稻与栽培稻杂交，选育杂交水稻，提高水稻产量；后有国家水稻数据中心对野生稻种质资源进行收集和保存，以备不时之需。

水稻起源、驯化、栽培历史过程的梳理对于保护种质资源、促进品种改良和保障世界粮食安全具有重要的现实意义。这是本书写作的目的，在历史中把握未来。

龚　珍

2021 年 3 月

第四章 生命之路

水稻在世界的传播

第五章 为酒为醴

稻作民俗与社会生活

目录

第一章 饭稻羹鱼
中国稻作的起源

第二章 精耕细作
稻作技术的发展

第三章 亦有高廪
经济重心南移与粮仓变迁

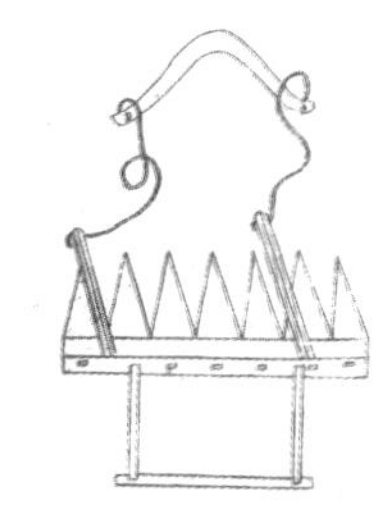

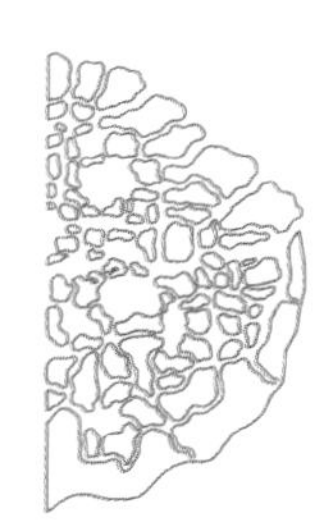

第一章

飯稻羹魚

中国稻作的起源

《礼记·礼运》记曰：『未有火化，食草木之食，鸟兽之肉，饮其血，茹其毛，未有麻丝，衣其羽皮。』这种利用现成的生产资料的原始生活形态，随着旧石器时代与新石器时代的交替，发生了转变。旧石器时代向新石器时代过渡之际，经历了考古学上的『中石器时代』。在这个时代，全球气候转暖，使得低纬度的季风雨区向南北移动，赤道两侧的温带区形成了大片的沙漠和干旱地带。森林向高纬度扩散，猛犸、野牛、披毛犀、驯鹿等喜寒的苔原型动物被赤鹿、麋、野猪等森林型动物取代。随着食物资源的灭绝、消失及迁徙，人类被迫开始利用此前不利用的资源，从『狩猎采集者』向『低水平食物生产者』过渡，开始驯养植物。

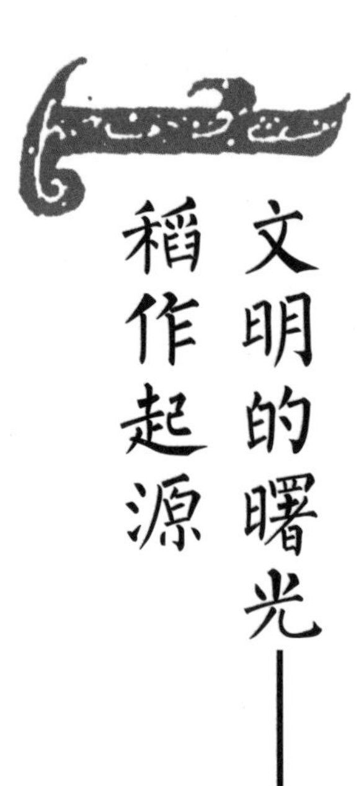

第一节 文明的曙光——稻作起源

英国学者戈登·蔡尔德说，史前考古学造成了一场人类对自己过去的认识的革命，这场革命规模之大，可与现代物理学和天文学所取得的革命相比拟。考古学不再是靠文字记载拼拼凑凑、零零碎碎地说明可怜巴巴的五千年的状况，现在它已经能够为历史学家展现出二十五万年的景象。我们今天对古代社会，尤其是文字记录出现前的远古社会的研究，在很大程度上都依赖于考古学的成果。

中国是世界上最早开始栽培水稻的国家，水稻栽培的历史可追溯到新石器时代。迄今为止，长江流域及其以南地区发现的新石器时期农业遗迹已达两千余处，而这些农业遗存大多都包含了稻作要素。出土炭化的稻谷、米、水田遗址，或稻的茎叶、孢粉及植物硅酸体等遗存的稻作遗址数量，现有 182 处。从地域分布来看，140 处集中在长江流域，占总数的 76.9%。其中，江苏、浙江等长江下游地区共计 56 处，占总数的 30.8%；而湖北、湖南、江西等长江中游地区共 75

炭化稻谷

| 中国国家博物馆藏 |

这些炭化稻谷出土于河姆渡遗址第四文化层。由于堆积层浸没在水位线下，与空气隔绝，水稻保存极好。稻粒近椭圆形，与野生稻区别较大。

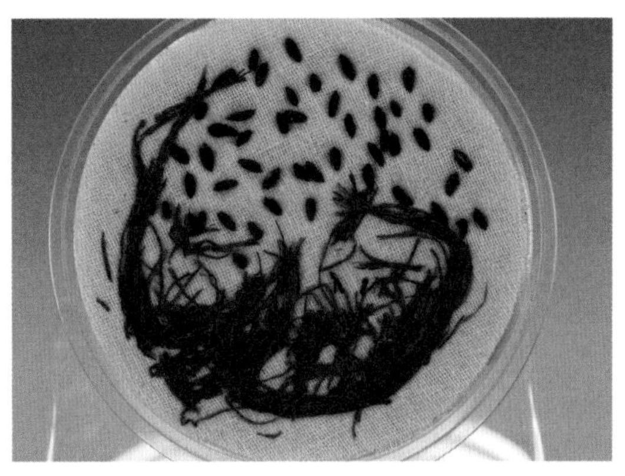

新石器时代河姆渡文化稻秆、稻叶、稻谷

| 浙江省博物馆提供 |

河姆渡第四文化层遗存中发现了大批稻谷、稻叶和稻秆的堆积，最厚处可达80厘米，分布达400平方米，估算约有120吨。稻谷刚出土时呈金黄色，颖壳上稃毛及谷芒清晰可见，经抽样鉴定系人工栽培稻，其中籼稻占60.32%~74.56%，粳稻占20.59%~39.68%，其千粒质量已达22克。

处，占总数的41.2%。这些稻作遗存表明，新石器时代长江中下游地区以稻为主要粮食作物的情况。

1973年，浙江余姚市河姆渡镇的村民偶然发现了一处新石器时代遗址，经有关部门抢救性发掘，令人惊叹的河姆渡遗址的面目正式揭开。河姆渡文化遗址距今7000年左右，出土了丰富的稻类遗存。对这些遗存的研究表明当时的栽培稻经过长期的驯化，与野生稻的原始形态已经相去甚远。

河姆渡还发现了成套的较为先进的农业生产工具以及谷物加工工具，总共出土了170多件骨耜。这些工具为动物肩胛骨磨制而成，安装上直向柄即可用来翻耕土地、开沟挖渠。又出土了一件木铲，其形制类似于现代锄草培土所用的小铲。此外还有中耕农具鹤嘴锄，用动物肋骨制作的骨镰为收割工具，以及木杵和器壁很厚的陶臼残片，则用于加工谷物。生产工具是人类改造自然能力的标志之一，由此可见，河姆渡稻作农业已相当发达，稻谷已成为河姆渡先民最主要的食物来源。这同时又说明河姆渡的栽培稻已经距野生稻有了一段时间。

1993—1995年，北京大学考古系、江西省文物考古研究所和美国安德沃考古基金会联合组成中美农业考古队，对万年仙人洞和万年吊桶环遗址进行取样、发掘。并在这里发现了公元前14000—前9000年的野生和栽培的水稻硅体。吊桶环C1、C2层和仙人洞2A层约相当于新石器时代中期的层位中，栽培水稻硅体的数量达到55%以上，这表明当时的稻作农业已经有了相当程度的发展。

这里出土的农业用具也是新石器时代稻作发展的力证，其中包括了用于脱落谷粒的磨盘和磨石，以及上弧下扁平的穿孔器“重石器”，即在磨制的圆形石器中穿一孔，将长圆木棒穿入孔中，木棒下部为尖状，是一种原始农业时期用于点播种子的专用工具；还有用于收割的蚌镰。此外，这里还发现了“世界上最早的陶器”及蚌饰品等，这标志着农业经济基础上分化原始的手工业和原始艺术的产生。由于这些早期人类历史上划时代的重大发现与发明，这一遗址被评为1995年“全国十大考古新发现”和“20世纪百年百项考古大发现”之一，2010年江西“万年稻作文化系统”被联合国粮农组织和全球环境基金列入“全球重要农业文化遗产”。

新石器时代河姆渡文化带藤骨耜 · 余姚河姆渡遗址出土

| 韩志强摄于浙江省博物馆 |

石磨盘

| 王宪明　绘 |

陶罐 · 仙人洞下层出土

| 中国国家博物馆藏 |

这件陶罐是迄今为止中国境内发现年代最早的成型陶器，也是“世界上最早的陶器”。

1995年11月，湖南省考古研究所组织农学专家和环境考古专家“多学科合作”，在湖南道县西北20千米的寿雁白石寨村玉蟾岩发掘出旧石器时代文化向新石器时代文化过渡时期的遗址。玉蟾岩出土了很多生产工具和动物残骸，其中最为重要的是距今15000—14000年有人工干预痕迹的野生稻稻壳，这是目前发现的最早的水稻实物标本。据出土稻谷壳特征显示，玉蟾岩稻谷是一种兼有野、籼、粳综合特征，从普通野稻向栽培稻初期演化的最原始的古栽培稻类型。至此，稻作起源的谜底基本揭开。

除了上述稻作遗存发现地以外，长江以北的江淮之间也有13处稻作遗址，而豫、晋、陕、甘、苏、鲁、皖等地的史前文化中所发现的多处稻遗存遗址，都处于史前稻作农业和粟作农业的交汇地带。

北方地区的考古发现与我们“南稻北粟”“南稻北麦”地理分布常识相左。要解释这种现象，可从植物正常生长所需的生态因素与当时的环境来看。水稻最基本的生态要求是水分和温度。受季风气候的影响，华北黄土区虽然降雨量集中在夏季，但是蒸发量也很高，故总体而言并不适合水稻的生长和发育。如果没有配备必要的灌溉措施，那么北方大部分地区都不适宜稻作。但是在先秦时期，华北地区分布着若干排水不良的“隰”和容易积水的沼泽，《诗经·黍苗》有记“原隰既平，泉流既清”，这些积水区域就能满足水稻生长对水分的需求。此外，华北夏季温度较高，这对于水稻生长发育来说是很有利的。竺可桢曾说：“以我国各省区而论，1952年和1957年的稻米单位面积产量中，各省区平均最高产量并不在江南的两湖或江浙，而在日光辐射强大的陕西省。”这是史前时代北方出现稻作的部分原因。

稻和粱：《诗经名物图解》，日本江户时代细井徇撰绘，1847 年
《诗经·白华》载："滮池北流，浸彼稻田。"

简单来说，长江中游和下游代表着两个平行的早期稻作起源中心，长江中游把水稻引向北方黄河流域的河南、陕西一带，长江下游则把水稻推广到了黄河下游的山东、淮河下游的苏北和皖北一带。

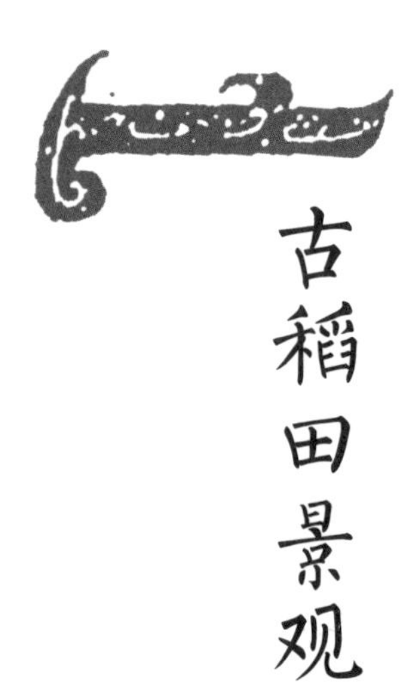

第二节 古稻田景观

当然，稻作农业的起源不仅仅是找寻稻谷遗存而已，还有植物种子的伴生组合，才能合理地解释栽培行为的出现。柴尔德认为『新石器革命』，包括农作物和农业的起源，是一个循序渐进的过程。栽培是人类行为的变化，从简单的散播种子到复杂的农田管理，农业是一种景观的变化，当种植和驯化的证据集中出现，特别是水田系统的出现，小生态环境人为发生了改变，就标志着农业的产生。

1996年11月，中日考古学家在历时3年的联合考察后宣布，苏州唯亭镇陵南村属良渚文化的草鞋山遗址，发掘出了呈两行排列，南北走向，计44块，呈长方形、椭圆形等不规则形状的稻田遗址[1]。

1 草鞋山稻田遗址距今6000年，是全球迄今为止发现的较早的古稻田遗址之一。草鞋山遗址的稻田已开发得较有规模，成为固定的生产基地，说明当时良渚先民已经掌握了较为先进的水工技术并将其用于稻田灌溉。

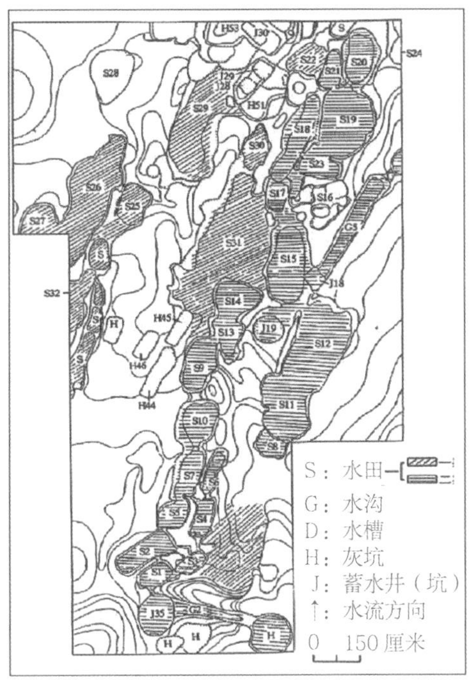

草鞋山东区马家浜文化稻田[1]

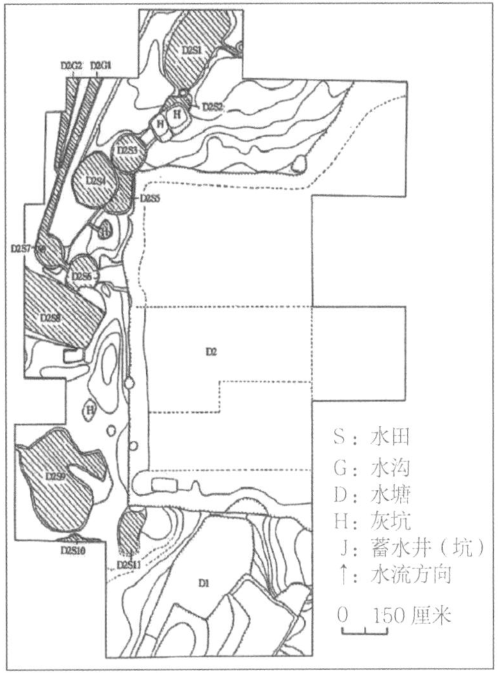

草鞋山西区稻田[1]

草鞋山遗址的水稻田使用年代在公元前 4300—前 4000 年，位于居住地外围的低洼地带，由许多浅坑样的小田块连接形成，水田相互连通，田块之间有水口相通，田东部及北部边缘有水沟和水口相通，水沟尾端还发现了水塘（或蓄水井）。并且，在田地里发现了大量的炭化栽培稻。

1 郭立新，郭静云．早期稻田遗存的类型及其社会相关性．中国农史，2016，35（6）：13-28.

考古工作者在位于湖南澧县城头山古城东城门北侧10余米处的城垣之下，清理出了西北—东南走向的3丘古稻田。这3丘古稻田平行排列着，长度在30米以上，最大的一丘宽度4米有余。田埂之间是平整的厚约30厘米的纯净的灰色田土，为静水沉积。田丘平面平整，显现出稻田所特有的龟裂纹，剖面可清晰见到水稻根须。田土中含有不少稻叶、稻茎、稻谷，田土中的稻谷硅质体含量很高，接近于现代稻田。稻田旁边有蓄水坑、流水沟等灌溉设施。

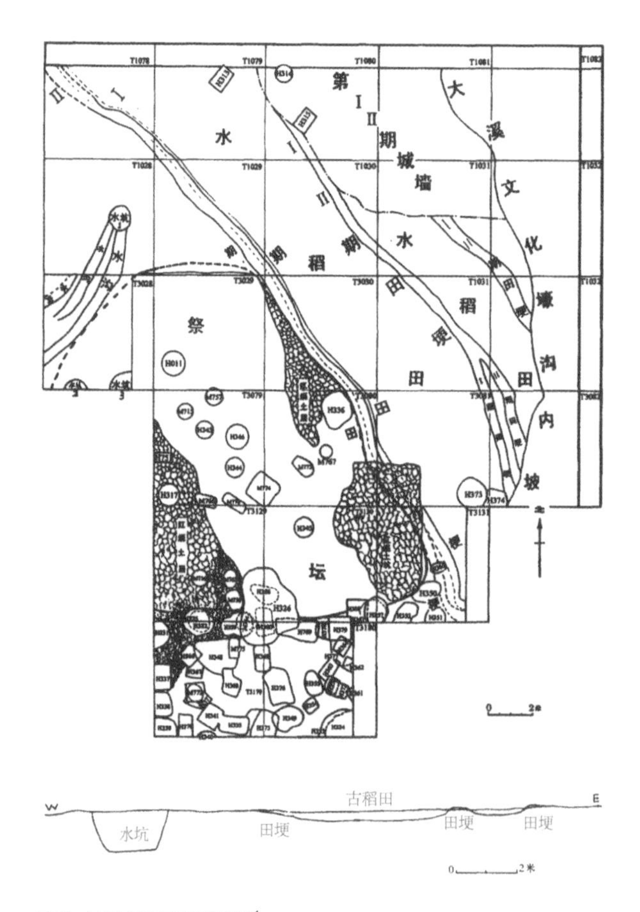

城头山汤家岗文化稻田[1]

1 郭立新，郭静云．早期稻田遗存的类型及其社会相关性．中国农史，2016，35（6）：13-28.

由城头山和草鞋山遗址两处古稻田可知，当时的居民选择在近水源的低洼地段开辟稻田，大、小田块间有田埂相间，再在小范围内人工挖建水井、水坑、水塘、水沟、水口等蓄水、引水灌溉设施。这反映出既不完全依赖天然降水，也不直接引进大河水源，而是依托河流湖沼地区实际环境条件形成颇有特点的一套小型的水稻田灌溉系统。

开垦并维护稻田是一项费时费力的工作，是稻作经济在社会经济生活中扮演越来越重要角色的重要印记。古稻田展现了公元前4000多年中国已存在初具规模的水田灌溉农业，是中华民族在稻作栽培史上积极探索的重要物质印记。

城头山遗址鸟瞰

| 王宪明　绘 |

作为“中国第一城”，城头山遗址拥有6500年前的古稻田和人类最早最完整的祭坛，为研究中国古代文明提供了实物证明，对世界稻作的兴起和发展研究具有重大意义。2001年入选“中国20世纪100项考古大发现”。

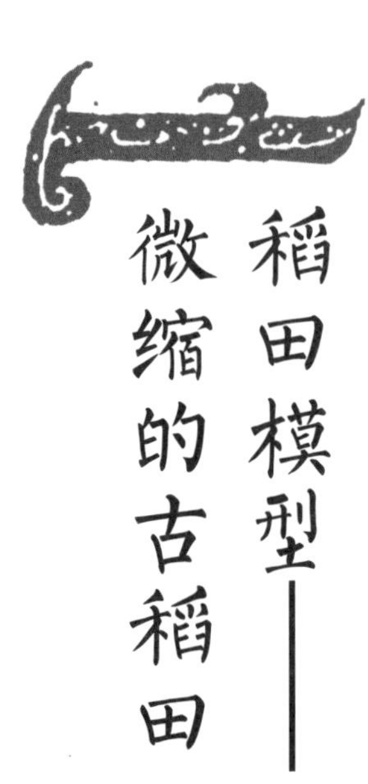

第三节 稻田模型——微缩的古稻田

由于水稻在中国古代先民生活中的重要性不断提高，在『事死如事生』的传统观念的影响下，陪葬品中也出现了稻作经济的要素，即『陂塘稻田模型』。这些稻田模型大多出现在秦汉魏晋南北朝时期，陕西秦岭以南的汉中盆地，云南、贵州、四川的中国西南部地区以及广东珠江三角洲及其周边地区，这些均为中国主要的稻作经济区。作为出土文物，稻田模型承载了中国古代稻作的历史信息，可与文献记载相互印证，展现了当时的栽培技术，农具、水利灌溉技术以及渔业生产文化等。

陂塘稻田模型大多出自云南、贵州、广东、陕西汉中，尤其是在四川地区。我们能从这些模型中观察到地方文化消亡和中原文化影响力加强的蛛丝马迹。值得注意的是，同为稻作农业区的两湖地区却几乎没有发现此类文物。为了解释这一情况，有学者认为水田等随葬明器可能更多地反映的是随葬习俗，并非真正的生产方式；但稍加思考就会发现这种说法欠妥，水田模型等明器应该是当地实际的生产状况的折射，然后才会在文化层面渐渐地演变成为一种丧葬习俗。

东汉陶陂池稻田模型

| 申威隆摄于汉中市博物馆 |

1964 年和 1965 年，汉中县（今汉中市）先后从两座东汉早期的室墓中出土红陶陂池和陶陂池稻田模型各一具，此为其一。

此模型呈长方形，长 60 厘米、宽 37 厘米、深 6.5～10 厘米，边沿厚 1 厘米。中间横隔一坝，一半为陂池，另一半为稻田。陂池长 37 厘米，宽 27 厘米，坝高 7 厘米，比模型边沿低 1.4 厘米。坝中部安装闸门，闸墩和闸槽合为一体。出水口为拱形洞，高 9.5 厘米、宽 2.5 厘米。闸槽中距 2.6 厘米。从闸槽、出水口的结构看，这是一提升式平板闸门，可以通过升降启闭闸门控制水量。池底塑有鱼、鳖、螺、菱角等。鱼共有 6 条，头长 1 厘米、身长 3 厘米、体高 1.2 厘米，体扁而略呈纺锤形，似鲤鱼；鳖 1 只，蛙 3 只，螺 5 个，菱角 5 个。坝外是稻田，长 37 厘米、宽 33 厘米。据说出土时田中可见画有纵横成行的秧苗。十字形田埂将田分为 4 块。一条田埂正对闸门，距闸门 4 厘米处断去，表示水出闸门后可以向两旁田间分流。模型两旁边沿由陂池向稻田逐渐降低，末端又略微增高；水坝低于两旁边沿。在山谷筑坝蓄水成库，坝外经过人工平整，辟为稻田。《齐民要术》中所谓种稻宜“选地欲近上流”，指的可能就是这种情况。

红陶陂池模型

| 高国金摄于陕西历史博物馆 |

此红陶陂池模型为红色泥陶质，方形圆角，边长 28 厘米，深 9 厘米，边沿厚 0.6~1.5 厘米。从形状看，这是一座人工修建的小水库的模型。底部塑有蛙、螺、菱叶。3 只青蛙，两只昂首张口作鸣叫状，另外一只作游泳状。螺有 6 个。菱叶共两组，叶片近三角形，四叶为一组，对生相连成十字交叉，浮现在一四方底板上，中心有圆形突起，表示叶柄中部浮囊。菱分家菱、野菱。野菱自生河池中，叶实都小，角硬直刺人；家菱种于陂塘，叶实都大，角软而脆。这些菱叶出现于陂池中，叶片丰满，应属家菱。

绿釉红陶冬水田模型 · 陕西勉县出土

| 王宪明　绘 |

这具模型边长 31.3 厘米、通高 5 厘米、壁厚 1.5 厘米。田内有 5 条不规则形田埂，将田面分为大、小不等的 6 个小块。田块里泥塑有青蛙、鳝鱼、螺蛳、草鱼、鳖等。水田分两季田与冬水田。两季田，即在平川地带的田块。一年种稻、麦两季，总产值较高。两季田又分塝田和槽田两种。塝田是在平川地势较高地带或房前屋后的田块，槽田则多在平川低洼地带。两季田土沃水足，比较正规。田与田之间的埂上多开放水口，惯于串灌。冬水田，当地又叫一季田，多分布在浅山丘陵地带。这种田块多依地形而就，故不规整，靠雨季或化雪贮水，一年只收一季稻，单产较高，亩[1]产稻可达 400 公斤[2]以上。由于冬水田的贮水沤田时间较长，故在当时多用于养殖鱼类。

1　1 亩=666.7 平方米。

2　1 公斤=1 千克。

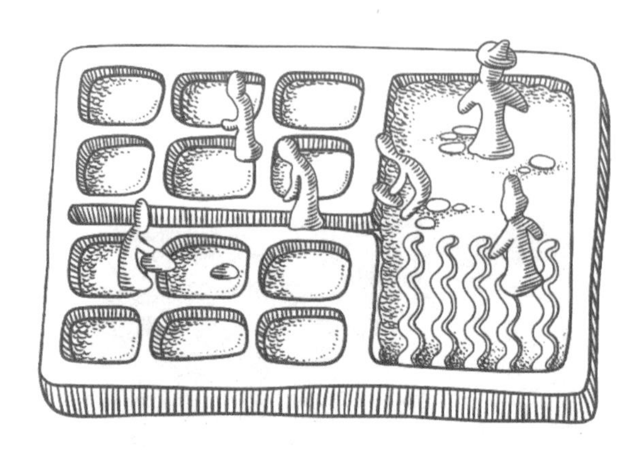

云南呈贡汉代水田模型

| 王宪明 绘 |

1975 年秋，在昆明呈贡县小松山发现了一座东汉时期的砖室墓，墓中出土有一件陶制水田模型。模型一端为一大方栏，代表蓄水池，另一端分成两排，每排有 6 个方格，代表水田，蓄水池与水田间有一沟槽相连，代表灌溉渠道。可以想见，这当为坝区稻作农田水利的真实微缩景观。

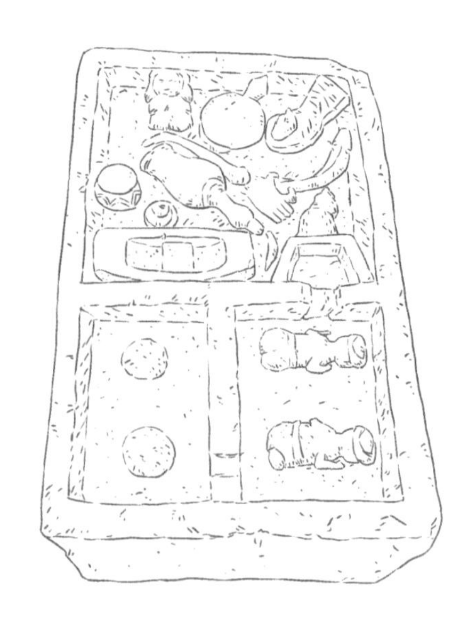

四川峨眉汉代稻田养鱼模型

| 王宪明 绘 |

1977 年，四川省博物馆在峨眉县（今峨眉山市）清理了一座距今 1800 多年的东汉砖室墓，出土了一件石水塘、水田模型。模型分为两部分，上面雕刻水塘，下面为水田，水田内还塑有两位俯身的农夫，正在薅秧。塘中雕刻有青蛙、龟、鸭、鱼，在靠近田埂处做一矩形缺口，为进水、放水之处。在水前面有一篾编的竹笼。这种竹笼可以在水田进水、放水时拦住稻田里的鱼。直至今日，在四川地区仍有如此处理水田放水口的。

东汉陶水田模型

丨昆明市博物馆藏丨

东汉时期，昆明地区的陂池水田模型由长方盘形变成了圆盆形，这可能标志着农田水利建设发展的两个不同阶段。长方盘形陂池水田模型应当是建立在山区或半山区与平坝交集地带的早期农田灌溉系统。陂池依山筑坝，落差大，适宜实现自流水灌溉。圆盆形陂池水田模型所表现的应当是建立在高差不大的台地凹洼积水地带的灌溉系统。这里水流相对稳定，适宜更加精细的农田灌溉和水产养殖，所以在这类模型中多摆有鸭子、鱼、鳖及荷叶等形象，展现出一派水乡泽国的繁荣景象。

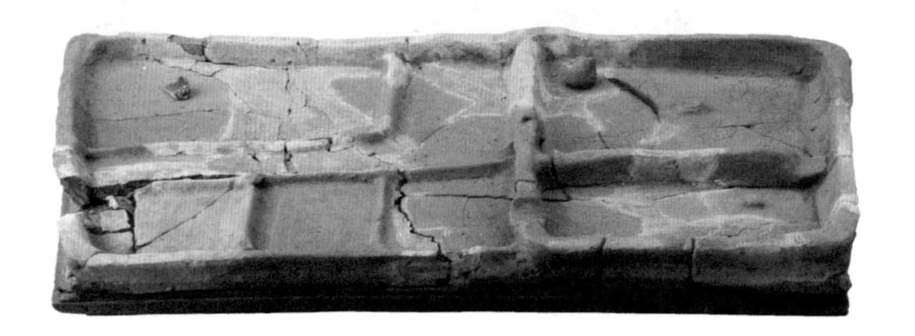

东汉陶田模型

丨宜宾市博物院藏丨

此四川宜宾汉代陶水田鱼塘模型长 49.8 厘米、宽 31 厘米、厚 3.5 厘米，内设有水田、水塘、鱼塘、渠道。其中水田和渠道占整个模型的 3/5，水塘、鱼塘和渠道占整个模型的 2/5。鱼塘与水塘相比，鱼塘占 3/5，水塘占 2/5。从整个模型来看，水田占的面积比鱼塘、水塘面积都大，鱼塘又比水塘占的面积大，可能反映了当时种稻、养鱼、蓄水发展的比例关系。根据陶田模型内的水田、水塘、鱼塘、渠道，大小排水缺口、排水洞的布局情况，可以看出 3 点：一是从大小排水缺口、排水洞、渠道的布局，可以反映当时的水利建设和灌溉技术；二是从鱼塘、水塘、水田、渠道的布局，可以反映当时水稻的管理和栽培技术水平；三是从鱼塘、水塘、排水缺口、排水洞的布局，可以反映当时渔业产量和人工养鱼事业已呈现专门化。

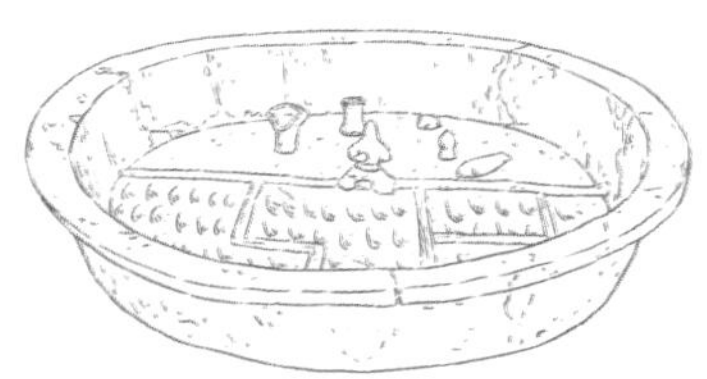

东汉水田稻谷陶盆

丨贵州省博物馆藏丨

1976年，兴义万屯8号墓出土的这具模型，圆盘一分为二，半为水塘，半为稻田。水塘中有鱼、荷、菱角的泥塑，虽仅用简单的点线刻画，布局却不呆板，给人以鲜活清新之感。堤外稻田以埂分割成块，各自有水口连接，是一种理想的灌溉模式，不仅节省劳动力，更能充分利用水资源。田中稻蔸排列整齐，显出一派丰收景象。水塘与稻田之间筑有一道堰堤，中段有通水涵洞；涵洞上，一只展翅翘尾的小鸟；盘内四壁，植有一行行间隔均等的绿柳，既美化了田园环境，又能起到水土保持的作用，设计之巧，令人赞叹不绝。此水塘稻田模型展现出一派生机盎然、沟渠纵横的田园风光，是汉代稻作技术与水利设施技术的生动写照，反映了当时社会的经济形态及古人对环境的规划设想和强烈的生态意识。这具模型说明贵州在1800多年前已经拥有先进的耕作技术和农田水利措施；两汉时代，人们就开始修山塘、筑渠道，塘中养鱼栽藕，发展副业；稻田规整，利于灌溉；植树造林，美化环境，保护水土。这些措施，今天仍有着不可估量的现实意义和历史价值。

东汉陶水田附船模型

| 广东省博物馆藏 |

广东佛山澜石出土的这具陶水田附船模型，水田长39厘米、宽29厘米，最高10厘米，船长21厘米、宽7厘米，通高6厘米。水田分6方，5方田面刻水波纹，1方田面为篦点纹，每块田内都有陶俑从事劳动。第一方一俑戴斗笠，双手作扶犁状，犁头略呈心脏形，从陶俑一手作扶犁、一手作赶牛的样子，可以看出当时广东不是二牛抬杠的犁耕方法；第二方一俑执镰作收割状；第三方一俑坐田埂上作磨镰状，田里有两禾堆；第四方一俑作扶犁状，田面有一犁头，旁有两圆堆；第五方一俑作站立状，田面篦点纹表示插过的秧苗；第六方附两禾堆，一俑似在捆稻草。广东汉墓中随葬陶牛较普遍，此模型的出土说明广东在汉代已经有较高的水稻种植技术：水田平整，实行两造制，已掌握插秧和牛耕技术。船在水田的右远方，相距仅2厘米，用一跳板连接。船身被两道坐板隔成前、中、后3个舱，中舱内有一圆形小篮。船的两头翘起，呈新月形，说明广东地区生产中用小船作为运输工具。模型所呈现的耕作、插秧、收割等劳动场景，生动地反映出当时珠江三角洲夏种的繁忙景象。

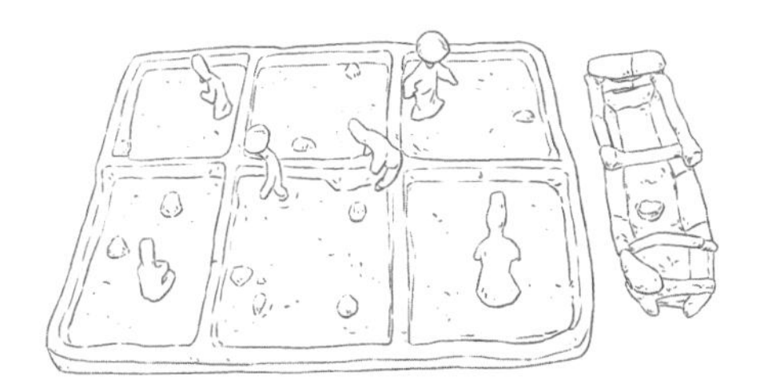

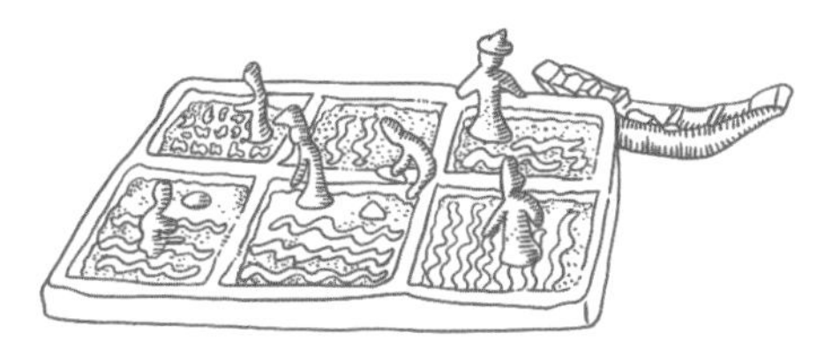

东汉陶水田附船模型

| 广东省博物馆藏 |

| 本节插图由王宪明绘制 |

第四节 稻作画像砖——文化印记

一般认为画像砖出现于战国时期，秦汉时期发展到了鼎盛。秦汉时期的画像砖是用拍印和模印方法焙制而成。汉代画像砖主要集中在陕西、河南和四川等地区，这些地方出土的画像砖风格各异，其中以四川的画像砖成就最高。四川画像砖兴盛于东汉后期，主要分布在成都、新都、德阳、大邑等地，在题材上主要表现人们的日常生活场景，展现了浓厚的生活气息，其中包括了稻田收割等生机盎然的图景。

汉代画像砖中包括有农业稻作经济的历史信息。

东汉播种画像砖砖面图样

| 王宪明　绘 |

东汉播种画像砖·四川德阳县柏隆乡出土

| 付杨　摄，四川博物院提供 |

这方除草播种画像砖，质青灰色，高 24 厘米、宽 38.6 厘米。图像共有 6 位农夫在整齐的田畦中劳作，前 4 人双手挥动钹镰芟草并拨土，为播种做准备。后面紧跟着一农夫和一少年，他俩一手执容器，一手作播种状。整个画面构图完整协调，犹如对人物舞蹈动作的定格。这方体现劳作中芟草播种的画像砖有以下四个特点：第一，田畴边的 3 株大树茁壮茂盛，既点明了播种的季节，又说明早在汉代四川等地即有在农田边植树的习惯，已经初具现代川西林盘的景观形态。第二，画面上田畦阡陌清晰、整齐规范，体现出汉代四川地区农田耕作的高度管理水平。第三，整个画面动感极强，前面 4 位农夫动作整齐，状似舞蹈，表现出芟草时很有节奏；中间的一位扭头回顾，仿佛边劳作边与播种者交谈，给人留有想象余地；最后两位播种者的造型很有特色，后面一位高大结实、动作老练，而前面的那位后生，既可视作在为身后的长者辅助播种，也可看作是在现场学习播种。这方画像砖向我们展示了古代劳动人民代代相传、年复一年辛苦劳作的场景。

东汉薅秧画像砖

| 付杨　摄，四川博物院提供 |

此画像砖出土于四川新都区，横 40 厘米、纵 33 厘米，图像为两块相连的田亩，以中间田埂分为左右两格。左边田中央布满秧小苗，两位农夫各持薅秧耙，双脚交替薅秧。这是四川农村至今仍流行的“薅足秧”。画面右侧上、下各有一鸟一兽奔走；右边田中两位农夫均执弯锄作翻地状，又似举镰前驱作追逐状，画面中杂有鱼类、菱角等，当为水塘。两块田地之间的田埂上有一个缺口，当为调节水田水量所用。画面左、右两图密切联系，体现出汉代四川地区稻作的生产状况和技术水平。

东汉收获弋射画像砖

丨付杨　摄，四川博物院提供丨

1972年，四川大邑县安仁乡出土的这方画像砖纵39.6厘米、横46.6厘米，图像分为上下两部分：上部是弋射图，湖池中荷叶遮掩，莲花吐露，鱼鸭游弋，空中飞雁成行，岸边树下两弋者张弓仰射，其所使用的短矢上系着“缴”，一端分别连接在两个半圆形可滑动的石机上；下部为收获图，6个农夫正在田中收获，中间3个俯身割取禾穗，左侧的1个手提食具、肩挑捆扎成把的禾担欲返，右侧的2个挥舞钹镰芟除已去穗头的禾秆。这方画像砖真实地反映了汉代蜀地秋高气爽、塘满禾丰的景象。

丨本节插图由王宪明绘制丨

第二章

精耕细作

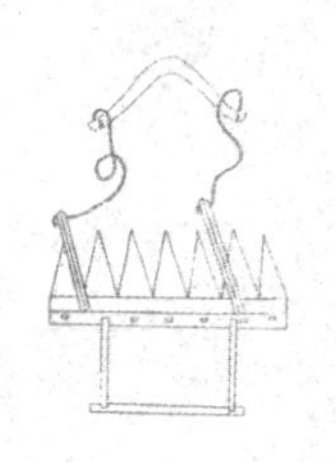

稻作技术的发展

『刀耕火种』又称迁徙农业，也有人称之为『打游击农业』，是一种较为原始的农业耕作方式。刀耕火种没有固定的农田，先用铁斧等工具砍伐地面上的植被，将其晒干后焚烧。在经过火烧的土地上，直接利用草木灰作肥料，用掘木棍等挖出小坑，播上种子后掩埋，靠自然肥力进行生产。等到这块区域的土地肥力消退后，再换一个区域展开新一轮的农业生产。这种耕作方式较为粗放，农业产出也很低，有时还需要采集、渔猎来补充食物供给。夏以后，中国传统社会发展为阶级社会，黄河流域逐步从原始农业过渡到传统农业。铁质农具的普及与牛耕的推广使用，减轻了农业耕作的负荷，提高了耕作效率。于是，传统农业以集约的土地利用方式为基础，改善农业环境，提高农业生物生产能力，向精耕细作体系发展。隋、唐、宋、金、元是精耕细作的扩展期，主要标志是南方水田景观精耕细作技术体系的形成与成熟。

第一节

象耕鸟耘和火耕水耨

南方水田的耕作经历了长期的摸索阶段。「象耕鸟耘」即是原始农民直接利用大象和鸟兽等觅食践踏后留下来的土地进行种植，象田、鸟田出现的时间可能还要早于「刀耕火种」的阶段，这种农业形态在后来的农耕生产过程中也保留了一定的定势。随着传统农业的缓慢发展，地广人稀、劳动力缺乏而水资源丰富的南方逐渐发展出一套适应当地生产环境的「火耕水耨」，此即为《史记》所谓：「楚越之地，地广人稀，饭稻羹鱼，或火耕而水耨。」「火耕水耨」是南方水田从原始农业向精耕细作技术体系过渡的重要阶段。所谓「火耕」，即放火烧草，不用牛耕和插秧，直接进行播种；等水稻长到一定的程度，再放水淹田，将杂草浸死，以达到中耕的目的，谓之「水耨」。

传说舜死苍梧，象为之耕；禹葬会稽，鸟为之耘。所谓象田、鸟田，即是大象、雁鹄等鸟兽觅食践踏后所留下的、被人直接用作种植的农田，是一种原始的农耕方式，当时还未出现在耕作前整理土地的工序。

象田、鸟田主要出现在沿海地区、河流两岸、三角洲沼泽多水地带，只有种、收两个环节，比刀耕火种更加原始。由于已知较早的稻作遗存与鸟田的分布在地域上的重叠，可推测鸟田的分布区可能就是稻作的起源地。象田、鸟田不仅作为一种原始农业形态与水稻等作物的驯化有关，而且形成了一种定制，保留在后世的农耕生产中，如牛踏田及其与耜耕的结合而导致犁耕的出现，都是受了象田、鸟田的启发。汉代王充《论衡·书虚》载："苍梧，多象之地；会稽，众鸟所居。"大象及其他大型食草动物在栖息地，把沼泽地践踏糜烂。鸟类在沼泽地觅食生物、草籽，也起到了耘莳之功。于是，古时的人就直接利用践踏、觅食后的沼泽地种植水稻。王充指出象耕鸟耘原是一种自然现象，人类是在长期的日常生活中观察到了动物的行为，从而习得了相应的耕作方式。

"蔡顺"人物长方砖又名孝子砖

| 故宫博物院藏 |

画面上小鸟在天空中飞翔，两头大象与三头小豕正在耕地，舜子在后面挥鞭播种。据《孝子传》记载，舜从井中脱逃之后，在历山躬耕种谷，天下大旱，民无收者，只有舜种之谷获得丰收，舜就将米粜给饥民，使许多灾民得以渡过难关。

世界上第一具基本完整的雄性麋鹿骨骼亚化石

丨王宪明　绘，原件藏于泰州博物馆丨

王充在《论衡》中提到“海陵麋田，若象耕状”。晋代张华的《博物志》有言：“海陵县扶江接海，多麋兽，千千为群，掘食草根，其处成泥，名曰：麋唆，民人随此唆种稻，不耕而获，其收百倍。”海陵县是西汉武帝元狩六年（前 117 年）设置的，包括现在江苏的泰州、姜堰、海安、如皋和大丰等不少地方，这一地区在唐代以前是长江河口地区。由于麋鹿是古代生长在海边沼泽地带的喜水动物，所以海陵集结了成千上万的麋鹿，有“海陵多麋”之说。这些麋鹿扒掘草根为食，掘烂了周围的土地，使当地人不用费力耕作便能种上庄稼，并得到理想的收成。

黎族《牛踏田》剪纸图样

| 王宪明　绘 |

《新唐书 · 南蛮传》记载："永昌之南……象才如牛，养以耕。"讲到永昌郡以南地区的人民将大象像牛一样饲养起来耕田。即便到了当代，腾冲火山群地区南部诸如施甸，仍然可以看到类似于象耕的"牛踏田"。每年早稻一收获，傣族农民就会把十多头甚至几十头水牛赶进水田，任其在田里肆意踩踏，直到谷茬杂草和泥水交融在一起。黎族还有《牛踏田》《踩稻谣》《牛儿快提脚》等传统民歌。

当然，牛踏田与麋田有着明显的差别：前者是驱赶家畜有意识地进行踩踏，然后再播种其上，后者则是利用野生动物觅食践踏之后所留下的土地进行播种。两者的共同特点就是不耕不耘，把种子直接撒播在经动物践踏过后的土地上，这也是象田、鸟田的本义，也就是原始稻作农业之初的样貌。

到了汉魏六朝时期，“火耕水耨”广泛流行于南方稻作农业区。《史记·货殖列传》记载：“楚越之地，地广人稀，饭稻羹鱼，或火耕而水耨。”应劭解释火耕水耨的具体做法：“烧草，下水种稻，草与稻并生，高七八寸，因悉芟去，复下水灌之，草死，独稻长，所谓火耕水耨也。”“火耕”就是放火烧地，翻耕之前放火烧掉上一年干枯的稻秆和杂草，以达到除草、施肥、防治稻田病虫害的目的。20世纪70年代在湖北江陵发掘的凤凰山167号西汉早期墓中出土了四束形态完整的稻穗，稻穗连着的稻秆只有几厘米，应该是从稻穗下面不远处割下来的，不同于今天在近地面处全部割下稻秆。这证明了西汉早期在收割水稻时，是将大部分稻秆留在田里的。“水耨”就是水稻种植后的除草方法，具体形式有三种：一是放水灌田，将除下的杂草沤烂腐化，用作肥料。二是利用杂草生长比禾苗慢的特点，灌水淹没杂草，将其慢慢闷死。三是手耨与脚耨，用手抠抓杂草根部，同时耨断一些稻株老根，促使其生发更多的新根。

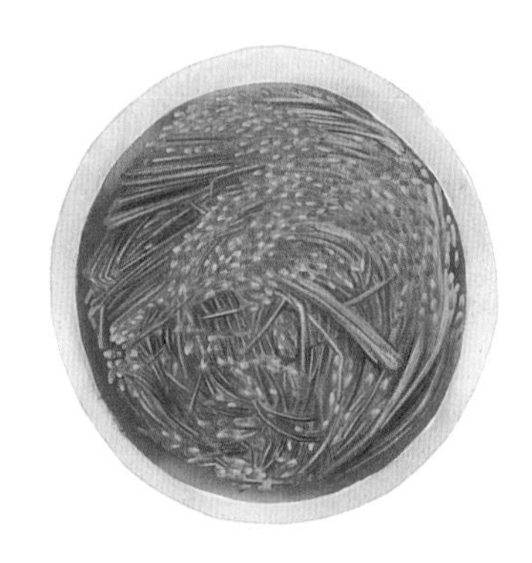

汉代陶仓与陶仓内稻谷·凤凰山出土

| 王宪明　绘 |

在中原士人的眼中，火耕水耨是一种较为落后的生产方式，这可能是因为从战国到汉代，汉文化区的中心区域——华北黄土区已经长期践行精耕细作的农业技术，而水稻区的耕作方式与旱作区的抗旱保墒又存在着明显的不同。现代研究发现，水耨不仅能疏松泥土，还能改善土壤的通气性能，促进水稻生长。土壤中空气含量增加，能促进一些有毒物质的氧化，减轻对作物根系的污染和侵蚀。空气增多还有利于土壤微生物的活动，加速肥料的分解腐熟。如果在施肥前后进行水耨，还可以让土肥均匀混合，减少肥分流失，有利于根系吸收。火耕水耨非但不是一种落后的耕作方式，反而适于当时南方水田稻作。一直到六朝时期，火耕水耨都是南方地区主要的耕作方式。

火耕水耨巧妙地利用了南方的地域优势，适应了南方地旷人稀、草木繁茂的地理环境，在一定程度上推动了南方水田的开发。晋杜预言："诸欲修水田者，皆以火耕水耨为便。"到了唐宋，南方水田精耕细作的技术体系确立后，火耕水耨的习惯才逐渐退出历史舞台。直至今日，在珠江三角洲的大禾田（即深水田）生产中，仍旧几乎全靠水淹的方法抑制杂草生长，基本没有人工除草这一环节。一些长出水面的水草也是在禾苗长高以后，由农民乘船进入深水田中进行拔除，并带回家中当柴火烧掉，这也许是火耕水耨的遗风。

第二节 耕耙耖耘耥

自东汉末年始，中原地区不断卷入战乱，北方人口南下避难为南方补充了劳动力，同时带来了水利工程技术和先进的农耕理念。隋唐起始，南方水田精耕细作技术体系逐渐形成，推动全国经济中心从黄河流域转移到长江以南地区。这一时期，农业工具不断更新，出现了轻便高效的曲辕犁，适合南方水田的耖，龙骨车、秧马、莳梧等，水田农具配套齐全，水田技术也接近完善；耕作制度方面，轮作复种有所发展，尤其是南方以稻麦复种为主的一年两熟制度普及，水田精耕细作技术体系形成；土壤耕作方面，形成了耕—耙—耖体系，水稻育秧、移栽、烤田、耘耨等都有了进一步的发展。为了适应一年两熟制的需要，更重视施肥以补充地力，肥料种类增加，讲究沤制和施用，精耕细作水平也达到了一个新的高度。

农作物在驯化中所产生的各种变化都来自所处环境条件的改变，因此才出现了占尽有利条件的植物品种的进化，这种环境控制对于野生植物变成古代作物的定向培育过程，起到了重要的促进作用，所以，排在农书首位的往往是整理耕地。《吕氏春秋》涉及农作的篇章《上农》《任地》《辨土》《审时》四篇，以及赵过的代田法，都在强调精耕细作，加强田间管理以及锄草、灭虫的重要性。于是，在不断发展的精耕细作体系中，施肥、锄草以及不断耙地成为中国农业的特征。

南方“耕—耙—耖”水田耕作体系与北方“耕—耙—耢”旱田耕作体系，既有区别，又有联系。魏晋南北朝时期，北方旱作体系已经基本成型。耕，就是用犁翻松土地。耙的早期形态是一根横木棍，下方有齿，后来演变为下方有齿的方框形农具，耙能把翻耕后的土块击碎并平整好土地。耢的早期的形态也是横木棍，后来演变为用藤条或荆条编成的方框形农具，耢能将耙后的土块进一步磨成颗粒并磨平土地。为了增大农具与土壤间的摩擦力，增强劳作效果，有时会在耙和耢的上面放置一些重物或站立一个人。耙耢过的田地表面会形成一层松软的土层，能起到切断土壤中毛细管的作用，可减少水分的蒸发，对北方旱田农业起到抗旱保墒的作用。

唐代，以曲辕犁为代表的耕地工具以及砺碎、碌碡等整地工具相继出现并得到广泛应用，耕—耙—砺碎的水田整地技术开始形成，南方水田因此摆脱了较为粗放的耕作方式，走上精细化耕作的道路。始见于西晋岭南地区的耖，宋时传到长江流域及其以北地区，并逐步取代了砺碎和碌碡，耕—耙—耖的水田耕作技术体系全面形成。南宋楼璹《耕织图》诗中就记有耕、耙、耖等项作业。

登场：《耕织图》，南宋楼璹作，元代程棨摹

曲辕犁

曲辕犁又称江东犁，是唐代发明的犁耕农具。唐以前使用直辕犁，犁架庞大笨重，唐代农民将其改造成为了曲辕犁。根据唐代末年著名文学家陆龟蒙《耒耜经》记载，曲辕犁由 11 个部件组成，即犁铧、犁壁、犁底、犁镵、策额、犁箭、犁辕、犁梢、犁评、犁建和犁盘。犁铧用以起土，犁壁用于翻土，犁底和犁镵用以固定犁头，策额保护犁壁，犁箭和犁评用以调节耕地深浅，犁梢控制宽窄，犁辕短而弯曲，犁盘可以转动。

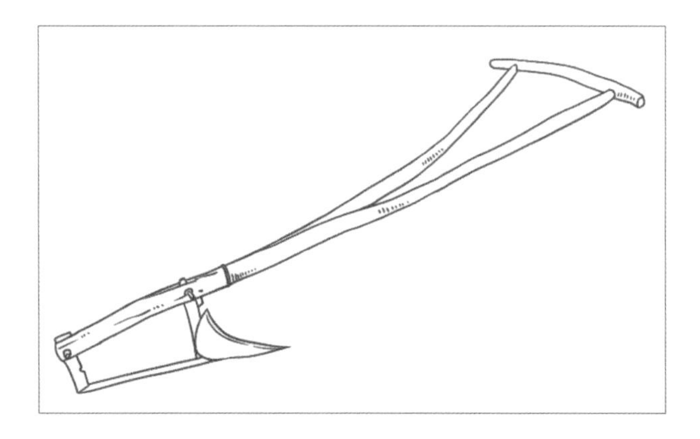

直辕木犁线图

| 王宪明　绘 |

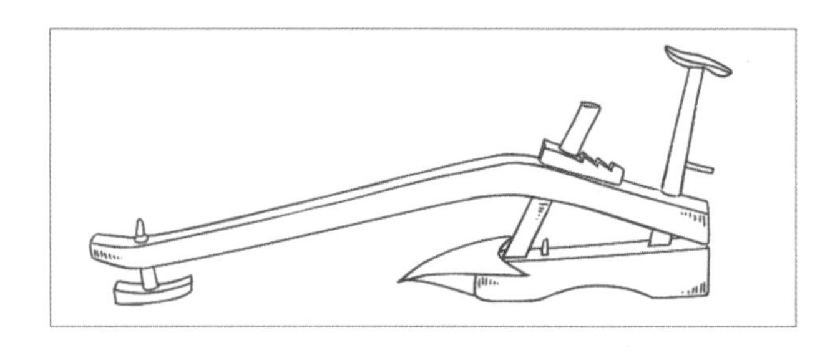

曲辕犁线图

| 王宪明　绘 |

较之直辕犁，曲辕犁具有明显的优点：首先，在使用直辕犁时，牲畜的牵引力与犁尖不在一条水平线上，会产生逆时针方向的力矩，农夫需要付出多余的力来平衡这个力矩，曲辕犁则能减少犁田时的体力消耗。其次，直辕犁受力点高，曲辕犁受力点低，因此曲辕犁受到的向上分力比直辕犁大，这样可以减小曲辕犁所受的摩擦阻力，更充分地利用畜力。曲辕犁具有结构合理、使用轻便、回转灵活等特点，能够减少犁的阻力，提高耕地速度。曲辕犁的出现标志着传统的中国犁已基本定型，对提高劳动生产率和耕地质量、促进江南地区开发起到了重大作用。

南宋楼璹《耕织图诗·耕图二十一首》所记之“耕”：“东皋一犁雨，布谷初催耕。绿野暗春晓，乌犍苦肩赪。我衔劝农字，杖策东郊行。永怀历山下，往事关圣情。”

耕犁：《耕织图》，南宋楼璹作，元代程棨摹

耙

用犁耕翻后的土壤往往留有很多大土块，土壤之间还有较大空隙，紧密度不够适宜，地面也不够平坦，达不到播种的要求。特别是南方水稻田由于常年浸水，土质黏重，耕翻后较大土块表面还有绿肥和粗质基肥。因此耙是水田整地环节不可缺少的农具，有破碎土块、清除杂草、搅拌泥水和刮平地面的作用，能满足育秧、插秧的需要。

耙在中国已有1500多年历史，北魏贾思勰《齐民要术》称其为“铁齿楱”，此即为“人字耙”，现今仍存在于山西及山东等地。耙的出现标志着北方旱作农业抗旱保墒耕作技术体系的形成，同时也为南方水田耕作技术体系的形成奠定了基础。

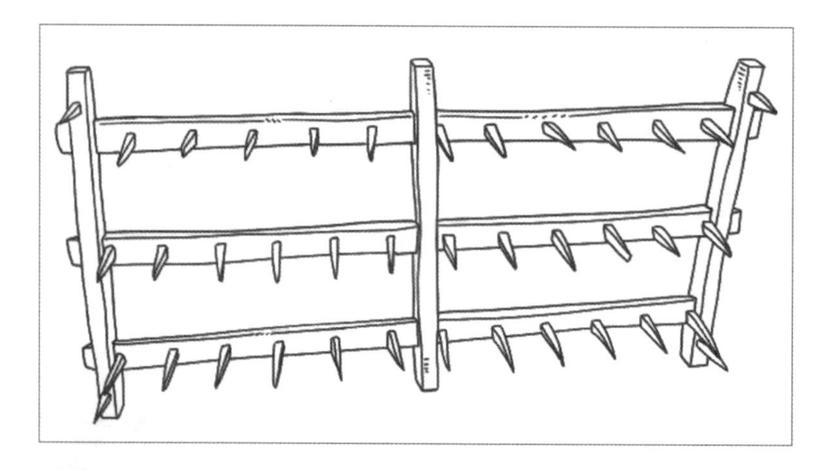

旱地耙线图

| 王宪明　绘 |

南方的水田耙由北方旱地耙演化而来。陆龟蒙《耒耜经》记载："凡耕而后有耙，所以散墢去芟，渠疏之义也。""墢"即"垡"，表翻起来的土块，所以"散墢去芟"表示碎土，除草，这也就是渠疏（耙）的意思。《耒耜经》表明，至晚在唐代江东地区已经拥有成熟的耙田流程。元代王祯《农书》对方耙、人字耙的形制也有详细的记载。直到现在，方耙仍常见于南方水田和北方旱地。

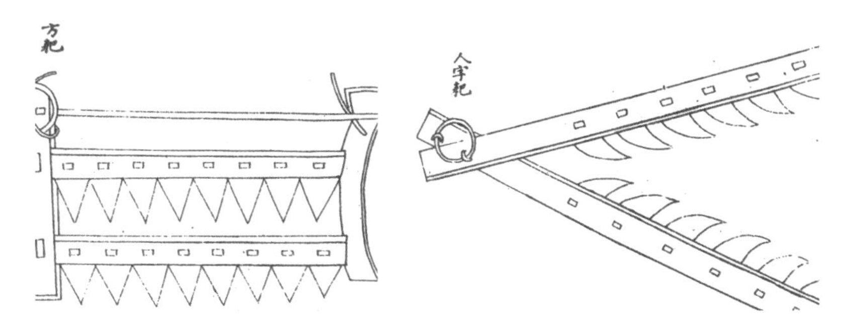

方耙与人字耙：王祯《农书》，文渊阁四库全书本

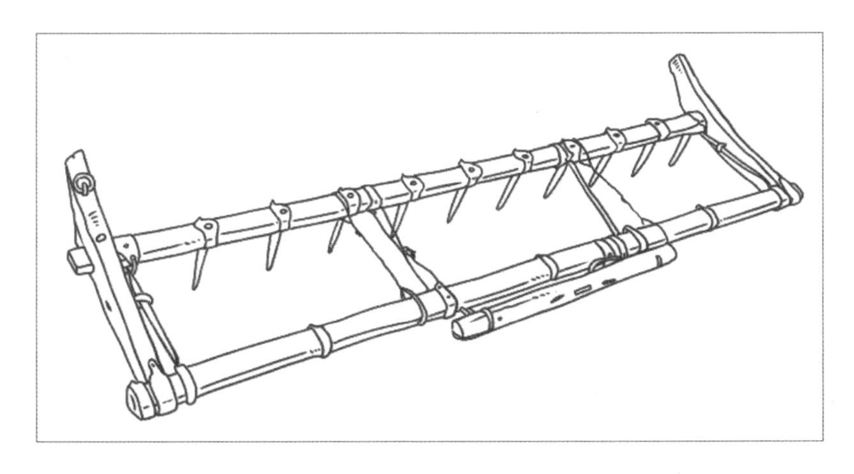

耙线图

| 王宪明　绘 |

南宋楼璹《耕织图诗·耕图二十一首》所记之“耙耨”：“雨笠冒宿雾，风蓑拥春寒。破块得甘霔，啮塍浸微澜。泥深四蹄重，日暮两股酸。谓彼牛后人，著鞭无作难。”雍正的《耕图二十三首》其三《耙耨》也有：“农务时方急，春潮堰欲平。烟笼高柳暗，风逐去鸥轻。压笠低云影，鸣蓑乱雨声。耙头船共稳，斜立叱牛行。”

耙：《耕织图》，南宋楼璹作，元代程棨摹

砺碎、碌碡

砺碎和碌碡的功用基本相同，都是耕耙之后打混泥浆，使土壤更加细碎、平整，用以压碎压实土壤的整地农具。《耒耜经》载，“碌碡觚棱而已”“砺碎皆有齿……以木为之”。据王祯《农书》记载，砺碎除了木制以外，也有石制的，是用石或木头制成的圆辊。有齿的叫砺碎，无齿的叫碌碡。在两端中间各装上一个短轴或顶尖，嵌入外部长方框两旁的圆洞或凹槽之内，用牲畜牵拉在田中滚动，即可将土碾碎压实。在南方水田中使用的多为木制，有时为增加重量，人还要站在框上。北方多为石制，亦可在场圃中用来脱粒。

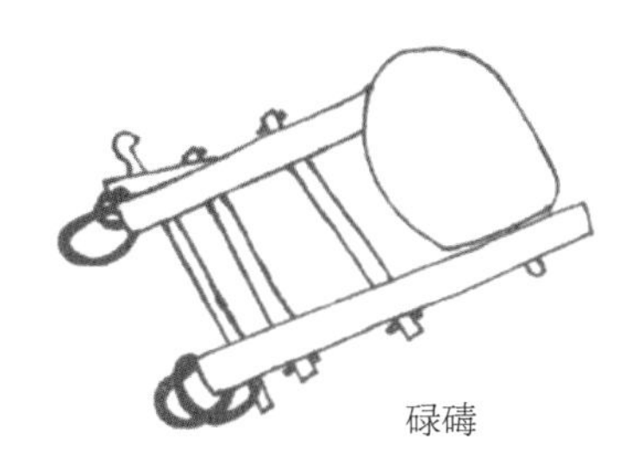

碌碡

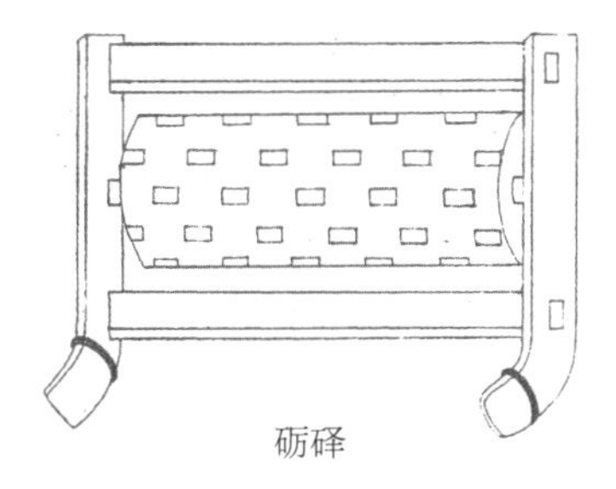

砺碎

碌碡与砺碎：王祯《农书》，文渊阁四库全书本

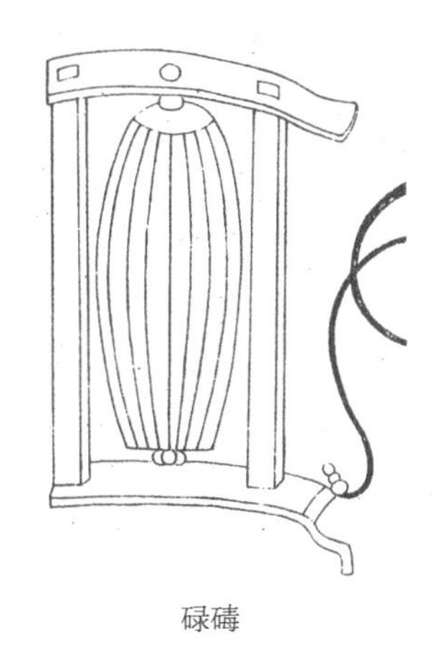

碌碡

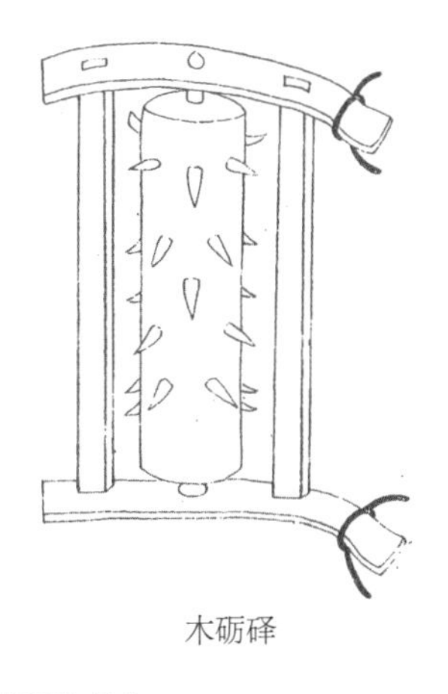

木砺碎

碌碡与木砺碎：王祯《农书》，文渊阁四库全书本

耖

耖主要由横柄和列齿组成。与耙相比，耖的齿更长，排列也更加细密。耖的使用历史可追溯至西晋。1963 年，在粤北连州郊龙口村的西晋古墓中出土一方犁田、耖田模型，呈长方形，田分两块：一块人驱牛犁田，另一块人驶牛耖田。这是中国发现的最早的水田耖耙。

耖耙下方有六根较长的耙齿，上部是横木把手，耕者扶把操作，与今天广东农民驶牛耙田的情景相同。现在粤地不叫耖田，而称耙田，耖的俗称也为水田耙，或因其形叫而字耙。除了木制的耖，还有铁制耖。

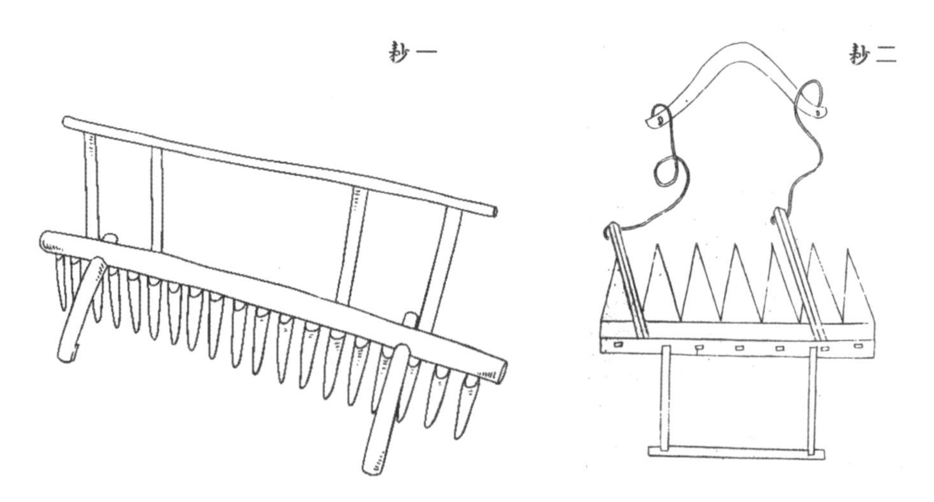

耖一与耖二：王祯《农书》，文渊阁四库全书本

王祯《农书》所载“耖”在宋元时期的使用情况：“人以两手按之，前用畜力挽行。一耖用一人一牛。有作连耖，二人二牛，特用于大田，见功又速。耕耙而后用此，泥壤始熟矣。”

南宋楼璹《耕织图诗·耕图二十一首》所记之“耖”：“脱绔下田中，盎浆著塍尾。巡行遍畦畛，扶耖均泥滓。迟迟春日斜，稍稍樵歌起。薄暮佩牛归，共浴前溪水。”

耖：《耕织图》，南宋楼璹作，元代程棨摹

耘耥

耘耥是水田中耕的俗称，一般在水稻移栽 20 天，秧苗成活后进行。宋代陈旉《农书》“耨耘之宜篇”提出耘田的目的“不问草之有无，必遍以手排摝，务令稻根之旁，液液然而后矣”，是说不管稻田有没有杂草都要耘田，为把稻根旁的泥土耙松，使其成为近似液体的泥浆。这样有利于根旁板实的土壤变得松软，使土壤中的空气得到补充，有利于细菌和水稻根系的活动和生长，促使稻株分蘖增多，生长整齐。

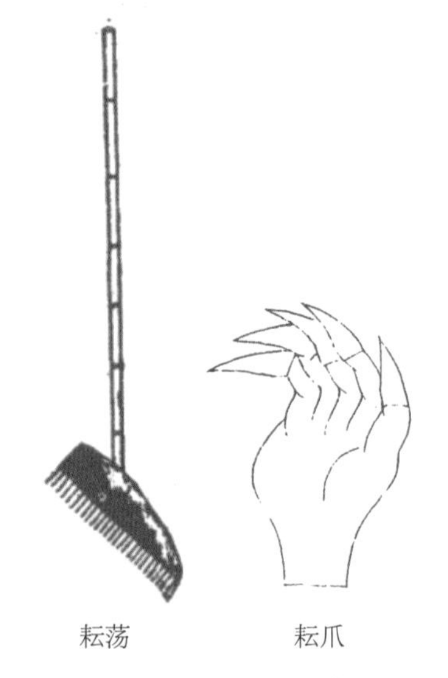

耘荡与耘爪：王祯《农书》，文渊阁四库全书本

考古材料证实，汉代种植水稻已经出现中耕除草。在四川新都出土的薅秧画像砖上，有两位农夫在稻田里采用先进的铁制农具劳作。唐宋以来，稻田中耕除草，疏松泥土的技术水平逐步提高。南方水田的耘耥农具主要有耘荡和耘爪两种。耘荡，也称耥耙。

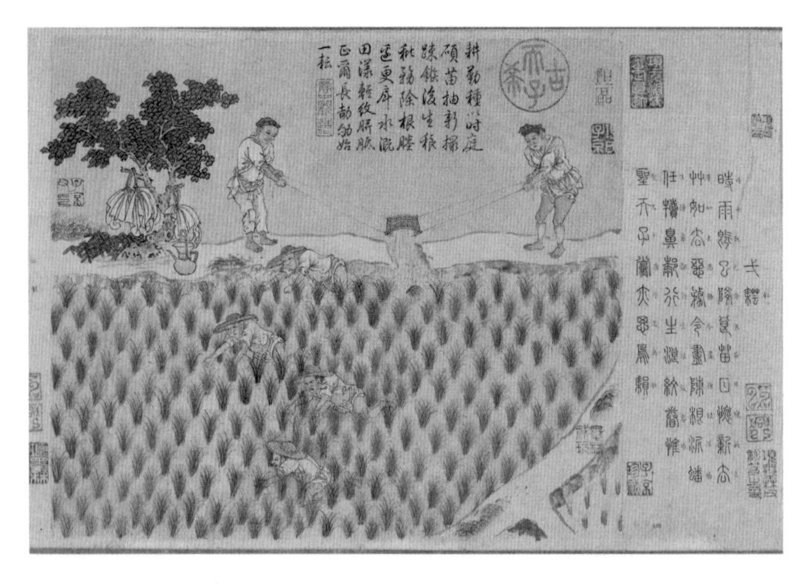
耘一

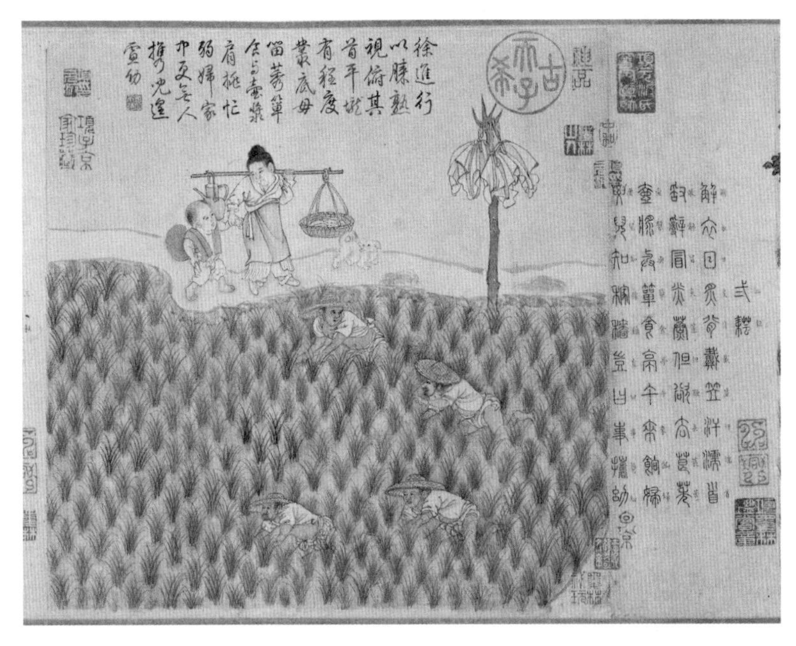

耘二

耘三

耘一至耘三：《耕织图》，南宋楼璹作，元代程棨摹

据王祯《农书》记载，耘荡是江浙地区新发明的农具，农民在水中劳作，手经常浸泡在稻田泥水之中，容易引起细菌感染，伤害手指。耘爪能代替手足起到保护手指的作用，还可提高耘田效率。

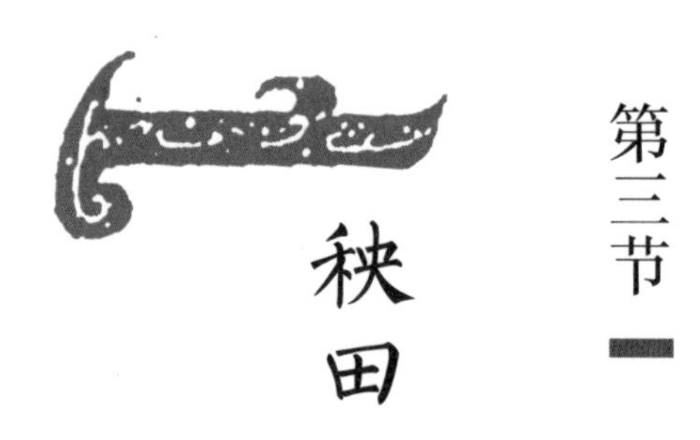

第三节 秧田

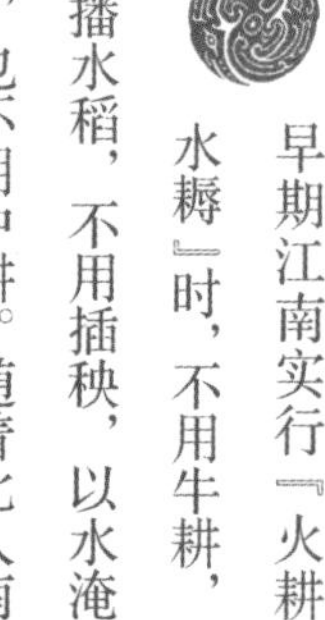

早期江南实行「火耕水耨」时，不用牛耕，直播水稻，不用插秧，以水淹草，也不用中耕。随着北人南下，江南劳动力增多，开始大兴水利工程，集约化农业也相继形成。发展到宋代，已经出现了浸种催芽、秧龄掌握、肥水管理、控制插秧密度等秧田技术。

对于水稻等发芽较慢的作物种子，在播种之前进行浸种不仅可以促进种子发芽，还能杀死一些虫卵和病毒。关于浸种的最早记载见于《齐民要术·水稻》："地既熟，净淘种子；渍经三宿，漉出；内草篅中裛之。复经三宿，芽生，长二分。一亩三升掷。"这是水稻漫种催芽的一套完整方法。南宋楼璹《耕织图诗·耕图二十一首》所记之"浸种"："溪头夜雨足，门外春水生。筠篮浸浅碧，嘉谷抽新萌。西畴将有事，耒耜随晨兴。只鸡祭句芒，再拜祈秋成。"描述的正是农家浸种催芽的场景。

明代《便民图纂》提到经过浸种催芽的稻种"芽长二三分许，拆开抖松，撒田内……二三日后，撒稻草灰于上，则易生根"，这种撒在稻田里的草木灰被称为盖秧灰，因为草木灰中的钾元素有益于根的生长，能使茎秆健壮，便于移栽。

经过浸种、催芽的稻种就可用以播种了，在《耕织图》的描绘即是布秧。布秧时需要限定好播种区域的边界，这就出现了辅助性工具秧弹。布秧时在稻田两边放置长竹竿，这种方法从北宋开始在南方水田使用较多。对此王祯《农书》有记载："农人秧莳，漫无准则，故制此长篾，掣于田之两际，其直如弦，循此布秧，了无欹斜，犹梓匠之绳墨也。"

秧弹：王祯《农书》，文渊阁四库全书本

布秧：《耕织图》，南宋楼璹作，元代程棨摹

东汉时期发明了水稻移栽技术，到唐宋时期，这一技术已得到广泛应用。移秧工具主要有秧马，又称秧船或秧凳。秧马大约出现于北宋中期，最初是由家用的四足凳演化而来，基本结构是在四足凳下加一块稍大的两端翘起的滑板。因为有四条腿，使用时人的姿势好似骑马，故称之为“秧马”。秧马的使用方法：操作者坐在秧马上，略前倾，两脚在泥中稍微用力一蹬，秧马就可前后滑行。苏轼于元丰年间（1078—1085年）谪居黄州时，见田里“农夫皆骑秧马”，遂作《秧马歌》，赞其“日行千畦，较之伛偻而作者，劳佚相绝矣”。拔秧时轻快自如，减少了农民猫腰弓背的劳苦。秧马的另一作用是“系束藁其首以缚秧”，就是把束草放在前头用来捆扎秧苗，极为便利。

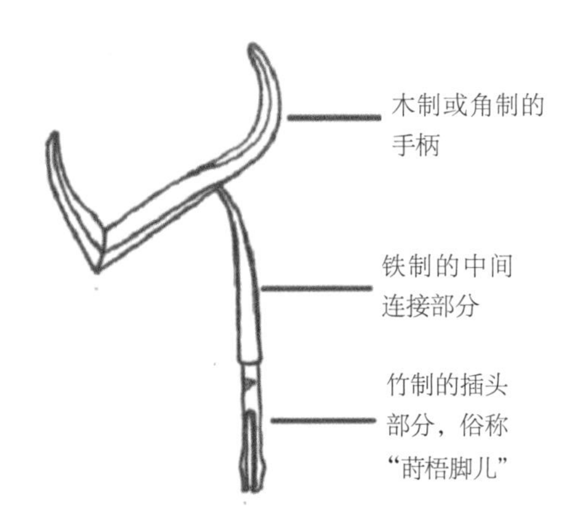

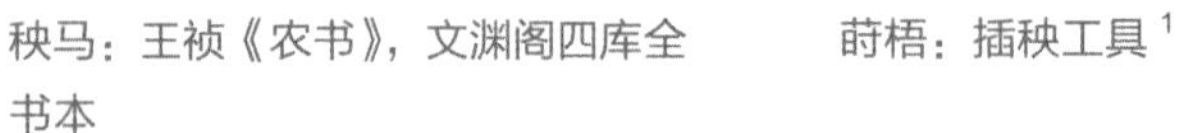
秧马：王祯《农书》，文渊阁四库全书本

莳梧：插秧工具[1]

1 曾雄生．水稻插秧器具莳梧考——兼论秧马．中国农史，2014，33（2）．

生长三十天后的秧苗被称为“满月秧”，古人认为满月秧正适合移栽，满月秧过了时间变成老秧就会影响以后的产量，此即为《天工开物·乃粒·稻》所说：“秧生三十日即拔起分栽……秧过期老而长节，即栽于亩中，生谷数粒结果而已。”

关于插秧的方法，马一龙《农说》认为：“栽苗者……先以一指搪泥，然后以二指嵌苗置其中，则苗根顺而不逆。”以两指将细小的苗嵌插入土中，秧苗就会插得端正且稳当，还能减少漂秧。《三农纪》还提出，利用大田耙后水浑时期立即插秧，便于栽后泥浆下沉时封住秧眼，能使秧苗更加稳当。

随着技术的发展，插秧的农具也慢慢出现。清代乾隆年间的《直隶通州志》曾记载了江苏南通的插秧工具莳梧。据记载，莳梧形如“乙”字，由三部分组成：最下部分为插头部分，用来插秧入土，大多为竹制，将竹管削成叉状；中间部分为装插头部分，为铁制；最上部分为手柄，一般由硬木做成，也有牛角制成的。操作时，左手执秧，右手握上部前端，分取秧苗，插入土中。直到 20 世纪五六十年代，南通地区仍有使用莳梧。

插秧：《耕织图》，南宋楼璹作，元代程棨摹

第四节 水分控制与施肥

水稻在不同的生长、发育阶段，对水量和肥料的需求也不同，俗话『三分种，七分管，十分收成才保险』即是这个道理。水稻需水主要包括两个方面：生理需水，即水稻自身需水，水稻根系吸收水分供应植株的生长；生态需水，利用水层来改善水稻所生长的生态环境，达到保温、保肥、根系分蘖以及控制微环境等目的。肥料为水稻提供了生长所需的营养物质，改善土壤条件，提高土壤肥力，是农业生产的物质基础。按照生长阶段来看，一季水稻所需的肥料一般可以分为基肥、分蘖肥、穗肥。

水稻在不同生长期对水的需求量也不同。古人对水稻需水规律的认识有着丰富的经验。马一龙《农说》指出，水稻抽穗扬花期间，久雨烈风，都将影响结实。而在灌浆成熟期，如果田内缺水，则稻谷会因不够饱满而减产。如果积水过深，又往往会使稻斑黑腐败。江南地区有经验的农民，判断水多水少大多看稻眼。稻眼指水稻上方叶和茎的接节点，当田里的水过多、超过稻眼时，水稻在六七天之内就会淹死枯萎。由于水的比热容较大，水在灌溉的同时还可被用来调节稻田的温度。

踩踏水车[1]

| 摄于三伏天的南京郊区 |

图中三个农民在小溪旁踩踏水车，他们双手撑住且腹部抵住竹竿用力，一起将下游的水抽到高处。

灌溉水车：满蒙印画协会《亚东印画辑》，东洋文库与京都大学人文研图书馆，1942年

| 摄于袁州（今江西宜春）郊外 |

1 水田的灌溉. 亚东印画辑. 日本：满蒙印画协会，1926.

南方水田排灌借助的主要是翻车，即龙骨车。翻车是东汉末年一个宦官发明的，当时主要用以洒路，三国时期被改造用以灌园。《三国志》记载洛阳城内有一片地势较高的坡地，因为无法灌溉一直荒芜。于是马钧改造了翻车，解决了蔬菜灌溉的问题。隋唐时期，随着南方的开发，翻车成为农田排灌的工具。

灌溉：《耕织图》，南宋楼璹作，元代程棨摹

翻车：王祯《农书》，文渊阁四库全书本

王祯《农书》详述了翻车的构造和使用方法：车身用木板做成槽形，长约 2 丈[1]，阔 4 寸[2]或 7 寸，高约 1 尺[3]。槽中架着一条行道板，阔狭同槽相称，长则比车身木板槽两端各短 1 尺，空出的位置安放上端的大轮轴和下端的小轮轴。行道板上面和下面环绕着通连的龙骨板叶，上端绕过大轮轴，下端绕过小轮轴。上端大轴的两头各有 4 根拐木。大轴安装在岸上的两个木架之间。人身靠在架的横木上，脚下踏动拐木，大轮轴带动板叶向上移动，水就被带动上岸来了。

---

1 1 丈=3.33 米。

2 1 寸=3.33 厘米。

3 1 尺=33.3 厘米。

筒车，大约出现在隋唐时期，是一种完全靠流水作为动力，转动车轮取水灌田的工具。唐代陈廷章在《水车赋》中描绘了筒车的形状，介绍了筒车的运转情况和功能。王祯《农书》评价筒车："日夜不息，绝胜人力，智之事也。"

筒车：王祯《农书》，文渊阁四库全书本

筒车是由一个大轮子做成，在大轮周围一个个轮辐之间的位置上安装了受水板，并斜着系上一个竹筒。在水流很急的岸旁打下两个硬桩，把大轮的轴搁架在桩叉上，让轮子自由地转动。大轮的上半部高出堤岸，下半部没在水里。在岸旁凑近轮上水筒的位置设一个水槽通向田里，槽口正对着轮上的水筒口。水筒在流水中灌满了水，同时水板受急流的冲击，轮子转动起来，当水轮的下半部转到上面，把灌满水的水筒带了上来，水筒转过轮顶时，筒口开始向下倾斜，水就从筒里倒出来，落入水槽，于是水就顺着水槽流向田里。水轮连续不断地转动，槽里也就不断有水流向田里。

虽然南方稻作的起源很早，但文献记述多偏重北方，因而水稻的施肥在早期文献中属于空白。直至宋代江南经济的开发超越北方，农业生产迅猛发展，关于水稻施肥的理论和实践记载才随之不断出现。

陈旉是两宋之交江浙地区的一位隐士，同时又是一位具有丰富经验的农业技术专家。他于南宋绍兴十九年（1149 年）写成的《农书》，分三卷，共计一万多字，是中国古代第一部谈论水稻栽培和种植方法的农书。陈旉《农书》“粪田之宜篇”提出了“地力常新壮”论点。到了元代，王祯《农书》“粪壤篇”进一步阐发这一观点：“田有良薄，土有肥硗，耕农之事，粪壤为急。粪壤者，所以变薄田为良田，化硗土为肥土也。”

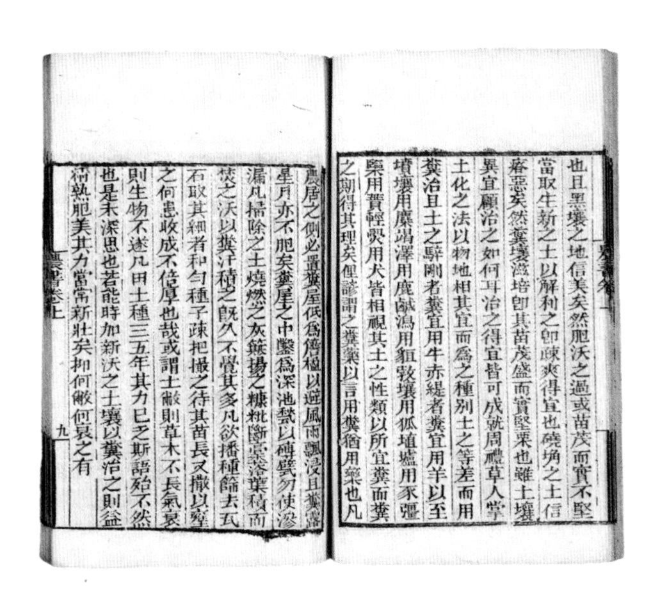
也且黑壤之地信美矣然肥沃之過或苗茂而實不堅
當取生新之土以解利之即疎爽得宜也磽埆之土信
瘠惡矣然糞壤滋培即其苗茂盛而實堅栗也雖土壤
異宜顧治之如何耳治之得宜皆可成就周禮草人掌
土化之法以物地相其宜而爲之種別土之等差而用
糞治且土之騂剛者糞宜用牛赤緹者糞宜用羊以至
墳壤用麋竭澤用鹿鹹潟用貆勃壤用狐埴壚用豕彊
檃用蕡輕爂用犬皆相視其土之性類以所宜糞而糞
之斯得其理矣俚諺謂之糞藥以言用糞猶用藥也凡

農居之側必置糞屋低爲簷楹以避風雨飄浸且糞露
星月亦不肥矣糞屋之中鑿爲深池甃以磚甓勿使滲
漏凡掃除之土燒燃之灰簸揚之糠粃斷稾落葉積而
焚之沃以糞汁積之既久不覺其多凡欲播種篩去瓦
石取其細者和勻種子疎把撮之待其苗長又撒以壅
之何患收成不倍厚也哉或謂土敝則草木不長氣衰
則生物不遂凡田土種三五年其力已乏斯語殆不然
也是未深思也若能時加新沃之土壤以糞治之則益
精熟肥美其力當常新壯矣抑何敝何衰之有

農書卷上　九

地力常新壮：马俊良《龙威秘书》，清乾隆世德堂重刊本王祯《农书》将宋元时期的肥料分为五大类，除了踏肥（厩肥），还有苗粪、草粪、火粪和泥粪，这是中国最早出现的肥料分类。其中，苗粪指的是栽培绿肥，如绿豆、小豆、胡麻等，是北方最常用的一种肥料。草粪即沤粪，指的是野生绿肥，如青草、树叶嫩条等沤制而成的有机肥料，适用于南方，尤其适合在秧田中使用。火粪指的是熏土泥，南方较多使用。泥粪指的是河泥。南宋时盛行捻河泥，尤其是江南地区。此外，古时常用的肥料还有人畜粪便、饼肥和杂肥等。

在水稻施肥中，重施基肥和看苗色施肥的经验最为突出。明代徐献忠《吴兴掌故集》记载："湖之老农言：下粪不可太早，太早而后力不接，交秋时多缩而不秀。初种时必以河泥作底，其力慢而长；伏暑时稍下灰或菜饼，其力亦慢而不迅速；立秋后交处暑，始下大肥壅，则其力倍而穗长矣。"这是湖州地区关于单季晚稻的施肥经验。明末清初《沈氏农书》载："凡种田，总不出'粪多力勤'四字，而垫底（基肥）尤为紧要。垫底多，则虽遇水大，而苗肯参长浮面，不致淹没；遇旱年，虽种迟，易于发作。"重施基肥禾苗易长，能多分蘖，还能抗涝抗旱。此外，还需要追肥，"须在处暑后，苗做胎时，在苗色正黄之时。如苗色不黄，断不可下接力。到底不黄，到底不可下也。若苗茂密，度其力短，俟抽穗之后，每亩下饼三斗，自足按其力，切不可未黄先下，致好苗而无好稻。"并强调："田上生活，百凡容易，只有接力一壅，须相其时候，察其颜色，为农家最要紧机关。"这说明追肥要看苗色黄不黄来决定，苗色不黄绝不能使，否则有"好苗而无好稻"，很难获得丰收。总之，单季晚稻的施肥应当在深耕基础上重施基肥，并根据稻苗的长势和苗色巧施穗肥。这种看苗色巧施追肥的方法一直流传至今。

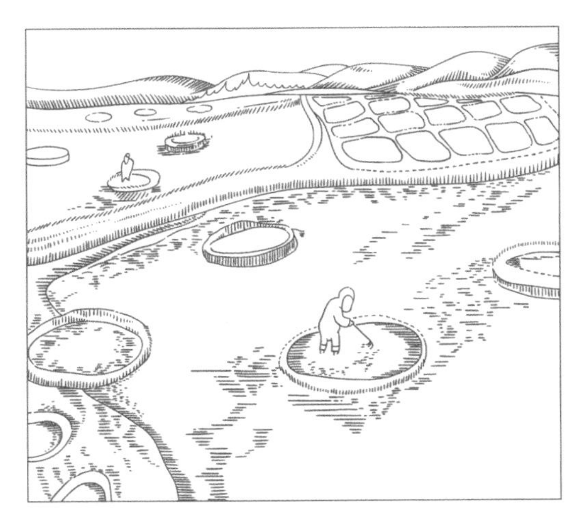

沤制凼肥

| 王宪明　绘 |

江南捻河泥图[1]

由于对肥料、土壤质地和作物种类之间关系有了进一步的认识，杨屾《知本提纲》对当时的施肥经验进行了总结，提出了“三宜”，即时宜、土宜、物宜的观点。“时宜”强调把握时节：春季宜用火土灰，冬季宜用骨蛤、皮毛粪等。“土宜”强调“随土用粪”，阴湿地要用火粪，黄壤用饼肥，沙土用草粪、泥粪，水田则用皮毛蹄角及骨蛤粪，高燥之处用猪粪之类。而碱卤之地，最好不用粪，用了会“诸禾不生”。“物宜”考虑植物的物性，相较麦粟用黑豆粪、苗粪之类，稻田宜用骨蛤蹄角粪、皮毛粪，这样才能获得较高的产量。这种“三宜”的观点即便对于今天来说仍然具有很高的实用价值。

1 游修龄．中国稻作史．北京：中国农业出版社，1995：179．

第三章

亦有高廪

经济重心南移与粮仓变迁

江南地区拥有优越的自然地理条件，但在很长时间内农业生产却远远落后于黄河流域；北方地区的科学技术、教育文化、种植畜牧业都远远优于南方地区。相较于南方『地广人稀』『火耕水耨』，《史记·货殖列传》载，『关中之地，于天下三分之一，而人众不过什三，然量其富，什居其六』，三河『土地小狭，民人众』，邹鲁『颇有桑麻之业……地小人众』。但是，从汉末开始，中原地区不断卷入战乱，北方士人被迫南迁，至南宋末年，先后共形成了三次北人南迁的高潮。大量的劳动力与先进的耕作技术带动了南方水利事业的兴盛，随即促进了南方稻作区的发展，粮仓先后在长江下游与中游发展起来，故明代宋应星说：『今天下育民人者，稻居什七，而来、牟、黍、稷居什三。』

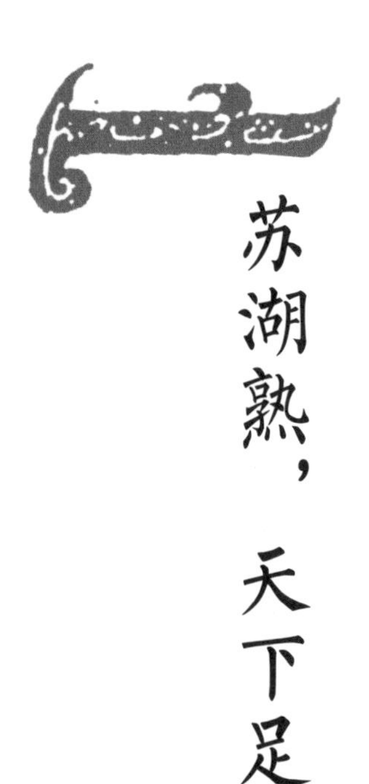

第一节 苏湖熟，天下足

北宋中后期，苏州已经发展成为『国之仓庾』。南宋之后，苏州一带已成畿甸，『尤所仰给，旁及他路』，当时有江南『岁一顺成，则粒米狼戾，四方取给，充然有余』之说。南宋时，都城杭州每日消费米粮一两千石，而这些大米的主要供给地就是苏州。简而言之，北宋时期，苏州粮食产量高于以往历史上的任何一个朝代；发展到南宋，又超过了北宋的水平。

唐宋时期，江南太湖地区形成了稻麦两熟的耕作制度。白居易描述当时苏州地区稻麦两熟的情况：“去年到郡时，麦穗黄离离。今年去郡日，稻花白霏霏。”宋代兴修农田水利、形成耕—耙—耖和耘耥等精耕细作的水田技术，推动了太湖地区稻麦两熟发展。两宋时期因战乱南迁的北方人口习惯食面，北宋官方大力扩种小麦，在江南推广杂谷尤其是小麦，又促进了江南地区稻麦两熟的发展。

当时稻麦轮作主要在早稻田中实行，不仅发展了稻麦两熟制，而且出现了稻豆两熟和稻菜两熟，极大增加了宋代南方稻作的复种指数，土地的利用率和粮食产量因此大幅提高。唐代太湖地区稻谷亩产 138 公斤，南宋时增至 225 公斤。

随着农业技术大发展，稻麦两熟制、双季稻以及耐旱高产的占城稻，都得以在江南推广普及。这促使江南农业飞速发展，从“火耕水耨”的粗犷农业进入了精耕细作阶段，土地的开垦和熟化都取得了很好的效果。

唐代的政治重心虽然在中原地带，但经济重心已转向江南地区。唐代李翰有句名言：“嘉禾一穰，江淮为之康；嘉禾一歉，江淮为之俭。”国家财政越来越依赖江南，以至“赋出天下，而江南居十九”，江南由此成为国家的经济命脉。因此宋范祖禹说：“国家根本，仰给东南。”南宋时期也出现了“苏湖熟，天下足”的民谚，这里苏即苏州，湖指湖州。

那么“苏湖熟，天下足”是怎样实现的呢？

田庐：王祯《农书》，文渊阁四库全书本

第二节 人口迁移与水利兴盛

宋代以降，“南方的人口无论是总数还是密度都超过了北方”，且“差距有拉大的趋势，直到晚清才停止”。南方人口的发展与南方农田水利事业的发展水平相表里。南方与北方的治水都包括调解洪水和增强土壤肥效两个方面。而区别在于，北方水利设施多是解决洪水充灌农田的问题，南方水利兴建则是为了排除沼湿地区与湖泊中多余的积水，并将这些排过水的沼泽与湖床土地用以耕作水稻。“治稻者，蓄陂塘以潴之，置堤闸以止之。又有作为畦埂。耕耙既熟，放水匀停，掷种于内”。

西晋元康元年（291年）“八王之乱”以后，北方河南、河北、陕西、山西、山东等地频繁遭受战乱、旱灾、蝗灾的侵袭。为躲避战乱屠杀、掠夺和自然灾害，黄河流域人口纷纷向南方迁移，史称“永嘉南迁”。永嘉南迁历时约一个半世纪，至北魏统一北方才基本结束。据统计，至刘宋大明年间（457—464年）迁入长江流域的移民及其后裔总数超过200万。其中，以江苏为首的长江下游是接收北方移民最多的地区。

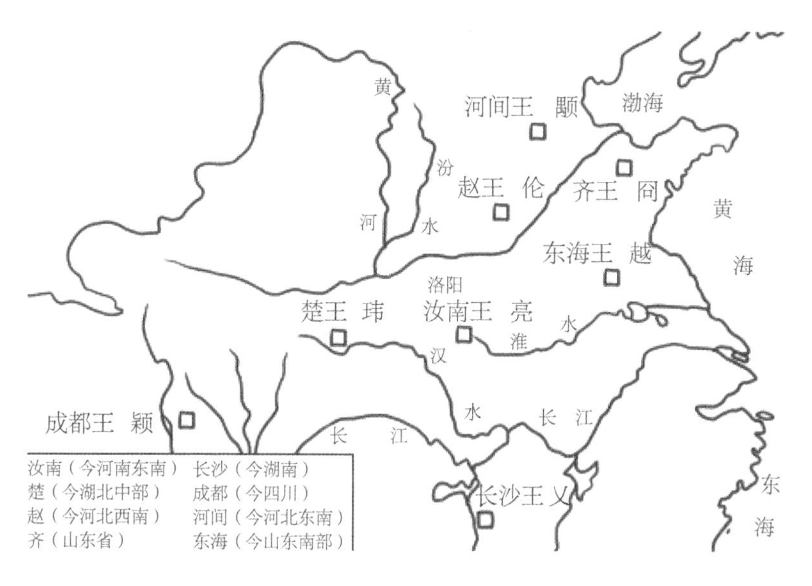

八王之乱

| 王宪明 绘 |

从唐代中期安史之乱爆发至五代十国期间，发生了中国历史上又一次由北向南的移民高潮，共持续220多年。这次移民彻底改变了中国人口分布北重南轻的格局，长江下游成为中国人口密度最大的地区。在长达200多年的移民过程中，北方地区共有650万人口迁出，长江下游仍然是北方人口迁入最多的地区，并以太湖流域最为集中；其次是四川，以川西平原为主；最后是湖北、湖南等地。北宋徽宗崇宁二年（1103年）中国人口首次突破1亿，其中长江流域人口就有4200余万。从靖康元年（1126年）开始，中国经历了第三次由黄河流域向长江流域的大规模移民，历时155年，移民数量接近500万，长江下游仍然是接收北方移民最多的地区，其中浙江最多，江苏为次；中游以湖南接收移民的数量较多；最后是上游，以川北和成都平原最为集中。

从晋代至元末发生了三次大规模由北方至南方的人口迁移，长江下游地区是这些跨流域移民的首要迁入地。截至元代，长江下游地区已成为中国人口最密集的区域，这就促进了农业发展、水利圩田建设，太湖地区的稻麦两熟等耕作制度大大提高了粮食产量，到南宋时期成为全国的粮仓，正所谓“苏湖熟，天下足”。

北方移民为南方带来大量劳力、财力以及精耕细作的技术。人口密集促进了农业开发，水利、圩田建设在长江下游特别是太湖地区大规模展开。唐代以后，全国经济重心南移，南方水利兴修超越北方，至南宋时期南方四省（江苏、浙江、江西、福建）的水利项目总和达到北方四省（陕西、河南、山西、直隶）的 14.8 倍。《宋史》载："大抵南渡之后，水田之利，富于中原，故水利大兴。"水利条件是南方水田农业生产的命脉，南方农业在水利建设、农具改进和劳动力增多的促进下得以迅速发展，圩田开垦在唐代中叶以后大规模展开，耕地面积因此迅速扩大。

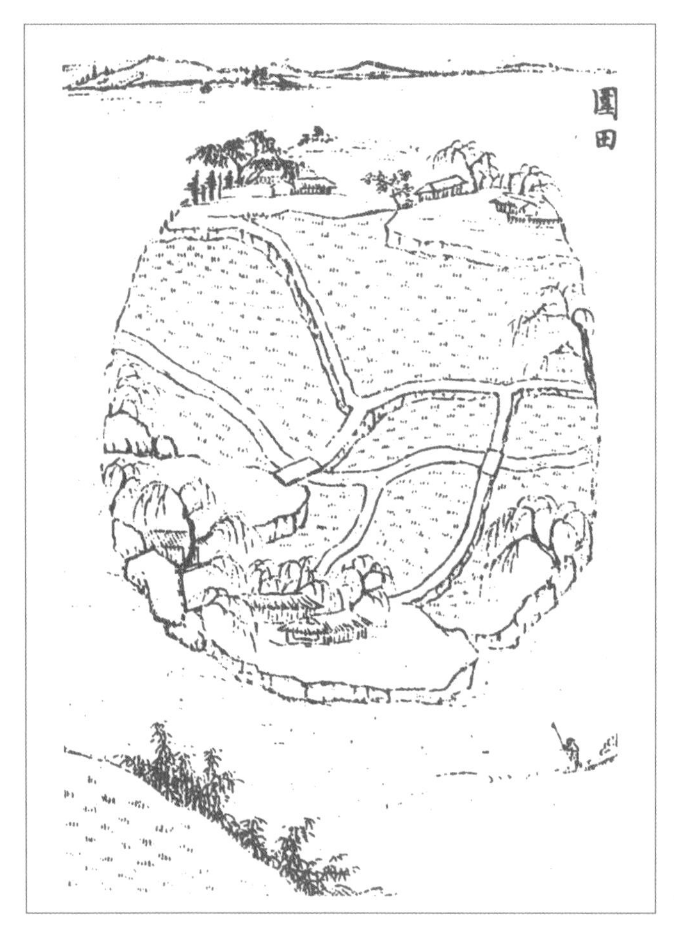

围田：王祯《农书》，文渊阁四库全书本

围田也叫圩田，是一种筑堤挡水护田的土地利用方式。江南地区，地势低下，众水所归，低地畏涝的同时，高地又畏旱。修筑堤岸，化湖为田，抽掉堤岸里的水就可以造田。堤上有涵闸，平时闭闸御水，旱时则开闸放水灌田，这样就能旱涝无虞，保证稻田丰稔。

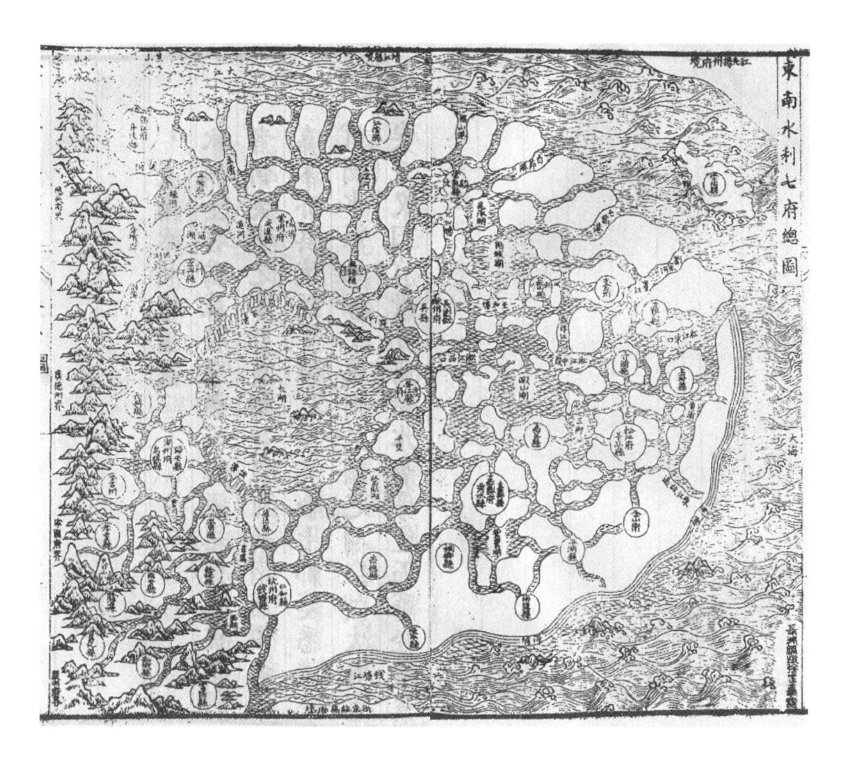

东南水利七府总图：张国维《吴中水利全书》，文渊阁四库全书本

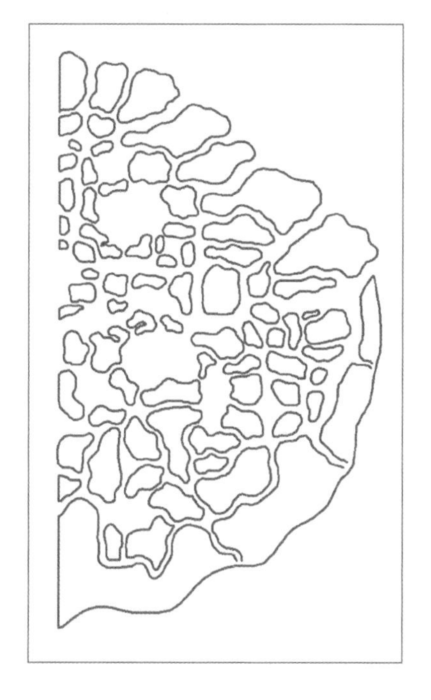

东南水利七府总图局部线拓

唐代中叶以后，太湖地区的塘浦圩田系统加速发展。《新唐书·地理志》记载长庆年间（821—824 年）海盐县县令李谔大兴地方水利，开西境古泾 301 条。五代吴越时期（893—978 年）政府格外重视兴建水利，在唐后期形成的塘浦圩田系统的基础上又有了进一步的发展和巩固。

撩浅，是指挖去淤积的泥沙。吴越国有撩浅军一万余人，在都水营田使统率之下分四路执行任务：一路分布在吴淞江地区，着重于吴淞江及其支流的捻泥撩浅工作；一路分布在急水港、淀泖、小官浦地区，着重于开浚东南入海通路；一路分布在杭州西湖地区，着重于清淤、除草、浚泉以及运河航道的维护等工作；一路称为“开江营”，分布在常熟、昆山地区，主要负责东北三十六浦的开浚和浦闸的护理工作。撩浅还兼管筑堤、修桥、植树和捻泥肥田、除草浚泉、居民饮水等工作。撩浅对吴越塘浦圩田的形成和维持起到了重要作用。

至此，太湖地区的塘浦圩田发展为较完整的系统，塘浦深阔。宋代郏亶《奏苏州治水六失六得》列举了横塘纵浦二百六十余条，分布在腹部水田和沿海旱田地区的各占半数，并详尽勾划出五里[1]七里一纵浦，七里十里一横塘，在塘浦纵横交加之间构成了棋盘式圩田系统。腹里圩田以高筑堤岸为主，沿海高地以浚深塘浦为主，使圩田外御洪水和高地引水抗旱都有所依凭。为了防止高地降水内流，高低地之间设堰闸斗涵做控制，高地上保持“塘、浜、门、沥”相通，使自成系统，“冈身之水，常高于低田，不须车畎，而民田足用”，高地低地分级分片控制的规模初步形成。这对五代吴越治理下的太湖地区水旱灾害较少意义重大。

---

1 1 里=0.5 千米。

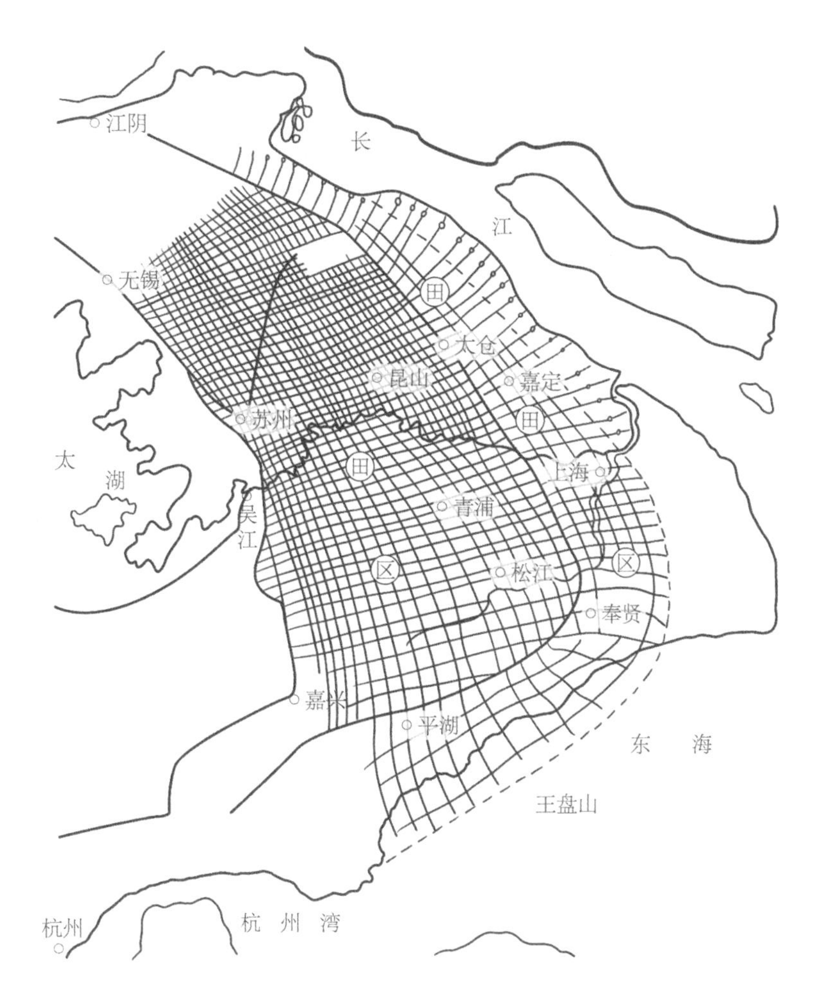

五代吴越塘浦圩田示意图[1]

丨王宪明 绘丨

1 参考郑肇经《太湖水利技术史》图像资料绘制。

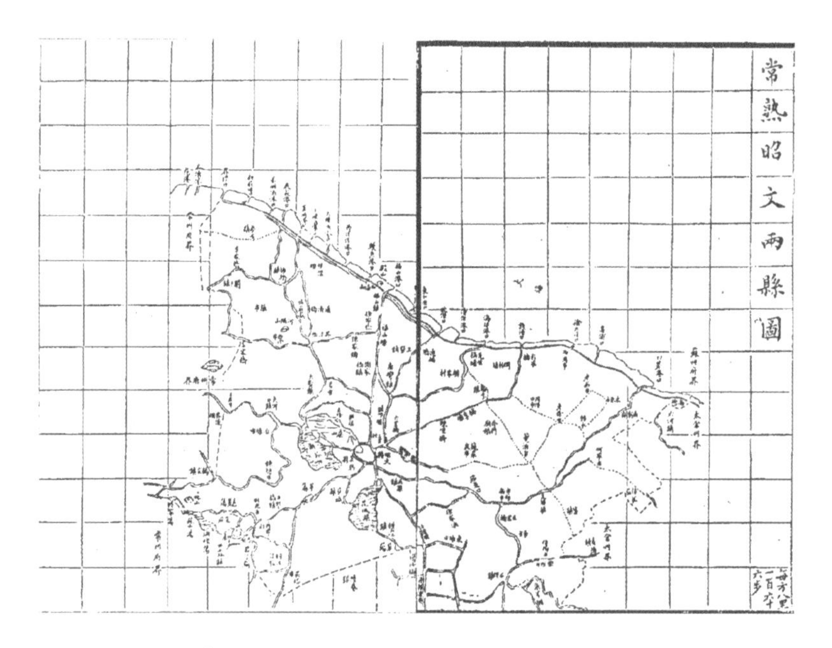

长江三角洲地带（常熟、昭文二县）典型的排水与灌溉系统：同治版《苏州府志》，清光绪九年刊本

北宋初期塘浦大圩制度解体。大圩解体后，太湖地区的圩田以小圩为主。庆历二年（1042 年）筑吴淞江、太湖之间的长堤，横截五六十里，以便漕运。庆历八年（1048 年）在太湖入吴淞江进水口建吴江长桥“垂虹桥”，阻滞了湖水下泄的通道，加重了下游河港的淤塞，水灾增多。为此，宋代多次进行水灾治理工程。

在太湖下游排洪出路上，吴江长堤和长桥的修建使吴淞江进水口束狭，下泄清水量减少，无力冲淤，江尾和大海连接处菱芦丛生，沙泥涨塞。吴江塘岸东沙洲增生，变成了民居和民田。为了改善水利状况，宋代对吴淞江进行过两次较大的裁弯工程，改直盘龙汇、白鹤汇。汇是河道的弯曲部分，一般是较大支浦和江会流处形成的大弯曲。盘龙汇介于华亭、昆山之间，其直线距离才 5 千米，而河道迂曲长 20 千米。宝元元年（1038 年）两浙转运使叶清臣在盘龙汇北开新江，裁弯取直。白鹤汇在盘龙汇的上游，环曲甚于盘龙汇，水行迂滞，不能畅达于海。嘉祐六年（1061 年）两浙转运使李复圭，知昆山县韩正彦取直了白鹤汇。经过这两次裁弯，吴淞江壅塞情形有了明显的改善。

在东北方面，宋代修建了至和塘（即昆山塘），并疏浚三十六浦。至和塘从苏州娄门出，西承太湖鲇鱼口来水，支脉与淀山湖、吴淞江沟通，下接顾泾、黄泗等浦以达于海，能承担古娄江的部分泄水。景祐二年（1035 年）范仲淹主持疏浚福山、许浦、白茆、七丫、茜泾、下张诸浦。政和六年（1116 年）和宣和元年（1119 年）赵霖组织疏治昆山常熟港浦。隆兴二年（1164 年）沈度开浚东北十浦等。此外，宋代对太湖溇渎也进行了一系列的疏浚。开通疏浚河湖港浦是太湖水利和圩田建设的主要内容，它不仅保证了太湖水系能循环畅通地流入江海，而且使太湖流域的广袤农田能够抗御水旱灾害，成为高产田。

堰闸在太湖地区水利农田工程中扮演了不容忽视的角色。南宋淳熙十一年（1184年），浙西运河“两岸支港，地势卑下泄水去处，牢固捺成堰坝，仍申严诸闸启闭之法”。在疏浚塘浦的同时，“因塘浦之土以为堤岸，使塘浦阔深而堤岸高厚”；再在堤堰关键河段设立斗闸，“即大水之年，足以潴蓄湖瀼之水，使不与外水相通，而水田之圩埠无冲激之患；大旱之年，可以决斗门水濑，以浸灌民田，而旱田之沟洫有车畎之利”。堰闸的调控保障了太湖地区的广袤农田得灌溉之利。例如，至和塘疏浚前“苏之田膏腴而地下，尝苦水患”，治理后则“田无洿潴，民不病涉”。顾会浦多次开通也使“民田数千顷昔为鱼鳖之藏，皆出为膏腴”“灌溉之厚，民斯赖焉”。淳熙十三年（1186年）开决淀山湖，“农民闻命欢跃，不待告谕，各裹粮合夫，先行掘凿，于是并湖巨浸，复为良田”。江阴浚治横河、市墩河、东新河、代洪港后，使附近“十乡之田，频苦旱涝，尽除其患”。宋元时期太湖地区成为全国水田最密集的地区。

宋代以太湖流域为中心的两浙地区主要实行水稻两熟或麦稻各一熟，“吴地海陵之仓，天下莫及，税稻再熟”。而在淮河以北，由于气候条件和生产水平所限，好的也只是两年三作制，即麦—豆（或粟）—黍（或高粱）；黄河流域更偏北的地方只能一年一作。南方单产既高，又实行两熟制，更加拉大了南方与北方粮食产量的差距。江南成为中国的粮食生产重心后，水稻也就逐渐超越小麦成为全国产量最大的粮食。《天工开物》称：“今天下育民人者，稻居什七，而来、牟、黍、稷居什三。”明清时期，丝织业和棉纺业大发展使江南地区稻作经济区发生转移，大量土地改种棉花、桑树等经济作物，不再有余粮向外输出，反而需从湖北、湖南和两广地区运入粮食，于是代之以“湖广熟，天下足”。

水闸：王祯《农书》，文渊阁四库全书本

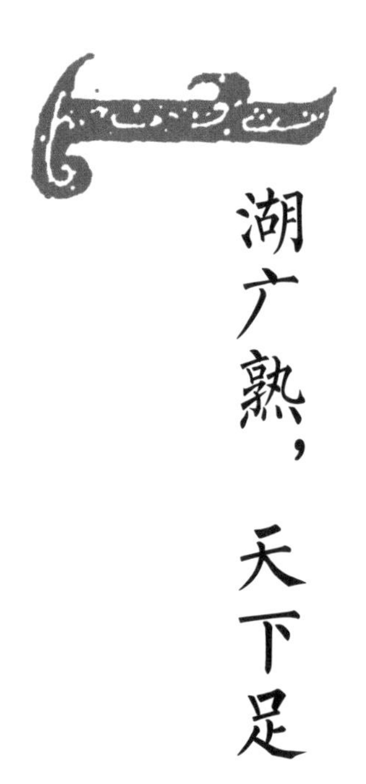

第三节 湖广熟，天下足

到了明中叶，苏湖的粮仓地位已经为湖广所取代，明末吴学俨的《地图总要·湖广总论》记曰：「楚固泽国，耕稼甚饶，一岁再获，柴桑吴楚多仰给焉。」谚曰：「湖广熟，天下足。言土地沃广，而长江转输便易，非他省比。」此前的粮仓苏州等地甚至已经要靠湖广来供给粮食所需。

“湖广熟，天下足”虽在明代中叶就已出现，湖南郴州人何孟春在《余冬录》中说：“今两畿外，郡县分隶于十三省，而湖藩辖府十四，州十七，县一百四，其地视诸省为最巨。其郡县赋额视江南、西诸郡所入差不及，而‘湖广熟，天下足’之谣，天下信之，盖地有余利也。”但真正确立是在明代万历时期。明代正德七年（1512年），湖广田为22万余顷，人口为470万余，人均耕地不过4.7亩。嘉靖以降至明末，湖广土地尤其是江汉平原的垸田得到了大规模开发，万历十年（1582年）湖广巡抚陈省在奏报湖广土地清丈结果的题本中指出湖广田亩较正德高出65%，而总数为正德年间的4倍余。万历初湖广人口总数在500万以内，人均耕地高达18亩以上。人均耕地的成倍增长导致粮食大量剩余，万历初年，“湖广熟，天下足”成为湖广余粮大量外运的代名词。

康熙三十八年（1699年）六月一日，康熙帝因江浙米贵传谕大学士时，第一次提到“湖广熟，天下足”，此后这句俗语常见于他的朱批。康熙五十八年（1719年）湖广巡抚张连登奏报早稻收成分数时，康熙朱批道：“俗语云，湖广熟，天下足。湖北如此，湖南亦可知矣。”雍正十二年（1734年）九月初五日，在湖广总督迈柱的奏折中，雍正帝再提：“民间俗谚：湖广熟，天下足。丰收如是，实慰朕怀。”

到了乾隆初年，两湖地区人口增多、水灾频仍，出现了生产停滞，米粮输出也盛极而衰，“湖广熟，天下足”也就不再为人所提及。

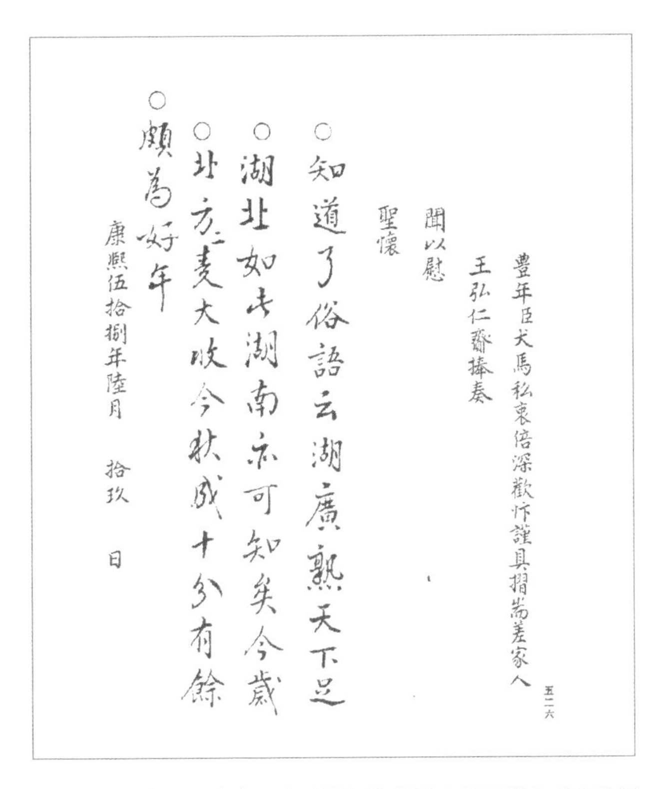
豐年臣犬馬私衷倍深歡忭謹具摺差家人
王弘仁齎捧奏
聞以慰
聖懷
知道了俗語云湖廣熟天下足
湖北如此湖南亦可知矣今歲
北方麦大收今秋成十分有餘
頗為好年
康熙伍拾捌年陸月　拾玖　日
五二六

康熙五十八年六月十九日湖广巡抚张连登奏报早稻收成分数折：康熙朝汉文朱批奏折[1]

1 中国第一历史档案馆. 康熙朝汉文朱批奏折汇编第8册. 北京：档案出版社，1985：526.

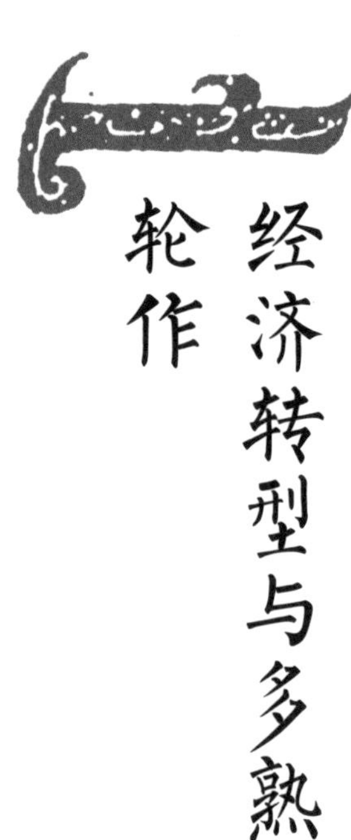

第四节 经济转型与多熟轮作

中国传统农业注重充分利用种植空间，合理调配种植结构，最大限度地发挥土、光、热、肥、水、气等环境因子作用，从而实现增产增收的目的。此外，合理利用种植时间，推行多熟制度，提高复种指数，可追溯至两千多年前的春秋战国时期，如《荀子》所说『一岁而再获之』，即是多熟制度的雏形。南方稻作区多熟制度的发展晚于北方旱作区，至唐宋时期，太湖地区始形成稻麦两熟制。

“湖广熟，天下足”的成因与江南经济发展的转型、迁移人口的变化以及对洞庭湖的围用有关。明清时期，随着农业商品经济和手工业经济的发展，江南地区农作物种植开始向商品化发展，棉、桑、蓝靛、烟、茶等经济作物的种植面积迅速扩大，粮食的种植面积被压缩，导致了粮食总产量下降。而江南市镇化的发展使得蚕桑等以非粮食专业维持生计的群体增多，加大了当地的粮食消耗，导致江南地区的粮食供应缺口越来越大，江南地区逐渐由余粮输出区转变为商品粮输入区。

种植经济作物如桑等，受自然条件的限制较小，却可获得高出粮食数倍的收入。江南地区最初只在田边路旁植桑，后来变成稻田植桑，出现“桑争稻田”，使农业经营重点从集约化程度较低的粮食种植向集约化程度相对较高的经济作物生产转移，类似情况还有“棉争稻田”“烟争稻田”。而明代嘉万年间实行“一条鞭法”以后，农民可以用钱代粮完纳赋役，又促进了商品经济的进一步发展。江南地区粮食生产比重下降，于是湖广地区由长期的田地开发承接了江南地区的粮食输出功能。

明清时期，长江流域已是全国的人口重心，人口数量达到2亿，人口迁移主要发生在流域内部，由东向西、由平原向山区的迁移成为主流，湖广地区成为这一阶段移民输入的主要区域。“湖广”元代指湖广等处行中书省，明清以后指“两湖”地区，即湖北、湖南。迁入湖广的人口以江西籍移民占主体，“江西填湖广”最为典型。明代是湖广移民迁入的高峰期。长江中上游成为新的人口密集区，大量劳动力满足了中游湖区大规模的垸田建设和中上游丘陵山地的开发，可耕地面积大幅增加，促使明清时期中游取代下游成为新的粮仓。

洞庭湖的围湖垦殖始于宋，盛于明清。明代曾在“八百里洞庭”筑圩堤一百多处，清代增至四五百处。清前期洞庭湖有6000平方千米，三四十年后竟淤出了一个南县，1894年，洞庭湖已缩小至5400平方千米。到明末时，洞庭湖面已被大范围围占成为垸田，而清代垸田增加更多。明清时期垸田的兴筑，推动了稻作面积的扩大，粮食产量占农作物总产量的比例高，且生产技术水平超过邻近地区。两湖之间的农业区不仅实行了双季稻，而且推广了轮作复种制度，稻麦轮种在湖北尤为突出。

第五节 涂田沙田架田梯田

涂田主要分布在东南沿海地区，是海水退却之后，以海滩上留下的淤泥进行种植，再利用海潮对江水的顶托作用进行灌溉的一种农田。沙田是在原来沙洲的基础上开发出来的，又叫“沙洲田”。架田，即人造的水上浮田。人们从自然形成的葑田得到启发，做成木架浮在水面，将木架里填满带泥的菰根，让水草生长纠结填满框架，上种庄稼而为架田。梯田是在山区丘陵地带坡地上沿等高线筑埂、平地，修成台阶状的农田，有保水、保土、保肥的功效。

中国是世界上唯一一个文化未遭断绝的文明古国，这在很大程度上是因为现代社会以前的中国社会是一种超稳定的农业社会。中国农业是一种节约土地型的、以高劳动投入为特征的集约式农业，与历史上的人地关系特征相联系，即保持一定增长率的稳定人口在每一历史时期都形成人口压力，农业的发展主要是人口压力推动的结果。在一定生产力水平下，人口压力首先导致耕地面积的扩大，然后才是集约化程度的提高。由于人口增加，中国历史上先后出现了与山争地和与水争地的浪潮，在中部和南部的山区，适应水稻上山的需要并具有保持水土意义的梯田发展起来，江南水乡则出现了圩田之外的涂田、沙田、架田等。

涂田

东南沿海滩涂地的围垦始于唐代，盛于五代两宋时期。这段时间南方人口激增，沿海地区大力兴建捍海塘堰，为大规模围垦滩头涂地提供了条件。北宋熙宁二年（1069 年）朝廷下令准许垦海而田。不久，又发现闽江下游及入海口所形成的沙滩和海涂，“海退泥沙淤塞，瘠卤可变膏腴”，开发涂田已是民心所向。北宋绍圣年间（1094—1098 年）朝廷再次出台“依法成田请税”的规定。向涂田征税表明当时的海涂已成可耕之田。南宋绍兴六年（1136 年），在向农民出售的国有土地中就有“海退泥田”。淮东、两浙和福建沿海的捍海塘堰逐步连接之后，东南沿海一望无际的海坪，在大段大段捍海塘堰的护卫之下，终于成为新的具有巨大潜力的耕地资源。捍海塘堰与排灌陂闸工程的配套使得塘内涂田的盐碱度降低，从而成为大片良田。清代的《广东新语》详述了南方的涂田利用，提到番禺诸乡有一种“大禾田”（涂田的水稻品种名大禾），在收获以后“则以海水淋秆烧盐”。还提到一种名为“潮田”的涂田，岭南的气温条件虽然允许一年两熟以上，但潮田因水咸只能一年一熟，所种的水稻也是一种特别耐盐碱的红米品种。

福建宁德福鼎市点头镇江美村滨海涂田

涂田受咸潮的侵蚀，通常需要“洗盐”。王祯《农书》详述了三个“洗盐”方案：一是筑海塘抵潮。抵挡潮泛可以保护农田不受咸潮侵害。二是生物降解。选择一些能够在盐碱土上生长的动、植物，先行种植和养殖，起到生物耕作和降解的作用，还可以养鱼虾和种植咸水稻等。三是开沟蓄水。在海堤内，涂田四周开沟以蓄积雨水，用来灌溉。

沙田

沙田的开发与宋室南渡、大量人口南迁造成人满为患的局面有关。开发沙田可缓解人多地少的问题。沙洲经流民开发而成为沙田，因为沙洲是由江水冲淤而成，所以又称“江涨沙田”。比之涂田，沙田免去了淡水冲灌的环节，但也因为受江水冲刷，沙田的位置和面积都极不稳定。

王祯《农书》称“沙田，南方江淮间沙淤之田也”，沙田因沙泥淤积而成，又可因江水流向而改变，很难形成固定的面积。南宋乾道年间（1165—1173年），梁俊彦请税沙田，以助军饷。宰相叶颙奏曰：“沙田者，乃江滨出没之地，水激于东，则沙涨于西，水激于西，则沙复涨于东。百姓随沙涨之东西而田焉，是未可以为常也。”这才作罢。

沙田：王祯《农书》，文渊阁四库全书本

沙田以蒹葭护岸，田地适宜种水稻，也能种桑麻。

架田

水上浮田按形成的性质大致可以分为葑田和架田两类。葑田是由泥沙淤积于菱草根部，漂浮于水面，自然形成的一块土地，因菱草称葑，故由菱草淤积泥沙而成的耕地被称为葑田。架田，王祯认为就像是以竹筏支撑着的田。在湖沼水深的地方，用木头搭架，上铺葑泥，缚成田丘，系着浮在水面上。用草根盘结的葑泥堆叠在木架上面，就可以种庄稼。木架田丘浮在水面，随水上下，不会被水淹没，也没有干旱的威胁，且有速成的功效。

宋元时期，江南、淮东和两广都有架田。南宋诗人范成大有诗句“小船撑取葑田归”，说的就是当时江苏吴县一带水上架田的情景。

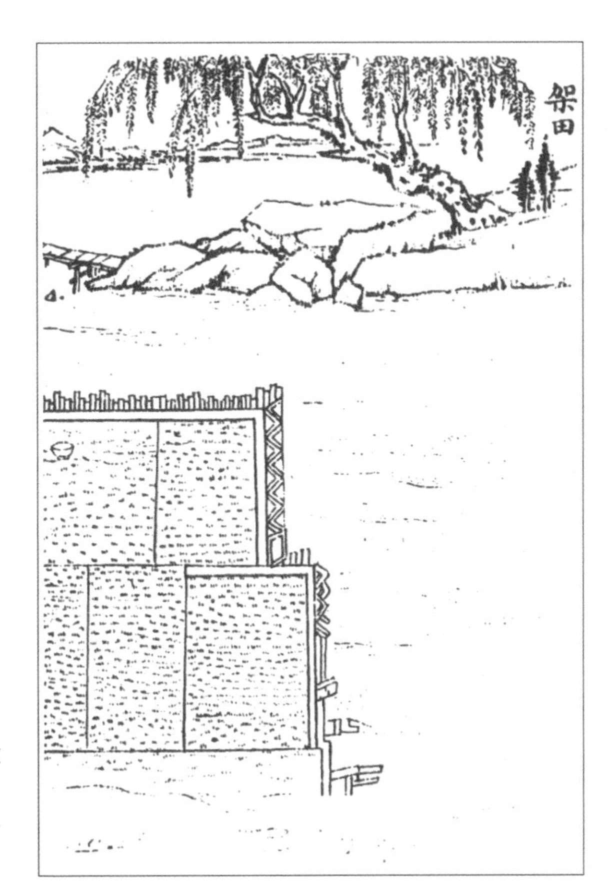

架田：王祯《农书》，文渊阁四库全书本

围堤内水浅处种早稻，水深处可种穇稗，高处种旱田作物。

梯田

梯田的历史可以一直上溯到战国时期。楚国宋玉《高唐赋》中就有“若丽山之孤亩”，至迟在宋玉之时楚国梯田的雏形已经出现。但直到宋代才正式出现“梯田”之名，范成大在《骖鸾录》中记录江西宜春的梯田时说：“出庙三十里到仰山，缘山腹乔松之磴甚危。岭陂上皆禾田，层层而上至顶，名梯田。”元代王祯《农书》有关于梯田的记载：“梯田，谓为梯山为田也。夫山多地少之处，除磊石及峭壁例同不毛，其余所在土山，下至横麓，上至危巅，一体之间，裁作重磴，即可种艺。如土石相半，则必叠石相次，包土成田。又有山势峻极，不可展足，播殖之际，人皆伛偻蚁沿而上，耨土而种，蹑坎而耘。此山田不等，自下登陟，俱若梯磴，故总曰梯田。上有水源则可种粳秫，如止陆种，亦宜粟麦。盖田尽而地，地尽而山。”

梯田：王祯《农书》，文渊阁四库全书本

水稻通过梯田逐步由“平陂易野”登上高山峻岭，在扩展生产用地的同时，也形成了缘山环绕、状如螺旋的山田景观。当代保存较好的梯田区有新化紫鹊界梯田、云南红河哈尼梯田和广西桂林龙胜梯田等。

因农业生态环境的衰退，中国古代的经济中心曾发生过数次转移。大体而言，黄土高原支撑了中国历史约1500年的发展，华北平原支撑了约1000年，南方低湿地区则支撑了中国传统社会后期的1500年，至今未出现衰落的趋势。唐宋以后，中国发展依赖于南方的低湿地区，水稻成为南方经济的重心。中国传统社会因粮食危机多次爆发农民起义，但大都集中在旱作农业区，这是因为中国以水稻为中心的生态系统具有一定的韧性。

新化紫鹊界梯田景观

| 王宪明　绘 |

位于湖南娄底市新化县水车镇，层层叠叠的梯田以紫鹊界为中心向四周绵延，形成龙普梯田、白水梯田、石龙梯田。梯田面积最大的不到1亩，最小的只能插几十蔸禾，当地人称之为“蓑衣丘”“斗笠丘”，因而不便使用耕牛和犁耙，更无法运用现代农机耕作，原始的手工耕作方式一直沿传至今。紫鹊界梯田始于秦汉，盛于宋明，至今已有2000余年历史，是苗、瑶、侗、汉等多民族历代先民共同创造的劳动成果，是南方稻作文化与苗瑶山地渔猎文化交融糅合的历史遗存。

高山本来只能种植旱地作物，但从战国时期开始，中国南方山区的古代先民就开始利用梯田保水，防止水土流失，不需要开挖蓄水设施，单依靠梯田的土壤和植被涵养水源，就能形成隐形的灌溉系统，供应水稻生长。

水稻与牛、猪形成大型的循环体系，又与养鱼、鸭、虾等结合形成小型的共生系统。在稻田生态系统中，群落的结构以稻为主体，还有昆虫、杂草、敌害生物等，引入水产动物后，生态系统群落的组成和相互关系发生了重要变化。如稻田养草鱼与鲤鱼，鱼能吃掉稻田中的杂草和害虫，疏松土壤，还能减少稻田肥分

清代梯田图

| 约翰·汤姆逊[1]（John Thomson，1837—1921） 摄 |

1 苏格兰摄影家、地理学家、旅行家，纪实摄影领域的先驱，是最早来远东旅行并用照片记录各地人文风俗和自然景观的摄影师之一。

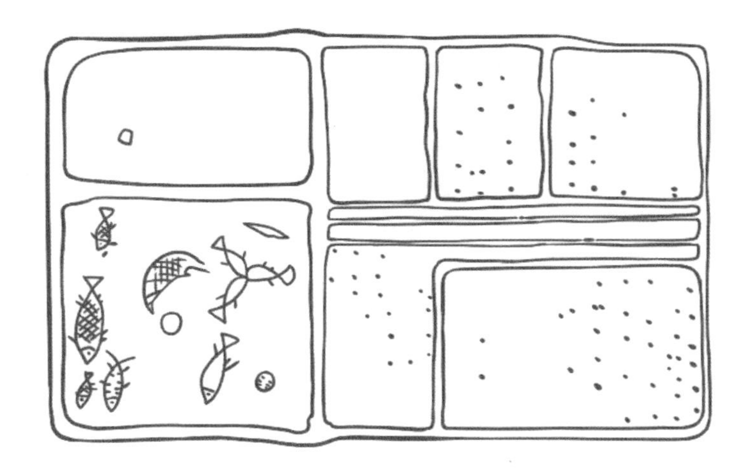

四川宜宾东汉陶水田鱼塘模型线图

| 王宪明　绘 |

的损失和敌害生物的侵蚀，可节省人工饲料、肥料和农药。同时，杂草等转化成鱼肉和粪便，粪便又被水稻利用，从而促进水稻生长，增加水稻产量。

中国稻田养鱼的历史十分悠久，早在2000多年前的陕西汉中、四川成都就已盛行。在陕西、四川的东汉墓出土的陶器中就有水田内养殖鲤鱼、草鱼的模型。三国时期，魏武《四时食制》就有稻田养鱼的记载。稻田养鱼在江南地区非常普遍。最早记载稻田养鱼是在明洪武二十四年（1391年），浙江《青田县志·土产类》载"田鱼有红黑驳数色，于稻田及圩池养之"，至迟在600多年前浙江青田已经开始稻田养鱼。2005年6月，浙江青田稻鱼共生系统被联合国粮农组织列入首批全球重要农业文化遗产保护试点，成为中国第一个世界农业文化遗产。

第四章

生命之路

水稻在世界的传播

水稻原产于中国，是世界主要粮食作物之一。稻的栽培历史可追溯到公元前16000—前12000年的中国。公元前25世纪，水稻传至南亚的印度和印度尼西亚、泰国、菲律宾等东南亚地区，公元前23世纪进入朝鲜，公元前15—前9世纪传播至大洋洲波利尼西亚岛屿，公元前5—前3世纪传入近东，再经巴尔干半岛于公元前传入匈牙利（罗马帝国），公元前4世纪传入日本，公元前3世纪由亚历山大大帝带到埃及，7世纪越太平洋往东至复活节岛，15世纪末以哥伦布第二次航海为契机在美洲的西印度群岛推广，16世纪后传到美国的佛罗里达州并向西扩展，19世纪传入加利福尼亚州，拉美的哥伦比亚1580年始有稻作栽培，巴西稻作始于1761年，澳大利亚在1950年才引种成功。

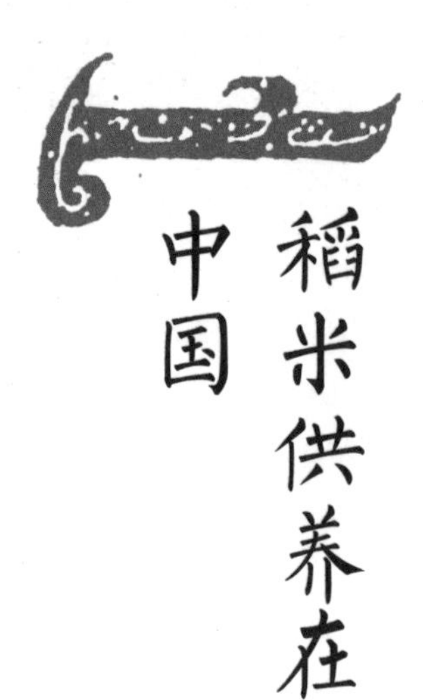

第一节 稻米供养在中国

联合国粮食及农业组织第三十一次大会通过的2/2001号决议，于2002年12月16日宣布2004年为国际水稻年。联大代表一致认为：水稻作为食物的主要来源，养活了一半以上的世界人口，加强稻作系统的可持续发展和提高生产力，需要全社会多方面承担义务，以及政府和政府间的行动。国际水稻年的主题为『稻米就是生命』。

水稻产量远高于麦、粟等杂粮，1公顷[1]常规品种水稻平均能养活5.63人，而小麦只能养活3.67人。此外，水稻还适合多熟种植，这在历史上为明清时期中国迅速增长的人口提供了重要的粮食保障。明前期，长江中下游地区均以种植水稻为主，间种大豆、山药、水旱芋等杂粮，山区及近山丘陵地带则种植麦、粟等作物；明中期以后，随着移民的大量迁入，粮食的需求量大增，促使中游山区、丘陵地带大规模地开山造田，用以种植产量远高于麦、粟等杂粮的水稻。

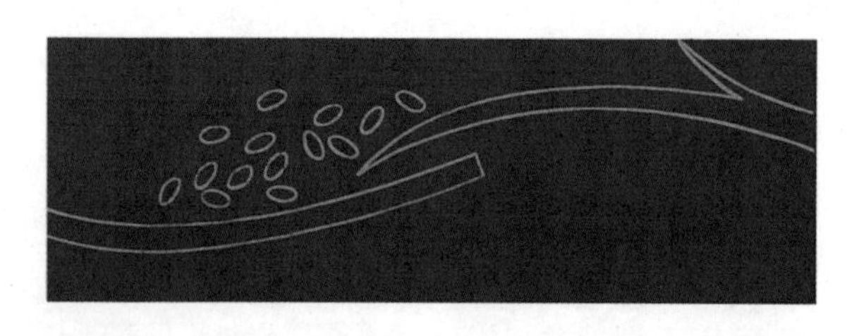

2004国际水稻年（International Year of Rice）
| 王宪明　绘 |

1　1公顷=10000平方米。

入清以后人口迅速增长，乾隆六年（1741 年）达 1.4 亿，乾隆三十年（1765 年）至 2 亿，乾隆五十五年（1790 年）再增加到 3 亿，到道光三十一年（1851 年）中国人口达到 4.3 亿的高峰。在此期间耕地面积虽然有所增长，但远不及人口增长。从康熙四十七年（1708 年）到嘉庆十七年（1812 年）的 105 年中，人口增加了 248%，而耕地只增加了 48%，人口增长速度是耕地增长速度的 5.16 倍。人口增速与耕地增速的差距导致人均耕地面积迅速下降。清初张履祥说："百亩之土，可养二三十人。"清洪亮吉也称："一人之身，岁得四亩，便可得生计矣。"维持一个人的生活所需耕地约 4 亩，而自乾隆以后人均耕地面积都低于这个标准，南方尤为严重。提高土地利用率刻不容缓。

清代多熟种植的发展是解决人均口粮问题的关键，从一年一熟制发展成两年三熟制、一年两熟制和一年三熟制，而且多熟种植遍及黄河中下游、长江中下游和闽广地区。清代南方有多熟种植记载的州县数量接近总数的 1/3，多熟制州县比例较高的省区有广东、福建和江西，在气温常年较高的地区甚至发展到三熟制。如康熙年间广东番禺诸乡二季稻加一季旱作的记载（《广东新语・食语》）；光绪《临汀汇考》中记有一季水稻加二季旱作的种植方式；乾隆三十九年（1774 年）《番禺县志》中有连续种植三季稻的最早记载。多熟种植极大地提高了土地的利用率，亩产量的提高也极为可观。在南方一年两熟制地区，土地利用率实际提高了 100%，华南一年三熟制地区的土地利用率提高了 200%；粮食亩产量在两年三熟制地区提高了 12%～30%，在稻麦一年两熟制地区提高了 20%～91%，在双季稻地区提高了 25%～50%。多种类型的种植方式为扩大复种面积、提高复种指数提供了技术保证，解决了清代激增人口对粮食的需求，成为中华文明得以延续与发展的根本保障。

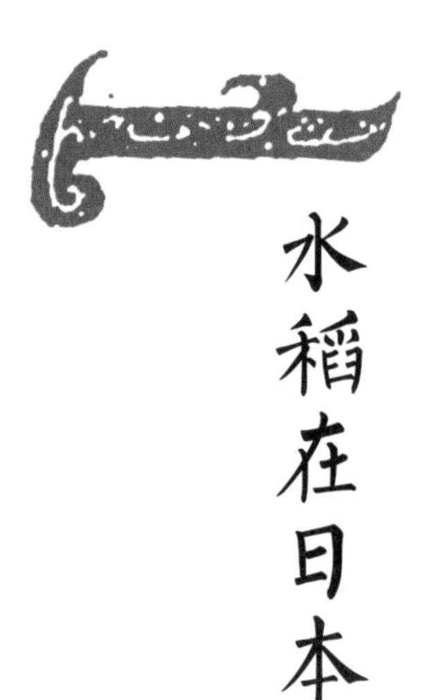

第二节 水稻在日本

早在1700年，水稻已经成为日本的主粮，日本人凭借对水稻的坚定信念，创造了丰富的神话传说和多样的习俗，塑造了以稻米为主食的日本人的性格和精神特质。以『饭稻羹鱼』为核心的膳食结构，在一定意义上继承了古代中国江南一带的文化内核。稻米已经成为日本一个重要的饮食文化象征，在日本的重要节庆仪式中均得到充分展示，隐喻着日本人对于自我和他人的关系认同。

学术界一般认为，稻作由中国传入日本有三条路径：其一为江淮地区经山东半岛、辽东半岛到朝鲜半岛南部和日本九州岛北路的华北线路；其二为长江下游直接渡海到日本九州岛北部和朝鲜半岛南部的华东线路；其三为从中国江南经日本西南部的琉球群岛、萨南群岛至九州岛南部的华南线路。目前的考古发现支持了第一条经朝鲜半岛传入日本的华北线路。在九州岛北路发现的半月形石镰刀、石斧、细形铜剑和多钮细文镜等青铜器、支石墓等是经朝鲜半岛传去的早期稻作文化要素。此外，考古学家在韩国忠清南道扶余郡草村的松菊里遗址、朝鲜平壤市湖南洞的南京遗址、京畿道骊州郡占东面的欣岩里遗址发掘出了大量3000年前的粳稻炭化米和近似于日本弥生时代的石器、青铜器等文物，并且那里的旱作要早于

炭化米·板付遗址（今福冈市博多区）[1]出土

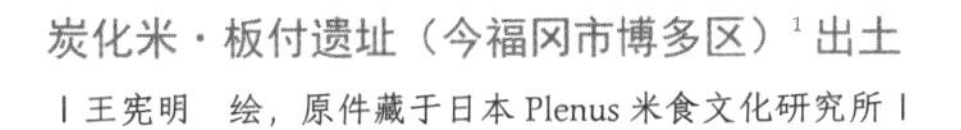

| 王宪明 绘，原件藏于日本 Plenus 米食文化研究所 |

竖穴住居建筑物：三内丸山[2]复原

| 王宪明 绘 |

稻作，这可能说明了在长江下游发展起来的稻作文化先传入朝鲜半岛，在那里融合了北方旱作文化要素，在绳纹文化晚期稻作文化和某些旱作文化要素同时传入了日本。

日本稻作的最早栽培时间约是在绳纹晚期和弥生早期（公元前5—前2世纪）。绳纹时代是日本的新石器时代，因绳纹式陶器而得名。绳纹人的生活是一个以聚落为中心的闭塞世界，住所为竖穴式住所和铺石洞穴。生活用具有打制的石镞（石制的箭头）、石枪以及用鹿骨制作的骨镞，还有陶制或木制的、涂有漆的腕饰以及玉石制作的耳馈和骨制的发饰等工艺品。在绳纹后期的遗址中陆陆续续发现了炭化米、大麦粒的压痕和水稻田的遗址，说明在绳纹后期已经栽培麦、稻等作物。这些原始耕作经验的积累为其后弥生时代水稻的广泛耕作打下了坚实的基础。

---

1 福冈市博多区的板付遗址是日本最早开始水稻种植的农村之一，公元前10世纪便开始了水稻种植。

2 三内丸山古迹，距今5500～4000年，是日本规模最大的绳纹村落古迹。

公元前3—前2世纪，日本社会进入了一个新的历史时期。水稻传入日本不久，农耕技术从九州地区经由濑户内海逐渐扩展到四国及伊势湾一带，并传至全国。稻作生产经济方式取代了采集、狩猎、捕捞等自然经济形式，生产力得到了很大提高，其结果不仅是生产方式的革命，且从根本上改变了日本列岛的信仰、礼仪、风俗习惯、文明景观，使日本民族进入了一个全新的历史时期，由绳纹时代进入弥生时代（公元前3世纪—3世纪），水稻的种植和铁器应用成为弥生文化的重要特征。

水稻农耕营造的人文景观体现在诸多方面。首先，住居和村落发生变化，弥生人从山地、森林、海滩向湿润的低洼地移动，除了传统的竖穴住居，干栏式建筑开始出现。水稻农耕使弥生人趋向定居，因为需要群体协同作业，形成大规模的环壕村落共同体。其次，陶器的器形和用途发生了变化。弥生粗陶的四种基本形态是钵、瓮、壶和高杯，钵用来盛物，瓮用来煮炊，壶用来储藏稻谷，高杯用来盛装供奉神灵的食物。以上四种粗陶器皿均与农耕生活有着密切的关系。

吉野里历史公园

| 王宪明　绘 |

日本最大规模的弥生时代环壕部落遗迹。

合掌造

| 王宪明　绘 |

系日本传统民居的一种建筑方式。屋顶用稻草覆盖，呈人字形的屋顶如双手合十，故得名“合掌”。白川乡五崮山的合掌造村落于 1995 年 12 月被列入联合国教科文组织的世界遗产。

水稻经济取代以采集、渔猎为主的自然经济，伴生而来的是以血缘为纽带的氏族集团逐渐消亡和以地缘为核心的村落共同体迅速壮大。日本的水稻农业文化主要表现为村落共同体文化，水稻栽培的生产经营需要相互协作，这无疑加强了村落共同体内部的凝聚力，使得共同体社会的每个成员经常处于相互依存的状态。于是又产生了共同的祭祀、仪礼，在生产过程中加强了相互联系的意识。在这种社会形态中，集团的伦理规范限制了个人的恣意行动，逐渐演化为一个完全他律性的世界，这就是日本集团主义社会文化的原型。

第三节 水稻在东南亚国家

菲律宾历史学家赛地说：『直接来自中国南部的祖先首先把灌溉和种稻的方法介绍到菲律宾来。当加利利的山头响着耶稣圣诞的歌声时，伊夫高人已在他们祖先数世勤劳筑成的梯田中种稻了。』在东南亚，稻作文化伴随着早期的人口迁移而至，正是由于水稻栽培的成功，随着来自中、印商人的贸易频繁，导致了一些帝国的建立。以越南为代表的东南亚国家，原本并不讲究精耕细作，东汉时期却因为耕犁技术的传入，逐渐变得与中国趋同。

稻米之路是中国与东南亚之间最早形成的文化交往之路。中国是稻的发源地，栽培稻和以栽培稻为基础的稻作业历史可以追溯到公元前16000—前12000年的长江中下游地区，此后从中国东南沿海到东南亚的海路、江西、湖南经广东、广西进入中南半岛以及从中国云南南下这几条道路逐渐传入东南亚。公元前4000—前3000年中国到东南亚的稻米之路基本形成。

中国—东南亚的稻米之路，可能始于中国长江中下游—中国东南沿海或者湖南—两广地区—越南红河流域进入泰国东北部。海路始于中国东南沿海到中南半岛沿海地区和东南亚海岛地区，陆路则很可能是经湖南、江西、两广一线首先进入中南半岛北部。

东南亚的稻作业最早起源于红河下游和泰国北部地区，时间最早是在公元前 4000 多年前，远晚于中国的长江中下游地区。冯原位于红河三角洲，在河内以北不远的地区。已发掘的冯原遗址面积 3800 平方米，文化层堆积达 0.8 米，反映出当时居民已长期定居当地。冯原遗址出土了石斧、锄头等石器工具，还有定居居民使用的釜、瓮、盆等大型器物，此外还发现了稻谷遗存和狗、猪、牛、鸡等家养动物的骸骨，这反映出当时的稻作农业已具有一定的发展水平。公元前第三个千年末期或第二个千年早期，冯原已有了稻作及更大范围的物质文化，意味着红河流域下游在 4000 多年前已经发展了稻作文化。

泰国东北部的班清遗址，在呵叻高原西部边缘的低地山丘地区。距今 4000 年前，当地的农业社会已在此建立，这里的居民可能已经在河流下游和季节雨水冲积地上种植稻谷。泰国东北部最初的农业居民可能来自越南北部和中国南部沿海地区。继班清遗址之后，泰国发掘了科帕农迪和班高遗址。科帕农迪遗址的直径达 200 米，公元前 2000—前 1400 年的考古堆积物厚度将近 7 米，墓坑物品包括成串的贝壳和手镯、石铸以及做工讲究的陶器。在陶器上有稻壳的印痕，稻壳也被掺进土中制作陶器，证明当时的人们已经种植稻谷。

受到中国的影响，印度尼西亚、菲律宾、缅甸、越南等东南亚国家也有广泛的梯田分布。中国和东南亚不仅有着相同的稻作梯田，而且在梯田上种植着相类的稻种。在印度尼西亚爪哇、巴厘，菲律宾的梯田上种植的布鲁稻（芒稻），粒型与中国云南、老挝山区的大粒型粳稻相似而略小。国际水稻所研究认为，爪哇稻和陆稻（粳稻）在遗传上彼此很接近，只是根系发达程度不同，它们存在同源演变的关系。中国云南、老挝山区的陆稻同印度尼西亚群岛等山区的布鲁稻，很可能是古时候陆稻传播过程中受到不同环境长期影响下产生的生态适应型。

东南亚的印度尼西亚、菲律宾、泰国至今仍有蹄耕（牛踏田）的传统。东南亚的一些岛屿以及大陆小河谷盆地周围、山河川沿岸低湿地水田上，依然可以见到用水牛践踏进行水稻种植的情形。此外，越南在1945年“八月革命”以前，一些偏僻地区的农村割稻谷以后会放水将田里的杂草耨烂，再把牛赶到田里践踏土壤，之后再插秧，这种“水耨”与中国古代南方的耕作方法一致。

正是由于中国稻作经济在亚洲的传播，越南、日本、朝鲜半岛等地都受到了中国，尤其是中国南方地区饮食文化的影响。越南人使用筷子的习惯和对筷子形制的喜好都与中国相似。佩妮·范·艾斯特里克（Penny Van Esterik）提到，中国在东南亚的影响，以越南表现最明显。公元前111年，据有越南北部领土的南越国被纳入汉王朝的版图，汉文化随之输出到了这里。作为东南亚汉文化影响程度最高的越南，因为借鉴了中国的饮食习惯，所以直到今日仍被称为东南亚唯一一个主要依靠筷子进餐的国家。即便越南于939年脱离了古代中国的统治，但中国仍然对其具有持续的影响力。

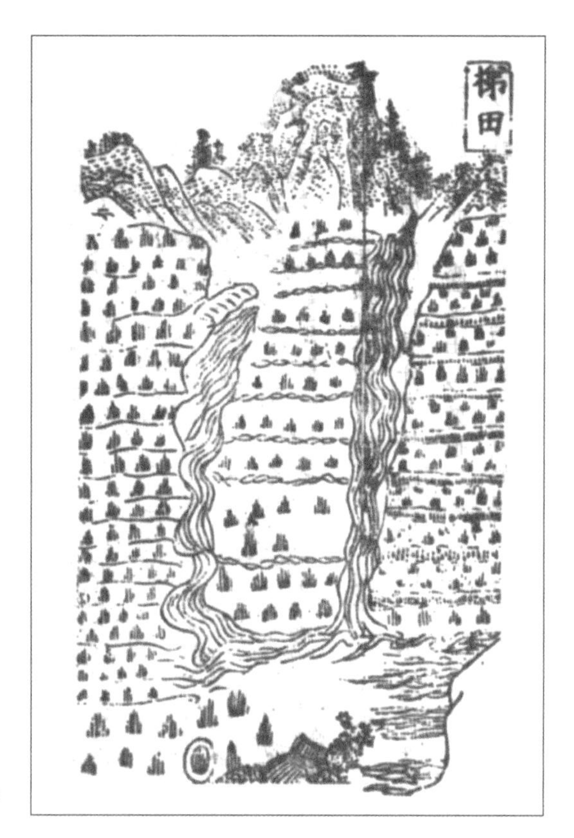

梯田[1]

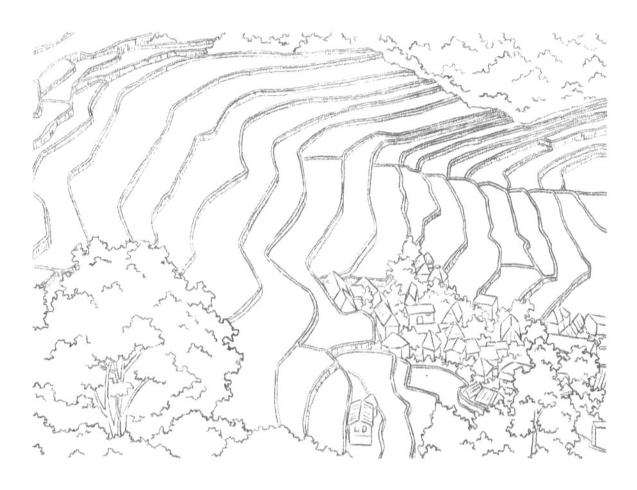

菲律宾科迪勒拉水稻梯田景观

| 王宪明　绘 |

科迪勒拉山脉，有许多标高超过 1000 米的山峰。巴纳威镇及邦图克、巴达特等地区为梯田的主要分布区域。梯田的总长度大约是 2000 千米，于 1995 年入选世界文化遗产。

1 王祯．王祯农书．王毓瑚，校．北京：农业出版社，1981.

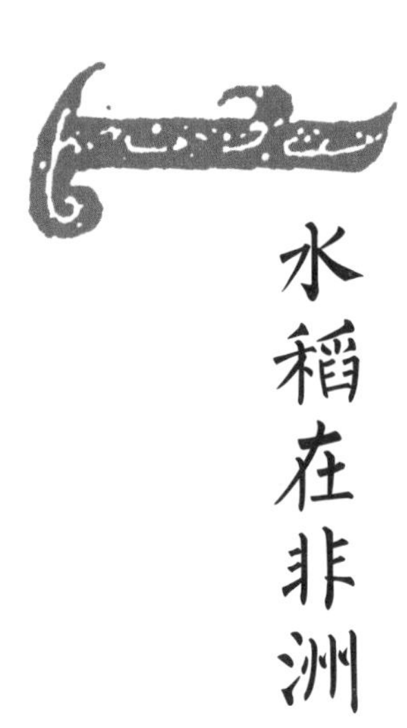

第四节 水稻在非洲

非洲的水稻的种植始于几千年前的马里内陆三角洲周边，但西非一直没有建立起真正的水田体系。1965—1975年，除了中国台湾在整个非洲地区建立的水田体系之外，西非地区大部分是非水田稻作生产。这种非水田稻作生产不仅会导致土壤劣化，甚至会降低原本就不高的土壤肥沃度，造成非洲地区长久以来都面临着严峻的粮食安全问题。

非洲栽培稻（Oryza Glaberrima）与亚洲栽培稻（Oryza Sativa）是两种不同的物种。非洲最早的稻是叫“短舌稻”的野生稻，仅分布于非洲西部。公元前1500年左右，在的马里境内的尼日尔河沼泽地带已经开始栽培这种稻子，最初具有近似水生或半水生的浮稻性质，这是非洲栽培稻的初级起源中心。稍后500年，次级多样化中心在塞内加尔、冈比亚和几内亚一带形成，才完成了各种各样品种的分化。所以，非洲栽培稻的驯化史不会超过3500年。

非洲栽培稻标本

| 王宪明　绘 |

非洲栽培稻起源于一种野生可食用的稻米。约公元前 1500 年以前，这种稻谷长在野外，在撒哈拉地区气候潮湿的时候被大量收割。随着气候变得越来越干燥，许多人带着他们的种子向南迁移，非洲栽培稻得到了广泛的种植，直到 16 世纪亚洲栽培稻品种传入西非才发生了转变。非洲栽培稻的果实容易破碎，因此需要在最终成熟前收割整个穗部。目前，非洲稻仍然是当地农民小规模种植的重要作物，也被用于非洲传统医学。

现在，非洲各地栽培最广泛的是亚洲栽培稻，即普通稻。普通稻于 10 世纪前后由阿拉伯人传到东非海岸。16 世纪初，再由葡萄牙人带入西非。如今，亚洲稻已遍及全世界，但非洲栽培稻仍局限于发源地西非，并且，几乎没有扩大分布，唯一的例外是随着移民船传到了中南美。16 世纪，奴隶贩卖时期，非洲栽培稻还传入美洲圭那亚和萨尔瓦多等地，但详细情况并不可知。

非洲栽培稻具有对干旱气候及酸性土壤的特殊适应性，对热带病虫也具有良好的抗性，但是植株较高，产量很低，并且由于干旱等原因，主要分布在非洲撒哈拉沙漠以南地区。非洲栽培稻是尼日尔河和索科托河盆地泛滥地区的主要作物，散播种植于用锄翻掘的水田中。在浅水淹灌地区，水稻是靠雨水的水田作物，用散播、穴播或移栽。在非洲，75%的稻田是陆稻，大部分纳入灌丛休闲或牧草休闲制。由于散播或穴播在用锄头整地的田里，某些非洲农民至今整地时还使用斧、锄和“灌丛刀”。

作为世界上人口最密集的地区之一，非洲的农业产量基本满足不了人口增长和经济发展的需求。2019 年，非洲食物不足发生率为 19.1%，相当于超过 2.5 亿人面临食物不足问题，远远超过世界平均水平（8.9%），且数量增长速度也快于世界其他区域。照这一增长趋势持续下去，到 2030 年时非洲饥饿人口将占全球饥饿人口总数的 51.5%。解决非洲粮食供应问题成了非洲各国政府以及国际社会的一大诉求。

从 1996 年至今，中国政府通过与联合国粮农组织和受援国政府三方实施“南南合作”项目，先后向毛里塔尼亚、加纳、埃塞俄比亚、坦桑尼亚、莫桑比克、喀麦隆、马达加斯加、肯尼亚、安哥拉等非洲国家派出农业专家和技术人员，示范并推广杂交水稻技术。中国杂交水稻品种“川香优 506”还获得布隆迪政府认定，成为非洲率先获得国家颁证的中国杂交水稻品种。要实现杂交水稻在非洲大规模推广，种子生产本土化至关重要。近年来，非洲水稻研究中心（Africa Rice）将非洲栽培稻与亚洲栽培稻杂交，培育出新的种间水稻Nerice，又称非洲新稻。此种株高中等，适应性强，产量比当地非洲栽培稻高50%左右，目前正在西非推广种植。

非洲人的主食，粮食作物以玉米、小麦、高粱、珍珠粟等为主，根茎作物有大薯、木薯和甘薯等，稻米原本处于次要地位。因近二三十年，水稻培育在非洲取得的重大进展，稻米已逐步上升为非洲重要的主粮。

灌丛刀：刚果民主共和国，20 世纪初

| 王宪明　绘 |

和非洲很多部落的农具一样，灌丛刀同时兼具武器的效用。

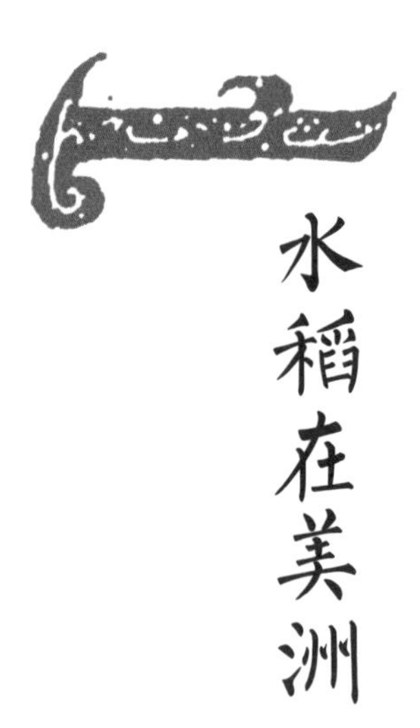

第五节 水稻在美洲

15世纪末，以哥伦布第二次航海为契机，水稻才得以在美洲的西印度群岛推广。水稻在美国的传播促进了低洼湿地的开发，加强了堤坝等水利设施的建设，节约了美国的生产劳动力，改善了农业环境，并从整体上提升了北美对土地的利用和农业种植水平。

2017年10月10日，《科学》官网发表了一篇文章，报道了英国埃克塞特大学何塞·伊里亚特（José Iriarte）等人的研究成果——古代南美洲居民在约4000年前驯化了当地的野生水稻。

尽管美洲的原住民广泛食用野生稻，但很少有证据支持这种谷物在新大陆独立驯化。何塞·伊里亚特团队对在蒙特·卡斯特罗（Monte Castelo）的一个沟渠中发现的320个水稻植硅体进行了

美国农场机械化生产场景

| 王宪明　绘 |

研究。该处是位于巴西亚马孙盆地西南部的一个从 9000 多年前到 14 世纪的考古遗址。从蒙特·卡斯特罗遗址不同年代地层中分布的植结石来看，该地区在 9000 年前就生长着大量植物，包括野生水稻。随着时间的推移，野生水稻植结石[1]的数量和规格也越来越大。这表明人类可能对野生水稻进行过干预和改良，以求其结出更大的稻穗。促使当地人驯化水稻的原因可能是在距今 6000—4000 年前这一时期降水量的增加。降雨增多导致季节性洪水频繁，湿地面积扩大。这种自然条件对生产其他农作物不一定有利，但是适合野生水稻的生长和驯化。欧洲殖民期间，原住民人口急剧减少，当地本土文化也随即遭到了破坏，这些都为美洲驯化水稻敲响了丧钟。

新大陆被发现后，亚洲栽培稻传入美洲，美国直到 17 世纪才第一次播种了由马尔加什引入的水稻，并促使其在美洲广泛传播。有赖于来自西非“大米海岸”的黑奴的贡献（“Black Rice Theory”），水稻的生产得以成为一种常规化和系统化的活动。主要得益于黑奴的种植经验和消费量，水稻在美国的传播促进了北美灌溉业的发展，尤其是对低洼湿地的开发，进一步加强了堤坝等水利设施的建设，还促成了脱粒等农具的发明和完善。到了 19 世纪 20 年代，美国国内稻的生产、加工、销售已经以一种商业投资的形式实现了一体化，并且形成了专业化的主产区。但水稻的生产作为一种高度劳工密集产业，一度由于南北战争后的奴隶解放被削弱，同时也激发了大农场经营和机械化发展。即便西方世界不以稻米为主食，稻作为一种经济作物用于出口创汇，其利润甚至达到本土市场的一倍，这就驱使西方资本争先恐后地追逐水稻收益。正因如此，1740 年后水稻成了继烟草、小麦之后，英属北美殖民地的第三大农作物。

1 植结石，是存在于多种高等植物细胞中的显微结构小体，常见类型有硅质植结石和草酸钙质植结石。植结石容易保存在考古地层与遗物中，因此常用来鉴定史前栽培植物。

第五章

为酒为醴

稻作民俗与社会生活

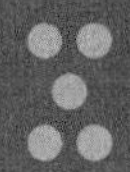

《周礼·地官》："礼俗、丧纪、祭礼、皆以地嬺恶为轻重之法而行之。"郑玄注："礼俗，邦国都鄙之所行先王旧礼也。"贾公彦疏："俗者，续也。续代不易，是知先王旧礼。"礼与俗之间的关系并不对立。一些民间风俗经过一定程度的加工和整理，若能在相当范围内得到认可和遵循，也可以成为民间礼制。同样道理，因社会发展和朝代更迭，某些消失殆尽的官方礼仪也可能在民间存续下来，此即为"礼失求诸野"。从古至今，中国皆以农业为立国之本。

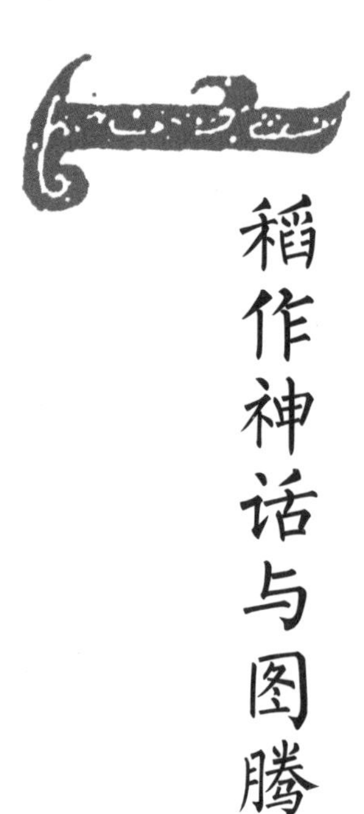

第一节 稻作神话与图腾

经历了近万年的稻作经济，中国的传统文化已经被打上了深深的稻作文化印记。在南方古老的神话传说中，自从盘古开天辟地，南方的苗族、瑶族、彝族、傣族和汉族都以稻米为主粮。传说中发明农业的神农氏也是南方人。河姆渡出现了稻穗纹陶盆等稻作文化的艺术品，有些民族还形成了自己的图腾信仰，比如壮族对青蛙（壮语为蚂拐）的图腾信仰。

古代中国主要有三种经济文化类型：长城以北的畜牧文化，秦岭、淮河以北的粟作文化，长江流域及其以南地区的稻作文化。不同的经济文化类型与其所在区域的文化生态系统互相依存，这些不同的文化生态系统孕育出了不同的文化传统和民族神话。西南地区是中国古代人类的发源地之一，是古代三大族群百越、百濮、氐羌迁徙流转繁衍的融合地，种族的杂交、文化的交流极为频繁。傣族和壮族是水稻种植民族，氐羌系既有由畜牧文化向稻作文化转型较早的白族，又有由畜牧文化转型为坝区稻作文化，然后又转型为梯田稻作文化的哈尼族等。这些少数民族的稻作神话是保存早期社会稻作文化的重要资料，如傣族关于谷子由来、彝族关于狗找谷种以及哈尼族关于梯田由来的稻作神话。

古代傣家人没有粮食吃，仅靠野果树叶充饥，生活艰辛。为了给族人找到可口的粮食，帕雅门腊和帕雅桑木底翻山越岭，走了很多地方，都没有找到。后来，他们只好向部落神求谷种。部落神变成巨鸟告诉他们，在一个叫勐巴牙麦希戈的地方能找到谷物，还将他们送到了那里。那是一个鼠的王国，帕雅门腊和帕雅桑木底向鼠王求谷种。鼠王怜惜人间无粮之苦，送给他们两颗硕大的谷种。他们拿着谷种用了 12 年时间，经过 12 个勐才回到人间。从此人们有了粮食。从此，傣族以 12 个勐的名字作为生肖纪年，鼠年排在首位。

彝族最初没有谷种，为了找到谷种，部族派了个能人去产谷地寻找。能人带着狗到了那里，好话说尽，人家都不肯把谷种卖给他。临走时，机灵的狗跳进谷堆打了个滚，全身沾满谷粒。回到家后，满身的谷粒在路上都抖掉了，只在尾巴的长毛中剩下三颗。彝族人便用这三颗谷种种出了谷子。因为谷种是狗带回来的，彝族过年过节吃饭前都要先喂狗。

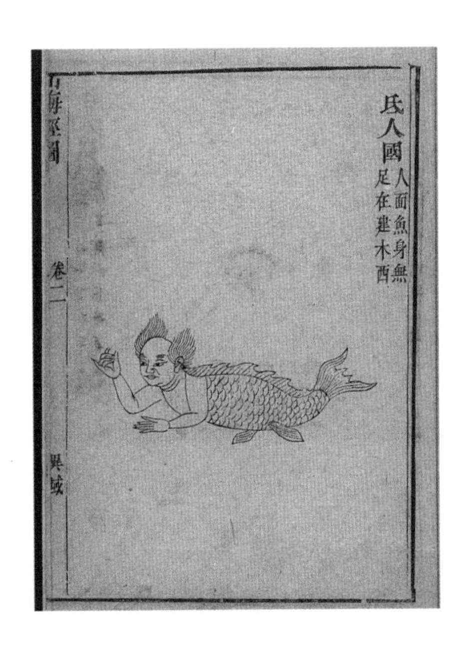

氐人国：清代吴任臣《山海经广注》，金阊书业堂藏版，清乾隆五十一年刊本

古代没有梯田，哈尼族部族居住的地方到处都是深山老林。天神派来三个使者为哈尼族人造梯田，分别叫作罗努、罗乍和依沙。三人分工合作，罗努在山上挖出台地，罗乍修理田埂、路径，依沙开沟引水。据说，依沙的嘴长得像鸭子的嘴，又长又硬，一会儿就开出一条条水沟，引来山泉水灌溉梯田。满山的梯田一造好，他们就不知去向了。后来哈尼族人学着他们三人建造梯田的样子，在山上造出了越来越多的梯田。

开犁破土

| 王宪明 绘 |

哈尼梯田依山而制，沿用几千年来的牛耕传统，梯田和耕牛也成了哈尼族的重要标志。春季开犁破土，代表着开启了新一年的农事活动。

“图腾”最初是印第安语“亲属”的意思，古人认为自己的氏族源于某种动物或植物，很自然地使用这些动植物作氏族的徽号，并将其当作神来崇拜。从水稻生产中衍生出来的崇拜物，在植物方面来说，首先是稻谷本身，然后才衍生其他相关图腾。对稻谷的崇拜是在稻谷的发现和培育中，又在对稻谷性能及其对人类生活重要性的认识中不断发展的。对稻谷发生崇拜的时间当在新石器时代的早期。

在将近7000年前的河姆渡文化时期，原始人已能较大量地生产稻谷。在河姆渡人那里，稻米已不仅是用于果腹的粮食，而且是美的装饰品，包含着祈求福祉的信仰内涵。在河姆渡第四文化层出土的1080片敛口釜口沿片，有纹饰的陶片中谷粒纹占到9.1%。这些谷粒纹有写意的，也有写实的，不少还和其他纹饰组合成各种不同的图案。如有个鱼禾纹陶盆，将鱼和水稻刻画在同一陶盆上，有学者认为“既是河姆渡人祈求禾苗茁壮生长、渔业丰盛的写照，又是一种吉兆的表示”。当时人们用稻谷作纹饰已经带有某种宗教心理，“有个稻穗纹刻因其穗长、谷粒饱满而沉甸下垂，旁边还刻有猪纹，反映了农业发展与家畜饲养的相互依存关系，是河姆渡人祈求丰年、家畜兴旺的写照，展现了人们对美好生活的向往”。这不仅彰显了水稻生产在河姆渡人生活中占据了重要地位，还表现了河姆渡人对稻谷的崇拜心理。

良渚文化遗址中发现的祭坛都建在小山顶上，是原始人祭天地的场所，祭品当然少不了稻谷。在和河姆渡同期的西安半坡仰韶文化遗址中，“就曾发现用陶罐盛满黍稷埋在土中献祭土地神的遗迹”，周代统治者就把稻谷看作祭祀祖宗的上品，《礼记·曲礼》中说：“祭宗庙之礼，稻嘉蔬。”

古越人是稻作文化的发明者之一。他们用稻谷、稻米名作地名、人名和氏族、部落名，“句吴”“仓吾”“瓯越”“瓯骆”“乌浒”等地名及“无”姓、“毋”姓都与稻谷的名称有关。

黎族认为母稻能传宗接代，使粮食增产丰收。在秋季水稻成熟收割之前，黎族人要举行拜祭母稻的仪式，黎语称“庆母稻”。开镰之前，要做糯米糍粑，富裕的人家甚至要杀猪庆祝。开镰后，农户先割几束水稻放在田头，摆上酒肉、糯米糍粑等祭品，然后由长者念诵祝词，祈祷来年水稻丰收。仪式结束后，农户将糯米糍粑分给众人吃；来田头吃糍粑的人越多，越能带来更多的稻的灵魂，稻的灵魂多，丰收就多。

花山岩石画中的蛙形人物形象

| 王宪明　绘 |

2016 年 7 月 15 日，左江花山岩石艺术文化景观在土耳其伊斯坦布尔举行的第 40 届联合国教科文组织世界遗产委员会会议（世界遗产大会）上获准列入世界遗产名录。从画面具体内容来看，这些“人”在一起群舞，像是在举行祭祀活动。

蛙崇拜是早期稻作民族总结的稻作培育过程中的借力经验。古人发现青蛙的某种叫声预示着雷雨即将到来，他们解释不来其中的奥秘，便以为青蛙是受了上天的旨意，呼风唤雨，兆示稻作收成的丰歉。加上青蛙能吃害虫护稻，于是对青蛙倍加崇拜。

在西南古越之地的壮族、侗族等民族，至今还传承着蛙崇拜。比如，壮族先民西瓯部族就以蛙为图腾。壮族生活在华南高温多雨地区，以农业为主要的生产方式。春秋战国时期，西瓯人统一了各部落，将蛙图腾上升为该民族的保护神。壮族人认为“农家无五行，水旱卜蛙声”，于是将蚂拐（蛙）视为掌管风雨的神。

鱼是稻作文化区的一种常见物，是稻作文化的标志。梯田养鱼是哈尼族梯田文化的一大特征，哈尼族人不仅爱吃鱼，还十分崇拜鱼。在云南红河流域一带的哈尼族中流传着一则独特的鱼化生神话：洪水泛滥之后，人们无衣无食，发愁之际，鸟儿告诉他们巨鱼腹中藏有万物的籽种，人们受蜘蛛结网的启发，结大网捉住了巨鱼，获得了籽种，从而得救。还有另外一种说法：洪水后五谷被冲走，人们最后在一条大鱼的腹中找到了籽种。

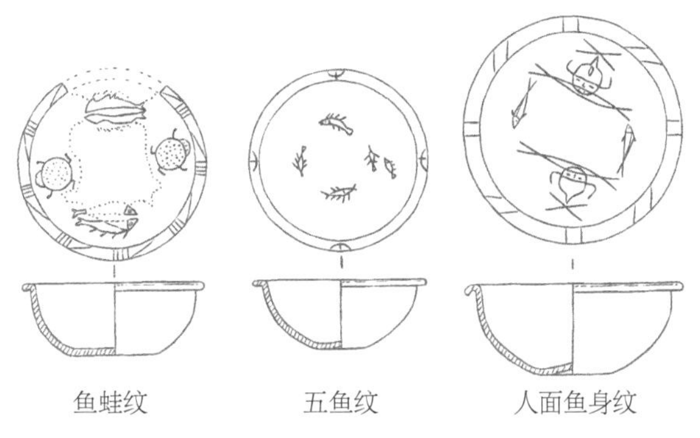

姜寨原始聚落中的几个图腾鱼标志线图[1]

| 王宪明 绘 |

1 参考高强《姜寨史前居民图腾初探》图像资料绘制。

第二节 稻作风俗与节庆

古代民族聚族而居，在同一空间范围内活动，逐渐就会发展出具有地域性的风俗。大体而言，中国北方有粟作之风，西北流行游牧风俗，南方则尚稻作风俗。风俗一旦形成，即具有一定的稳定性，代代相传。中国作为一个农业大国历来重视农业生产，追求提高作物单产水平和复种指数。自中国古代经济重心南移之后，水稻在传统社会中的主粮地位渐重，『五谷之首』的地位随之确立。而日久岁深，民间逐渐形成了一些独特的稻作生产习俗和节庆文化传统。

中国自古以农立国，中国传统文化中包含着丰富的重农思想，士农工商是传统中国对职业的基本划分，《国语·周语》说：“民之大事在农”。《管子·牧民》讲：“凡有地牧民者，务在四时，守在仓廪……仓廪实而知礼节，衣食足则知荣辱。”自古代中国的经济重心南移之后，水稻作为“五谷之首”的地位基本确立下来，其在中国传统社会中所发挥的作用也越来越大。首先体现在统治阶层通过每年的大型祭祀活动等所传达的高度重视上，日久岁深，又逐渐形成一系列独特的稻作习俗，进而固化为稻作节日，并通过饮食文化融入中华民族的血脉。传统稻作生产习俗中诸如迎春鞭牛、保青苗、抗旱魔、护耕畜、祈丰收、敬新等，无一不是中国古代社会重农思想的体现。

明代主苗主稼主病主药五谷神众

| 山西博物院藏 |

图中右方一老农双手持谷穗，是主稼穑之神。后面五名武士，代表五种谷物之神。

从周代开始，每年孟春之月，当朝天子都要举行藉田礼。《礼记》载有“天子为籍千亩”“天子亲耕于南郊”，并指派官员代表天子到各地劝农。东北地区至今仍然保留着二月二挂《天子（龙）劝耕图》的习俗，以劝化民众春耕。

清人设色祭先农坛卷（局部）

丨故宫博物院藏丨

此图卷分上、下两卷，分别表现雍正帝祭农神和扶犁耕耤田，由此构成皇帝祭祀农神活动的全部内容。上卷纪实性地描绘了雍正帝在先农坛祭祀农神的活动场景。

先农坛始建于明永乐十八年（1420 年），嘉靖年间扩建，是明清两代皇帝祭祀农神、祈求丰收的地方。雍正皇帝在位期间十分重视农业生产，曾多次前往先农坛参加祭祀典礼。

《礼记·月令》等记载，周代“立春之日，天子亲率三公九卿诸侯大夫以迎春于东郊”，举行祭祀太昊、芒神的仪式，以表示对天时的敬重。汉承周礼，形成了一套全国范围内的迎春礼仪体系。《太平寰宇记》引《梁州记》记载：“后汉安帝时，太守桓宣，每至农月，亲载耒耜，以登此台劝民，故后号曰美农台。”到了魏晋南北朝时期，许多民间的迎春习俗和官方的礼仪并行，农家贴“宜春”的帖子，妇女头戴春胜银首饰，后来还发展出了礼俗交感的“迎春鞭牛”等习俗。

民国前，巴中地区的县官在立春前一日都要举行迎春仪式，仪式有简有繁。复杂的先预备一纸扎春牛，再扎一芒神牵牛在手，置于县衙大堂。届时，会有二十八宿仪仗队，芒神、春牛在前引路，

迎春鞭牛

浙江衢州有“迎春鞭牛”的习俗。九华乡位于衢州市柯城区的北部山区，九华梧桐祖殿是中国境内为数不多供奉春神——句芒的神庙，这里至今仍保存着一整套最为完整的祭祀仪式。2016 年 11 月 30 日，以九华“立春祭”等为代表的中国“二十四节气”，被列入联合国教科文组织人类非物质文化遗产代表作名录，也是衢州市首个世界人类非物质文化遗产。

县官坐在轿中，其他官吏、春官等随其后。锣鼓喧天，唱至城郊数里外。首先，将两头牯牛牵至场地上，尾系火炮，点燃惊牛，引起牛斗，以乐观众。然后，再驯牛就耕，县官扶犁，叱牛耕地，往返三次，以示政府重农。最后，由春官手拿木雕小牛、香炉架，上系麻丝，演唱春词，说吉利话。被鞭打的春牛还可以用土牛和纸牛代替。用土塑成的牛被打碎后，围观群众一拥而上，抢得碎土，扔进自家田里，祈祷丰收。或者，在纸扎春牛的肚子里预先装满五谷，将纸牛鞭打粉碎，五谷便会随之流出，也可寓意丰收。

说春，是由春官说唱歌谣，劝农。《周礼》称宗伯为春官，掌典礼，中国说春的历史长达三四千年。说春兴于隋唐。据说隋文帝统一全国期间，见国家长期战乱，大片土地荒芜，农民又因季节观念不强往往错过播种时机，乃至庄稼歉收，社会动荡，于是命宰相将农事季节制成“春贴”，由地方官送发各地农民。官员在交贴时，需用善言美语进行解说。农民即将送春贴的官员叫做“春官”，把“春官”所说善言美语称为“说春”。

贵州苗寨还流传着击鼓迎春耕的习俗，这个传统亦可上溯至周王朝。《周礼·春官》记载：“籥章，掌土鼓、豳籥。中（仲）春，昼击土鼓，籨《豳》诗，以逆暑。中秋，夜迎寒，亦如之。凡国祈年于田祖，籨《豳》雅，击土鼓，以乐田畯。”说的是二月白昼击打土鼓，吹《豳》诗，以迎接温热的天气。向神农祈祷丰年，也要吹《豳》雅，击土鼓，娱乐田神。

此外，水是农作物的命脉，农业生产需要风调雨顺的自然环境，传统中国认为龙主求雨，图腾龙衍生出司理雨水的神格属性，驱旱求雨或止雨祈晴的祭祀仪式也随之应运而生，舞龙便是其中一种。

苗族鼓师敲击木鼓迎春耕

贵州省丹寨县南皋乡清江苗寨的村民们每年都要举行传统的翻鼓活动。来自周边村寨的近万名苗族村民欢聚一起，以跳木鼓舞、斗牛等传统形式，共同祈福风调雨顺、岁岁平安。清江翻鼓节是保留较为完好的苗族传统活动之一，于 2007 年入选贵州省首批非物质文化遗产名录。

沐川草龙

沐川县每逢元宵节和农历二月初二的龙抬头节日，沐川人便要草龙，祈求风调雨顺、五谷丰登。2008 年 6 月，沐川草龙被列入国家级非物质文化遗产名录。

此外，与农耕相关的环节比如保青苗、抗旱魔、护耕畜、祈丰收、敬新等，也受到了格外的重视。

中国传统的稻作节日展示了稻作区居民对于农业规律的基本认识和把握。人们在丰富多彩的节日庆典中可以感受到稻作集体主义精神的感召，受到传统文化的浸润，成为稻作历史的见证人和传承者。稻作节日一般都有相对固定的节期和特定的民俗活动。固定的节期与农业生产相关。不同的稻作区域环境和民俗不同，各地的节庆日期和庆典内容也有所差异。大多地方的插秧节会以当地有名望的老人亲自在田里插上几株秧苗开始。但靖西、西林等地壮族在插秧节这天有泼泥的传统，届时，年轻的姑娘和媳妇会用田泥泼田边的男子，以示劝耕。总的来说，稻作在民间节庆活动中占据较大比重，壮族的五十多个节日中就有一半以上与稻作节日有关。各种稻作节日庆典活动，将区域内部与区域之间的民众情感紧密相连，这种稻作文化即便在当代对地方社会的稳定和发展都仍然具有积极作用。

连南“开耕节”祭稻田

每年农历三月初三，为排瑶传统的“开耕节”，又称“踏青节”，意为一年春耕的开始。这天，瑶家必杀鸡、磨豆腐敬奉祖先，向盘古王始祖许愿，祈求当年风调雨顺，五谷丰登，因此又叫“许愿节”。

广西壮族插秧节

过去岭南多种单季稻，四月是插秧最好的时节，广西南部壮族的插秧节一般在农历四月初八举行。靖西的开秧仪式由村中大姓长老主持。在田里举行完祭祀仪式后，长老亲自在田里插上几株秧苗，农家人从这天起正式步入插秧的农忙季节。插秧节也是一个欢庆的节日，仪式结束后，家家备上好酒好菜，祭祖并欢度佳节，预祝水稻丰收。

广西隆林尝新节

稻子成熟要收割时的“尝新节”，各家各户在此前剪收刚成熟的糯谷穗，入锅煮熟，晒干，脱粒，去皮。选定一个日子尝新米，把糯米和竹豆一起煮成糯饭，吃“竹豆糯饭”，喜庆稻子成熟。过尝新节意味开始收割稻谷。

哈尼族“扎勒特”

扎勒特为哈尼语，此节日在每年阴历十月第一轮属龙日始，至属猴日止，历时5天。按哈尼族历法，以阴历十月为岁首，故汉族译为“十月年”。十月年为哈尼族盛大节日，相当于汉族过春节。节期不从事生产，不许把山上的青枝绿叶带回家中。家家户户舂糯米粑粑、做糯汤圆，敬天地，献祖宗。节日过后的第二天，相当于农历正月初二，已出嫁的姑娘带着猪肉、糯粑粑、鸡、酒等回娘家拜年，过完节回婆家时，娘家要送一只猪腿回敬，以此象征血缘关系。

西双版纳哈尼族祭谷种神

每年农历四月，当犁耙完山地准备下种时，西双版纳的哈尼族巴头带上寨内的老年男子拿着祭祀用的一对鸡、两瓶酒、少许谷种来到寨内的特定水井或水潭边，首先打出泉水冲洗谷种，然后杀鸡供祭谷种神、水神，祈求神灵保佑籽种得到雨水灌溉，顺利发芽生长。

| 本节插图由王宪明绘制 |

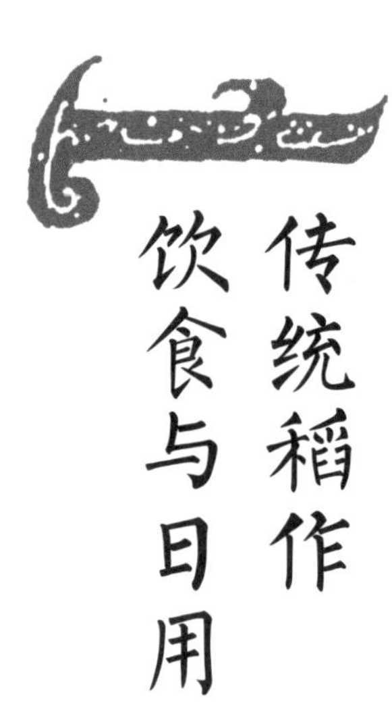

第三节 传统稻作饮食与日用

关于中国南北文化差异的探讨，自古有之。顾炎武《日知录》有：『「饱食终日，无所用心，难矣哉」，今日北方学者是也。「群居终日，言不及义，好行小慧，难以哉」，今日南方学者是也。』这种南北文化的比较，广泛存在于宗教、绘画、文学、饮食诸门类的南北文化对比之中。近些年，关于元宵节吃元宵还是吃汤圆，豆腐脑吃咸的还是甜的，一系列问题又引发了网友们的南北饮食文化之争。

文化是历史的积淀物，是人类活动与自然地理环境共同作用的结果。美国文化心理学家托马斯·塔尔汉姆（Thomas Talhelm）在2014年的一期《科学》（*Science*）杂志上刊登了相关研究《由稻麦种植引起的中国内部的大规模心理差异》（*Large-scale psychological differences within China explained by rice versus wheat agriculture*），将中国南北方的文化差异归结为不同的耕种文化，即“水稻区的南方人更集体主义，小麦区的北方人更个人主义”。

农民在阳光下晒稻谷："稻米理论"登上2014年5月9日《科学》杂志，封面图样

| 王宪明　绘 |

画面是在中国的安徽地区，当地农民正在阳光下晒稻谷。新的心理测试表明，中国的稻作历史给了南方人更多的东亚传统文化的标志，比如相互依赖、整体思维方式和低离婚率。相比之下，种植小麦的历史给了北方人更加独立的个性。

托马斯·塔尔汉姆认为中国南北方居民表现出的个人主义差异的边界很像传统种植水稻和种植小麦的边界，归根结底是因为水稻与小麦耕作体系的迥然不同，尤以灌溉方式和劳动力投入的差异最为明显。水稻是需水量很大的作物，对人力的要求也更多，稻农之间需要相互合作建设，整个村庄相互依赖，于是就会建立起一些互助互惠的系统以避免冲突。相对而言，小麦的种植较为简单，基本不需要经济灌溉，劳动任务较轻，麦农不需要依靠他人就能自给自足。经过几千年耕作方式的反复塑造，水稻区文化就会更偏向于整体性思维，而小麦区对集体劳作的要求较低，其文化就显具独立性思维。他进一步补充，虽然今天大多数中国人都不再直接从事种植劳作，但稻作历经数千年根植于中国传统文化，而浸润其中的中国人自然深受其影响。这就是托马斯·塔尔汉姆的"稻米理论"（The Rice Theory）。

为了验证“稻米理论”，托马斯·塔尔汉姆在中国做了一系列的实验，包括对1162名汉族大学生进行调查，探索他们的居住地与心理特征之间的关联。结果发现稻作区的居民在整体性认知风格、自我认知、社会关系网络等三个方面表现出明显的集体主义倾向。此后，又在南北不同城市的星巴克咖啡馆进行了挪椅子的测试研究。具体是将咖啡馆里的两个椅子偷偷挪到一起，中间仅留一人侧身能过的空隙。结果，来自水稻区的人在通过时很少挪动椅子。比如，在上海的咖啡馆里只有2%的人挪动椅子，大部分人不管有多困难都侧身挤了过去。而在小麦区的北京，挪椅子人的比例超过了15%。

“稻米理论”提出以后，在社会科学界引起了很大的反响。“稻米理论”不是考察人类心理现象的近因，而是努力从远端因素中寻求因果关系，为当代中国文化变迁的文化心理学研究提供了一个独特的视角，具有一定的理论意义和现实价值。但是我们也应该看到，中国历史上的稻、麦耕作区并非完全割裂，南、北地区也非一一对应等。除了东三省在近代成为水稻的主产区之外，天津等北方地区也长期存在着稻作区。而且，唐宋时期，江南地区就已经大规模地实行稻麦复种制，这扩大了麦类在南方地区的种植范围。并且，北方移民的长期南下也成为一个很大的影响因素，势必会对南、北文化的差异造成冲击。无可否认，这些因素都会影响“稻米理论”的逻辑基础。

中华民族素以擅长种植五谷著称，以五谷为主食，辅以鱼、蔬的饮食习惯由来已久。随着中国经济中心的南移，稻米在饮食中的比重逐渐攀升。明代宋应星《天工开物》称："今天下育民人者，稻居什七，而来、牟、黍、稷居什三。"

稻米主要有粳、籼、糯之分。粳米一年一熟，性软味香，可煮干饭、稀饭；籼米早、晚两熟，性硬而耐饥，适于煮饭；糯米黏糯芳香，常用来制作糕点或酿酒，也可煮成干饭和稀饭。

饭和粥

宋代陆放翁有诗云："世人个个学长年，不悟长年在目前。我得宛丘平易法，只得食粥致神仙。"可见古人对食粥的挚爱。

炒米

特殊的爆米花器具爆成。汪曾祺曾说："炒米这东西实在说不上有什么好吃。家常预备，不过取其方便。用开水一泡，马上就可以吃。在没有什么东西好吃的时候，泡一碗，可代早晚茶。来了平常的客人，泡一碗，也算是点心。郑板桥说'穷亲戚朋友到门，先泡一大碗炒米送手中'，也是说其省事，比下一碗挂面还要简单。炒米是吃不饱人的。一大碗，其实没有多少东西。我们那里吃泡炒米，一般是抓上一把白糖，如板桥所说'佐以酱姜一小碟'，也有，少。我现在岁数大了，如有人请我吃泡炒米，我倒宁愿来一小碟酱生姜，——最好滴几滴香油，那倒是还有点意思的。另外还有一种吃法，用猪油煎两个嫩荷包蛋——我们那里叫做'蛋瘪子'，抓一把炒米和在一起吃。这种食品是只有'惯宝宝'才能吃得到的。谁家要是老给孩子吃这种东西，街坊就会有议论的。"这里，炒米寄托着汪曾祺对故时生活点滴的感怀与思恋。对寻常稻米吃食的记忆，贯穿了中国人的日常。

粢饭

糯米煮成饭，舀入湿毛巾，捏成团状，内可包油条等。

粢饭糕

糯米（或粳米）煮成饭，压实，用刀划成长方形，入油锅氽炸而成。

青团

江南吃青团的习俗可追溯至先秦，传说百姓为纪念介子推，于清明前一二日熄炊，其间以冷食度日，“青精饭”即是冷食的一种。宋代以后，寒食扫墓的习俗慢慢融入清明节中。

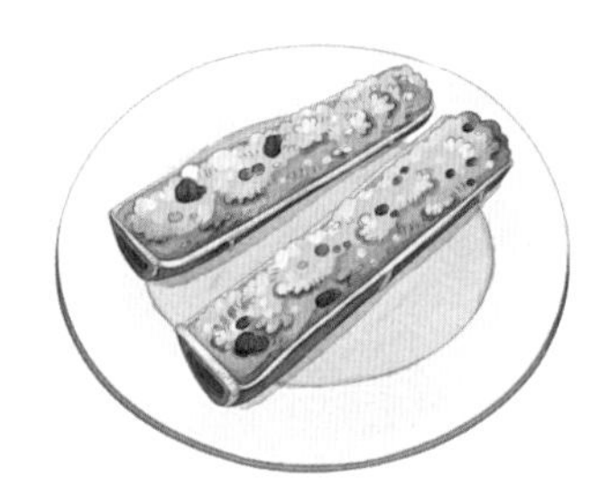

竹筒饭

云南地区少数民族的常食，分普通竹筒饭和香竹糯米饭两种。傣族喜欢吃香竹糯米饭，其他民族喜欢吃普通竹筒饭。

五色糯米饭

呈黑、红、黄、紫、白五色，是布依族、壮族的传统食品。

民俗学家将食俗划归经济民俗的范畴，因为食俗的形成和发展与生活环境有着密不可分的关系，由于地域和气候不同，农副产品的种类和品性也会有所不同。秦岭、淮河以北适宜种植小麦等耐旱作物，人们日常生活中的主要食品也以面制品为主。南方则盛产稻米，风味食品多以米制品为主，米粉、糕团、粽子、汤圆、糍粑等，米饭和米粥的品类也很多。

自远古时代起，中华民族就喜欢将食物与节庆、礼仪活动结合在一起，所谓“酒食合欢，举畴逸逸”。年节、喜丧等祭典和宴饮活动都是表现食俗文化最为集中，最具特色的活动。通过节令饮食，加强亲族联系，调剂生活节律，表现人们的追求和企望等心理，文化需求以及审美意识。

年初一吃年糕小圆子，交好运

吴江同里农村，年初一早上吃用南瓜和米粉和在一起做成的圆子，煮时放入切成小块的年糕，吃了就会交“南方运”，即交好运。

立春吃春饼，祈求神灵带来丰收

吃春饼，自宋至明清渐盛。明代《燕都游览志》记载：“凡立春日，(皇帝)于午门赐百官春饼。”立春日，吴中百姓捻粉为丸，把神供祖，叫“拜春”。“风物家园好，春筵岁事丰”。吃春饼，开春筵，祝祷丰收；以粉圆子祀神祭祖，祈求神灵带来丰收。

谢灶之俗，祝祷稻米丰收

正月十五夜，常熟白茆人要做“稻颗团子”祭祀灶神，团子做得越大越好，可以表示来年的稻颗也能长得同样大。同样的习俗在吴江，于腊月二十四日进行。过了二十日后，家家户户就开始把糯米淘净，晾在竹匾里，放在太阳底下晒干。有的人家还专门在家里架好了石磨。到了二十四日，吴江人掸檐尘，做“稻颗团子”献灶君，祝祷稻米丰收。

二月二吃撑腰糕

蔡云《吴歙》曰：“二月二日春正饶，撑腰相劝啖花糕。支持柴米凭身健，莫惜终年筋骨劳。”

二月初二，苏州人要油煎隔年的年糕（撑腰糕）吃，祈望腰脚轻健，筋骨强壮，种田时腰不疼。早春二月是捻河泥最繁忙的时候，尤其累腰。所谓的撑腰糕，其实就是新年余下的年糕，放在油锅里氽一下。当地人认为“二月二”这一天吃了这糕就可以把腰撑住，这一年里就不会腰酸背痛了，寓意强健身体。撑腰糕寄托着江南人强健身体，投入水田劳作的心愿。

四月八吃乌米饭

四月初八，江苏一些地方用乌饭树叶煮乌米饭吃，祛风解毒，防蚊叮虫咬，祈佑平安如意。

四月初八是花溪苗族、布依族的“牛王节”，也叫“开秧门”，节一过，打田栽秧就开始。开秧门这一天吃乌米饭，祈求可保打田栽秧时身强体健、百病不生。

九月九重阳糕

约自宋代起，重阳节食“重阳糕”的习俗正式见于载籍，如吴自牧《梦粱录》记临安重九之俗：“此日都人店肆以糖面蒸糕……插小彩旗，名‘重阳糕’。”明时《帝京景物略》亦记载北京重九之俗：“糕肆标纸彩旗，曰‘花糕旗’。”这种插小旗于花糕上的传统，迄今不改。《岁时杂记》说：“二社、重阳尚食糕，而重阳为盛，大率以枣为之，或加以栗，亦有用肉者”。

“糕”与“高”谐音，映衬“登高”，寓意“步步登高”“高高兴兴”。在九月初九这日清晨，长辈们将重阳糕切成薄片，放在未成年子女的额头上，口中祝祷“儿百事俱高”。

与西方人主张对自然加以利用、改造、征服不同，中国人在利用自然的同时，又会抱持一种敬畏的态度：物尽其用，同时还要让物质循环利用。

由于水稻在中国社会发展过程中的重要性不断增强，稻作生产会产生大量稻草，对于这部分自然物，中国人的传统做法要么将其焚烧，使之成为草木灰肥田，要么物尽其用，将生产剩余物制成日常用品。

米囤

用于装谷或米的盛器，圆桶状，直径小的仅七八十厘米，直径大的可达两米以上，小米囤用稻草一直结到收口，高度多在一米左右；大米囤往往尺余高，往上用栈条加接或用米屯圈加接（栈条用竹篾编成，米囤圈用稻草扎成），以利收藏和畚取。

做草鞋

| 西德尼 · 戴维 · 甘博[1] 摄 |

1917 年，四川遂宁县一男子正在做草鞋。

1 西德尼 · 戴维 · 甘博（1890—1968 年）是美国社会经济学家、人道主义者和摄影家，年轻时参加基督教青年会，于 1908—1932 年间五次往返中美之间。他是燕京大学社会学系的创建者之一，还参与了“平教会”在定县的教育实验，其间他一共完成了五部社会调查作品。他还在中国西部地区游历，拍下了大量的珍贵照片。

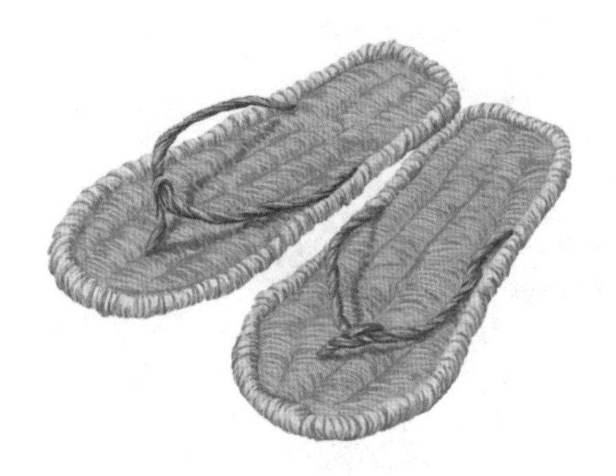

草鞋

江南农民的草鞋可分为三种：一是供劳作时穿的，称草鞋。二是作日常家居穿的，称蒲鞋，其状如棉鞋，圆口圆头，无系带，多在冬季穿。崇明等地的蒲鞋内夹有密密的芦花，称芦花蒲鞋，保暖性极好。旧时农民家居以穿蒲鞋为多，仅在出外作客时才穿自制布鞋。三是为防滑而用草绳编成的网状草鞋，称绳草鞋。绳草鞋多在雨天挑担时穿，防滑性能极好。

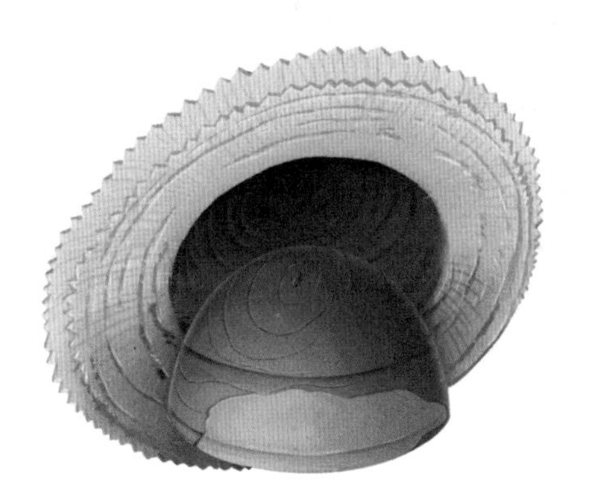

柏合草帽

成都市龙泉驿区柏合镇的草编工艺以“柏合草帽”最为著名。民国初年，柏合镇生产的草帽就已经非常出名，并且形成了特色产业和市场，每年成都的商家都要坐镇柏合镇收购草帽，并转销到全国各地。

清代以前的草帽大多以稻草编成，清代以后才有稻、麦混编和全麦草编的草帽。太湖流域的农民称草帽为“草宝”或“宝帽”，这种草帽可以防雨、防晒。

撑雨伞和穿蓑衣的男子

| 威廉·桑德斯[1] 摄 |

蓑衣是一种用稻草编织的衣服（后来也有用稻草和灯草皮混编或用棕毛编织的），雨天穿着，它前至胸部，后至腿弯，有短袖而下口不合，便于手臂的活动。因为蓑衣是农村的雨衣，因此在求雨活动中还有特殊的功用。

---

1 1860 年桑德斯来到中国，1861 年在天津开始摄影活动，1862 年到上海开设摄影工作室。作为一名英国商业摄影师，桑德斯的兴趣不仅仅于肖像，还拍摄日常生活、建筑物及风景等，并于 1871 年出版了《中国人生活与性格写生集》。

芜湖郊外的稻草农房[1]

远处为土墙茅屋，一位农人正扛着竹笪帚行走，旁边有鼓风机在筛选稻谷，还有几件竹制稻箩装运稻谷。芜湖水网圩田，盛产稻米，为江南四大米市之首。

江南地处东南季风区，常有台风、潮汛来袭，当地居民习惯于用稻草搭草房。这种草房，大多以竹木扎成屋架，从屋顶到屋面、四墙全部用稻草扎出。造房前，先将稻草杀青理齐，制成草扇，然后逐层披盖，不留丝毫缝隙，可以达到滴水不漏的程度。有些穷人还常用稻草来筑泥墙造屋。造墙时先用两块木板平行放好扎牢，中间留出墙的宽度，然后将稻草铡断弄细，拌在湿泥巴里，填入两块木板之间，用夯夯坚实，即传统版筑法。造好一段，两块木板就上移一段，直至整个墙壁全部造好，再结顶盖稻草。

丨本节插图由王宪明绘制丨

---

1 亚细亚大观，1930 年 4 月出版，1929 年 6 月摄。

主要参考文献

（一）论著

[1] 柏芸. 中国古代农具 [M]. 北京：中国商业出版社，2015.

[2] 班固. 汉书 [M]. 北京：中华书局，1962.

[3] 曾祥熙，等. 海南黎族现代民间剪纸 [M]. 海口：海南出版社，1995.

[4] 曾雄生. 中国农学史 [M]. 福州：福建人民出版社，2008.

[5] 陈文华. 中国农业考古图录 [M]. 南昌：江西科学技术出版社，1994.

[6] 陈元靓. 岁时广记 [M]. 商务印书馆，1939.

[7] 楚雄市民族事务委员会. 楚雄市民间文学集成资料 [M]. 楚雄：楚雄市民族事务委员会，1988.

[8] 大理州文联. 大理古佚书钞 [M]. 昆明：云南人民出版社，2002.

[9] 都贻杰. 遗落的中国古代器具文明 [M]. 北京：中国社会出版社，2007.

[10] 鄂尔泰，等. 雍正朱批谕旨 [M]. 北京：国家图书馆出版社，2008.

[11] 范成大，王云五．骖鸾录及其他二种［M］．北京：商务印书馆，1936.

[12] 菲利普·费尔南德斯-阿莫斯图．食物的历史［M］．何舒平，译，北京：中信出版社，2005.

[13] 符和积．黎族史料专辑［M］//海南文史资料：第7辑．海口：南海出版公司，1993.

[14] 高斯得．耻堂存稿［M］．北京：中华书局，1985.

[15] 高诱．吕氏春秋［M］．上海：上海书店，1986.

[16] 葛剑雄．明时期［M］//中国移民史：第5卷．福州：福建人民出版社，1997.

[17] 顾炎武．天下郡国利病书［M］．上海：上海古籍出版社，2012.

[18] 顾炎武．天下郡国利病书［M］．上海：上海书店出版社，1935.

[19] 归有光．三吴水利录［M］．北京：中华书局，1985.

[20] 郭文韬，等．中国农业科技发展史略［M］．北京：中国科学技术出版社，1988.

[21] 郭文韬．中国耕作制度史研究［M］．南京：河海大学出版社，1994.

[22] 韩效文，等．彝族、白族、傈僳族、哈尼族、普米族、景颇族、怒族的贡献［M］//各民族共创中华：西南卷下册．兰州：甘肃文化出版社，1999.

[23] 何炳棣．黄土与中国农业的起源［M］．北京：中华书局，2017.

[24] 何孟春．余冬录存［M］．重刻本．清同治三年.

[25] 胡淼．唐诗的博物学解读［M］．上海：上海书店出版社，2016.

[26] 胡锡文．中国农学遗产选集：甲类第二种上编［M］．北京：中华书局，1958.

[27] 华容县水利志编写组．华容县水利志［M］．北京：中国文史出版社，1990.

[28] 纪昀．阅微草堂笔记［M］．上海：新文化书社，1933.

[29] 冀朝鼎．中国历史上的基本经济区与水利事业的发展［M］．北京：

中国社会科学出版社，1981.
[30] 贾华．双重结构的日本文化 [M]．广州：中山大学出版社，2010.
[31] 贾思勰．齐民要术 [M]．北京：中华书局，1956.
[32] 姜彬．稻作文化与江南民俗 [M]．上海：上海文艺出版社，1996.
[33] 姜皋．浦泖农咨 [M]．上海：上海古籍出版社，1996.
[34] 邝番．便民图纂 [M]．北京：农业出版社，1959.
[35] 乐史．太平寰宇记 [M]．北京：商务印书馆，1936.
[36] 李根蟠．中国古代农业 [M]．北京：商务印书馆，1998.
[37] 李根蟠．中国农业史 [M]．台北：文津出版社，1997.
[38] 李黔滨，朱良津．贵州省博物馆藏品集 [M]．贵阳：贵州人民出版社，2013.
[39] 李旭升．巴中史话 [M]．成都：四川人民出版社，2006.
[40] 李子贤．多元文化与民族文学：中国西南少数民族文学的比较研究 [M]．昆明：云南教育出版社，2001.
[41] 梁永勉．中国农业科学技术史稿 [M]．北京：农业出版社，1989.
[42] 林华东．河姆渡文化初探 [M]．杭州：浙江人民出版社，1992.
[43] 宋会要辑稿 [M]．刘琳，等，校点．上海：上海古籍出版社，2014.
[44] 刘兴林．历史与考古农史研究新视野 [M]．北京：三联书店，2013.
[45] 刘芝凤．闽台农林渔业传统生产习俗文化遗产资源调查 [M]．厦门：厦门大学出版社，2014.
[46] 陆龟蒙．耒耜经 [M]．北京：中华书局，1985.
[47] 吕烈丹．稻作与史前文化演变 [M]．北京：科学出版社，2013.
[48] 马一龙．农说 [M]．北京：商务印书馆，1936.
[49] 马宗申．授时通考校注（第 2 册）[M]．北京：农业出版社，1992.
[50] 满蒙印画协会．亚东印画辑 [M]．京都：东洋文库与京都大学人文研图书馆，1924-1944.
[51] 勐腊县民委，西双版纳州民委．西双版纳傣族民间故事集成 [M]．昆明：云南人民出版社，1993.

[52] 闵宗殿，等．中国古代农业科技史图说［M］．北京：农业出版社，1989.
[53] 缪启愉．太湖塘浦圩田史研究［M］．北京：农业出版社，1985.
[54] 欧阳修．新唐书［M］．上海：中华书局，1936.
[55] 欧粤．松江风俗志［M］．上海：上海文艺出版社，2007.
[56] 潘曾沂．潘丰豫庄本书［M］．刻本．清道光甲午年．
[57] 潘伟．中国传统农器古今图谱［M］．桂林：广西师范大学出版社，2015.
[58] 裴安平，熊建华．长江流域稻作文化［M］．武汉：湖北教育出版社，2004.
[59] 普学旺，云南少数民族古籍出版规划办公室．云南民族口传非物质文化遗产总目提要：神话传说卷［M］．昆明：云南教育出版社，2008.
[60] 漆侠．宋代经济史［M］．上海：上海人民出版社，1987.
[61] 青田县志编纂委员会．青田县志［M］．杭州：浙江人民出版社，1990.
[62] 屈大均．广东新语［M］．北京：中华书局，1997.
[63] 任继周．中国农业系统发展史［M］．南京：江苏科学技术出版社，2015.
[64] 沈锽，等．光绪通州直隶州志［M］．南京：江苏古籍出版社，1991.
[65] 沈云龙．近代中国史料丛刊续编［M］．台北：文海出版社，1986.
[66] 石声汉．氾胜之书今释（初稿）［M］．北京：科学出版社，1956.
[67] 司马迁．史记［M］．北京：中华书局，1982.
[68] 宋应星．天工开物［M］．北京：商务印书馆，1933.
[69] 李之亮．苏轼文集编年笺注［M］．成都：巴蜀书社，2011.
[70] 苏州博物馆．苏州澄湖遗址发掘报告：苏州文物考古新发现［M］．苏州：古吴轩出版社，2007
[71] 孙峻，耿橘．筑圩图说及筑圩法［M］．北京：农业出版社，1980.
[72] 覃乃昌，岑贤安．壮学首届国际学术研讨会论文集［M］．南宁：广

西民族出版社，2004.

[73] 谭棣华. 清代珠江三角洲的沙田 [M]. 广州：广东人民出版社，1993.

[74] 谭其骧. 长水集 [M]. 北京：人民出版社，2011.

[75] 田伏隆. 湖南历史图典 [M]. 长沙：湖南美术出版社，2010.

[76] 脱脱. 宋史 [M]. 北京：中华书局，1977.

[77] 汪家伦，张芳. 中国农田水利史 [M]. 北京：农业出版社. 1990.

[78] 王充. 论衡 [M]. 北京：商务印书馆，1934.

[79] 王清华. 梯田文化论：哈尼族生态农业 [M]. 昆明：云南大学出版社，1999.

[80] 王晴佳. 筷子：饮食与文化 [M]. 汪精玲，译. 北京：三联书店，2019.

[81] 吴任臣. 山海经广注 [M]. 刊本. 清乾隆五十一年.

[82] 细井徇. 诗经名物图解 [M]. 日本国立国会图书馆藏本. 1847.

[83] 夏亨廉，林正同，中国农业博物馆. 汉代农业画像砖石 [M]. 北京：中国农业出版社，1996.

[84] 徐献忠. 吴兴掌故集 [M]. 北京：文物出版社，1986.

[85] 亚细亚写真大观社. 亚细亚大观 [M]. 大连：亚细亚写真大观社，1924-1940.

[86] 杨澜. 临汀汇考 [M]. 刻本. 清光绪年间.

[87] 杨屾. 知本提纲 [M]. 崇本斋刻本. 清乾隆丁卯年.

[88] 游修龄. 稻作史论集 [M]. 北京：中国农业科学技术出版社，1993.

[89] 游修龄. 中国稻作史 [M]. 北京：中国农业出版社，1995.

[90] 于敏中，等. 日下旧闻考 [M]. 北京：北京古籍出版社，1985.

[91] 约翰·汤姆逊. 中国与中国人影像？约翰·汤姆逊记录的晚清帝国 [M]. 徐家宁，译. 桂林：广西师范大学出版社，2015.

[92] 张春辉. 中国古代农业机械发明史（补编）[M]. 北京：清华大学出版社，1998.

[93] 张芳，路勇祥. 中国古代灌溉工程技术史 [M]. 太原：山西教育出版社，2009.

[94] 张国维. 吴中水利全书 [M]. 文渊阁四库全书本.

[95] 张国雄. 长江人口发展史论 [M]. 武汉：湖北教育出版社，2006.

[96] 张华. 博物志 [M]. 重庆：重庆出版社，2007.

[97] 张履祥. 沈氏农书 [M]. 北京：农业出版社，1959.

[98] 张履祥. 杨园先生全集 [M]. 江苏书局刊本. 清同治十年.

[99] 张如放，傅中平. 广西珍奇 [M] //广西地质科普丛书. 南宁：广西科学技术出版社，2016.

[100] 张宗法. 三农纪校释 [M]. 北京：农业出版社，1989.

[101] 礼记正义 [M]. 郑玄，注. 上海：上海古籍出版社，1990.

[102] 周礼注疏 [M]. 郑玄，注. 上海：上海古籍出版社，1990.

[103] 郑肇经. 太湖水利技术史 [M]. 北京：农业出版社，1987.

[104] 中国第一历史档案馆. 康熙朝汉文朱批奏折汇编册 [M]. 北京：档案出版社，1984-1985.

[105] 中国农业科学院，南京农业大学中国农业遗产研究室太湖地区农业史研究课题组. 太湖地区农业史稿 [M]. 北京：农业出版社，1990.

[106] 中国农业遗产研究室. 稻：下编 [M] //中国农学遗产选集：甲类第一种. 北京：农业出版社，1993.

[107] 周膺. 良渚文化与中国文明的起源 [M]. 杭州：浙江大学出版社，2010.

[108] 朱允和. 农谚集解 [M]. 广州：广东科技出版社，1988.

[109] 庄绰，张端义. 鸡肋篇：贵耳集 [M]. 上海：上海古籍出版社，2012.

[110] 宗菊如，周解清. 中国太湖史 [M]. 北京：中华书局，1999.

[111] Francesca Bray.The Rice Economies: Technology and Development in Asian Societies [M]. Berkeley: University of California Press, 1994.

（二）期刊

[1] 曹兴兴. 秦汉时期关中地区的稻作生产 [J]. 黑河学刊，2010（10）：91.

[2] 曾雄生. “象耕鸟耘”探论 [J]. 自然科学史研究，1990（1）：67-77.

[3] 曾雄生. 历史上中国和东南亚稻作文化的交流 [J]. 古今农业，2016（4）：18-30.

[4] 曾雄生. 水稻插秧器具莳梧考——兼论秧马 [J]. 中国农史，2014，33（2）：125-132.

[5] 陈国灿. “火耕水耨”新探——兼谈六朝以前江南地区的水稻耕作技术 [J]. 中国农史，1999（1）：3-5.

[6] 陈文华. 中国稻作的起源和东传日本的路线 [J]. 文物，1989（10）：24-36.

[7] 凤凰山一六七号汉墓发掘整理小组. 江陵凤凰山一六七号汉墓发掘简报 [J]. 文物，1976（10）.

[8] 郭立新，郭静云. 早期稻田遗存的类型及其社会相关性 [J]. 中国农史，2016，35（6）：13-28.

[9] 郭清华. 陕西勉县老道寺汉墓 [J]. 考古，1985（5）.

[10] 何介钧. 澧县城头山古城址 1997—1998 年度发掘简报 [J]. 文物，1999（6）.

[11] 贺圣达. 稻米之路：中国与东南亚稻作业的起源和发展 [J]. 东方论坛，2013（5）：23-30.

[12] 黄绍文. 哈尼族节日与梯田稻作礼仪的关系 [J]. 云南民族学院学报（哲学社会科学版），2000（5）：58-61.

[13] 姜涛. 清代人口统计制度与 1741—1851 年间的中国人口 [J]. 近代史研究，1990（5）：26-50.

[14] 李昕升，王思明. 中国原产粮食作物在世界的传播及影响 [J]. 农

林经济管理学报，2017，16（4）：557-562.
[15] 李增高．秦汉时期华北地区的农田水利与稻作［J］．农业考古，2006（1）：140-144.
[16] 刘文杰，余德章．四川汉代陂塘水田模型考述［J］．农业考古，1983（1）：132-135.
[17] 刘兴林．汉代稻作遗存和稻作农具［J］．农业考古，2005（1）：197-200.
[18] 刘志远．考古材料所见汉代的四川农业［J］．文物，1979（12）：61-69.
[19] 闵宗殿．明清时期中国南方稻田多熟种植的发展［J］．中国农史，2003（3）：11-15.
[20] 闵宗殿．试论清代农业的成就［J］．中国农史，2005（1）：60-66.
[21] 秦保生．汉代农田水利的布局及人工养鱼业［J］．农业考古，1984（1）：101-102.
[22] 秦中行．记汉中出土的汉代陂池模型［J］．文物，1976（3）：77-78.
[23] 汪曾祺．故乡的炒米［J］．视野，2011（12）：64-65.
[24] 王笛．清代四川人口、耕地及粮食问题（上）［J］．四川大学学报（哲学社会科学版），1989（3）：90-105.
[25] 王笛．清代四川人口、耕地及粮食问题（下）［J］．四川大学学报（哲学社会科学版），1989（4）：73-87.
[26] 王福昌．秦汉江南稻作农业的几个问题［J］．古今农业，1999（1）：12-18.
[27] 王星光，徐栩．新石器时代粟稻混作区初探［J］．中国农史，2003（3）：4-10.
[28] 王兆骞．杭嘉湖地区两个高产大队农田生态平衡的初步分析与探讨［J］．浙江农业大学学报，1981（3）：31-38.
[29] 徐勤海．从四川汉画像砖图像看东汉庄园经济［J］．农业考古，2008

（3）：21-23.

［30］徐旺生，李兴军．中华和谐农耕文化的起源、特征及其表征演进［J］．中国农史，2020，39（5）：3-10.

［31］徐旺生，苏天旺．水稻与中国传统社会晚期的政治、经济、技术与环境［J］．古今农业，2010（4）：27-35.

［32］徐旺生．从间作套种到稻田养鱼、养鸭——中国环境历史演变过程中两个不计成本下的生态应对［J］．农业考古，2007（4）：203-211.

［33］徐旺生．从农耕起源的角度看中国稻作的起源［J］．古今农业，1998（2）：1-10.

［34］徐旺生．水稻在传统生态农业中的作用［J］．遗产与保护研究，2019，4（1）：12-16.

［35］杨庭硕，杨文英．重修万春圩之技术解读［J］．原生态民族文化学刊，2014，6（1）：3-7.

［36］游修龄．西汉古稻小析［J］．农业考古，1981（2）：25-25.

［37］张波，丘俊超，罗琤琤，等．从“稻田放鸭”到“稻田养鸭”：明清时期“稻田养鸭”技术与特点——以广东地区为中心［J］．农业考古，2015（1）：34-40.

［38］张国雄．“湖广熟，天下足”的内外条件分析［J］．中国农史，1994（3）：22-30.

［39］张国雄．江汉平原垸田的特征及其在明清时期的发展演变［J］．农业考古，1989（1）：227-233.

［40］张国雄．江汉平原垸田的特征及其在明清时期的发展（续）［J］．农业考古，1989（2）：238-248.

［41］张家炎．明清长江三角洲地区与两湖平原农村经济结构演变探异——从“苏湖熟，天下足”到“湖广熟，天下足”［J］．中国农史，1996（3）：62-69，91.

［42］张建民．“湖广熟，天下足”述论——兼及明清时期长江沿岸的米粮流通［J］．中国农史，1987（4）：54-61.

[43] 张增祺. 从出土文物看战国至西汉时期云南和中原地区的密切联系[J]. 文物，1978(10)：33-39.

[44] 朱瑞熙. 宋代“苏湖熟，天下足”谚语的形成[J]. 农业考古，1987(2)：48-49.

[45] 竺可桢. 论中国气候的几个特点及其与粮食作物生产的关系[J]. 地理学报，1964，31(1)：189-199.

[46] Hilbert L, Neves, Eduardo Góes, Pugliese F, et al. Evidence for mid-Holocene rice domestication in the Americas[J]. Nature Ecology & Evolution, 2017, 1(11): 1693-1698.

[47] Lombardo U, José Iriarte, Hilbert L, et al. Early Holocene crop cultivation and landscape modification in Amazonia[J]. Nature, 2020, 581(7807): 190-193.

[48] Penny Van Esterik. Food Culture in Southeast Asia[J]. Gastronomica, 2008, 10(2): 100-101.

[49] Talhelm T, Zhang X, Oishi S, et al. Large-Scale Psychological Differences Within China Explained by Rice Versus Wheat Agriculture[J]. Science, 2014, 344(6184): 603-608.

[50] Xiawei Dong.Teens in Rice County Are More Interdependent and Think More Holistically Than Nearby Wheat County[J]. Social Psychological and Personality Science. 2019, 10(7): 966-976.

chá
茶

yè
叶

中国农业的『四大发明』

叶

王思明 丛书主编

刘馨秋 著

中国科学技术出版社

·北 京·

图书在版编目（CIP）数据

中国农业的“四大发明”. 茶叶 / 王思明主编；刘馨秋著. -- 北京：中国科学技术出版社，2021.8

ISBN 978-7-5046-9151-4

Ⅰ. ①中… Ⅱ. ①王… ②刘… Ⅲ. ①茶文化—文化史—中国 Ⅳ. ① S-092

中国版本图书馆 CIP 数据核字（2021）第 163235 号

总 策 划	秦德继
策划编辑	李 镅 许 慧
责任编辑	李 镅
版式设计	锋尚设计
封面设计	锋尚设计
责任校对	吕传新
责任印制	马宇晨

出 版	中国科学技术出版社
发 行	中国科学技术出版社有限公司发行部
地 址	北京市海淀区中关村南大街 16 号
邮 编	100081
发行电话	010-62173865
传 真	010-62173081
网 址	http://www.cspbooks.com.cn

开 本	710mm × 1000mm 1/16
字 数	130 千字
印 张	11
版 次	2021 年 8 月第 1 版
印 次	2021 年 8 月第 1 次印刷
印 刷	北京盛通印刷股份有限公司
书 号	ISBN 978-7-5046-9151-4 / S · 780
定 价	398.00 元（全四册）

丛书编委会

序言

谈到中国对世界文明的贡献，人们立刻想到“四大发明”，但这并非中国人的总结，而是近代西方人提出的概念。培根（Francis Bacon，1561—1626）最早提到中国的“三大发明”（印刷术、火药和指南针）。19世纪末，英国汉学家艾约瑟（Joseph Edkins，1823—1905）在此基础上加入了“造纸”，从此“四大发明”不胫而走，享誉世界。事实上，中国古代发明创造数不胜数，有不少发明的重要性和影响力绝不亚于传统的“四大发明”。李约瑟（Joseph Needham）所著《中国的科学与文明》（*Science & Civilization in China*）所列中国古代重要的科技发明就有26项之多。

传统文明的本质是农业文明。中国自古以农立国，农耕文化丰富而灿烂。据俄国著名生物学家瓦维洛夫（Nikolai Ivanovich Vavilov，1887—1943）的调查研究，世界上有八大作物起源中心，中国为最重要的起源中心之一。世界上最重要的640种作物中，起源于中国的有136种，约占总数的1/5。其中，稻作栽培、大豆生产、养蚕缫丝和种茶制茶更被誉为中国农业的“四大发明”[1]，对世界文明的发展产生了广泛而深远的影响。

---

1 王思明. 丝绸之路农业交流对世界农业文明发展的影响. 内蒙古社会科学（汉文版），2017（3）：1-8.

中国农业的『四大发明』

茶叶

茶叶是世界三大无醇饮料之一，中国是种茶制茶的祖国。传说：『神农尝百草，一日而遇七十毒，得茶而解之。』『荼』即『茶』。今天云南等地仍然可看到不少野生茶树和树龄高达三千年的茶树。

中国制茶与饮茶的习俗于6世纪传入朝鲜半岛和日本。1610年，荷兰人将茶叶运回欧洲，开中西海上茶叶贸易之先河。17世纪50年代，茶叶进入英国。起初它仅仅被视为神奇、包治百病的药材。17世纪60年代，葡萄牙国王约翰四世的女儿凯瑟琳公主和查理二世联姻，凯瑟琳公主喜欢“在小巧的杯中啜茶”。在“饮茶皇后”的推动下，饮茶之风在宫廷流行，茶叶每磅[1]卖到16～60先令。19世纪，安娜·玛丽亚公爵夫人首创“下午茶”，并渐成风气。

1780年，东印度公司从中国引茶种至印度，到1850年已经形成了全国茶区。1824年，斯里兰卡引种；1893年，俄国引种；印度、印尼、日本茶叶出口发展迅速，一度超越中国。今天，全世界已有60个国家生产茶叶，数十亿人饮茶，中国产茶叶约占世界总产量的1/3。

饮茶使人身体健康、身心愉悦，同时茶叶贸易带来巨大的经济利益，曾深刻影响了世界政治的格局。17世纪后，中国茶叶出口量猛增，1718年已经超越生丝居出口值第一，进入欧洲一般平民的生活，使得英国在对华贸易中大量白银外流。为了减少贸易逆差，英国一方面在殖民地（印度、斯里兰卡等）发展茶叶生产，希望借此打破中国的市场垄断；另一方面，通过走私鸦片，贩卖到中国，来平衡中英贸易。但因鸦片贸易严重毒害了中国人民的身心，林则徐虎门销烟，继而引发中英鸦片战争。茶叶改变了两个帝国的命运。

1　1磅=0.454千克。

世界农业文明是一个多元交汇的体系。这一文明体系由不同历史时期、不同国家和地区的农业相互交流、相互融合而成。任何交流都是双向互动的，如同西亚小麦和美洲玉米在中国的引进推广改变了中国农业生产的结构一样，中国传统农耕文化对外传播，对世界农业文明的发展也产生了广泛而深远的影响。中华农业文明研究院应中国科学技术出版社之邀编撰这套丛书的目的，一方面是希望公众对古代中国农业的发明创造能有一个基本的认识，了解中华文明形成和发展的重要物质支撑；另一方面，也希望公众通过这套丛书理解中国农业对世界农耕文明发展的影响，从而增强民族自信。

王思明

2021 年 3 月于南京

前言

中国是茶树的原产地，也是世界上最早发现、利用茶叶并将其发展成为一种文化和产业的国家。早在秦汉时期，饮茶已是巴蜀、荆楚一带居民的习俗。魏晋南北朝时期，饮茶习俗在南朝的长江中下游地区已经相当普遍。至唐代，茶叶不仅成为举国之饮，而且发展为全国性甚至东亚性的产业和文化。明清时期，茶叶由亚洲传播至欧洲，进而形成了洲际的、全球性的文化和事业。茶叶因此成为具有国家象征意义的特殊商品。

数千年以来，茶叶早已深深融入中国人的生活，成为传承中华文化的重要载体。习近平总书记在党的十九大报告中指出："文化是一个国家、一个民族的灵魂。文化兴国运兴，文化强民族强。"茶文化正是中华优秀传统文化的卓越典范。从古代的丝绸之路、茶马古道、茶船古道，到今天的丝绸之路经济带和21世纪海上丝绸之路，茶叶作为一种被赋予东方文化色彩的独特商品，穿越历史，跨越国界，深受世界各国人民喜爱，与丝绸、瓷器等被认为是共结和平、友谊、合作的纽带。

中国茶文化是在自主性发展基础上形成的具有自身特质和内涵的文化体系，同时也是一个开放性的文化体系。它在不断输出自身优秀成果的同时，也在深刻影响着世界茶文化的发展进程，当今世界各国茶文化无一不是源于中国茶文化而逐渐形成和发展起来的。近年来，在提升国家文化软实力、增进文化自信、形成全方位开放新格局的目标引领下，茶文化纵贯古今、横通中外的意义与成就更为凸显。

在当前政策导向之下，以中国传统文化的代表——茶为媒介，探索茶叶在世界的传播及其带动的中西方文化交融，是体现中国文化这一开放性的文化体系的有效手段，也是展现中国文化软实力的重要途径。特别是在当前全球经济与文化冲突频繁发生的国际形势下，茶文化更能展现中国文化的包容性和影响力。

本书以茶叶的历史发展为主线，以发展中取得的突出成就为重点，将茶树与茶文化的起源、茶叶生产技术、茶文化内涵、贸易传播及影响串联起来，展现茶叶作为中国农业的“四大发明”之一对世界文明作出的贡献。

刘馨秋

2021 年 3 月

目录

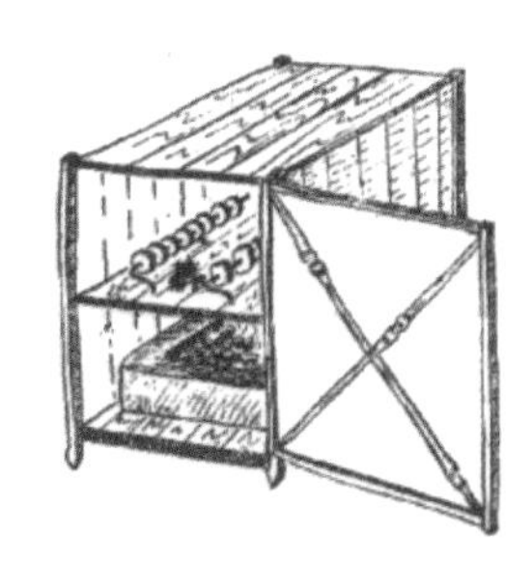

第一章

南方嘉木

茶的起源与早期发展

『茶者，南方之嘉木也。』这是茶圣陆羽《茶经》开篇的一句话，明确指出了茶的来源。中国是茶树原产地，而中国对于世界茶业、茶文化的贡献，不仅仅是这种植物原产自中国，更重要的是中国人的祖先首先发现和利用了茶，并将之用以为饮，发展为业，形成一种独特的文化，继而传诸世界各地。中国是无可置辩的饮茶、茶业和茶文化的发祥地。

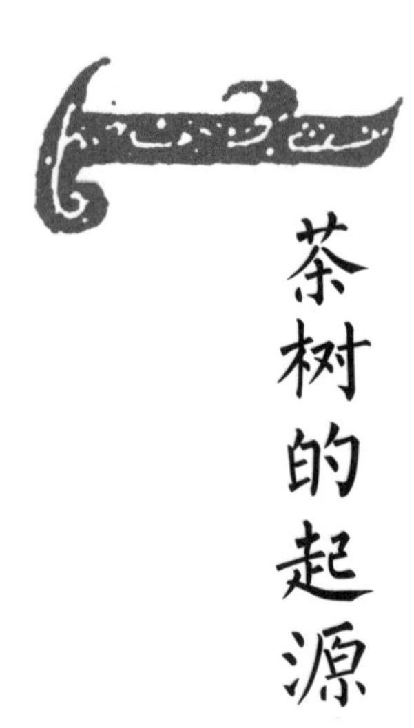

第一节 茶树的起源

茶树是一种多年生常绿木本植物，性喜温热湿润和偏酸性土壤，耐阴性强，在亚热带、边缘热带和季风温暖带均有分布。在植物分类学上，茶树属于山茶科山茶属茶种。国内外学者经过长期实地考察和科学研究，证明了茶树的原产地在中国，其中心就在中国的西南地区。

1753年，著名的瑞典分类学家林奈首次将茶树定名为*Thea sinensis*，意为中国茶树。目前，国际通用的茶树学名为*Camellia sinensis*（L.）Kuntze。*Camellia*，指山茶属；*sinensis*，指中国种。

古木兰是被子植物之源，是山茶目、山茶科茶属及茶种垂直演化的始祖，距今约3540万年。中国云南的景谷是中国乃至世界惟一出土第三纪宽叶木兰（新种）和中华木兰化石的区域。山茶植物就是在木兰植物的基础上演化而来的。

叶、花形态

丨冯卫英　摄丨

第三纪喜马拉雅山运动初期，原始山茶植物随着海拔升高而进行分化，同时进行自然传播。生态环境日趋多样复杂，历经分化，近湿热区的边缘形成了原始茶种——普洱茶种的原始种，即通常所说的大叶种。

据统计，全球已发现的茶组植物有44个种、3个变种，而云南就有35个种、3个变种，其中26个种、2个变种为云南特有种。这些茶种围绕着宽叶木兰化石的发现地，在澜沧江中下游地区连片集中分布，呈现出茶树垂直演化的脉络。而古木兰与茶树垂直演化过程也证明了中国西南地区的澜沧江中下游是茶树的起源地之一。

宽叶木兰化石图像

丨王宪明　绘丨

古茶树资源的大量分布也是茶树原产地的重要依据。《云南省古茶树保护条例》指出：古茶树是指分布于天然林中的野生古茶树及其群落，半驯化的人工栽培型野生茶树和人工栽培的百年以上的古茶园中的茶树。古茶树资源包括野生古茶树、野生古茶树群落、过渡型古茶树、栽培型古茶树及古茶园。20 世纪 50 年代以来，中国西南地区发现了许多古茶树，其中，云南无量山、哀牢山和澜沧江中下游的古茶树资源类型最为丰富。

在澜沧江中下游的茶区中，普洱的古茶树资源面积最大，达 90220 公顷[1]，海拔在 1450 ~ 2600 米。古茶树资源类型以野生茶树和栽培型古茶园为主，其中野生型古茶树及野生型古茶树群落主要分布在海拔 1830 米以上。据统计，普洱野生型古茶树群落共约 5000 公顷，分布在 9 个县区共 40 余处，大部分为天然林，树高 4.35 ~ 45 米，树龄 550 ~ 2700 年。镇沅千家寨古茶树群落、景东花山古茶树群落、景谷大尖山野生古茶树群落等都是比较著名的野生型古茶树群落。其中，镇沅千家寨古茶树群落的野生茶树王，树龄约 2700 年。栽培型古茶树与古茶园是经过长期的自然选择和人工栽培而逐渐形成。普洱市现存仍在利用的古茶园多以栽培型茶树为主。此类茶树为直立乔木，树高 5.5 ~ 9.8 米，树龄 181 ~ 800 年，其中澜沧景迈芒景古茶园已经有 1300 多年的历史。

1 1 公顷=10000 平方米。

云南古茶树山场

| 顾濛 摄 |

除了拥有保存面积最大的野生茶树群落和古茶园、保存数量最多的古茶树和野生茶树，以及完整的古木兰化石和茶树的垂直演化系统，普洱还拥有野生型古茶树居群、过渡型和栽培型古茶园以及应用与借鉴传统森林茶园栽培管理方式进行改造的生态茶园等各个种类的茶树居群类型，形成了茶树利用的发展体系。同时，涵盖了布朗族、傣族、哈尼族等少数民族茶树栽培利用方式与传统文化体系，具有良好的文化多样性与传承性。普洱古茶园与茶文化系统也因此于2012年被联合国粮农组织评选为全球重要农业文化遗产。

乌鲁夫

在《历史植物地理学》中指出：

许多属的起源中心在某一地区集中，指出了这一植物区系的发源中心。

依据这一观点判断，中国西南地区最可能是茶树的原产地。这一区域拥有丰富的野生古茶树、野生古茶树群落、过渡型古茶树、栽培型古茶树及古茶园等资源，以及少数民族传统知识体系和适应技术，为中国作为茶树原产地、茶树驯化和规模化种植发源地提供了有力证据。

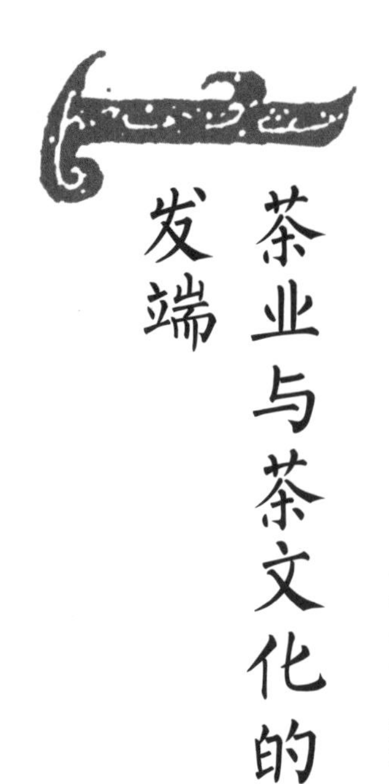

第二节 茶业与茶文化的发端

茶的原始利用包括食用、药用和饮用。有观点认为，在茶的原始利用方式中，饮用的出现晚于食用和药用；也有观点指出，茶的食用、药用、饮用之间是不分先后的共存关系。无论这三种利用方式的关系如何，茶的饮用都是促进茶叶加工与茶树栽培，并使其发展成为茶业的前提和基础。也就是说，饮茶的起源时间应当早于茶树栽培的起源时间。这也符合人们在生产生活实践中对野生动植物驯化的规律。

饮茶到底起源于何时？唐代陆羽是最先指出饮茶起源于何时的人。他认为“茶之为饮，发乎神农氏”，将饮茶的起源时间定义在史前的“神农时代”。

传说，神农曾经尝试百草，最终发现了茶的解毒功效。而所谓的“神农时代”，也就是从旧石器时代晚期至新石器时代的一个阶段。虽然是传说，但茶的饮用确实可能始于新石器时代。至于究竟起源于新石器时代的什么时间和什么地点，古文献中却没有明确记载。

从现有资料来看，中国茶树的原始分布范围虽然很广，在云南、贵州、四川等西南地区都发现了野生大茶树，但在史前的一段很长的时间中，似乎只有巴人和蜀人饮茶。茶树原产地可以是最早发现并利用茶叶的地区，但却不一定是饮茶的起源地。饮茶与茶业的产生需要以一定的文化和技术水平作支撑，其形成需要社会发展至一定程度才能实现。因此，即使云南拥有数量最多的野生茶树，但饮茶起源地却是处于“中国西南地区”这一稍显广阔的范围内。当前主流观点认为，与云南接壤且社会发展水平较高的巴蜀地区似乎更具备饮茶与茶业起源地的条件。

神农执耒图：东汉武梁祠画像石拓[1]
神农，又称炎帝、烈山氏，是中国远古传说中的“三皇”之一。据说他最早教民为耒、耜以兴农业，并尝百草为医药以治百病，是最初发明农业和医药的人。

1 王思明．世界农业文明史．北京：中国农业出版社，2019.

巴蜀的范围相当于今四川和重庆所辖的区域，是一个以巴人、蜀族为主，同时包含众多少数部族聚居的地区。

《华阳国志》中一再提到“葭萌”，其实就是蜀人“茶”的方言，后来汉字中称茶的“葭”字、“茗”字，即由蜀人“葭萌”的方言演化而来。此外，“葭萌”也是蜀国郡名，故址在今四川广元，其地北邻甘肃的陇南和陕西的汉中。蜀王将葭萌作为其弟的封国并命名为之封邑，似乎表明在秦亡巴蜀的战国时期，饮茶与茶业不但具有一定发展基础，而且已经向北推进到葭萌等四川北部地区，很可能也发展传播到了今甘肃和陕西。

常璩

《华阳国志·蜀志》载：

巴、蜀国到末代蜀王时，蜀王别封弟葭萌于汉中，号苴侯，命其邑曰葭萌焉。苴侯与巴王为好，巴与蜀仇，故蜀王怒，伐苴侯。苴侯奔巴，求救于秦。……周慎王五年（公元前316年）秋，秦大夫张仪、司马错、都尉墨等，从石牛道伐蜀。蜀王自于葭萌拒之，败绩，王遁走至武阳（今四川彭山），为秦军所害。

常璩《华阳国志·巴志》记载，周武王与居住在巴蜀地区的少数民族共同讨伐殷纣王时，少数民族首领向周武王进贡巴蜀所产之茶，并有“园有芳蒻、香茗”的记载。园中“香茗”可以作为茶树人工栽培的佐证。

张揖《广雅》记载“荆、巴间采茶作饼成，以米膏出之。欲煮饼，先炙令赤色，捣末置瓷器中，以汤浇覆之，用葱姜芼之”，是最早且具体涉及茶类生产、饮俗和茶效等内容的较为丰富的茶史资料。虽然《广雅》成书于三国时期（220—265年），但从其所载内容以及同时代的其他历史文献来看，三国时期如此详细的制茶技术和饮茶方法已经从巴蜀传播至长江中下游的荆楚、吴越地区。而且将“荆、巴”相提并论似乎也表明，今湖北西部和湖南西北的广大地区，茶叶生产的技术水平和饮茶习俗的发展面貌，均已与巴蜀茶文化相互融合。据此推测，巴蜀先民在秦代甚至先秦时期不仅具备了发明制茶技术的条件，而且很可能已经发明了制茶技术和饮茶方法，甚至上升到茶文化的高度。

茶叶在被发现以后，经历了由采集到栽培，由不加工到加工、储存，由小规模生产到流通交换，再到逐步形成茶业和茶文化，全都离不开巴蜀先民的贡献。因此，茶史专家朱自振先生提出：“巴蜀是中国茶业与茶文化的摇篮。”

春秋原始瓷弦纹碗

| 中国茶叶博物馆藏 |

原始瓷最早出现于商周时期，发展至春秋时期已十分成熟。陆羽《茶经·九之事》中就有春秋时期晏子饮茶的记载。

第三节 早期传播与发展

明末清初学者顾炎武提出，“秦人取蜀而后，始有茗饮之事”。从巴蜀先民发明饮茶直至秦人灭蜀，限于交通条件不便等原因，茶仅局限于巴蜀一地。或者说，这一时期茶是以巴蜀为中心的地方性饮料。而改变这一状态最直接的因素则是征伐战争。

历史上的中国军队绝大多数由农民组成。大军所到之处，军士们除了完成攻城略地的军事任务，自然也会注意到当地的特有物产，学习其食用方法，甚至将种子带回原籍试种。正是有赖于此，秦惠王后元九年（公元前316年）“秦人取蜀”之后，“茗饮之事”开始向巴蜀以外的地区传播开来。

秦汉时期，虽然黄河流域在经济文化发展等方面均优于地广人稀的长江流域，但茶的传入并未引起北方文人的重视。当时江淮以北的中原地区还未种植茶树，也不太饮茶，甚至到了唐代初期，文献记载还称“南人好饮之，北人初不多饮”。

与之相比，茶在长江流域的传播则较为顺畅。汉代已传至中游地区，而在魏晋南北朝时期的下游江浙一带，茶已被作为商品出售，并用于招待客人、郊外宴游、礼制祭祀等活动。从王褒《僮约》“武阳（今四川彭山）买茶”可见，各茶区除草市茶叶交易之外，巴蜀各地已然形成一批诸如“武阳”的茶叶专门集散中心或市场。今天的湖南茶陵也是以其地多茶而得名。由此可见，茶叶生产已经从与重庆、湖北接壤的湖南西部地区，扩展到今湖南东南茶陵周围以及与之相邻的江西地区。茶陵县也是汉茶陵侯的封地，封邑名“茶王城”。茶陵县有茶山、茶水，《史记》载炎帝葬于今湖南炎陵县的“茶山之野”，也称“茶山”。

墨书“槚笥”签牌

丨王宪明　绘，原件出土于长沙马王堆3号墓丨

“槚”或可释为“槚”，是说这件竹笥中盛的就是茶叶。这表明，西汉时这一带不但已经种茶、业茶、尚茶，而且茶业已经发展到一个相当高的阶段。

至三国年间，茶的饮用和生产进一步向东拓展，到了今长江下游的南京和苏州一带。

《吴书·韦曜传》关于“以茶代酒”的最早记载：

皓每飨宴，无不竟日。坐席无能否率以七升为限，虽不悉入口，皆浇灌取尽。曜素饮酒不过二升，初见礼异时，常为裁减，或密赐茶荈以当酒。

三国时的吴国君孙皓，好饮酒，每次设宴，座客至少饮酒七升。韦曜原名韦昭，是孙皓颇为器重的朝臣（后被皓诛），其酒量不过二升，孙皓对他极为优待，经常为其裁减酒量，准其少喝，甚至偷偷赐茶以代酒。

东晋至南朝，茶业与饮茶文化进一步沿长江向下游传播和发展。《吴兴记》所记的乌程（今浙江湖州市），《夷陵图经》所记的黄牛（在今湖北武昌西北）、荆门、女观（在今湖北江陵县北）、望州（在今湖北宜昌市西）等地，都是重要的名茶产地。这一时期，人们饮茶时不但注重对水的选择，而且对茶具的产地、匏瓢（扬水舀汤）的式样、烹茶的火候和汤面等都提出了具体要求。东晋杜育《荈赋》载：“水则岷方之注，挹彼清流。器择陶简，出自东隅。酌之以匏，取式公刘。惟兹初成，沫沈华浮。焕如积雪，晔若春敷。”这是现今文献中有关饮茶用水、茶具、烹煮、茶汤等如何讲究的最早系统记载。

这一时期，有关茶的笔记小说频繁出现。如东晋干宝《搜神记》中记述的夏侯恺死后回家向家人索茶喝的故事；《神异记》中谈到的浙江余姚人虞洪入山遇仙人丹丘子指点采摘大茗的故事；南朝宋刘敬叔《异苑》载有剡县（今浙江嵊州）陈务妻以茶奠飨古冢获报的故事等。

《广陵耆老传》有一则记载：晋元帝司马睿在位时，扬州一老妇每天早晨独自提一个罐子到市上卖茶，路人争相购买，然而从早至晚，老妇罐中之茶都不见减少，她则把茶钱分给路边的孤贫乞人。人们见此事怪异，即将其关进监牢。到了夜里，老妇拿着装茶的罐子从狱中飞了出去。可见晋代茶已成为市场上贩售的商品，饮茶的习俗也已普及到平民阶层。

南朝青釉点褐彩碗与茶托

| 中国茶叶博物馆藏 |

碗口沿一圈点褐彩装饰，器内底刻莲瓣纹。南朝时期，瓷器流行以褐彩作装饰，同时受佛教文化影响，陶瓷上大量出现莲瓣装饰。

两晋南朝时期，在长江中下游地区，茶已不仅限于单纯的日常饮品，而是上升到了对道德、伦理、品格、情操的某种寄托和追求等精神层面。如《晋书》载，晋代吴兴太守陆纳招待卫将军谢安“所设唯茶果而已”，其兄子俶随即又将其私备的珍馐盛馔以宴。谢安去后，纳杖俶四十，怪他“秽吾素业”。东晋权臣桓温“每宴惟下七奠柈茶果而已”。表明至东晋时，面对高门豪族的骄奢淫逸，少数怀揣抱负的重臣，赋予茶节俭的象征，称以茶当酒、茶果代宴为“素业”，倡导以尚茶来戒抑骄奢的社会风气。

茶叶向来被视为圣洁之物，因此还成为人们在祭祀之中表达敬意、祈福和寄托哀思的最好方式和内容。祭祀是指向天神、地祇、宗庙等对象祈福消灾的传统礼俗仪式，是从史前时代起即被创立的传统。祭祀所用的祭品以食物为主，从《礼记·祭统》所记载内容来看，“水草之菹，陆产之醢，小物备矣。三牲之俎，八簋之实，美物备矣。昆虫之异，草木之实，阴阳之物备矣”。凡天之所生，地之所长，均可作祭品之用。由此看来，将茶作为祭品，也是自然之事。

以茶敬供神灵和祭祖祀圣，在民间早已出现，到南朝时发展成为政府推行的一种正式礼制。据唐代李延寿《南史》记载，南朝齐武帝萧赜曾下诏规定太庙四时祭的祭品，“永明九年，诏太庙四时祭，宣皇帝荐起面饼鸭臛，孝皇后荐笋鸭卵脯酱炙白肉，高皇帝荐肉脍葅羹，昭皇后荐茗糤炙鱼。并生平所嗜也”。高皇帝指萧道成，萧赜的父亲，原为南朝刘宋权臣，建元元年（479 年）代宋后改国号为齐。昭皇后是萧赜的母亲，名刘智容，其父刘寿也是刘宋大臣。在祖宗灵位前供奉他们生前喜好的食物是民间习俗，从萧赜开始，此习俗用于王室的祭祀活动。此后，齐武帝为抑制贵族奢靡厚葬之风，在永明十一年（493 年）颁布的遗诏中也明确规定：“我灵上慎勿以牲为祭，唯设饼、茶饮、干饭、酒脯而已”，并强调“天下贵贱，咸同此制”。这也是史籍中所见现存最早的一份由皇帝亲自颁令，有助推动茶业生产和倡导推行茶叶礼制的上谕。

两晋南北朝时期，茶业和茶文化已经有了长足发展。虽然其中很多情况仅限于南方地区，但是茶业和茶文化至少可以视作一种流行于中国南方的区域性行业和文化现象了。

《世说新语》关于“客来敬茶”的最早记载：

任育长年少时，甚有令名。武帝崩，选百二十挽郎，一时之秀彦，育长亦在其中。王安丰选女婿，从挽郎搜其胜者，且择取四人，任犹在其中。童少时神明可爱，时人谓育长影亦好。自过江，便失志。王丞相请先度时贤共至石头迎之。犹作畴日相待，一见便觉有异。坐席竟，下饮，便问人云：“此为茶为茗？”觉有异色，乃自申明云：“向问饮为热为冷耳。”

任育长，年少时风流俊秀，名声极好，但因晋武帝之死或受到战争的刺激，自从跟随晋室过江南渡以后，便神情恍惚、失魂落魄。丞相王导邀请先前南渡的名士一同至石头城（今南京清凉山）迎接他，仍像往日一样对待他，但是一见面就发觉育长有些变化。待安排好坐席之后，献上茶。育长疑惑，便问旁人：“这是茶，还是茗？”发觉旁人表情异常时，便自己申明：“刚才只是问茶是热还是冷罢了。”

可见任育长极重感情，同时他对南方“下饮”表现出不解，其中缘由或许是当时以茶待客的习俗仅限于南方，还未在全国普及；或许当时当地不存在茶与茗的区别问题；又或许如关剑平先生所说，“下饮”既非茶亦非茗，而是酒。虽然对“下饮”所指尚无定论，但将“坐席竟，下饮”视作“客来敬茶”的雏形亦无不可。

第二章

茶国之饭

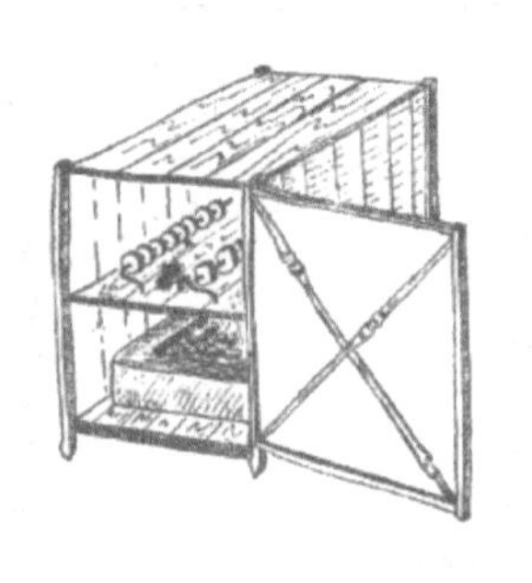

唐代茶的勃兴

中国茶业发展通常有『兴于唐』或『盛于唐』的说法。在禅宗和陆羽《茶经》的助推下，茶业与茶文化在唐代、特别是中唐以后出现了一个飞跃发展。这一时期，北方黄河中下游仍是人口较多且经济、文化发展水平较高的地区，因此北方饮茶的兴盛和普及程度的提高，对南方茶业和全国茶文化的发展与提升，具有积极的促进作用。南北相互促进，协同发展，共同开创了茶成为举国之饮的新局面。

第一节 茶禅一味

禅宗以茶为凭借向世人传递禅机，禅机与茶性相通，禅宗『拈花微笑』与茶的『立时清净』中都透露着无可言说的智慧。佛法存于茶汤，在酽茶三五碗中品得无上禅机，也即茶禅一味。茶与佛教在相互影响和促进下共同发展，最终形成了融合茶与佛教两种文化内涵的茶禅文化。

唐代以前，茶在南方已经颇为流行，但在北方仍发展缓慢，这种局面直到中唐以后才得以改观。唐代杨晔《膳夫经手录》载："茶古不闻食之，近晋宋以降，吴人采其叶煮，是为茗粥。至开元、天宝之间，稍稍有茶，至德、大历遂多，建中已后盛矣。"建中（780—783年）以后，南北茶叶贸易勃兴，"茶自江、淮而来，舟车相继，所在山积""商贾所赍，数千里不绝于道路"。

从"秦人取蜀"至唐开元之前，茶在北方虽已出现了千年之久，但仍未被当作日常饮品。有笔记小说记载：隋文帝年幼时生病头痛，要靠煮茗草方能痊愈，有人竞相采茶进献，期望借此谋求赏赐。可见隋代北方仍不大饮茶，怎么会在开元以后突然出现一个迅速发展的高潮？

这当然有很多原因，比如国家的统一、交通的发达、经济的发展，又或者是前期各种量变的积累导致突然的质变。在这诸多因素中最重要的莫过于人们对茶的需求。茶是一种日常饮品，其发展首先取决于人们的社会生活需求。

唐代开元年间（713—741年），泰山灵岩寺有降魔师向弟子传授禅教。学禅时要求保持头脑清醒，不能打瞌睡，且不能吃晚餐，但是允许饮茶，而饮茶本就可以提神。当时的饮茶方法是把茶叶粉碎后加入调料一同煮沸喝下，类似喝粥，因此又能缓解饥饿感，这就为饮茶的流行提供了契机。此后，人们互相仿效，逐渐将饮茶发展成为一种时尚。

泰山灵岩寺始建于东晋，北魏时已名扬在外，隋文帝曾巡幸于此。唐高宗李治与武则天封禅泰山之时（665年），曾率数千人驻跸寺十天，可见灵岩寺的声名与地位之高。它对禅教传播与饮茶都具有强大的引导力。

唐代长沙窑青釉“茶埦”

| 中国茶叶博物馆藏 |

器型与别的碗无异，碗内底心有“茶埦”二字刻款，是此类型碗作为茶碗的有力证明。

禅教是佛教中禅宗的一支。禅宗讲求人在世俗生活中能够不以物移，保持心性本净，达到自由无碍的境界。安史之乱以后，对于受兵灾危害尤深的黄河流域人民来说，禅宗“顿悟成佛”的理念仿佛是他们惨淡生活中的一束光，令其在失望和麻木中如获攀登天国的云梯。故而，禅宗大盛。

茶作为可以洗涤尘烦的灵物，随同禅宗一起盛行起来，从山东、河北等地区渐渐发展到京城，风行于北方广大城镇和乡间。至天宝和至德年间（742—758年），在西安、洛阳一带，茶已发展成为“比屋之饮”。长庆年间（821—824年），左拾遗李珏称“茶为食物，无异米盐”。不只如此，至大中年间（847—860年），“今关西、山东间阎村落皆吃之，累日不食犹得，不得一日无茶”。

唐代白釉煮茶器 · 河南洛阳出土

| 中国茶叶博物馆藏 |

此系明器，由茶碾、茶炉、茶釜以及茶盏托组合而成。茶碾为瓷质，碾槽座呈长方形，内有深槽。碾轮圆饼状，中穿孔，常规有轴相通。碾槽及碾轮无釉，余皆施白釉。

此外，边茶贸易也越发繁荣，《唐国史补》中就有西番赞普向唐使出示寿州、舒州、顾渚等茶叶的记载；《封氏闻见记》中记有“流于塞外”“回鹘入朝，大驱名马，市茶而归”等史实。可见中唐以后，茶已经成为平民日常的饮品。

与此同时，饮茶在北方的兴盛和普及又刺激了南方的茶叶生产。在与中原交通最为便捷的江淮地区，凡有山的地方都开始种植茶叶，从业者十之七八，且向商品性生产的大型茶园发展。有些名山名寺小规模少量生产的名茶，也因市场的需要，发展为大规模专业性生产。茶叶的产销也形成了专门的主销区域或固定的流向，出现了产有所专、销有所好的产供销系统。这在唐代其他商品贸易中实属少见。

鎏金莲瓣银茶托

| 中国国家博物馆藏 |

茶托宽平沿，浅腹，圈足,平面呈五曲花瓣形，边缘微向上卷。其圈足内刻“左策使宅茶库金涂拓子壹拾枚共重玖拾柒两伍钱一”。同出的鎏金饮茶托共 7 件,其中一件圈足内錾刻“大中十四年八月造成浑金涂茶拓子一枚金银共重拾两捌钱叁分”，另五件刻“左策使宅茶库一”，这些器物形制基本相同，出土于唐长安城平康坊东北隅，为唐宣宗大中十四年（860 年）前后左策使茶库之用具。

禅教与茶之间千丝万缕的关联促使禅僧在寺院内种茶、制茶、饮茶，将茶作为禅修的一部分。禅茶渊源之深还体现在禅教中多有禅师以茶为媒介进行传法以助人禅悟的公案，其中最著名的当属“吃茶去”。

《景德传灯录》《五灯会元》载“吃茶去”公案：

据茶文化学者沈冬梅统计，《景德传灯录》中记录了20多次禅师用“吃茶去”进行传法，或回答关于佛法大义、禅宗真谛等问题。如以下三则。

其一：

虔州处微禅师。……问仰山：“汝名什么?”对曰：“慧寂。”师曰：“那个是慧？那个是寂?”曰：“只在目前。”师曰：“犹有前后在。”对曰：“前后且置，和尚见什么?”师曰：“吃茶去。”

其二：

福州闽山令含禅师，初住永福院。上堂曰：“还恩恩满，赛愿愿圆。”便归方丈。僧问：“既到妙峰顶，谁人为伴侣?”师曰：“到。”僧曰：“什么人为伴侣?”师曰：“吃茶去。”

其三：

明州天童山咸启禅师。……伏龙山和尚来。师问：“什么处来?”曰：“伏龙来。”师曰：“还伏得龙吗?”曰：“不曾伏这畜生。”师曰：“吃茶去。”

《五灯会元》中记录的赵州从谂禅师“吃茶去”公案：

师问新到僧：“曾到此间么?”曰：“曾到。”师曰：“吃茶去!”又问僧，僧曰：“不曾到。”师曰：“吃茶去!”后院主问曰：“师父，为什么曾到也云吃茶去，不曾到也云吃茶去?”师招院主，主应诺。师曰：“吃茶去!”

与“吃茶去”公案相较，“釅茶三五碗”也有着异曲同工之妙。如杭州佛日和尚在夹山善会（805—881年）处参禅遇普茶时，就用到了“釅茶三五碗”：

> 杭州佛日和尚。……一日大普请，维那请师送茶。师曰：“某甲为佛法来，不为送茶来。”维那曰：“和尚教上座送茶。”曰：“和尚遵命即得。”乃将茶去作务处，摇碗作声。夹山回顾。师曰：“釅茶三五碗，意在镬头边。”夹山曰：“瓶有倾茶意。篮中几个瓯。”师曰：“瓶有倾茶意。篮中无一瓯。”便倾茶行之。时大众皆举目。

唐昭宗时，陆希声拜访沩仰宗祖师之一仰山慧寂禅师，慧寂也用“釅茶三五碗”来讲佛法禅意：

> 问：“和尚还持戒否？”师云：“不持戒。”云：“还坐禅否？”师云：“不坐禅。”公良久。师云：“会吗？”云：“不会。”师云：“听老僧一颂：滔滔不持戒，兀兀不坐禅。釅茶三两碗，意在镬头边。”

禅宗初代祖师达摩及第二代祖师慧可

| 王宪明　绘 |

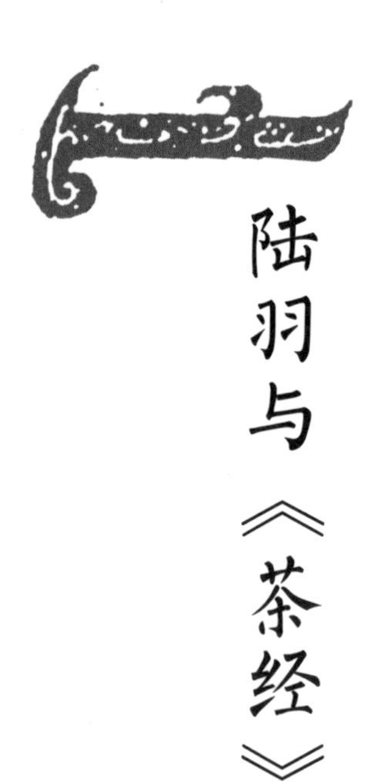

第二节 陆羽与《茶经》

陆羽（733—804年），字鸿渐，复州竟陵县（今湖北天门）人。陆羽生活的年代适逢北方饮茶、南方种茶以及南北茶叶贸易迅速发展的时期。当时社会迫切需要一部能够全面介绍茶叶的著作，他写的《茶经》应时而出，正好填补了这一空白。

据说陆羽是弃婴，因被智积禅师收养，而随智积禅师姓陆。成年以后，再由《易经》卦辞“鸿渐于陆，其羽可用为仪”，得其名和字。至德初年，陆羽因避安史之乱移居江南，上元初隐居苕溪（今浙江湖州）草堂。在湖州隐居期间，他与诗僧皎然、张志和、孟郊、皇甫冉等学者多有交往，又入湖州刺史颜真卿幕下，参与编纂《韵海境源》。《茶经》三卷就是成书于此时。

陆羽博学多闻，涉猎广泛，一生著书颇多，但以《茶经》最著名。《新唐书》称《茶经》一出而“天下益知饮茶”。宋人陈师道在《茶经序》中说：“茶之者书自羽始，其用于世亦自羽始，羽诚有功于茶者也。”

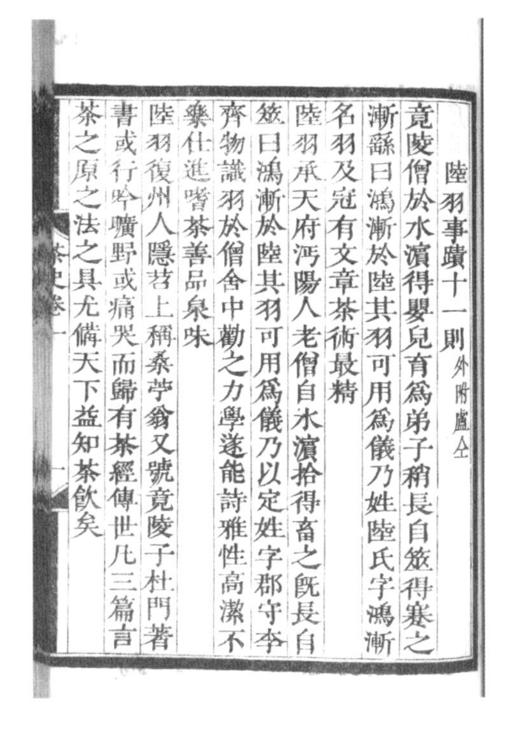
陸羽事蹟十一則 外附盧仝
竟陵僧於水濱得嬰兒育爲弟子稍長自筮得蹇之漸繇曰鴻漸於陸其羽可用爲儀乃姓陸氏字鴻漸名羽及冠有文章茶術最精
陸羽承天府沔陽人老僧自水濱拾得畜之既長自筮曰鴻漸於陸其羽可用爲儀乃以定姓字郡守李齊物識羽於僧舍中勸之力學遂能詩雅性高潔不樂仕進嗜茶善品泉味
陸羽復州人隱苕上稱桑苧翁又號竟陵子杜門著書或行吟曠野或痛哭而歸有茶經傳世凡三篇言茶之原之法之具尤備天下益知茶飲矣
茶史卷一　一

陆羽事迹十一则：清代刘源长《茶史》，兼葭堂藏本

茶神陆羽瓷像线图

| 王宪明　绘 |

陆羽因著《茶经》闻名于世，被誉为茶圣、茶仙、茶神。李肇在《唐国史补》中记载，唐代后期江南就有在茶库里供奉陆羽为茶神的。还有卖茶人将陶瓷做的陆羽像（即茶神像）供在茶社旁，生意好的时候用茶祭祀，也用作赠品，生意不好的时候就用热开水浇灌，正是“买数十茶器得一鸿渐，市人沽茗不利，辄灌注之”。

茶神陆羽所著《茶经》，是唐代记述茶树栽培和茶叶加工方法的专著，也是世界上第一部茶学全书。初稿约完成于上元初年（760 年），此后历经近 20 年的持续修订，至建中元年（780 年）付梓。《茶经》分上、中、下卷，共 10 部分，全文 7000 余字。

茶經卷上

唐竟陵陸羽鴻漸撰

一之源

茶者南方之嘉木也一尺二尺廼至數十尺其巴山峽川有兩人合抱者伐而掇之其樹如瓜蘆葉如梔子花如白薔薇實如栟櫚葉如丁香根如胡桃（瓜蘆木出廣州似茶至苦澀栟櫚蒲葵之屬其子似茶胡桃與茶根皆下孕兆至瓦礫苗木上抽）其字或從草或從木或草木并（從草當作茶其字出開元文字音義從木當作搽其字出本草草木并作茶其字出爾雅）其名

陆羽《茶经》：出自明喻政辑《茶书》（万历四十一年喻政自序刊本）

卷上

“一之源”，论证茶树的起源、名称、性状以及茶叶品质与土壤环境的关系，并简述茶的保健功能等。

“二之具”，罗列茶叶采制所用的工具，详细介绍了唐代采制饼茶所需的十九种工具名称、规格和使用方法。

“三之造”，介绍饼茶采制工艺，成茶外貌、等级和鉴别方法。

景德镇青白瓷陆羽茶器套组

| 摄于中国国家博物馆 |

卷中

“四之器”，介绍煎茶饮茶所用的器具，详细叙述了茶具的名称、形状、材质、规格、制作方法和用途等，在列举茶具的同时也制定了饮茶的规矩和品鉴标准，并对各地茶具优劣进行比较。

茶臼

风炉和茶釜

茶臼、风炉和茶釜

| 中国国家博物馆藏 |

这套白瓷茶具是陪葬用的模型，分别是研碾茶末的茶臼、煎茶用的风炉和茶釜。

卷下

“五之煮”，记载唐代煎茶方法，包括烤茶方法、茶汤调制、煎茶燃料、用水、火候等。

“六之饮”，记载饮茶习俗，叙述饮茶风尚的起源、传播和饮茶方法，并指出当时茶有“粗茶、散茶、末茶、饼茶”等类型。

“七之事”，汇辑陆羽之前有关茶的历史资料、传说、掌故、诗文、药方等，其中引用了三国魏张揖《广雅》中关于制饼茶和饮用方式的记载，为了解唐以前制茶、饮茶方法提供了依据。

“八之出”，将唐代全国茶叶生产区域划分成八大茶区，列举各产地及所产茶叶的品质优劣。

“九之略”，论述在实际情形下，茶叶加工和品饮的程序和器具可因条件而异。

“十之图”，将上述九章内容绘在绢素上，悬于茶室，使得品茶时可以亲眼领略《茶经》内容。

茶經卷下

六之飲

翼而飛毛而走呿而言此三者俱生於天地間
飲啄以活飲之時義遠矣哉至若救渴飲之以
漿蠲憂忿飲之以酒蕩昏寐飲之以茶茶之爲
飲發乎神農氏聞於魯周公齊有晏嬰漢有揚
雄司馬相如吳有韋曜晉有劉琨張載遠祖納
謝安左思之徒皆飲焉滂時浸俗盛於國朝兩
都并荆俞（俞當作渝巴渝也）間以爲比屋之飲飲有觕
茶散茶末茶餅茶者乃斫乃熬乃煬乃舂貯於

瓶缶之中以湯沃焉謂之痷茶或用葱薑棗橘
皮茱萸薄荷之等煮之百沸或揚令滑或煮去
沫斯溝渠間棄水耳而習俗不已於戲天育萬
物皆有至妙人之所工但獵淺易所庇者屋屋
精極所著者衣衣精極所飽者飲食食與酒皆
精極之茶有九難一曰造二曰別三曰器四曰
火五曰水六曰炙七曰末八曰煮九曰飲陰採
夜焙非造也嚼味嗅香非別也膻鼎腥甌非器
也膏薪庖炭非火也飛湍壅潦非水也外熟內

茶經卷下

陆羽《茶经》：出自明喻政辑《茶书》（万历四十一年喻政自序刊本）

陆羽之前，中国饮茶无道，业茶无著。他辑前人所书，汇各地经验，在《茶经》中对迄至唐代茶叶的历史、产地、栽培、采摘、制造、煎煮、饮用、器具、功效以及茶事等都做了扼要的阐述，囊括了茶叶从物质到文化、从技术到历史的各个方面。

《茶经》的问世不但总结了古代饮茶的经验，归纳了茶事的特质，而且奠定了中国古典茶学的基本构架和茶道的规矩，将此前零散的知识和经验，整理、充实成一门系统的学科，构建了较为完整的茶学体系，对后世茶叶著作极具参考价值。其中与农业有关的部分，如种植茶树最适宜的土壤、采摘时期、采茶时对天气和叶质的要求、制茶杀青的方法等，都合乎科学道理，有些原理仍为现代制茶工业所广泛应用。

此外，陆羽撰《茶经》还开创了“为茶著书”的先河，从此以后撰写茶书蔚然成风，皎然撰《茶诀》，张又新写《煎茶水记》，温庭筠撰《采茶录》，毛文锡写《茶谱》。这些茶书共同构建了中国古典茶学的基础。

《茶经》还极大地推动了唐代以后茶叶生产和饮茶文化在国内外的传播，促进了中国与周边民族和世界各国经济、文化的交往，是享誉世界的“茶叶百科全书”。

陆羽《茶经》：出自明喻政辑《茶书》（万历四十一年喻政自序刊本）

第三节 饼茶与煎茶

中国饮茶能够称艺成道，自陆羽《茶经》始。陆羽称茶有粗茶、散茶、末茶、饼茶等类型。现代制茶工艺出现之前，茶叶一直按照是否压制成型分类，具体包括饼茶、散茶、末茶、芽茶。饼茶和散茶相对，饼茶是压成饼的茶，散茶是不压成饼、松散的茶，末茶、芽茶、叶茶都可以归为散茶。饼茶与芽茶、叶茶之间没有明确的分期，而是同时存在。至于朱元璋诏令『罢造龙团，惟令采茶芽以进』，并不是说唐宋时期都喝饼茶，明代以后统一改喝芽茶、叶茶，而只是统治阶层历代传承的一个习惯性规定。又因古往今来，人们对唐宋茶类的关注都在饼茶上，相关文献和茶具珍品大都关于饼茶，给人一种唐宋只喝饼茶的印象。配合饼茶，唐代专有一套茶叶的饮用方法，称为煎茶。

饼茶是将鲜叶经过蒸、压、研、造、焙等程序而形成的一种蒸青紧压茶。唐代以后，饼茶的发展进入繁荣期。陆羽在《茶经·三之造》中详细说明了蒸青饼茶的制作工艺，具体包括采、蒸、捣、拍、焙、穿、封等程序。

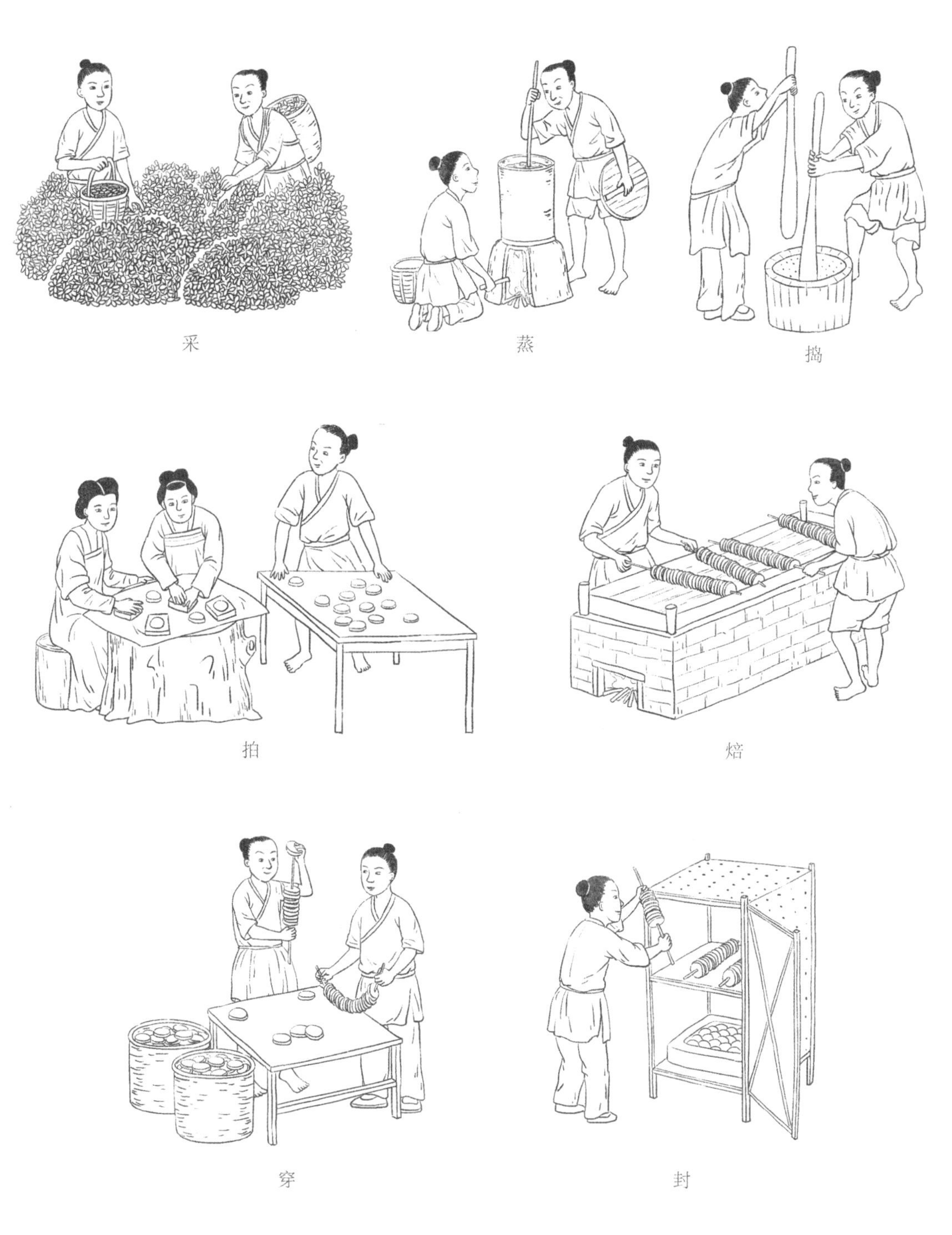

《茶经》记述的饼茶制作工艺图

丨王宪明　绘丨

采

采茶须选在“二月、三月、四月之间”晴而无云之日，“有雨”或“晴有云”时均不采。采茶者需背负竹制的籯以盛放所采鲜叶。籯，或称篮、笼、筥，容量分为五升、一斗、二斗或者三斗。

籯

蒸

鲜叶采摘之后，用甑“蒸之”，即现代制茶工艺中的杀青。甑为木质或陶制，甑内用竹篾系着一个篮子状的箄。蒸茶时，将芽叶置于箄中，蒸好后将芽叶取出摊散，以免汁液流失。

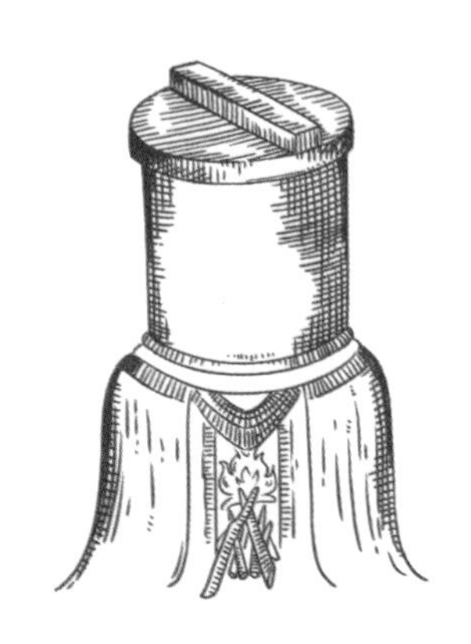

灶、釜、甑

捣、拍

将蒸过的茶叶用杵臼（或称碓）捣碎，然后用具有各种花纹、形状的铁制模具规（或称模、棬），在石制的承（或称台、砧）上拍压成型。拍压造茶时需要将油绢等材料制成的襜（或称衣）置于承上，再将规置于襜上，以便茶饼成型后“举而易之”。皮日休曾作《茶具十咏》，其中《茶舍》一篇有“乃翁研茗后，中妇拍茶歇”之句。说明唐代茶户制茶也不全是男人的事，如果男女共同制茶还会有所分工，如捣掘茶叶的力气活由男人干，用模具把茶拍压成型是精细活，适于女人做。

规和承

焙

茶饼拍压成型后需“焙之”。“焙”，即为干燥，分为初焙和烘干两道程序。初焙是将拍好的茶坯放置于竹编的芘莉（或称篣子、筹筤）上进行初步烘干，然后用锥刀（或称棨）将初焙过的茶饼穿孔，并用竹鞭（或称扑）或竹贯穿好后挂于木制的棚（或称栈）上进一步干燥。

穿、封

待茶饼干燥之后，将其用竹或树皮搓成的绳索穿好，置于育中予以保存。育，是指编有竹篾、糊有纸的木质框架，上有盖、中有隔、下有底，旁边有一扇可以开闭的门，中间有一个可以盛放热灰火的容器。热灰火，即没有火焰的暗火，用这种暗火焙茶，有利于保持较低的温度。

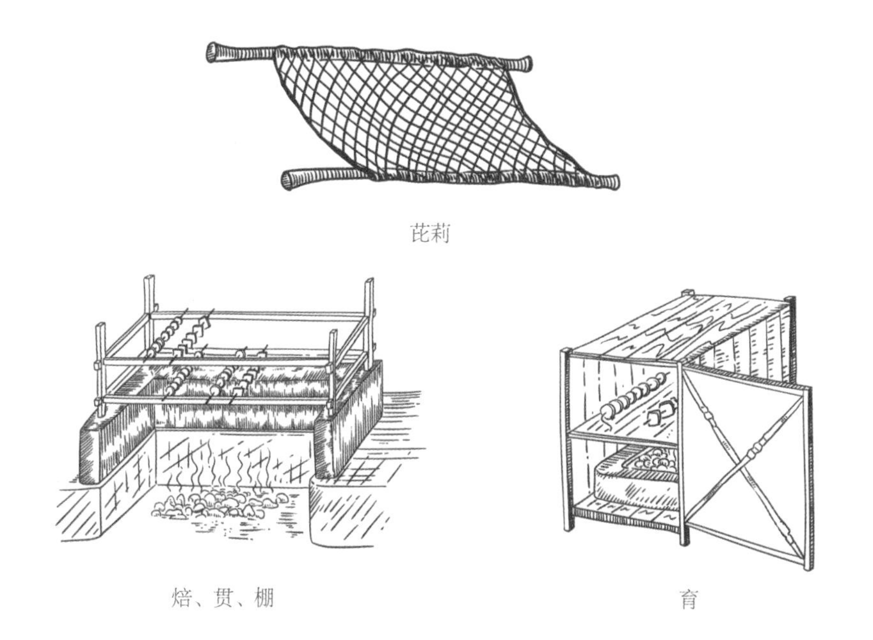

芘莉

焙、贯、棚　　育

丨〇三二至〇三三插图由王宪明按吴觉农《茶经述评》所列绘制丨

配合饼茶，唐代专有一套茶叶的饮用方法，称为“煎茶”。煎茶法的主要程序有择水、备器、炙茶、碾茶、罗茶、煮茶和酌茶等。

择水

俗话说，水为茶之母。水在激发茶叶品质方面具有极大功用，好品质的水具有弥补茶叶本身不足的功能，而低品质的水则会对茶品造成不利影响。对于烹茶之水的认知，历代茶叶著作中均有相关记载，且其中观点大多依然为今人所认同。至于如何择水、品水等具体内容，将在第四章的“品鉴艺术”一节加以说明，此处不赘述。

备器

在陆羽《茶经·四之器》中列出了 28 种煮茶和饮茶器具，中国现代茶业奠基人吴觉农先生将其分为 8 个类别，分别是生火用具，煮茶用具，烤茶、碾茶和量茶用具，盛水、滤水和取水用具，盛盐、取盐用具，饮茶用具，盛器和摆设用具以及清洁用具。

炙茶

炙烤茶饼时，将茶饼夹住，靠近火焰，并时时翻转，至茶饼上出现如“虾蟆背”状的泡，然后离开火焰五寸[1]，待卷缩的茶饼逐渐舒展开以后，再按照上述方法烤炙一次。焙干的茶饼需烤至水汽蒸发，晒干的茶饼则烤至柔软即可。烤茶期间，需保持火焰稳定，以免使茶饼受热不匀。烤好之后的茶饼需要趁热放入纸袋中保存，以免茶香散失，待冷却后再行碾磨。经过炙烤的茶饼既有利于碾磨成末，又能有效消除茶饼的青草气，从而激发茶香。

---

1 1 寸=3.33 厘米。

风炉：煮茶小火炉

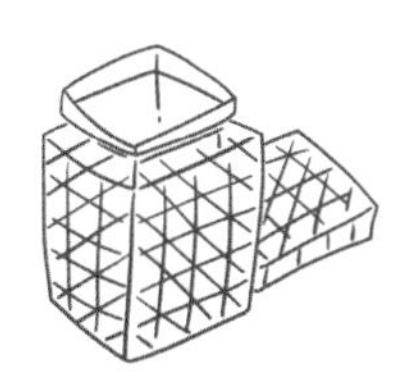
筥：放风炉的器具

炭檛：敲碎木炭用

火筴：取风炉中的炭

鍑：用以煮水

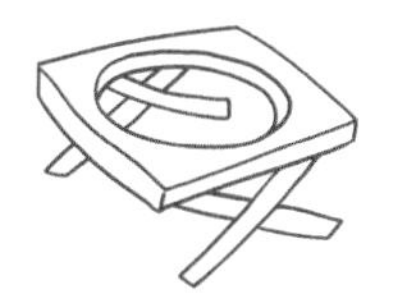
交床：固定鍑于风炉

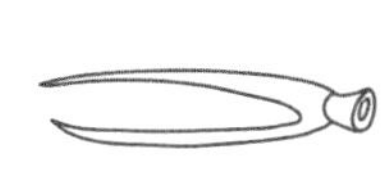
竹筴：击打茶汤

夹：夹茶饼炙茶

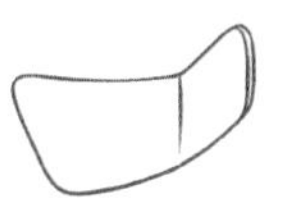
纸囊：包装烤好的茶饼

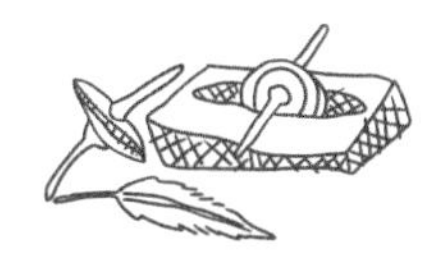
碾、拂末：用以碾茶和清理茶末

罗合：用于筛茶，储存茶末

则：度量茶末

水方：用以储生水

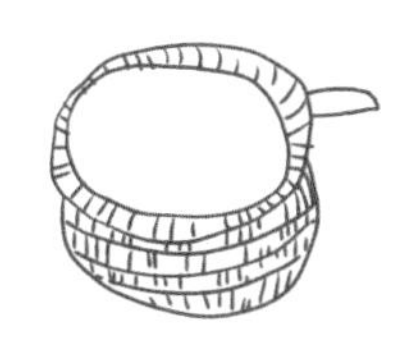
漉水囊：过滤水

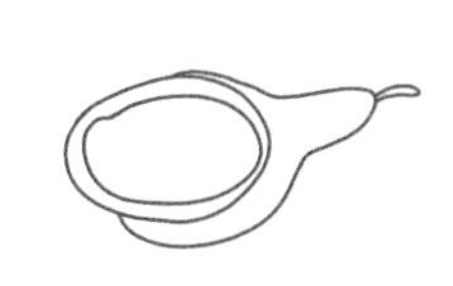
瓢：盛水用具

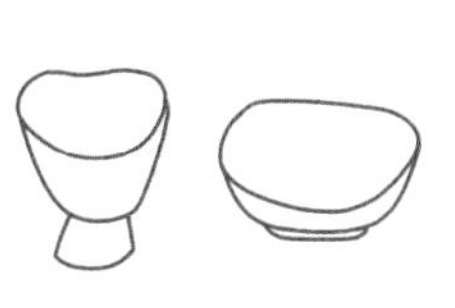
熟盂：盛放熟水

鹾簋：盛放盐花

碗：品茗饮茶

札：清洁器物

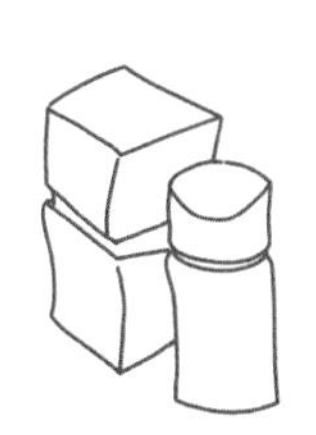
畚：储藏茶碗

具列：盛放茶具

都篮：盛放茶具

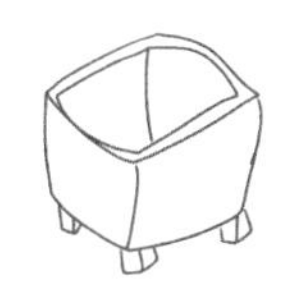
涤方：储洗涤水

滓方：盛放茶渣

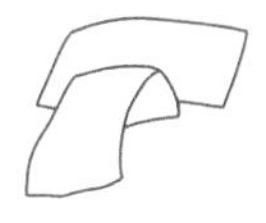
巾：擦拭器物

煮茶和饮茶器具：按陆羽《茶经·四之器》所列绘制

丨王宪明　绘丨

生火用具：风炉、筥、炭檛、火筴。煮茶用具：鍑、交床、竹筴。烤茶、碾茶和量茶用具：夹、纸囊、碾、拂末、罗合、则。盛水、滤水和取水用具：水方、漉水囊、瓢、熟盂。盛盐、取盐用具：鹾簋。饮茶用具：碗、札。盛器和摆设用具：畚、具例、都篮。清洁用具：涤方、滓方、巾。

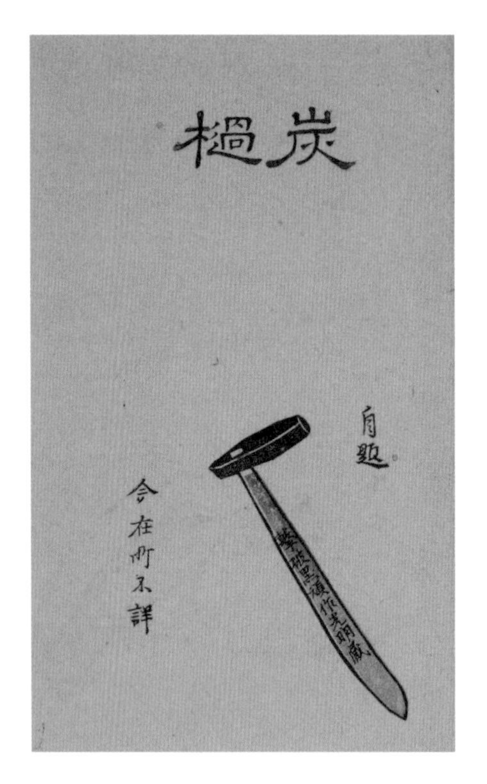

炭檛：[日] 木孔阳《卖茶翁茶器图》，19 世纪中期

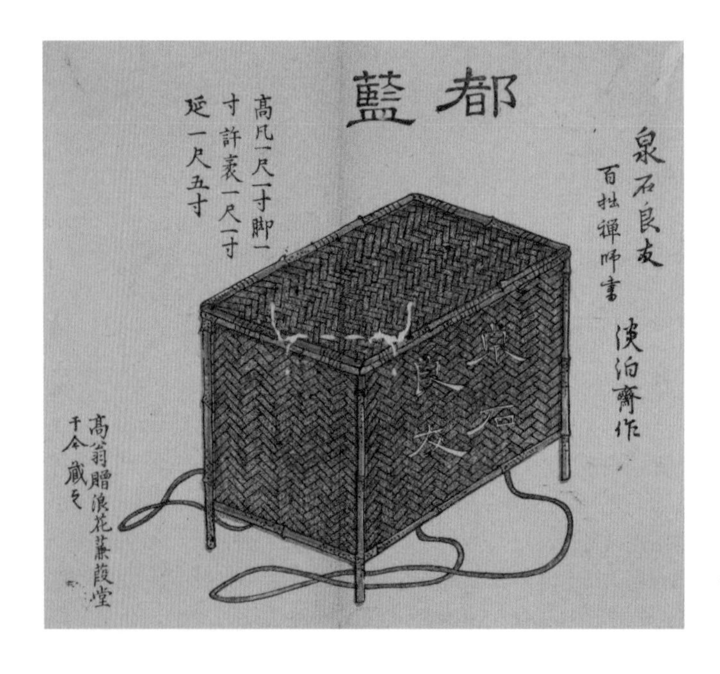

都篮：[日] 木孔阳《卖茶翁茶器图》，19 世纪中期

碾茶、罗茶

碾茶，是指将冷却好的茶饼用茶碾碾成末状。唐代茶碾的材质以木为主，虽然亦不乏金属材质，如法门寺出土的“鎏金鸿雁流云纹银茶碾”，但毕竟仅属于皇家使用之物，不曾普及至民间。直至宋代才发展成以银、熟铁等金属或石料等材料制作茶碾。材质的改变使碾茶程序更加可控。

碾好的茶末需用罗合筛储。罗，罗筛；合，即为盒。罗筛，是将剖开的大竹弯曲，并蒙上纱或绢制成。茶末透过绢纱的网眼，然后落入合中。《茶经》对绢、纱经纬间网眼的大小没有确切表述，茶末的标准则可从“碧粉缥尘，非末也”“末之上者，其屑如细米；末之下者，其屑如菱角”来判断。

法门寺鎏金仙人驾鹤纹壶门座茶罗

鎏金壶门座茶碾

《茶经》载：“碾，以橘木为之，次以梨、桑、桐、柘为之。内圆而外方。内圆备于运行也，外方制其倾危也。内容堕而外无余。堕，形如车轮，不辐而轴焉。长九寸，阔一寸七分[1]，堕径三寸八分，中厚一寸，边厚半寸，轴中方而执圆。其拂末以鸟羽制之。”

“碾，以银为上，熟铁次之。生铁者，非掏炼槌（锻）磨所成，间有黑屑藏于隙穴，害茶之色尤甚。凡碾为制，槽欲深而峻，轮欲锐而薄。槽深而峻，则底有准而茶常聚；轮锐而薄，则运边中而槽不戛。”

1　1分=0.33 厘米。

煮水、煮茶

煮水、煮茶在“鍑”中进行。鍑，无盖，外形似釜式大口锅，并带有方形的耳、宽阔的边，以及底部中心为扩大受热面而设置的凸起部分，即“脐”。这种无盖、大口的设计对观察、辨别水和茶汤的火候极为有利，但同时也存在易被污染的缺陷。鍑的体积很小，容量为3~5升，可供十余人之饮。

唐代巩县窑黄釉风炉及茶釜

| 中国茶叶博物馆藏 |

《茶经》载关于煮水最重火候的“三沸”说：

其沸，如鱼目，微有声，为一沸；缘边如涌泉连珠，为二沸；腾波鼓浪，为三沸。已上水老不可食也。初沸，则水合量，调之以盐味，谓弃其啜余，无乃衉槛而钟其一味乎？第二沸出水一瓢，以竹筴环激汤心，则量末当中心而下。有顷，势若奔涛溅沫，以所出水止之，而育其华也。

首先，将水烧开至“沸如鱼目，微有声”的程度，即“一沸”；然后加入适量的盐调味，再烧至“缘边如涌泉连珠”，即“二沸”，并舀出一瓢水待用；用“竹筴”在水中转动至出现水涡，然后用“则”量取茶末，放入水涡之中，烧至“腾波鼓浪”，即“三沸”；在茶汤出现“奔涛溅沫”的现象时，将第二沸舀出的水倒入茶汤，降低水温、抑制沸腾，从而孕育沫饽。也就是说，前两次沸腾均为煮水，而第三次沸腾才为煮茶，待茶汤再度沸腾之后，即可进入酌茶程序。

酌茶

在第一次水沸时，将水面上出现的一层色如“黑云母”、滋味“不正”的水膜去除。酌茶时，舀出的第一瓢为“隽永”，需置于熟盂中保存，以备孕育沫饽、抑制沸腾之用，然后再将茶汤依次酌入茶碗。

沫饽是茶汤的精华，酌茶时需注意使各碗中的沫饽均匀，以确保茶汤滋味一致。通常情况下，煮一升水可酌五碗茶汤，其中前三碗滋味最好，但也次于“隽永”，至第四、第五碗就不再值得饮用了。

酌茶所用的茶碗（即茶盏），敞口、瘦底、碗身斜直，色泽以越窑的青色最衬饼茶的淡红汤色，因此陆羽在《茶经》中称赞越瓷“类玉”“类冰”，可使茶汤呈现绿色，极具欣赏价值。

唐代越窑青釉带托盏

| 中国茶叶博物馆藏 |

由托及盏组成一套。碗直口，深腹，圈足。托圆唇口，大折沿，内凹以承盏，宽圈足。灰白胎，釉色青中带黄。唐代越窑分布区越州一带也是重要的产茶区，因此越窑也生产大量的茶具，仅茶盏托的造型就达十多种，这只是其中一种。

第四节

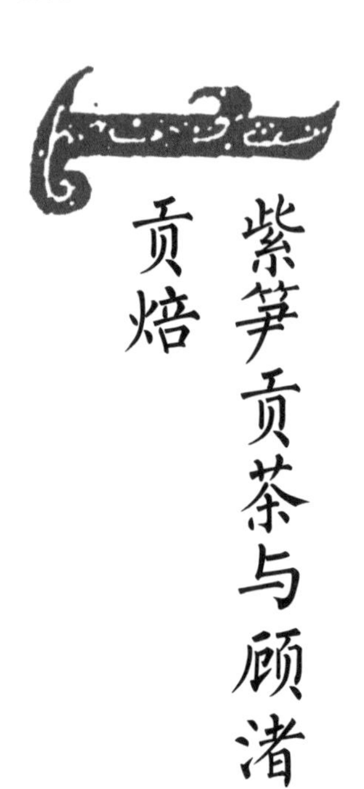

紫笋贡茶与顾渚贡焙

中国自古就有臣民或属国向朝廷进献物品的传统。《尚书·禹贡序》记载，「禹别九州，随山浚川，任土作贡」，是说大禹依据九州土地的具体情况，制定各地进献物品的品种和数量。贡品通常为地方土产，而茶作为南方特产，自然也被列为贡品。到了唐代，随着贡茶生产专业化发展，出现了由官方直接管理、专门督造贡茶的贡焙。

作为贡品的茶叶，也就是“贡茶”，既是臣属向君主进献的茶叶，也是赋税的一种形式。贡茶约始于汉代或更早时期，起初仅仅是作为一般意义上的土产，由地方政府进献给帝王，不做强制性的数量、质量等规定。

自唐代开始，贡茶逐渐被制度化，发展成为“定地、定时、定额，甚至定质地、品级”的特定意义上的贡茶。生产贡茶的州府数量和贡茶生产数量均大幅增加。与此同时，贡茶生产渐趋专业化，不仅设立专门督造贡茶的贡焙机构，而且由官方进行直接管理，即“贡焙”。如宜兴和长兴交界处的顾渚贡茶院，即是为督造紫笋贡茶而在唐大历五年（770 年）专门设立的。

紫笋贡茶，也称阳羡茶。阳羡是宜兴的旧称，从六朝时期开始即为著名茶产区，至唐代所出产的阳羡茶又称紫笋茶，品质极佳，“芬香甘辣，冠于他境”。陆羽认同阳羡茶的卓越品质，因而建议常州太守李栖筠将其进贡于朝廷。李栖筠接受了陆羽的建议，将阳羡茶列为贡茶进上。随着入贡数量逐年增加且渐成惯例，朝廷在宜兴特别修建“茶舍”，以供采办阳羡贡茶专用。阳羡茶区因此成为唐代盛极一时的贡茶采制地，整个山坞上下种满茶树，而且为了使一个个茶园能够清楚分界和便于生产，还通过种植芦苇为标志加以隔离。李栖筠所置“茶舍”则成为中国历史上的第一个贡焙之所。每年清明之前，阳羡茶的采办工作即在这里展开，制成的贡茶日夜兼程送至长安，以确保赶上朝廷每年举行的“清明宴”。因此，当时阳羡茶又称“急程茶”。

由于阳羡茶每年的生产任务过重，大历五年（770年），代宗李豫又在长兴顾渚专设贡茶院。最初设于顾渚虎头岩后的“顾渚源”，共建草舍三十余间，后因刺史李词嫌其简陋狭窄，造寺一所，进行扩建。

紫笋贡茶

| 王宪明　绘 |

湖州与常州分贡紫笋茶之初，都想先对方一步贡达京城，因此存在争贡的情况。但是春茶采制受季节限制，如果提前采摘芽叶，势必因原料生长期不足影响成茶品质。两州刺史沟通后达成共识，每年茶汛季节，常、湖两地刺史在两县相交的啄木岭境会亭集会，与朝廷特派的监督人员共同监制贡茶，以杜绝两州争先争贡的情况。后来，顾渚贡茶院规模更大，宜兴所产之茶大多转至顾渚贡焙加工，宜兴茶舍也就逐渐荒废。唐代许有谷在《题旧茶舍》中还说，“陆羽名荒旧茶舍，却教阳羡置邮忙”。

今天，在宜兴与长兴交界的悬脚岭北峰和南峰下，仍可见沟通阳羡与顾渚两大茶区的贡茶古道。古道分为两段，分处宜兴和长兴境内，古道路面以小石板和块石铺成，道旁留存有唐以降的历代瓷片，见证着贡茶古道曾经的辉煌。湖、常二守会面的境会亭和广化桥以南古道路段上的头茶亭和中凉亭等，是唐代贡茶和贡焙的重要遗迹。

入宋以后，历史气候由温暖期转入为寒冷期，茶树生长受其影响，发芽开采日期随物候推迟而延后，使得紫笋贡茶无法赶在清明之前送至都城，以供皇帝的大祭“清明宴”之用。宋太宗继位后，遂将贡焙由顾渚南移至福建建安。中国贡茶即茶类生产的技术中心，也随之由江浙转移到闽北。

太平兴国二年（977 年），北苑正式“始置龙焙，造龙凤茶”，阳羡茶则“自建茶入贡，阳羡不复研膏”。然而，阳羡茶并未就此没落，从此由传统的饼茶生产向散茶、末茶、芽茶、叶茶方向转变，其贡焙地位虽被北苑取代，但从宋至明清时期，阳羡紫笋茶一直都是知名的贡茶品种。

茶虽美，但贡茶制度对当地茶农造成的压迫与剥削却是不容忽视的。时任浙西观察使的袁高，因督造贡茶目睹贡茶扰民之害，赋《茶山诗》一首，随贡茶附进以谏。袁高在诗中高呼“茫茫沧海间，丹愤何由申”，以抒发心中对贡茶制度之苦的怨愤，以期革除民害，宽政恤民，重振国家。

而被公认为历代茶诗中最佳作品的“七碗茶”，其内容是卢仝《走笔谢孟谏议寄新茶》（也称《茶歌》）诗中的一段。卢仝性格耿直，终生不仕，韩愈任河南令时对他颇为厚遇。卢仝在《茶歌》中轻松笑说阳羡七碗茶，先描述了“两腋习习清风生”的意象，紧接着以“安得知百万亿苍生，命在墜巅崖受辛苦；便为谏议问苍生，到头还得苏息否”四句收篇，直诉百姓贡茶的艰辛，指问苍生何时能获苏息。

《七碗茶歌》

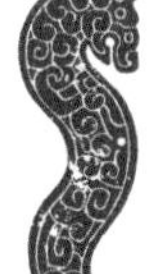

被公认为历代茶诗中的最佳作品：

一碗喉吻润，两碗破孤闷，

三碗搜孤肠，唯有文字五千卷。

四碗发轻汗，平生不平事，尽向毛孔散。

五碗肌骨清，六碗通仙灵，

七碗吃不得也，唯觉两腋习习清风生。

蓬莱山，在何处，玉川子，乘此清风欲归去。

第三章

古典极致

宋元茶的转型

宋元时期是中国茶业和茶文化发展史上具有较多重大改革的阶段，主要表现在以下两个方面：一是团饼贡茶的生产及品饮艺术发展到了极致；二是茶类生产完成了以饼茶为主到采造散茶为主的转变，即由古典向传统的转型发展。

第一节 饼茶向散茶的转变

茶是中国特产，不但最初为中国所独有，其产制、利用也有不同于其他产业和文化的特别之处。比如饼茶（紧压茶）与散茶，特别是芽茶、叶茶的差异，前者必须是敲碾粉碎然后才能煮饮，后者则可直接以开水冲泡。中国近代茶业和茶文化不是基于饼茶的传承与发展，而是后来的散茶。因此中国茶业历史分期的古代阶段可以一分为二，即以饼茶为主的『古典』时期和以散茶为主的『传统』时期。由『古典』向『传统』的转变，正是宋元时期中国茶业最为明显和重要的改革。

茶作为饮品，其加工方法最初是将茶树鲜叶通过蒸、捣等工序，然后压制成型，成为一种蒸青饼茶。这种制茶方法在秦人攻取巴蜀之后逐渐向外传播，大约在三国甚至汉代以前，以生产和饮用饼茶为主的格局逐渐在长江流域形成。饼茶在唐代以后繁荣发展，宫廷和民间所制、所饮大多为饼茶。到了唐代中期或后期，饼茶的制作工序一方面更加精细化，至宋代发展到极致；另一方面则有所简化，只蒸不研、研而不拍的散茶发展起来。到了五代末年，特别是入宋以后，饼茶改制散茶的趋势已成。

宋代饼茶也称为“片茶”，其焙制方法基本承袭唐代，只是在技术上有所改进。唐代将蒸好的茶叶捣碎时用的是杵臼，完全手工操作，费时费力，而宋代则普遍改用碾，而且可以通过水力驱动。以水力磨出的茶叶称为“水磨茶”。相较人工用杵臼捣碎，水磨茶省时省力，而且能保证质量，降低成本，因此水磨的使用在短短几十年间就遍及全国。不仅茶户自发开设磨茶坊，连官府也修置水磨，垄断磨茶之利。至北宋末年，水磨的使用已经相当广泛，不只用于磨茶，而且还用于破麦、磨面等粮食加工业，是宋代社会生产力发展水平的具体体现。

元代水磨线摹图：按《王祯农书》插图绘制

| 王宪明　绘 |

除以水磨代替杵臼进行捣茶，宋代制茶工艺的另一突出成就体现在北苑贡茶的研膏和拍制方面，尤其是贡茶的“饰面”，堪称艺术品。

北苑贡茶研膏是在蒸茶之后、拍制之前，把叶状的茶叶进行研磨。研磨的过程中要反复加水，因此称为研膏。研膏时，加多少次水，都有讲究。从加水研磨直到水干，称为“一水”。这一过程重复次数越多，茶末就越细，茶的品质也就越高，点茶的时候效果也就越好。北苑贡茶对研茶这道工序要求非常高，顶级的龙团胜雪研茶工序要十六水。

“拍”则是将研好的茶末装入茶笵，即模具，然后拍打使其成型。宋代制作饼茶的茶笵小巧玲珑，笵体纹样丰富，用于制作贡茶的茶笵更有“龙凤呈祥”款式，精致至极。如北苑贡焙所造的贡茶形制有方形、圆形、半圆形、椭圆形、花瓣形、多边形等；饰面图

龍團勝雪
水芽 十六水 十二宿火 正貢三十銙
續添二十銙 創添六十銙
白茶
水芽 十六水 十宿火 正貢三十銙
續添五十銙 創添八十銙
御苑玉芽
水芽 十二水 八宿火 正貢一百片
萬壽龍芽

宋代赵汝砺《北苑别录》，出自明喻政辑《茶书》
（万历四十一年喻政自序刊本）

案有龙、凤、云彩、花卉等。贡茶名称十分高雅别致，如“龙园胜雪”“御苑玉芽”“万寿龙芽”“乙夜清供”“承平雅玩”“龙凤英华”“瑞云翔龙”“太平嘉瑞”“龙苑报春”等。

熊蕃在北宋末年撰《宣和北苑贡茶录》，其中描绘了当时贡茶的名称和形制图案。这些贡茶外观精美，制作精细，价格昂贵。仁宗时，蔡襄制成“小龙团”，一斤值黄金二两。时称“黄金可有，而茶不可得”。这些贵如黄金的贡茶仅供帝王和贵族阶层享用。

制作贡茶带有一定的强制性。官茶园中的采茶工匠境遇悲惨，要在“监采官人”的催促下从事劳动，击鼓集合，领牌进山，鸣锣收工，管理严格，不仅十分辛苦，还常有被老虎吃掉的危险。官茶园对研茶工人的要求更是非常苛刻，甚至需要剃光头发、胡子，导致制茶工人十分抵触。官焙贡茶本来就不具备商品属性，过度追求极致导致其发展愈发畸形，最终走向衰落。

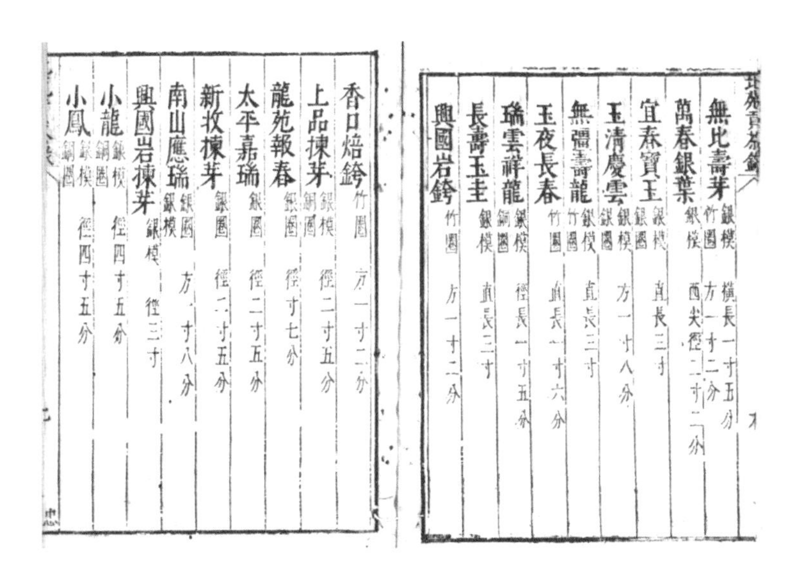
無比壽芽 銀模 竹圈 横長一寸五分 方一寸二分
萬春銀葉 銀模 兩尖徑二寸二分
宜春寶玉 銀模 銀圈 直長三寸
玉清慶雲 銀模 銀圈 方一寸八分
無疆壽龍 銀模 竹圈 直長三寸
玉夜長春 竹圈 直長一寸六分
瑞雲翔龍 銀模 銅圈 徑長一寸五分
長壽玉圭 銀模 直長三寸
興國岩銙 竹圈 方一寸二分

香口焙銙 竹圈 方一寸二分
上品揀芽 銀模 銅圈 徑二寸五分
龍苑報春 銀圈 徑寸七分
太平嘉瑞 銀圈 徑二寸五分
新收揀芽 銀圈 徑二寸五分
南山應瑞 銀圈 銀模 方一寸八分
興國岩揀芽 銀模 徑三寸
小龍 銀模 銅圈 徑四寸五分
小鳳 銀模 銅圈 徑四寸五分

《宣和北苑贡茶录》：出自宋代熊蕃撰，熊克增补，明喻政辑《茶书》
（万历四十一年喻政自序刊本）

龙园胜雪
竹圈 银模
方一寸二分[1]

白茶
银圈 银模
径一寸五

御苑玉芽
银圈 银模
径一寸五分

万寿龙芽
银圈 银模
径一寸五分

雪英
银圈 银模
横长一寸五分

云叶
银模 银圈
横长一寸五分

蜀葵
银模 银圈
径一寸五分

金钱
银模 银圈
径一寸五分

玉华
银模 银圈
横长一寸五分

1 1分=0.1寸。

寸金
银模 竹圈
方一寸二分

无比寿芽
银模 竹圈
方一寸二分

万春银叶
银模 银圈
两尖径二寸二分

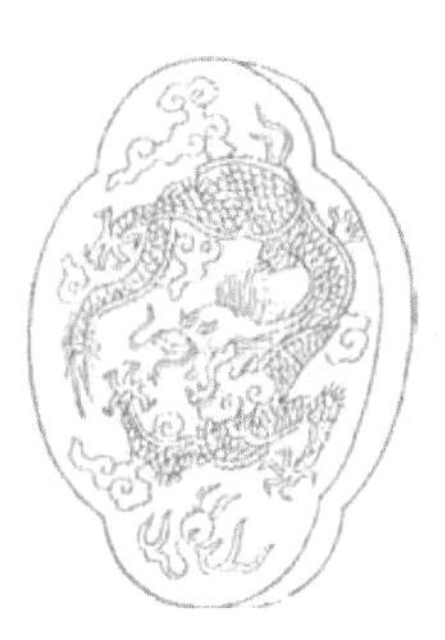

宜年宝玉
银模 银圈
直长三寸

玉庆清云
银模 银圈
方一寸八分

无疆寿龙
竹圈 银模
直长三寸六分

瑞云翔龙
银模 铜圈
径二寸五分

长寿玉圭
银模 铜圈
直长三寸

上品拣芽
银模 铜圈
径二寸五分

北宋末年贡茶的名称和形制图案：《宣和北苑贡茶录》，宋代熊蕃撰，熊克增补，清代汪继壕按校

新收拣芽
银模 铜圈
径二寸五分

太平嘉瑞
银模 铜圈
径一寸五分

龙苑报春
银模 铜圈
径一寸七分

南山应瑞
银模 银圈
方一寸八分

兴国岩拣芽
银圈 银模
径三寸

小龙
银圈 银模

小凤
银模 铜圈

大龙
银模 铜圈

大凤
银模 铜圈

北宋末年贡茶的名称和形制图案：《宣和北苑贡茶录》，宋代熊蕃撰，熊克增补，清代汪继壕按校（续图）

为了适应广大人民的饮茶需求，制茶工艺更为简化、成本更加低廉的散茶迅速发展起来，并逐渐取代了饼茶的主导地位。唐以前虽然已存在蒸青、炒青和末茶，但人们生产和饮用的主要茶类还是饼茶。入宋以后，茶叶生产制度上出现了改繁就简的发展趋向。最明显的就是唐和五代时期制作的饼茶——顾渚紫笋，在贡焙南移建安后即“不复研膏”，改为专门生产“草茶”。当然，这种改制并非朝廷之命，而是茶农据市场需求自行决定。所以北宋中后期的诗文中有关草茶的记载虽然越来越多，但真正较为明显的改制是到南宋时，散茶、末茶才较快发展起来并逐步替代饼茶。到宋末元初，饼茶只保留贡茶属性，在民间已经很少见了，茶业正式转变为以生产散茶为主的局面。由于散茶未经拍压成型，烹煮之前无须炙烤、研磨，极大简化了烹煮程序，且成本更低，直至元代散茶价格仍普遍低于饼茶。

茶类改制适应了社会需求，促进了茶叶产销，从而推动了茶叶零售系统的完善，这从当时城镇急剧增多的茶馆可见。在北宋汴京的闹市和居民聚集区，各类茶坊鳞次栉比。除白天营业的各类茶馆外，还有如《东京梦华录》所记的，“茶坊每五更点灯，博易买卖衣服图画、花环领抹之类，至晓即散，谓之鬼市子”，且出现了晨开晓歇和专供夜游的特色茶馆。南宋行都临安（今杭州）的茶馆较汴京尤有过之。《都城纪胜》载：“大茶坊张挂名人书画，在京师只熟食店挂画，所以消遣久待也。今茶坊皆然。”至北宋后期，茶馆除卖茶，还卖奇茶异汤，冬月添卖七宝擂茶，暑天添卖雪泡梅花酒等，景况繁荣。南宋临安还出现了各色专营茶店。《都城纪胜》《梦粱录》中记载的茶馆类型有茶楼、人情茶坊、市头、水茶坊、花茶坊等。除茶馆外，街头还有车推肩担流动或固定的茶摊，更有走街串巷“提茶瓶沿门点茶”者。宋代茶业发展的繁盛程度可想而知。

第二节 宋徽宗与《大观茶论》

宋神宗第十一子赵佶（1082—1135年），是北宋第八位皇帝，庙号徽宗。他亲自操持饮茶程序，示范茶艺，发展出一套上层社会雅致的饮茶之道，并著成《茶论》。此书原名《茶录》，明初陶宗仪《说郛》收录该书全文时，因其著于大观年间（1107—1110年），故改称《大观茶论》。《大观茶论》正文20篇，分为地产、天时、采择、蒸压、制造、鉴辨、白茶、罗碾、盏、筅、瓶、杓、水、点、味、香、色、藏焙、品名、外焙。

宋徽宗的《大观茶论》对北宋时期蒸青饼茶的产地、采制、烹试、品质、斗茶风尚等均有详细记述，且颇为讲究。如“采择”篇中要求在初春气温不高时采茶，且要赶在日出之前的清晨，以免太阳出来露水蒸发，茶芽不肥润。采茶要用指甲，不能用手指，以免茶叶在采摘过程中受到物理伤害，且不被手指的汗渍污染。很多采茶工人都随身携带干净的水，随即将采下的茶芽投入水中，以保持鲜洁。徽宗认为，所采茶芽“如雀舌谷粒者为斗品，一枪一旗为拣芽，一枪二旗为次之，余斯为下茶”，而且要对采下的鲜叶进行分拣，剔出不符合要求的芽叶。

徽宗对白茶情有独钟，特作“白茶”篇。只是徽宗所指白茶不同于现代制茶工艺中经过萎凋和干燥处理的白茶，而指茶树品种，以现代生物学观点解释，则是一种由基因变异导致的白化品种。徽宗认为白茶自为一种，与常茶不同，枝条柔软，叶片轻薄且颜色泛白，是被偶然发现，而非人力干预所得。白茶数量极少，茶树不过一二株，通常只能造二三胯[1]，且极难蒸焙。如果茶制得好，就会表里明彻清亮，如璞玉一般，茶品无与伦比。

《大观茶论》中充满了徽宗对茶的实践经验和心得体会，见解精辟，论述深刻，反映了北宋以来中国茶业的发达程度和制茶技术的发展状况。《大观茶论》中关于点茶的记述为宋代茶道留下了珍贵的文献资料。点茶是流行于宋元时期的一种烹茶方式。点茶所需的工具主要有茶碾、茶磨、茶罗、汤瓶或铫、茶盏、茶匙、茶筅等。时人审安老人撰《茶具图赞》，列茶具十二种，并以拟人的方式为每种茶具命名，称“十二先生”，同时绘制了图画以释其形制、用途。

北宋赵佶《文会图》局部线图

| 王宪明　绘 |

1 胯：又称“铐”，古代附于腰带上的扣版，作方、椭圆等形，宋代用作计茶的量词，又用以指称片茶、饼茶，也写作“夸”。

韦鸿胪，是用植物或者动物皮毛编织的茶焙、茶篓。

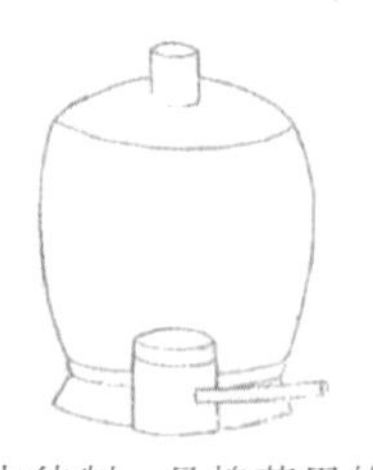

木待制，是捣茶用的茶臼。

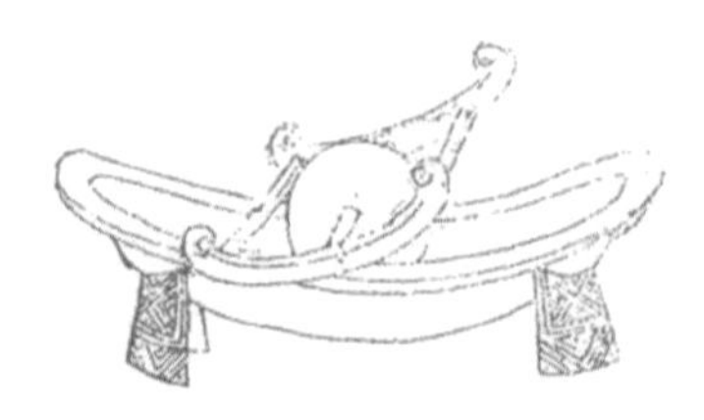

金法曹，即茶碾，金属钝器，用于把茶碾成细末。

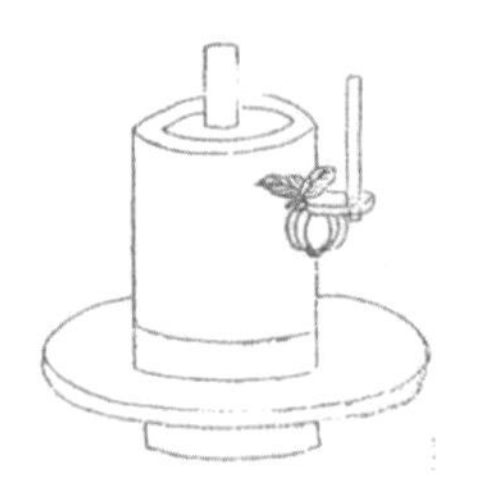

石转运，即茶磨，磨茶的工具，常用青石制之。

汤提点，是点茶所用的汤瓶。

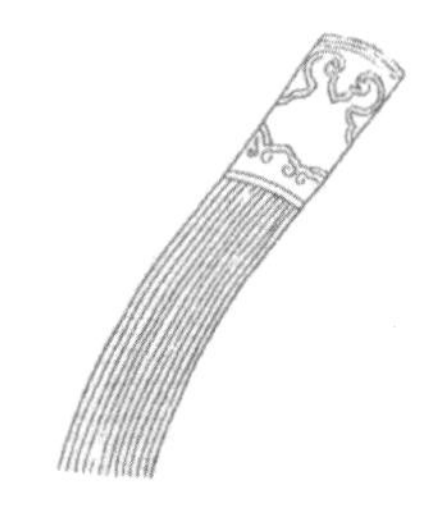

竺副帅，即茶筅，用以搅拌茶末。

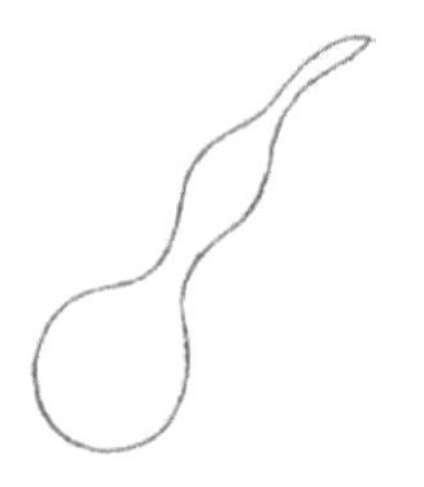

胡员外，即茶瓢，由葫芦制成，“员外”暗示“外圆”，具舀水功能。

司职方，即茶巾。

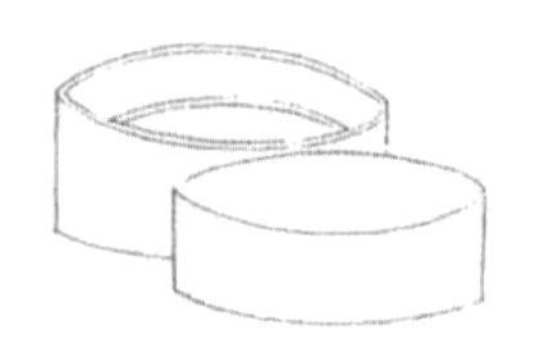

罗枢密，即茶罗合，也叫茶筛，以罗绢做成网，固定在木制品上，筛制茶末。

宗从事，即茶刷，用于清理茶具用。

漆雕秘阁，包含茶盖与茶托，有不可分割之意。

陶宝文，即茶碗。

宋代审安老人《茶具图赞》“十二先生”图：出自明代喻政辑《茶书》（万历四十一年喻政自序刊本）

茶碾或茶磨用于将饼茶、散茶等未经碾磨的茶叶磨成粉末状。茶碾贵小，扶风法门寺塔地宫出土的茶碾，槽面之长仅合唐小尺[1]八寸许。瓷质茶碾较为常见，形制与《茶具图赞》中的“金法曹”基本相同。如果茶末的需求量不多，也可以用茶臼来研。茶臼多为瓷质，浅钵状，内壁无釉，刻满斜线，且线间往往戳剔鳞纹，通常被称为擂钵或研磨器。碾磨后的茶末还要过罗，即《茶具图赞》中的“罗枢密”。如果碾磨陈年饼茶，通常在碾茶之前将茶饼放到洁净的容器中用沸水浇淋，并刮去茶饼表面的油膏，然后用茶钤箝住炙烤，去其陈味后再行碾磨。如果是当年的新茶，就不需要“炙茶”工序。

点茶之前，先要候汤，即煮水。为了便于点茶时向茶盏中注水，煮水宜使用金属或瓷、石所制的高肩长流的小容量汤瓶，即“铫”。铫的材质以金、银质为最佳，用铜、铁、锡、瓷，甚至石质汤瓶煮水注茶亦可。汤瓶的瓶口较窄，不似前朝“鍑”等器皿较易辨别汤的火候，因此煮水难度更大。

茶盏专为点茶而设，盏的颜色、尺寸均会影响点茶的成败，因此宋时点茶对茶盏有极高要求，盏的颜色选择尤为重要。通常来说，如果是用饼茶碾成的茶末，那么建窑的兔毫盏、黑釉盏是最好的选择。因为这种茶汤的颜色泛白，兔毫盏是青黑色的，刚好能衬出茶的颜色。如果是用江浙一带的草茶碾成的茶末来点，那么茶盏就不需要用黑釉的，而是用青瓷、白瓷比较多见。从茶盏形制来看，盏要深，有深度才能在点茶时让茶末和泡沫有上下浮动的空间；而且盏还要宽，通常体型较大，敞口，盏口直径大多在 11 厘米至 15 厘米，因为点茶时需要茶筅不停地旋转，盏宽才能转得开。至于在茶盏中放多少茶，可以根据盏的大小自行调节。点茶之

1　1 尺=33.3 厘米。

前，需要先炙烤茶盏，也就是熁盏，目的是让茶盏的温度升高，如果茶盏的温度不够，则点茶时很难让茶末浮起来。

“点茶”是末茶点泡法中最为关键的程序。点茶的第一步是调膏，即用长柄小勺（茶则）自罐中舀出茶末，一勺茶末的标准重量约为一钱七分，倾入盏中，用少许水调制均匀。调膏之后继续注水，同时用茶筅“环回击拂”。茶筅是一种用于搅拌茶汤的专用茶具，从北宋末年开始频繁使用于点茶程序中。在茶筅之前，茶汤的搅拌用茶匙或箸完成。用茶筅拂击茶汤是为了达到“浪花浮成云头雨脚”，即茶末下沉、泡沫上浮的目的。这一过程中对水温有严格要求，偏凉则茶末浮起，偏热则茶末下沉。

孙机在《中国古代物质文化》一书中总结：只有当茶末极细，调膏均匀，汤候适宜，水温不高不低，水与茶末的比例不多不少，茶盏预热好，冲点时水流紧凑，击拂时搅得极透，盏中的茶才能呈现悬浮的胶体状态。这时茶面上银粟翻光，沫饽汹涌，点茶完成。至于茶点得如何，则以云脚粥面、汤面色泽和有无水痕等指标来判断点茶的技术水平。这就是斗茶，基本要领是看盏中的茶和水是否已经充分融合，是否已经产生出较强的内聚力，“周回旋而不动”，

煮茶：王问《煮茶图》局部线图

丨王宪明　绘丨

从而“着盏无水痕”，即茶色不沾染碗帮。如果烹点不得法，茶懈末沉，汤花散褪，云脚涣乱，在盏壁上留下水痕，茶就算斗输了。

徽宗在《大观茶论》一书中对点茶技法记述得十分详细，指出点茶的全部过程共需加水七次。第一汤水量较少，目的是将茶末调成均匀的胶糊状。第二汤需用力搅拌，茶汤色泽随着水量的增加而逐渐转淡。第三汤的搅拌贵在轻巧、均匀，以茶汤出现“粟文蟹眼”为宜。第四汤的搅拌转幅加大并控制转速，目的是打出泡沫。第五汤的搅拌需视茶汤泡沫情况而定，力求调整泡沫，达到“结浚霭，结凝雪”的程度。第六汤只需缓慢搅动茶筅即可。第七汤最后调整茶汤浓度，完成点茶。

一个很短暂的点茶过程可以被分析成七个步骤，而且每一个步骤都有不同层次的感官体验，可见点茶在宋代发展的精细程度。

点茶一般是在茶盏中直接进行，可直接持盏饮用，如果因人数较多而使用大茶瓯点茶，那么品茶之前需先将茶汤分到茶盏中再行品饮。分茶的程式与唐代煎茶法中的“酌茶”基本一致。

碾茶与点茶：刘松年《碾茶图》局部线图

| 王宪明　绘 |

品茶时可赏茶汤的色、香、味，而点茶法对汤色的要求极为严格，甚至堪称极致。徽宗认为："点茶之色，以纯白为上真，青白为次，灰白次之，黄白又次之。天时得于上，人力尽于下，茶必纯白。"可见"纯白"对于点茶意义之重大。因点茶崇尚白色，故宋代茶盏虽然在外形上与唐时类似，但在色泽上却以青黑者为最佳之选，目的是以浓重的色彩更好地衬托茶汤"焕如积雪"的纯白之色。

宋代黑盏以福建建阳水吉镇的建窑所出者最负盛名，北宋名臣、书法大家蔡襄在《茶录》中对此有明确记载，即"建安所造者绀黑，纹如兔毫，其坯微厚，熁之久热难冷，最为要用"。蔡襄在任福建转运使（1041—1048 年）期间，负责监制北苑贡茶，积累了丰富的经验。他以"陆羽《茶经》不第建安之品，丁谓《茶图》独论采造之本，至于烹试，曾未有闻"为由，写就《茶录》两篇。书中记载的点茶、斗茶以及茶器的使用，为宋代饮茶艺术化奠定了理论基础。他对兔毫盏的推崇也正是源于其对饮茶艺术的深厚造诣。

除兔毫盏外，建窑的油滴盏也非常著名，油滴盏俗称"一碗珠"，油滴在黑釉面上呈银白色晶斑者称"银油盏"，呈赭黄色晶斑者称"金油滴"。如果釉料中含有锰和钴的成分，能使晶斑周围出现一圈蓝绿色的光晕，就更加名贵，日本人称之为"曜变天目"。此外，江西吉安的吉州窑所产的鹧鸪斑黑盏也非常著名，这种盏是在黑色的底釉上撒一道含钛的浅色釉，烧成后釉面呈现出羽状斑条，如同鹧鸪鸟颈部的毛色，可与兔毫盏齐名。

值得一提的是，虽然盛行于宋代的末茶、点茶技术及茶筅等点茶器具在中国未能流传下来，但却被日本茶道继承，并发展成日本抹茶茶道。据福田宗位氏说："日本茶道中搅拌末茶以泡茶的方法，其根源可于《大观茶论》中看到。"

宋代建窑黑釉兔毫盏

丨王宪明 绘，原件藏于故宫博物院丨

宋代窑鹧鸪斑茶盏

丨王宪明 绘，原件藏于广东省博物馆丨

第三节 茶叶专卖制度与茶马互市

755年，唐将领安禄山和史思明等背叛朝廷，发动叛乱。这场叛乱一直持续到763年，唐廷虽然获胜，但人口大量丧失，国力严重受损。安史之乱以后，饮茶之风随着佛教复兴扩展到北方地区，渐成『举国之饮』。民间茶饮的需求量大增，使茶叶生产和流通逐渐发展成为一种大宗生产和大宗贸易。而内战之后唐廷一直国库空虚，统治阶级不断增加税收，对于日益繁盛的茶叶贸易自然不会不加管制，于是开始正式设立茶政，征收茶税。

大和九年（835年），唐文宗的丞相王涯为了尽可能收取茶叶利益，推行榷茶。《史记》称："榷者，禁他家，独王家得为之。"榷茶，就是一种茶叶专营专卖的制度。王涯强令各地官员把茶农的茶树移栽到官府的茶园，烧掉茶农囤积的茶叶，禁止商人与茶农私下交易，一时间搞得天下大怨。但不久王涯在"甘露之变"中被处死，因此榷茶未能在唐时完全贯彻。

即便未实施榷茶制，越来越重的茶税也已成为唐代一个突出的社会矛盾，这种情况一直持续到宣宗时期（846—859 年）。在宣宗还是太子、正值兵荒马乱时，裴休为了避难，曾同宣宗一起在香严和尚会下做小沙弥。后来，宣宗即位，礼聘裴休入朝为丞相。裴休在大中六年（852 年）设立了“十二条茶法”，使茶叶走私和茶税收入有所稳定，茶税矛盾暂时缓和。茶税也成为中晚唐时期经济的重要一环。

茶叶从不收税到收税，代表了茶业从自由散在的地方经济形式，提升为一种全国性的社会生产和经济形式。

唐末和五代时，税制又一次进入混乱状态。到了唐明宗李亶（867—933 年）时，从湖南至当时京城洛阳，沿途设置税务机构，以至商旅不通。所以，一是为充实国库，二是为整顿唐末以来的茶政积弊，宋初推行了唐代提出但并未得以贯彻的榷茶和茶马互市制度。

南宋兔毫茶盏

丨王宪明　绘，原件藏于法国吉美博物馆丨

宋代榷茶较唐代完善，它既是一种官营官卖的茶叶专卖制度，又是一种税制，行榷就不再设税。榷茶制规定：园户（种茶户）生产茶叶，要先向附近的“山场”兑取“本钱”，采造以后，以成茶折交本钱，而多下来的茶叶也要悉数卖给山场。茶商买茶，也不同于过去向茶农直接收购，而是先到榷货务交付金帛，然后凭券到货栈和指定的山场兑取茶叶，再运销各地。

茶马互市

| 王宪明 绘 |

除榷茶制度外，宋代出现了与茶相关的另一种制度——茶马互市。西北少数民族“驱马市茶”的记载，早先见于唐，但茶马交易成为一种定制，还是宋太宗时确定的。宋境内不产良马，而且养马很困难，因此入宋初年开始在河东、陕西路买藩部之马，或者鼓励此两路藩部及川陕蛮部入贡。最初购买马匹主要用钱，但是“戎人得铜钱，悉销铸为器”，于是才设“买马司”，正式禁以铜钱买马，改用布帛、茶药，主要是以茶换马。在设买马司的同时，于今晋、陕、甘、川等地广辟马市，大量换取回纥、党项和吐蕃的马匹。仁宗时，西夏扩张与宋政权对立，因此只能在陕西原、渭州、德顺军等地置场买马。这导致马源不足且品质低下，促使神宗于熙宁七年（1074 年）改革买马方式，即设置茶马司，并在今川（成都）、秦（甘肃天水）分别设立茶司、马司，专掌以茶易马之务。此后逐渐形成“蜀茶总入诸蕃市，胡马常从万里来”的局面。

在茶马互市的过程中，与马司相较，茶司更具掌控权。因为藩部食肉饮酪，不可一日无茶，茶叶需求量大，但马司却不能随心所欲向茶司索要茶叶，而是要用本司“本钱”向茶司购买茶叶。茶司自然要考虑自身的利益，必然会讨价还价，以更少的茶换取更多的马。从这一角度来看，马司的命脉其实是掌控在茶司手中的。想要减少买马所受的限制，最好的方式就是将两司合并。熙宁（1068—1077 年）后，关于茶马司和茶场的分合、设立变化无常，直至元丰六年（1083 年）才终于将茶场、马司合二为一。此后茶、马司合并，仍然在成都和秦州分别置司，川路重在茶事，秦路重在马事。

南渡后失陕西之大部，于是在绍兴七年（1137 年）又将川、秦两司合为“都大提举茶马司”，驻于成都，总领其事。南宋茶马互市的机构在四川设五场，甘肃设三场，并逐渐固定下来。川场主要用来与西南少数民族交易，换取马匹，充作役用；秦场与西北少数民族互易，所得马匹大都用作战马。

元代不缺马，边茶一般用银两和土货交易。明初恢复茶马互市，这一政策一直延续到清代中期才渐渐废止。

第四章

雅致精纯

明代茶的繁盛

在中国茶业和茶文化的发展史上，明代的主要特征是在饮茶和茶类生产改制的基础上，以炒青绿茶为主体的芽茶、叶茶的风靡，同时促使茶业各领域都出现了『散茶化』变革。明代茶业以芽叶为主的发展，不但从技术和文化上把中国古代茶业和茶文化的传统最终确立和固定下来，而且在明代后期把传统茶业和茶文化提高到了中国古代社会条件下可能达到的巅峰。

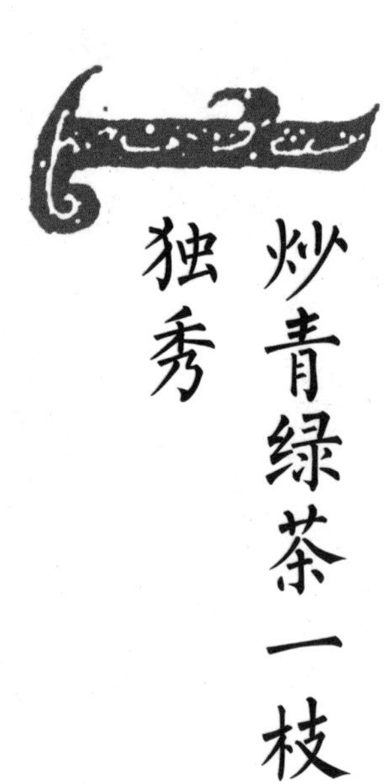

第一节 炒青绿茶一枝独秀

从秦汉时期王公贵族的宫廷奢侈品，到唐代「不可一日无」的民间必需品，再到宋元以来「罢团茶兴散茶」的革命性转变，茶叶的种类及加工方式随其普及程度和饮用习俗的改变不断发展变化。除蒸青饼茶在唐宋时期就已发展成熟外，其他茶类大都是在明代以后才大规模发展起来的。其中，炒青绿茶在明代可谓一枝独秀，占据了绝对主导地位。

早在宋末元初，中国茶类生产和供应内地民间所用的茶叶，就基本上完成了由饼茶到以芽茶、叶茶为主的转变。但宋元生产的叶茶在工艺上还保留有团饼紧压茶的一些旧制，如杀青一般不用锅炒而依然用甑蒸。至明代，除个别地区一度坚持用蒸，如产于宜兴与长兴交界处号称“味淡香清，足称仙品”的岕茶以外，大部分地区都以专制炒青绿茶为主。

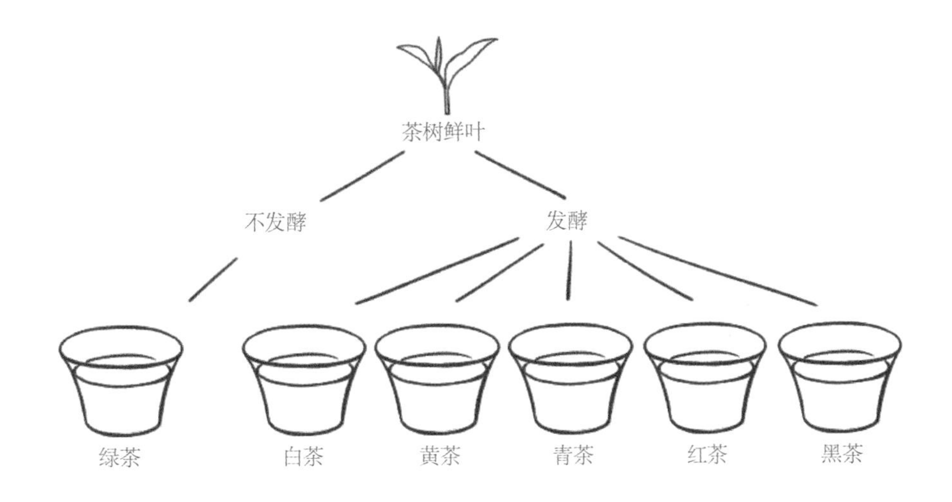

六大基本茶类以及其简单制茶工艺示意图

丨王宪明　绘丨

通常所说的茶，是指以茶树鲜叶为原料，利用相应的加工方法使鲜叶内质发生变化而制成的饮料。按照现代制茶工艺的不同，茶可分为六大基本茶类和再加工茶类。六大基本茶类包括绿茶、黄茶、白茶、青茶、红茶、黑茶，再加工茶类包括花茶、萃取茶、含茶饮料等。每种茶类都是经过长时间的演变、发展，最终才成为我们现在熟悉的样子。

明代炒青绿茶的风行与明太祖朱元璋积极倡导有一定关系。当时，建州入贡的武夷御茶仍沿袭宋制，是经过碾揉压制的大小龙团。至洪武二十四年（1391 年）九月，朱元璋以“重劳民力”为由，下令各地“罢造（龙团），惟令采茶芽以进”。饼茶加工本就费时费力，成本高昂，且因制作中水浸和榨汁等工序损失茶香，夺走茶叶真味；散茶特别是炒青茶的加工，则尽量将茶叶的天然色香味发挥到极致。因此，炒青茶后来居上，快速发展起来。至明代中期，饼茶、末茶已不再是中国茶文化依存的主要形式，芽茶、叶茶等散茶取而代之，并影响到后来茶具、品饮艺术等的转化。

明代炒青的突出发展，首先反映在炒青名茶的创制上。宋元时，散茶的名品主要有日铸、双井和顾渚等。至明后期，据黄一正《事物绀珠》载，当时的名茶就有雅州的雷鸣茶，荆州的仙人掌茶，苏州的虎丘茶、天池茶，以及“都濡高株、香山茶、南木茶、骞林茶，建宁探春、先春、次春三贡茶”等共90余种。《事物绀珠》撰于万历初年，其所列名茶，南自云南金齿（今云南保山）、湾甸（今镇康县北），北至山东莱阳，包括今云南、四川、贵州、广西、广东、湖南、湖北、陕西、河南、安徽、江西、福建、浙江、江苏和山东15个省区。《客座赘语》（1617年）中也列举了诸多名茶，如“吴门之虎丘、天池、岕之庙后、明月峡，宜兴之青叶、雀舌、蜂翅，越之龙井、顾渚、日铸、天台，六安之先春，松萝之上方、秋露白，闽之武夷，宝庆之贡茶”等，都是炒青绿茶中的精品。

在众多茶名中，除少数在元以前就见记载（其中有相当一部分虽然名字依旧，但制法已经不同），大多为第一次出现。说明这些茶叶都是在明代前期和中期的一二百年间创制的新品，这既反映了明代茶叶市场的需求旺盛，也标志着当时制茶水平的提高。

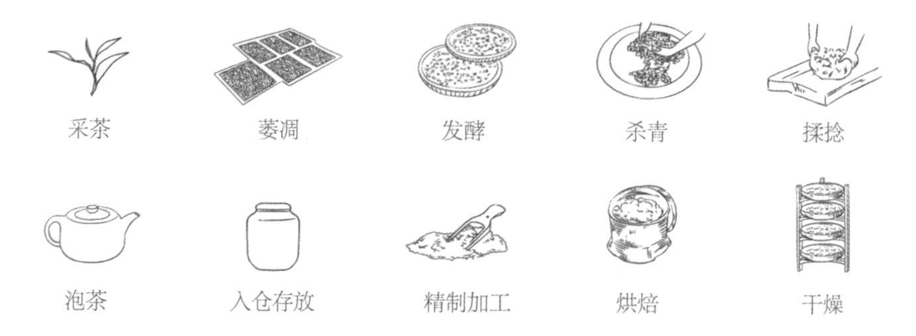

制茶工艺示意图

| 王宪明　绘 |

明代芽茶、叶茶的突出发展，还表现在炒青绿茶采制技术的精细和完善上。《茶解》归纳的炒青各工序技术要点为：采茶“须晴昼采，当时焙”，否则就“色味香俱减”；采后萎凋，要放在箪中，不能置于漆器和瓷器内，也“不宜见风日”；炒制时，“炒茶，铛宜热；焙，铛宜温”；操作时“凡炒止可一握，候铛微炙手，置茶铛中，札札有声，急手炒匀，出之箕上薄摊，用扇搧冷，略加揉挼，再略炒，入文火铛焙干”。

冯梦祯在《快雪堂漫录》中也详细说明了炒青绿茶的制作方法：“锅令极净，茶要少，火要猛，以手拌炒令软净，取出摊匾中，略用手揉之，揉去焦梗，冷定复炒，极燥而止。不得便入瓶，置净处，不可近湿。一二日再入锅，炒令极燥，摊冷。”

史籍记载涉及炒青绿茶制作中杀青、摊凉、揉捻和焙干等整个过程的全套工艺。作者对有些工序要注意些什么，为什么要注意，还做了进一步解释。如强调杀青后，要薄摊，用扇搧冷；这样色泽就如翡翠，不然就会变色。再则是原料要新鲜，叶鲜，膏液就充足。杀青讲究“茶要少，火要猛”，要“用武火急炒，以发其香，然火亦不宜太烈”；杀青后，“必须揉挼，揉挼则脂膏溶液，少数入汤，味无不全”。另外还提及，有些高档茶，如安徽休宁的松萝，在鲜叶选拣以后，还增加有一道将叶片“摘去叶脉”的工序。这些工艺和叙述，都达到了传统绿茶制造技术的最高水平，其中有些工艺和采制原则与现代炒青绿茶的制法已经极为相似，至今在一些名特茶叶生产中仍然广被沿用。正如现代茶学家陈椽教授所说，“这仍然是现时炒青制法的理论依据”。

在炒青绿茶一枝独秀的同时，明代的制茶工艺也获得了全面发展，基本茶类与再加工茶类陆续创制，进一步促进了茶叶消费以及散茶文化的繁荣。

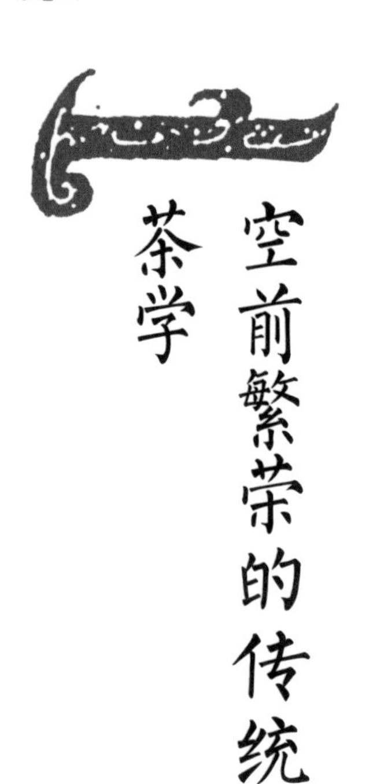

第二节 空前繁荣的传统茶学

在近代茶叶科学出现之前，中国古代茶书即代表了『传统茶学』。自陆羽撰《茶经》开创茶学为始，中国古代茶书或传统茶学经唐宋的发展，至明代后期和清初达到了一个巅峰。从茶树栽培、茶园管理的完善，到茶叶加工技术、理论的发展和茶叶产品的多样化，这些传统茶学内容都被完整地记录在明代数量丰富的茶叶著作中，代表了明代传统茶学的空前繁荣，也为中国近代茶学的建立奠定了坚实的基础。

万国鼎先生《茶书总目提要》共收录茶书 98 种，其中唐和五代 7 种，宋代 25 种，明代 55 种（绝大多数为万历以后茶书），清代 11 种。明代茶书较唐、五代、宋和清四代茶书的总和还多。朱自振先生在《明清茶书综述》中收录茶书和茶书书目共 187 种，其中唐和五代 16 种，宋元 47 种，明 83 种（有 4 种疑似清初，未作定论），清 41 种。明代茶书占中国古代茶书总数的 44.4%，且大多成书于嘉靖晚期至明朝覆亡（1552—1644 年）的 90 余年中。可见，明代后期中国古代茶书或者说传统茶学经历了一个突出的发展高潮。

明代学者许次纾（1549—1604年）所著的《茶疏》即是这一时期的代表茶书。《茶疏》成书于万历二十五年（1597年），正文约4700字，分为产茶、今古制法、采摘、炒茶、岕中制法、收藏、置顿、取用、包裹、日用置顿、择水、贮水、舀水、煮水器、火候、烹点、秤量、汤候、瓯注、荡涤、饮啜、论客、茶所、洗茶、童子、饮时、宜辍、不宜用、不宜近、良友、出游、权宜、虎林水、宜节、辩讹、考本三十六则，对茶树生长环境、茶叶炒制和储藏方法、烹茶用具和技巧、品茶方法及相关事项等做了详尽论述。

《茶解》也是一部综合性茶史著作。作者罗廪，字高君，明嘉靖、万历时慈溪（今浙江慈溪）人。《茶解》是罗廪在山居十年之中，亲自实践并潜心验证、总结丰富经验之后，约于万历三十七年（1609年）前后撰写而成。全书共3000余字，前为总论，下分原、品、艺、采、制、藏、烹、水、禁、器十目，较为全面地阐述了茶的产地、色香味、茶树栽培、茶叶采摘、制茶方法、储藏、烹饮方法、煎茶用水、禁忌事项以及采制和品饮器具等多方面内容。

明代茶书或传统茶学的风行和繁荣，与其时社会经济和文化特别是刻书事业的发展、繁荣有很大关系。这从明代茶书作者的籍贯也可见一斑。以朱自振《明清茶书综述》所列明代茶书为例，在有文献可稽的茶书作者中，苏南、皖南（包括今江西婺源）和浙江三地的作者和所写茶书，达33人共44种，均占全国总数的七成以上。

明代茶书的成书时间集中在明后期，地点集中在江南浙北，除了这一地区具有当时全国经济繁荣之邦、物产富庶之域、文人荟萃之地、文化发达之区的社会人文条件外，还与当时茶叶生产技术的较大发展密切相关。明代茶叶技术的进步体现在以下诸多方面。

茶树选种技术方面

唐代陆羽初步提出了一些良种标准，比如“笋者上，芽者次；叶卷上，叶舒次”。明代则开始注重茶树品种与产地的关系，而且在选择茶树种子和保存种实方面，已经摸索出一套科学实用的处理方法。如种子水选法，用水洗除去种子上附带的虫卵和病菌，淘汰发育不全而漂浮水面的瘪种，保留饱满充实的优质种子，再用晒种的方式控制种子的水分含量，使其更利于保存，同时提高发芽率。随着选育技术的进步，茶树优良品种逐渐增多，仅武夷茶名丛奇种就有先春、次春、探春、紫笋、雨前、松萝、白露、白鸡冠等众多品目。

茶树栽培方面

唐宋时期主要依靠种子直播方式繁殖茶树，即古书中记载的“二月中于树下或北阴之地开坎，圆三尺，深一尺，熟斸，著粪和土。每坑种六七十颗子，盖土厚一寸强。”。自明代后期开始，中国茶树栽培技术从“茶不可移，移必不活”的丛直播方式，发展到育苗移栽阶段。这一记载，今天仍可从清初方以智的《物理小识》中找到。其载：“种以多子，稍长即移，大即难移。”表明至迟到明末清初，茶树栽培便已进入运用无性繁殖技术的阶段。《建瓯县志》中记载，该县一农民，樵柴山区时发现一株茶苗，于是移回家中栽植，因墙壁倒塌，茶树枝条被压入土中，后来发根成活，由此发现了茶树压条无性繁殖的方法。茶树苗圃育苗不仅易于选择和培育壮苗，利于优良品种的繁殖，而且便于集中管理，节省种子和劳动力，从而确保新茶园迅速建成。

茶园管理方面

宋代即使是在茶树生长茂盛的私园，中耕除草也只是夏半秋初各一次，而明代认识到茶园土壤板结、草木杂生则茶树生长不可能茂盛，因此除了春天除草外，夏天和秋天还要除草、松土三四次。加大劳动投入使茶园土壤始终保持良好的通透性，第二年春季茶芽萌发数量增多，产量提高。关于茶园中耕施肥，则有“觉地力薄，当培以焦土”的记载。焦土是将土覆在乱草上焚烧，培焦土时在每棵茶树根旁挖一小坑，每坑放1升左右焦土，并记住方位，以便翌年培壅时错开。晴天锄过以后，可以用米泔水浇地，表明水肥管理常态化，符合茶树对所需营养物质供应的连续性。程用宾称其为“肥园沃土，锄溉以时，萌蘖丰腴”，对茶园耕作、除草、施肥、灌溉等一套生产环节进行高度概括，将实践经验上升到了理论高度。

古代茶山种植采摘场景图

| 王宪明　绘 |

茶树种植区域方面

茶树种植区域不仅要"崖必阳，圃必阴"，而且要注重茶场生态，将茶树与梅、桂、玉兰、松、竹、菊等清芳植物间作，形成先进的茶园复合生态系统。茶树与林果一同栽培，彼此根脉相通，既能使茶吸林果之芬芳，又有利于改善茶园小气候环境以及茶树的遮阴避阳，从而有效提高茶叶产量和品质。据研究表明，荫蔽度达到30%～40%时，茶树体内蛋白质、氨基酸、咖啡碱等含氮化合物的含量显著增加，并可有效提高鲜叶中茶氨酸、谷氨酸、天门冬氨酸等氨基酸的含量，从而使成茶滋味更鲜醇。茶园土壤则用干草覆盖，起到有效防止水土流失、抑制杂草生长、减少土壤水分蒸发和调节地温、增加土壤有机质和根际微生物含量的作用。茶园的生态条件得到改善，土壤肥力得以增加，促进了茶树生长，从而提高茶叶产量、改善茶叶品质，所以这种方法至今仍被茶园广泛使用。

溧阳生态茶园

梯田茶园与森林景观

| 陈大军　摄 |

茶叶采摘方面

现代茶学以采摘季节为标准，将茶叶分为春茶、夏茶、秋茶和冬茶4类。其中，春茶是大宗茶，其采摘时限也最为精确和重要。春茶贵早，早在唐代以前即已得到认识，陆羽《茶经》载，“凡采茶，在二月、三月、四月之间”，相当于公历的三月至五月，就是现在长江流域一带春茶的生产季节。唐代已经崇尚饮“明前茶”，阳羡贡茶之所以被称为“急程茶”，就是因为必须赶上朝廷每年举行的“清明宴”。而随历史气候转冷，江浙紫笋贡茶的发芽开采日期延后，无法赶在清明前送至长安供“清明宴”之用，贡焙也就由江浙南移到了福建。甚至有记载称，福建在立春后十日就开始采造茶叶了。

至明代，人们对春茶采摘的时间不再刻意求早，而是根据各地不同的环境条件与茶叶品质的不同要求进行区别对待，总结为“采茶之候，贵及其时”。明代茶人仍然看好明前茶，但也认可谷雨前后为春茶采摘适宜期，认为“太早则味不全，迟则神散”，并以“谷雨前五日为上，后五日次之，再五日又次之”为春茶品质进行排序，同时强调“立夏太迟，谷雨前后，其时适中。若肯再迟一二日期，待其气力完足，香洌尤倍”。说明已经将采摘季节与茶叶的色香味联系起来，认识到只有采之以时，待鲜叶内含物质充分积累，才能获得优质春茶。

除春茶以外，明代已经推行夏、秋茶的采摘。明代“世竞珍之”的罗岕茶就因“雨前则精神未足，夏后则梗叶太粗”而在立夏前后进行采收。秋茶的采收在明代中期以后已经较为普遍。程用宾在《茶录》中记，“白露之采，鉴其新香；长夏之采，适足供厨；麦熟之采，无所用之”，认为秋天也是适宜的采茶季节，且秋茶质量比夏茶更好。

明代在采茶标准与鲜叶采后处理等方面也达到与今天基本一致的水平。如炒青绿茶以一芽一叶、一芽二叶为采摘嫩度标准；采茶用具要求能够有效保持鲜叶的品质；鲜叶采下后必须经过拣择、清洗、摊放，剔除不符合标准的芽叶，同时散发部分水分和青草气，从而更有利于后续的茶叶加工。这些要求如今已经成为现代茶叶生产的基本工序。

竹庄逸士《茶景全图》之一：清末民初彩绘

竹庄逸士《茶景全图》之二：清末民初彩绘

竹庄逸士《茶景全图》之三：清末民初彩绘

竹庄逸士《茶景全图》之四：清末民初彩绘

第三节 品鉴艺术

宋代以后，芽茶和叶茶的制作和饮用在民间日渐兴起，特别是明太祖朱元璋『罢造龙团，惟令采茶芽以进』的制度施行之后，芽茶特别是炒青芽茶、叶茶进入了全盛发展期，成为人们普遍饮用的茶叶种类。随着炒青茶类制作技术的发展和完善，烹茶方法也发生了相应变化，从唐代『以末就茶镬』的煮茶方式，经宋元时期以瓶注汤入盏冲击茶末并环回击拂的点茶方式，最终转变为入明以后的『撮泡』之法。

撮泡，是指用开水冲泡茶叶。与饼茶的煎煮和末茶的点泡相比，芽茶的撮泡之法更为简单、快捷，极易接受和推广，因此在炒青芽茶、叶茶替代蒸青饼茶、末茶占据茶类生产的主要位置时，用开水直接冲泡茶叶的方法随之成为明清时期最流行的烹茶技术。此法在许次纾《茶疏》、罗廪《茶解》、张源《茶录》、程用宾《茶录》等茶书中均有详细记载，主要步骤包括择水、备器、煮汤、洁器、投茶、冲泡、品饮等。

随着茶类和制茶技术的不断发展，烹茶方法也在反复经历着创新、发展、繁盛以及最终消逝的过程。正如煎茶、点茶、泡茶三种烹茶方法都曾各自流行于特定的历史时期，而如今饼茶、末茶早已湮没于历史长河之中，仅有芽茶、叶茶依旧盛行，因此，也只有简洁方便的泡茶程序得以沿传至今，成为传统烹茶技艺中流传最久远、使用最广泛的一种方法。

近年来，随着茶产业和茶文化的复兴和迅速繁荣，品目众多的名茶品种如雨后春笋般涌出，而且为了提升名茶的文化内涵，与茶叶产品一同推出的通常还有一套花哨的冲泡技艺。然而，无论这些新兴的泡茶技艺具有如何华丽的观赏性，其本质终究无法脱离千百年来传统泡茶技术所形成和表达的最基本的理念，即表现茶之隽永。这正是茶文化的魅力所在。

元代点茶：元代墓葬壁画局部线图

| 王宪明　绘 |

择水：名泉鉴水

《罗岕茶记》载：“烹茶，水之功居大。”《续茶经》载：“茶性必发于水，八分之茶遇十分之水，茶亦十分矣；八分之水试十分之茶，茶只八分耳。”这是说用高品质的水烹茶，可以弥补茶叶本身的不足，而低品质的水则会对茶品造成不利影响。《茶疏》亦载：“精茗蕴香，借水而发，无水不可与论茶也。”可见水质的好坏在激发茶叶色、香、味等方面具有很大影响。

宋徽宗赵佶在《大观茶论》中说，好品质的水“以清轻甘洁为美，轻甘乃水之自然，独为难得”。震君《茶说》表明，宜茶之水需具备“清、轻、甘、洁、冽”等品质，而符合这些条件的水又多隐匿于山川之中，颇为难得。然所谓“茶者水之神，水者茶之体”“茶之气味，以水为因”，觅水、试茶、评水自古即是爱茶的文人雅士重视并追求的。

唐代品泉家刘伯刍评出的宜茶之水有扬子江南零水、无锡惠山寺石水、苏州虎丘寺石水、丹阳县观音寺水及扬州大明寺水。

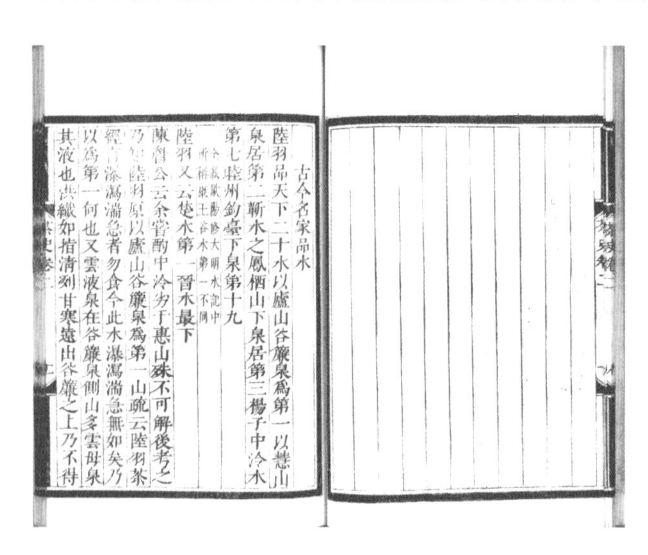
古今名家品水
陸羽品天下二十水以廬山谷簾泉爲第一以慧山泉居第二蘄水之鳳栖山下泉居第三揚子中泠水第七睦州釣臺下泉第十九
今載歐陽修大明水記中所稱與王谷水第一不同
陸羽又云楚水第一晉水最下
陳眉公云余嘗酌中泠劣于惠山殊不可解後考之乃知陸羽原以廬山谷簾泉爲第一山疏云陸羽茶經言瀑瀉湍急者勿食今此水瀑瀉湍急無如矣乃以爲第一何也又雲液泉在谷簾側山多雲母泉其液也洪纖如指清冽甘寒遠出谷簾之上乃不得

古今名家品水：清代刘源长《茶史》，蒹葭堂藏本

扬子江南零水

排名第一的扬子江南零水，又名“中泠泉”“龙井”，位于镇江市金山以西，中泠泉公园北。此泉原在江水之中，故有“扬子江心水”之称。中泠泉是由地下水沿石灰岩裂缝上涌而成，水性厚重，水质甘甜清冽，沦茗尤佳，因此被唐代品泉家刘伯刍奉为“第一泉”。历代文人名士慕名品评者众多，为中泠泉留下大量赞咏诗文。宋代杨万里《过扬子江》曰，“携瓶自汲江心水，要试煎茶第一功”；清代施润章《送张康侯之京口》曰，“中泠泉冠三吴水，北固山当万岁楼”；康熙皇帝亦作“静饮中泠水，清寒味日新。顿令超象外，爽豁有天真”之句赞之。清咸丰、同治年间，由于江沙堆积导致河道变迁，泉源随金山一同登陆而不得见。同治八年（1869 年），候补道薛书常等人发现泉眼，遂在其四周叠石为池。同治十年（1871 年），常镇通海道观察使沈秉成为中泠泉立碑、写记、建亭，后损毁。光绪年间，镇江知府王仁堪拓池 40 亩[1]，于池周建石栏、庭榭，并在方池南面石栏上镌刻“天下第一泉”五字。

金山中泠泉

| 谷为今　摄 |

1　1 亩=666.67 平方米。

无锡惠山寺石水

惠山泉位于惠山寺东，惠山头茅峰下白石坞间，今惠山山麓的锡惠公园内，为唐大历元年至十二年（766—777 年）无锡令敬澄所开凿。惠山泉分上、中、下三池，上池呈八角形，池栏由八根方柱嵌八块条石构成，池深约三尺，水色透明、甘洌可口；中池紧挨上池，呈四方形，水体清淡；下池凿于宋代，呈长方形，实为鱼池，池壁有明弘治十四年（1501 年）杨离雕刻的螭首，即石龙头，中池泉水即由石龙头注入大池之中。上、中池上有亭，始建于唐会昌年间（841—846 年），历经废兴，现存为清同治初年重建。亭三面用铁栏护围，山体壁间嵌有元代书法家赵孟頫所书“天下第二泉”石刻。漪澜堂位于池前，供观泉品茗之用，堂北侧龙墙上“天下第二泉”五字为清代礼部员外王澍所书。惠山寺石泉水是经岩层裂隙滤过的地下水，因而杂质较少，水质“清澄鉴肌骨，味淡而清，允为上品”。其另一特点是不易变质，据记载：“政和甲午岁，赵霆始贡水于上方，月进百樽。先是以十二樽为水式泥印置泉亭，每贡发以之为则。靖康丙午（1126 年）罢贡。至是开之，水味不变，与他水异也。寺僧法皞言之。”用惠山寺石泉水泡茶，则“茶得此水，皆尽芳味”，唐代品泉家刘伯刍和茶圣陆羽均将其评定为“第二”，因此惠山寺石泉又有“陆子泉”之称。历代文人名士对陆子泉推崇有加，赞咏诗作颇多，清代康熙、乾隆二帝南巡时亦曾多次到二泉品茗，并留下多处御碑、匾额和赞美之句。

无锡惠山寺石泉

| 谷为今　摄 |

剑 池

| 谷为今 摄 |

苏州虎丘寺石水

虎丘泉位于苏州市阊门外西北山塘街虎丘山。虎丘泉，“泉味清冽，宜于茗饮，瀹以本山茶尤佳”。所谓“茶者水之神，水者茶之体”，以虎丘寺石泉水冲泡虎丘寺茶，能使“真水显其神，精茶窥其体”，好茶好水相得益彰。茶圣陆羽在为了完善《茶经》，曾实地考察宜兴、无锡、丹阳、常州、苏州等地，其增订《茶经》的工作也主要在苏州虎丘进行，因此虎丘山上不仅建有纪念陆羽的楼，而且虎丘泉因“陆羽尝取此水烹啜”而有“陆羽泉”之称。

丹阳县观音寺水

观音寺泉又名“玉女泉”或“玉乳泉”，位于丹阳市北门外观音山下。“（广福）寺在练湖，传为日光佛灵异而建，上有第十一茶泉，名玉乳云。”玉乳泉为晋太元时（376—396年）开凿，泉栏呈八角形，青石质地，栏上刻有北宋陈尧佐所书“玉乳泉”三字。南宋景定四年（1263年），广福寺僧始建亭于泉上，并成为古邑胜景之一。观音寺水色白、甘冷、清冽，为泡茶之佳水。南宋陆游于孝宗乾道六年（1170年）由山阴（今浙江绍兴）赴任夔州（今重庆奉节）通判，路过丹阳时曾评价玉乳泉“名列水品，色类牛乳，甘冷熨齿”，表明当时观音寺水品质尤佳。而张履信于淳熙十三年（1186年）访丹阳时，却见玉乳泉“变为昏黑”，并因此赋诗以叹，“观音寺里泉经品，今日唯存玉乳名。定是年来无陆子，甘香收入柳枝瓶”。明代皇甫汸诗中亦有“寒云自覆金光殿，荒草犹埋玉乳泉”之句。可见，唐代曾列宜茶名泉第四位的玉乳泉，至南宋淳熙年间已几近荒废。

陆子祠

| 谷为今 摄 |

扬州大明寺水

大明寺泉位于蜀冈中峰大明寺的西花园内。以“天下第五泉”扬名于世的大明寺水深受文人雅士青睐。北宋欧阳修曾撰《大明水记》盛赞，“此井，为水之美者也”。张邦基在《墨庄漫录》中载，“东坡时知扬州，与发运使晁端彦、吴倅晁无咎大明寺汲塔院西廊井与下院蜀井二水，校其高下，以塔院水为胜”。晁无咎在《扬州杂咏》中亦感叹：“蜀冈茶味图经说，不贡春芽向十年，未惜青青藏马鬣，可能辜负大明泉。”明代嘉靖年间（1522—1566 年），巡盐御史徐九皋立石，书“第五泉”。清乾隆二年（1737 年），邑人汪应庚于寺侧凿池种莲，池中得石井，井水“清冽而甘，闻者争携铛茗瀹试焉，说者谓此正古第五泉也”，应庚“环亭跨桥其间，遂成胜境”，并由吏部员外王澍书“天下第五泉”。从文人墨客对大明寺泉的盛赞与感慨中，足见扬州大明寺泉水性之清美。

大明寺泉

| 谷为今　摄 |

备器

冲泡芽茶、叶茶时所用器具主要有茶铫、茶注（壶）、茶盏（瓯）等。

茶铫，即煮水器，材质以金或锡为宜，因“金乃水母，锡备柔刚，味不咸涩”。

茶注（壶），用以泡茶。早期冲泡芽茶的器皿以银、锡为主，后紫砂壶渐流行于世，遂取银锡制而代之。对于茶注（壶）的体积，则宜小不宜甚大，大约及半升。独自斟酌，愈小愈佳。

茶盏，用以品茶。《茶疏》载：“古取建窑兔毛花者，亦斗碾茶用之宜耳。其在今日，纯白为佳，叶贵于小。定窑最贵，不易得矣。宣、成、嘉靖，俱有名窑。”《茶解》亦载：“以小为佳，不必求古，只宣、成、靖窑足矣。”

子母锺与水注：[日]木孔阳《卖茶翁茶器图》，19世纪中期

煮汤

煮汤，即烧水，其关键在于火候的掌控。许次纾《茶疏》载：“水一入铫，便须急煮。候有松声，即去盖，以消息其老嫩。蟹眼之后，水有微涛，是为当时。大涛鼎沸，旋至无声，是为过时。过则汤老而香散，决不堪用。”

程用宾《茶录》记载：“汤之得失，火其枢机，宜用活火。彻鼎通红，洁瓶上水，挥扇轻疾，闻声加重，此火候之文武也。盖过文则水性柔，茶神不吐；过武则火性烈，水抑茶灵。候汤有三辨，辨形、辨声、辨气。辨形者，如蟹眼，如鱼目，如涌泉，如聚珠，此萌汤形也；至腾波鼓涛，是为形熟。辨声者，听噫声，听转声，听骤声，听乱声，此萌汤声也；至急流滩声，是为声熟。辨气者，若轻雾，若淡烟，若凝云，若布露，此萌汤气也；至氤氲贯盈，是为气熟。已上则老矣。”

张源《茶录》载：“烹茶旨要，火候为先。炉火通红，茶瓢始上。扇起要轻疾，待有声，稍稍重疾，斯文武之候也。过于文，则水性柔；柔则水为茶降；过于武，则火性烈，烈则茶为水制。皆不足于中和，非茶家要旨也。”又载：“蔡君谟汤用嫩而不用老，盖因古人制茶，造则必碾，碾则必磨，磨则必罗，则茶为飘尘飞粉矣。于是和剂，印作龙凤团，则见汤而茶神便浮，此用嫩而不用老也。今时制茶，不假罗磨，全具元体，此汤须纯熟，元神始发也。故曰汤须五沸，茶奏三奇。”

具列、尘褥与茶罐：[日]木孔阳《卖茶翁茶器图》，19世纪中期

洁器

在泡茶之前，需先用烧好的水涤器。“伺汤纯熟，注杯许于壶中，命曰浴壶，以祛寒冷宿气也。”用开水冲洗茶具，既能起到清洁的作用，又可以温热茶具，以更好地激发茶香。

待品啜结束之后，也要及时弃去茶具中的茶渣，并清洗、擦拭、收藏，以备下次再用。如程用宾《茶录》所载：“倾去交茶，用拭具布乘热拂拭，则壶垢易遁，而磁质渐蜕。饮讫，以清水微荡，覆净再拭藏之，令常洁冽，不染风尘。”“饮茶先后，皆以清泉涤盏，以拭具布拂净，不夺茶香，不损茶色，不失茶味，而元神自在。”

投茶

洁具温器之后，即可投茶，张源《茶录》载：“探汤纯熟便取起，先注少许壶中，祛荡冷气，倾出，然后投茶。”“投茶有序，毋失其宜。先茶后汤，曰下投；汤半下茶，复以汤满，曰中投；先汤后茶，曰上投。春、秋中投，夏上投，冬下投。”程用宾称投茶为“交茶”，其法与投茶相同，“汤茶协交，与时偕宜。茶先汤后，曰早交。汤半茶入，茶入汤足，曰中交。汤先茶后，曰晚交。交茶，冬早夏晚，中交行于春秋”。

由上述记载可知，投茶有上投、中投、下投三种方法：上投是指先冲水，后投茶；中投是指先冲适量水，置茶后再冲适量水；下投是指先投茶，再冲水。此三种方法的使用需要配合茶叶品种和季节，如芽叶细嫩之茶则选择上投，较粗老者选下投；春、秋两季用中投，夏季用上投，冬季则用下投。

冲泡

据张源《茶录》记载："茶多寡宜酌，不可过中失正。茶重则味苦香沉，水胜则色清气寡。"又载："稍俟茶水冲和，然后分酾布饮。"冲泡时需视投茶量的多寡来决定冲水量，如果水量过少，则茶汤滋味浓重苦涩；如果水量过多，则茶汤色泽滋味寡淡。待茶水冲和之后，即可适时分茶品饮。

上述冲泡法适用于炒青绿茶，而冲泡明代特有的蒸青岕茶则另有他法。许次纾《茶疏》记载："岕茶摘自山麓，山多浮沙，随雨辄下，即着于叶中。烹时不洗去沙土，最能败茶。必先盥手令洁，次用半沸水扇扬稍和洗之。水不沸，则水气不尽，反能败茶，毋得过劳以损其力。沙土既去，急于手中挤令极干，另以深口瓷合贮之，抖散待用。"另据冯可宾《茶录》载："以热水涤茶叶，水不可太滚，滚则一涤无余味矣。以竹箸夹茶于涤器中，反复涤荡，去尘土、黄叶、老梗净，以手搦干置涤器内盖定。少刻开视，色青香烈，急取沸水泼之。夏则先贮水而后入茶，冬则先贮茶而后入水。"又有罗廪《茶解》载："岕茶用热汤洗过挤干，沸汤烹点。缘其气厚，不洗则味色过浓，香亦不发耳。自余名茶，俱不必洗。"岕茶沙土较重，且由于其为蒸青绿茶，味道重于炒青，因此在投茶之后、冲泡之前增加"洗茶"程序，既能洗去茶叶的尘垢和冷气，又可调节茶味，使茶汤不至过浓过重。

品饮

冲泡之后则需釃茶、啜茶，即分茶、品饮。釃茶和啜茶均讲求“适时”，过早过晚都损茶味，釃茶过早则茶之精髓未至，啜茶过迟则茶之神韵已消。即“协交中和，分釃布饮，釃不当早，啜不宜迟，釃早元神未逞，啜迟妙馥先消”。

此外，啜茶人数也有一定要求，宾客通常不过四人，超过则伤品雅趣。《茶录》载：“毋贵客多，溷伤雅趣。独啜曰神，对啜曰胜，三四曰趣，五六曰泛，七八曰施。”又载：“毋杂味，毋嗅香。腮颐连握，舌齿啧嚼，既吞且啧，载玩载哦，方觉隽永。”再有《煎茶七类》述，尝茶之前需“先涤漱，既乃徐啜，甘津潮舌，孤清自增，设杂以他果，香味俱夺”。啜茶时应先漱口，且不杂以其他食物、香薰之味，这样才能更好地感受到茶汤之隽永。

文徵明惠山茶会图卷

| 故宫博物院藏 |

紫砂茗壶

水为茶之母，器为茶之父。茶器历史悠久、种类繁多、材质各异，其中宜兴紫砂茶壶因更能表现茶的品质而深受青睐。明代周高起《阳羡茗壶系》载："近百年中，壶黜银锡及闽豫瓷，而尚宜兴陶，此又远过前人处也。陶曷取诸，取其制，以本山土砂能发真茶之色香味。""今吴中较茶者，壶必言宜兴瓷。"名手所制宜兴紫砂壶，"一壶重不数两，价重每一二十金，能使土与黄金争价"。

宜兴紫砂壶之所以能够具有"倾金注玉惊人眼"的极高价值，除了紫砂泥为其提供了原料物质基础以外，更为重要的是以下两个原因：一是紫砂壶与中国传统茶文化及饮茶方式相契合，能够"发真茶之色香味"，成为茶文化的重要组成部分；二是宜兴紫砂壶不仅制作工艺精湛，而且有着深厚的文化艺术底蕴，融合了书法、绘画、文学、雕塑等艺术形式，具有实用和艺术鉴赏的双重特性。

紫砂提梁壶

| 王宪明　绘，原件藏于南京市博物馆 |

宜兴属崧泽文化和良渚文化分布区，有“陶都”之称，其制陶历史可追溯至新石器时代，至今已有 5000 多年，当时宜兴地区主要生产红陶、夹砂红陶和少量灰陶。三国至南北朝时期，江南社会经济环境良好，宜兴的陶瓷业，特别是青瓷制造业迅速发展起来。到了宋代，作为宜兴重要陶器门类之一的紫砂陶逐渐崭露头角。考古发掘证明，宜兴手工紫砂陶艺始于北宋初年，最初以制作缸、坛、罐及煮水用的大体量砂壶等生活器具为主，胎质较粗，制作工艺也不够精细。由此看来，虽然宋时砂壶与茶已渐结盟，但紫砂壶仍未做泡茶之用，这种情况直至明代前期仍未见变化。现存最早的紫砂壶实物，是南京中华门外马家山油坊桥明嘉靖十二年（1533 年）司礼太监吴经墓中出土的紫砂提梁壶。此壶通高 17.7 厘米，宽 19.0 厘米，仍属用于煮水的大体量砂壶。按照周高起《阳羡茗壶系》所记推测，大约从嘉靖后期开始，随着紫砂陶器与传统茶文化的结盟，以及芽茶的普及和冲泡法的流行，生活用大体量紫砂陶器开始向备受文人雅士推崇的小型紫砂茶器方向发展，并逐渐融合诗词、书法、绘画、雕刻等其他艺术形式，形成了独具特色的紫砂茶器文化。

紫砂茶器形式多样，茶瓯、茶盏、茶杯、茶碗、茶罐、茶壶等品类俱全，其中又以茶壶最受青睐，为紫砂茶器的代表之作。紫砂壶之所以风靡于世，一是由于紫砂壶泡茶无异味，且能够留住茶香；二是紫砂壶制作工艺精良，器形多样，除饮茶以外更适宜玩味观赏；三是宜兴紫砂壶制作大师与文人墨客一起，将壶艺与书法、绘画、篆刻等艺术形式完美结合，使紫砂壶不仅具有实用价值，而且达到了极高的文化艺术层次。

周高起

《阳羡茗壶系》载金沙寺僧创紫砂壶制作技法：

创始金沙寺僧，久而逸其名矣。闻之陶家云，僧闲静有致，习与陶缸瓮者处，抟其细土，加以澄练；捏筑为胎，规而圆之，刳使中空，踵傅口、柄、盖、的[1]，附陶穴烧成，人遂传用。

金沙寺位于宜兴市湖西街村寺山南麓，原为唐昭宗时宰相陆希声避战乱所建，后改禅院，宋熙宁三年（1070年）赐额“寺圣金沙”。在距离金沙寺遗址1000米处有大型古代龙窑群遗址，并有少量紫砂残器碎片出土，表明这里曾拥有较为发达的制陶业。紫砂壶制作技法的“开创者”，即是在金沙寺修行的僧人。金沙寺僧的真实姓名已无从考证，但其制壶技艺却流芳后世。

继金沙寺僧“创始”紫砂壶制作技法之后，供春作为“正始”之人，将此技艺传承、改进并发扬。供春原是宜兴进士吴颐山的家童，颐山在金沙寺读书时，供春随其入寺服役。闲暇之时，供春偷学金沙寺僧独特的制壶技艺并加以改进。供春的创作盛期大致在明正德年间（1506—1521年），其传世之壶不仅蕴藏了佛家禅定、质朴的内涵与境界，而且融入了文人墨客的古雅气质，深受世人推崇。

1 的，也可以称为“的子”，就是壶钮。

继供春将紫砂壶艺发扬之后，万历年间（1573—1620年）的制壶巨匠时大彬又将紫砂壶艺推向一个新的高度，使之成为文人雅士无不珍视的案头珍玩。时大彬是万历前期茗壶“四大家”之一时朋的儿子，他制壶讲究泥料和款式，并确立了至今仍为紫砂业沿袭的打身筒成型法和泥片镶接成型法，在紫砂壶制作技艺上取得了卓越成就。

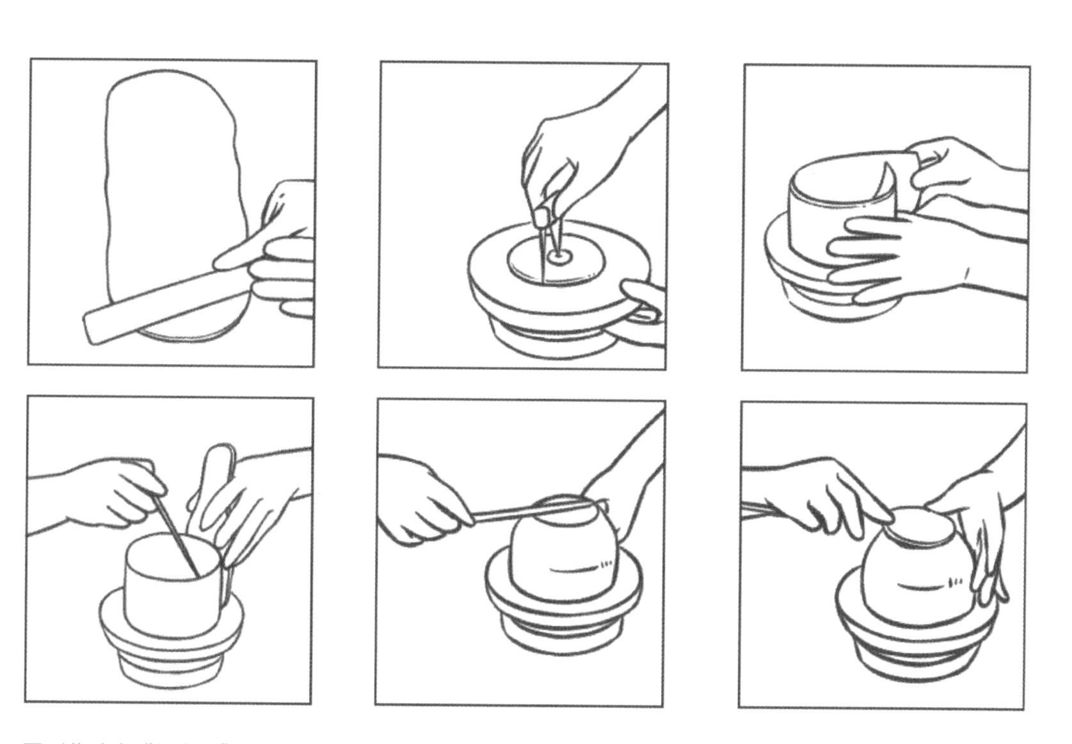

圆形紫砂壶“打身筒”工艺流程图（部分步骤）

| 王宪明　绘 |

第一，将炼好的熟泥开成一定宽度、厚度和长度的“泥路丝”；第二，将“泥路丝”打成符合所制器皿尺寸要求的泥条和泥片；第三，划出泥条的阔度，旋出器形的口、底和围片；第四，将围片粘贴在转盘正中，泥条沿围片圈接成泥筒，并修正两段重合的部分；第五，匀速转动装盘，一手衬在泥筒内，一手握薄木拍子拍打圆筒，待成型后将身筒翻过来以同样方式拍打，并逐步收口制成空心壶身；第六，用泥料搓成壶嘴、壶把，并在壶身上加接壶颈、壶盖、底足等。

明清之际的政权更迭使紫砂壶制造业的发展受到一定影响，因此清初顺治和康熙前期是壶艺发展的低谷，直至康熙后期才重新进入空前发展阶段。在这一时期，紫砂壶制作技术在艺术性和装饰性上均获得较大发展，在此方面最具影响和贡献最大的代表人物当首推陈鸣远。陈鸣远是宜兴人，主要创作期集中在康熙年间。其主要成就是开创了壶体镌刻诗铭之风，把中国传统绘画、书法的装饰艺术和书款方式引入紫砂壶的制作工艺，并大大发展了自然形砂壶的种类，使自然形与几何形和筋纹形一起跻身紫砂茶壶的三种基本造型之列。

此外，清代在紫砂壶的装饰手法上还出现了珐琅、釉彩、镂空、堆花和描金等技术，使得陶艺与书画艺术融合更为紧密，而陈鸿寿等书画大家的参与最终使得紫砂壶真正发展成为一种集制壶技术与诗、书、画、篆刻、造型于一身的独特艺术形式。陈鸿寿（1768—1822 年）是清代著名书法家、篆刻家、诗人和画家。他以卓越的书画艺术造诣设计了几十种紫砂壶款式，并由当时的制壶名匠杨彭年、杨宝年、杨凤年、吴月亭、邵二泉等人制成造型艺术与书画艺术完美结合的“曼生壶”，在造型、用料、落款及铭刻上对后世的紫砂壶艺发展产生了巨大影响。时至今日，这些艺术元素仍被大量采用。

初创于北宋年间的紫砂壶，至明正德年间由金沙寺僧和供春等人传承、改进后大为流行，至今已有近千年的历史。在此期间，制壶名家和文人雅士将制壶技艺与诗词、书法、篆刻等艺术形式完美结合，创造出众多集艺术价值与使用价值于一身的壶中珍品。

紫砂茶壶造型繁多，主要分为圆器、方器、筋纹器、自然型，其中每一类别又可分出若干小类，因此有“方匪一名，圆不一相”之誉，而且各历史时期所偏重的主流器形以及艺术风格都有所不同。明代嘉靖以前的紫砂壶泥料较粗，造型多为圆器，简朴无装饰、印款，且容量较大，尚未完全从生活器皿中分离出来。明代中晚期的紫砂壶泥料更为纯正，且注重色泽调配，造型丰富多样，主要是仿青铜器、瓷器造型和筋纹造型，崇尚“不务妍媚，而朴雅坚栗，妙不可思”，并流行刻款，具有较强的艺术性。清初康熙至乾隆年间的紫砂壶器形以花货为主，且为满足宫廷审美需求而出现浮雕、镂空、泥绘、彩釉多种装饰方法，可谓“集各代陶瓷装饰之大成”，并流行钤印盖章，富有浓郁的文化气息。清代中晚期紫砂器型以壶面简洁大方的光货为主，书法、绘画、篆刻等艺术形式成为壶体的主要装饰，壶艺与文化融合得更为紧密。清末至民国初年，紫砂壶艺发展迟缓，仿古作品较多。中华人民共和国成立以后，紫砂壶在造型和装饰等方面才重新有了创新和提高。

紫砂壶的发展在明万历以后进入高峰期，仅周高起在《阳羡茗壶系》中就记录制壶名家30余人，他们留下了许多传世珍品。这些紫砂壶的特点为：砂泥颗粒较粗，胎身捏筑时留下的指印清晰可见，壶内流为单孔，器形古朴自然。在此就明代茗壶略作展示，供读者赏鉴。

明代茗壶鉴赏

供春款六瓣圆囊壶

| 王宪明　绘，原件藏于香港茶具文物馆 |

壶高 9.9 厘米，宽 11.8 厘米，壶底有供春刻款“大明正德八年”铭。

供春，又作龚春，正德、嘉靖间人，四川参政吴颐山家童。作品特点“栗色闇闇如古金铁，敦庞周正”。

时大彬仿供春系带紫砂壶

| 王宪明　绘 |

时大彬，号少山，万历时人，时朋之子，他确立的用泥片和镶接凭空成型的高难度技术体系至今仍为紫砂业沿袭，“三妙手”之一。主要作品有提梁壶、六方壶、玉兰花瓣壶、僧帽壶、印包方壶、橄榄壶等。

时鹏款水仙花瓣方壶

| 王宪明　绘，原件藏于香港茶具文物馆 |

壶高 9.0 厘米，宽 10.5 厘米，泥为冷金黄梨皮色，壶嘴仰略弯，壶身腹下为六方造型，腹上渐收敛而成六瓣筋纹圆口，壶盖亦为水仙花六瓣圆条形纹饰，与壶身筋纹相吻合，盖钮为六瓣圆条形花蕾，壶流、壶把也以圆的线条作成，与壶身浑然一体，形制不侈不丽，典雅拙朴，壶底刻款“时鹏”。

时鹏，又作时朋，万历时人，时大彬之父，“四名家”之一，作品以古拙见长。

董翰款赵梁壶

| 王宪明　绘 |

壶高 20.0 厘米，宽 18.0 厘米，壶身似蛋形，高脚、高颈、平盖，桃形钮，三弯流，扁浑提梁。提梁内刻有“董翰后奚谷”，间钤“董翰”篆文方章。

董翰，号后溪，万历时人，始创菱花式壶，作品以文巧著称，“四名家”之一。

李茂林款菊花八瓣壶

| 王宪明　绘，原件藏于香港茶具文物馆 |

壶高 9.6 厘米，宽 11.5 厘米，壶身呈菊花状，造型古朴高雅，底刻款“李茂林造”四字楷书款。

李茂林，名养心，万历时人，擅制小圆式壶，妍丽而质朴，世称“名玩”，因排行第四，故又以“小圆壶李四老官”得名。主要作品有菊花八瓣壶、僧帽壶等。

李仲芳款觚棱壶

| 王宪明　绘，原件藏于香港茶具文物馆 |

壶高 7.2 厘米，宽 9.2 厘米，材质为紫泥掺细砂，壶呈覆斗状，直口，矮颈，硕底，四角边足，直流，圆环飞把手。盖为坡式桥顶。壶底刻有“仲芳”二字楷书款。

李仲芳，万历时人，李茂林之子，时大彬第一高足，作品制法精绝，偏重文巧。主要作品有觚棱壶、圆扁壶、仲芳小壶等。

时大彬款提梁壶

| 王宪明　绘，原件藏于南京博物院 |

壶高 20.5 厘米，壶高 12.0 厘米，口径 9.4 厘米，紫泥调砂，造型敦朴稳健，款署于器盖子口外侧，为阴刻楷书“大彬”二字，另钤藏壶者篆书阴文“天香阁”小方印。

时大彬制玉兰花六瓣壶

| 王宪明　绘，原件藏于香港茶具文物馆 |

壶高 8.0 厘米，宽 12.1 厘米，壶呈紫褐色，砂质隐现，造型成六瓣形，壶底有“万历丁酉春时大彬制”楷书款。

徐友泉款平肩橄榄壶

| 王宪明　绘 |

壶高 16.5 厘米，宽 19.2 厘米，胎泥色细润，制作光洁。壶身为橄榄式，嵌盖凸起，似瓷器将军罐盖，三弯嘴，大圈把，造型奇崛，有明显源于瓷器之造型。此壶器型硕大，为明代早期作品特征。底部用竹刀刻“行吟月下山水主人士衡”十字楷书款，盖内有“士衡”篆书长方章。

徐友泉，名士衡，万历时人，幼年即从师时大彬，他对紫砂工艺在壶式和泥色方面有杰出贡献，另擅于制作仿古铜器壶，极具古拙韵味。主要作品有平肩橄榄壶、仿古虎錞壶、仿古盉形壶、龙凤壶等。

徐友泉仿古虎錞壶

| 王宪明　绘 |

壶高 7.7 厘米，宽 8.4 厘米，器身呈棕色，表面如“梨皮”，造型似青铜虎錞，壶底刻有“万历丙辰七月友泉”楷书款。

蒋时英款海棠树干壶

| 王宪明　绘 |

壶身呈海棠树干状，并点缀海棠茎、叶于其上，壶嘴和壶柄为树枝状，壶钮似一根弯曲的短枝。此外，在壶身的树枝上有一只鹰，树下为一只熊，即隐喻“英雄”，而海棠旧时有“美人”之说，因此此壶又称“英雄美人壶”。壶底刻有“万历亏丑”四字年款。

蒋伯荂，名时英，初名伯敷，万历时人，时大彬弟子，他的作品雅而不俗，坚致严谨，后人誉称他的作品为“天籁阁壶”。

惠孟臣款朱泥折腹壶

| 王宪明　绘 |

壶高 6.6 厘米，宽 18.2 厘米，口径 4.9 厘米，壶身轻而平滑，其上刻有卢仝的《走笔谢孟谏议寄新茶》：“一碗喉吻润，两碗破孤闷，三碗搜孤肠，唯有文字五千卷。四碗发轻汗，平生不平事，尽向毛孔散。五碗肌骨清，六碗通仙灵，七碗吃不得也，唯觉两腋习习清风生。”壶底落款“平生一片心孟臣”。壶盖以钮为圆心，环形刻就“卢仝七碗香”五字。

惠孟臣，明天启至清康熙间宜兴人，时人评惠氏制壶“大者浑朴，小者精妙”，以竹刀划款，盖内有“永林”篆书小印者最精，后世称为“孟臣壶”。主要作品有朱泥折腹壶、朱泥壶、梨形壶、扁腹壶等。

第五章

茶的流动

清代茶的盛衰

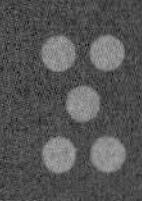

清代是茶业大起大落的时期，究其原因，一方面是中国茶业发展自身存在的问题，另一方面是国际市场竞争的结果。西方无茶，也无饮茶的习惯。自17世纪初荷兰东印度公司把茶运销西欧以后，这种中国特有的被称为『草药汁液』的饮料，很快就在欧洲和全球范围风行开来，中国的茶业随出口需要也迅速发展起来。但至19世纪80年代中期，随着英国在南亚殖民地茶业的发展，中国曾经独占的国际茶叶市场迅速被挤占，茶叶出口逐年锐减，茶园荒芜，在一片衰败的哀怨声中，中国传统茶业开始向近代茶业转型。

第一节 茶叶贸易与传播

在清代出口贸易的链条中，茶叶从产地运往消费地前必须先经过代理商或驻产地的出口商转给消费地的进口商，再由消费地的进口商将茶叶输出。此链条中最重要的两个环节，即产地的出口商和消费地的进口商，分别由广州十三行和英国东印度公司充当。

十三行是清政府指定专营对外贸易的垄断机构，从1686年设立至1856年被毁，行使茶叶贸易垄断权近两个世纪。英国东印度公司可以说是与中国进行茶叶贸易的欧洲众多东印度公司中的『商业之王』，其创造了世界最大的茶叶专卖制度。

优越的地理环境和清政府的特殊政策等优势条件，使广州发展成为对内、对外都极其繁荣的贸易口岸。对内贸易方面，从北至南、从西到东，中国各地物产都运至广州买卖；对外贸易方面，中国与西方众多国家的贸易几乎均于广州进行。

1685年“四口通商”之后，为接待日益增多的外商，广州商人纷纷在城西珠江边上的十三行附近修建房屋供外国商人居留，众多欧美国家也相继在广州设立商馆。由于当时广州对外贸易多集中于此，而且越来越多的国家在此开设商馆，所以“十三行”与“洋行”逐渐被混在一起，代指广州的行商。

广州鸟瞰图：清乾隆时期彩绘，绢本，约 1770 年，大英图书馆

广州珠江滩景图：清乾隆时期彩绘，绢本，约 1770 年，大英图书馆

行商是清政府承认的惟一贸易机构，中国内地散商贩卖的货物只有经过行商，在广州重新打包、称重并加戳之后才能出口。十三行在严格的行商制度下垄断对外贸易，同时又代表清政府对外商进行管制，成为既有管理权又有经营权的“特权商人”。

十三行的行商必须具备条件才能获得执照，经营“来货物令各行公司照时定价销售，回国货物亦令各行商公司照时定价代买”等业务。而“公行之性质原专揽茶、丝及各大宗贸易”，且18、19世纪来中国的外国商船基本都以茶叶贸易为主，所以广州十三行实际上主要从事的是茶叶贸易。特别是1757年“一口通商”之后，茶叶要先运至广州交由十三行才能进行贸易，所以十三行基本上独揽中国茶叶出口贸易大权。

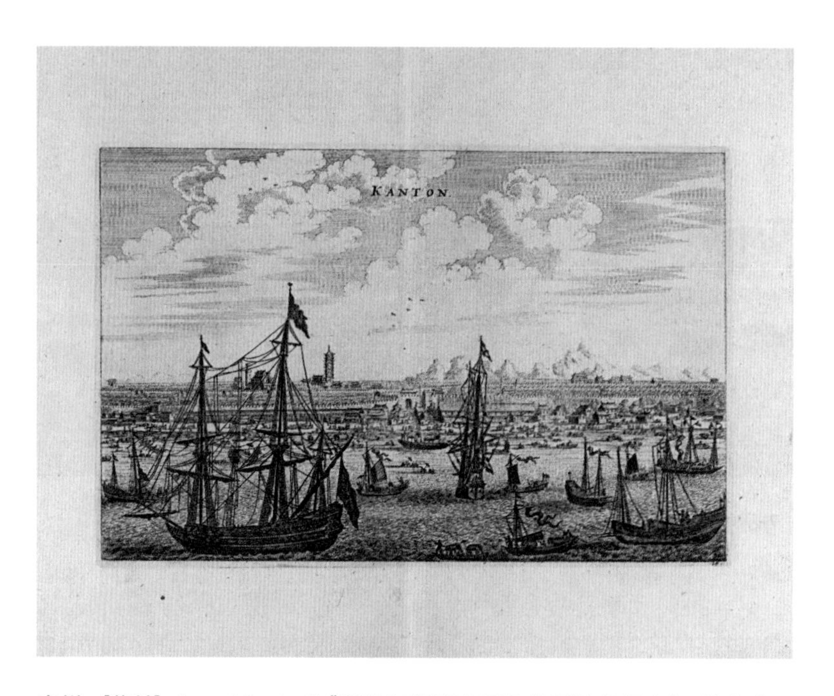

广州：[荷兰] Jean Nieuhoff《荷兰东印度公司使节团访华纪实》，法文本，1865年

在18世纪至19世纪初的一段时间，十三行的贸易体制运转良好，正如研究英国对华贸易的历史学家米切尔·格林堡在《鸦片战争前中英通商史》一书中对广州行商的评价，“行商的诚实和商业上的诚笃，已经成为相距遥远的伦敦城街巷和孟买商业区的话柄”。广州十三行独揽中国的茶叶出口贸易近两个世纪，直到1842年中英签订《南京条约》之后，才取消广州行商长期以来对外贸的垄断地位和特权。

茶叶贸易的具体过程是：在上一个贸易季度结束时，外商与行商提前签订下一个贸易季度所需茶叶数量、等级、价格的合约，并支付行商一定数额的预付款；行商将此款项预付给茶商，用于支付到安徽、福建等茶区向茶农订购茶叶的费用；茶农在清明前后将新茶交给茶商，以保证行商及时供给外商预定的茶叶，这样就形成了一个“茶农—茶商—行商—外商”的茶叶流通体系。

茶行收购的新茶和雇工：晚清照片

丨中国国家博物馆藏丨

有的地方称茶叶收购商为“螺司”，他们深入茶山，向零星茶户（茶叶生产者）收购大量的毛茶，然后卖与茶行商人。由茶行商加工，运销茶商输往各地或国外。

如果说广州十三行垄断了中国茶叶出口贸易，那么在17—18世纪欧洲众多东印度公司中实力最雄厚的英国东印度公司，又在一定程度上垄断了西方国家对华茶叶贸易，特别是经由海路的茶叶进口和转销。

英国东印度公司是由议会核准、法律承认的国家企业，其核心机构是由负责商船贸易事宜的大班组成的管理会。最初的管理会由随船大班临时组成，每个贸易季度结束后需随原船返回英国。从1755年贸易季度开始，管理会由“临时”变成“常驻”，大班可以不必随船返回，而是留在广州订购下一个贸易季度的茶叶，并由一个常驻管理会代替其他管理会订购投资货物。

1770年，永久性管理会建立。组成管理会的大班常驻广州，在当年贸易季度结束后留在中国购买因过季而跌价的“冬茶”，还将与行商签订下一个贸易季度所购新茶的合约，并向行商预先支付定银，价值为合同上茶叶总价值的50%~80%。也就是说，东印度公司通过预付茶叶货款给行商的方式，确保来年有足够的茶叶装船，达到公司在每年贸易季度都能够拥有充足茶叶货源的目的。这样就形成一个“行商—管理会—大班—英国”的茶叶外销链，与之前的流通体系“茶农—茶商—行商—外商”相连接，便形成“茶农—茶商—行商—管理会—大班—英国”完整的茶叶产销体系。此后，这种完善的管理制度一直负责所有东印度公司对华的茶叶贸易，直至1834年该公司对华贸易的垄断权终止。

中英茶叶贸易

17 世纪初，荷兰人从澳门把茶叶运至欧洲，掀起欧洲社会各界的饮茶之风。此后，茶叶源源不断地输往欧洲各国，继而由欧洲移民带到美洲大陆，中国海上茶叶出口贸易逐渐发展起来。18 世纪，中国与英国、荷兰、法国等国家的茶叶贸易日益繁荣。18 世纪初至鸦片战争前的一百多年，是中国茶叶出口贸易最为辉煌的一段时期。在这一时期，茶叶取代丝织品，成为众多国家与广州的贸易中最主要的商品。中国先后与英国、荷兰、法国、瑞典、丹麦、美国等国家建立贸易联系之后，茶叶出口量及其在土货出口货值中所占的比重迅速攀升，在有些国家有些贸易季度所购货物的清单中，茶叶甚至是惟一商品。继 1689 年开始从厦门购买茶叶之后，英国东印度公司成功登陆广州市场，正式展开了与“十三行”的贸易联系。茶叶不再像从前那样只在药店或咖啡馆销售，而是开始在英国的杂货铺中出售，而且出售茶叶的杂货店还有特定的名称，用以区别不出售茶叶的杂货店。此后，中英茶叶贸易快速发展。

18 世纪后半叶，英国东印度公司每年从中国购买的茶叶几乎都占总货值的 50%以上，有的贸易季度甚至超过 90%。进入 19 世纪后，茶叶几乎成为该公司来华购入的惟一商品。中英双方都在繁荣发展的茶叶贸易中获利丰厚。1834 年，英国东印度公司的专卖权虽然被终止，但当年在英国从广州进口的主要商品中茶叶仍居首位。第一次鸦片战争之后，英国对华茶的需求量仍然不断攀升，鉴于茶叶贸易日趋重要和茶叶本身的季节性因素，英国商人力求快速运输，以新式快剪船替代了东印度船只，航行速度大大提升，茶叶贸易以惊人的速度迅猛发展。

中荷茶叶贸易

16世纪末以前，中国与欧洲的贸易航线由葡萄牙人独占，葡商从澳门装载中国土货运至里斯本，再由荷兰商船转运至法国、荷兰及波罗的海各港口。1596年，荷兰4艘商船于6月抵达爪哇万丹，并设立货栈，直接收购中国等东方国家的土货以运至国内。此后，越来越多的商船直接抵达中国及日本等国。到了1602年，至少有65艘荷兰商船参与贸易，引发了激烈的商业竞争。为解决这种国家内部竞争，1602年，荷兰东印度公司在海牙成立。该公司从成立之日起即开始与中国进行贸易往来，并于1606年从澳门装运茶叶至爪哇，又于1610年首次将茶叶运到欧洲。

虽然荷兰从1610年起就将中国茶叶运至欧洲，但直到18世纪20年代以前，荷兰一直按清政府规定以巴达维亚为中心，间接与中国进行茶叶贸易，直至1729年才获准第一次直接到广州开展贸易活动。此后，荷兰人也将茶叶作为从广州购买的主要货品。1734年，输入荷兰的茶叶有885567磅；到1739年，茶叶即占据了荷属东印度公司购入商品的主要位置；1734—1784年，该公司每年平均输入荷兰的茶叶数量达到350万磅。至18世纪中后期，荷兰东印度公司所购茶叶数量有时甚至超过英国。

巴达维亚：[荷兰] Jean Nieuhoff《荷兰东印度公司使节团访华纪实》，法文本，1865年

中美茶叶贸易

在与广州建立茶叶贸易关系的国家中，美国后来居上。17 世纪中叶，荷兰人将茶叶及饮茶习俗传入其美洲殖民地新阿姆斯特丹，当时饮茶已成为美洲贵族的一种社交时尚。1674 年，新阿姆斯特丹归为英国管辖，更名纽约，由此英国掌控了北美殖民地的茶叶来源。直至美国独立后，中美才正式直接茶叶贸易。

1784 年 8 月 30 日，第一艘美国商船“中国女皇号”取道好望角到达广州，并于第二年 5 月 15 日满载中国茶叶、丝绸等商品返抵纽约，获利达 3 万多美元。这次划时代的航行拉开了美国与广州茶叶贸易的序幕，因此被美方认为是“最幸运的开端”。“中国女皇号”的这次成功航运轰动了美国社会，也提振了美国商人赴华贸易的积极性，为茶叶大规模输入美国创造了有利条件。据统计，从 1784 年至 1794 年，共有 47 艘美国商船至中国广州进行贸易，茶叶贸易量年均 139 万余磅。此后，每个贸易季度美国都有商船到广州进行贸易，美国与广州的茶叶贸易进入飞速发展阶段。据统计，1794—1812 年，美国到中国的商船有 400 艘。1800 年，进入广州的美国商船数量首次超过英国。

19 世纪 20—40 年代，美国社会经历了两个历史性变化：一是商业资本向工业资本转化，二是农业经济向商品化阶段迈进。在这两个变化的刺激下，美国与广州的茶叶贸易迅速发展，并在第一次鸦片战争前夕达到历史最高水平。

第二节 茶叶与鸦片战争

在全球茶叶市场需求量飞速增长的同时，清代华茶出口贸易在经济中占据着最重要的位置。长期以来，发达的手工业、农业以及庞大的国内消费市场，使中国长期没有对外国商品的进口需求，这导致英国东印度公司等欧洲企业只能以白银换取中国的茶叶和丝绸等商品，全球白银随之流入中国，欧洲因此爆发了白银危机。随着茶叶贸易的飞速发展，手握贸易垄断权的英国东印度公司，在从对中国的茶叶贸易中获得巨额税收和商业利润的同时，出现了严重的贸易逆差。18世纪70年代，英国东印度公司开始用棉纺织品从印度换取大量鸦片，运至中国换取茶叶，逐渐构建起『东方三角贸易体系』，以平衡因白银外流引起的贸易逆差。此后，英国东印度公司走私的鸦片汹涌进入中国，并最终导致了鸦片战争的爆发。

最初，鸦片作为药材由葡萄牙人合法限量地通过澳门输入中国。1767年以前，每年输入中国的鸦片不超过200箱。随着英国东印度公司开始走私鸦片，输入中国的鸦片数量快速增长。至19世纪，进入中国的鸦片数量几乎每年都成倍增长。鸦片战争前夕，年均已高达3万多箱。在鸦片加速流入中国的同时，白银则以惊人的速度从中国倒流西方。情况严重令湖广总督林则徐慨叹："数十年后，中原几无可以御敌之兵，且无可以充饷之银。"

为了避免“以中国有用之财，填海外无穷之壑”的情形愈发恶化，道光年间清政府厉行禁鸦片分销和禁偷漏纹银的章程。为逃避清政府查禁，英国商人和葡萄牙人相互勾结，把澳门当作走私鸦片的基地。1839 年，林则徐亲自监督收缴鸦片，于 6 月 3 日至 25 日，在虎门海滩挖纵横十五丈余（合 2500 平方米）的两个烟池，灌入海水之后撒盐成卤，再将烟土投入卤中浸泡半日，然后抛入生石灰，销毁鸦片。英国人为了捍卫其贩卖鸦片的利益，于翌年悍然派兵，发动了震惊世界的第一次鸦片战争。

鸦片战争之后，中国政府被迫签订《南京条约》，条款之一就是要求中国开放广州、上海、福州、厦门、宁波五处为通商口岸，实行自由贸易。虽然增设通商口岸导致了茶叶价格下降，但当时华茶独霸世界市场，茶叶出口贸易仍然极其兴旺。但是由于输入中国鸦片的数量不断增加，华茶销量的持续增长未能缓解清政府和茶业从业者的财务窘境。19 世纪 50 年代，每年输入中国的鸦片数量都在 6 万箱以上，华茶出口贸易即便仍然处于繁荣发展期，其贸易收入也基本都被购买鸦片消耗掉了。

林则徐虎门销烟

| 王宪明　绘 |

第三节 华茶出口贸易的衰落

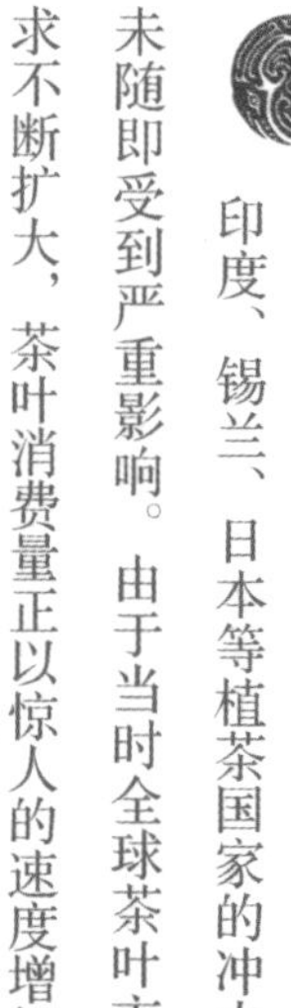

卷入世界市场以后，华茶出口贸易虽然遭遇印度、锡兰、日本等植茶国家的冲击，但并未随即受到严重影响。由于当时全球茶叶市场的需求不断扩大，茶叶消费量正以惊人的速度增加。

西方国家交通运输业发生的变革也使中国茶叶出口量仍能保持持续增长。19 世纪中叶以后，钢制轮船逐渐取代最大载重量不足 1000 吨[1] 的快剪船，用于茶叶海运。1870 年，苏伊士运河正式通航，航程比绕道好望角缩短一半，仅需 55～60 天，使得中国茶叶能够提早运达伦敦。从此商船无须结伴航行，又避免了茶叶同时涌入伦敦。加上 1871 年中国与欧洲电报线路的完成，大大降低了洋商来中国从事贸易的风险，进一步刺激了茶叶贸易的发展。

---

1 1 吨=1000 千克。

广东茶行：晚清照片

| 中国国家博物馆藏 |

早年华茶贸易中的茶叶定价权由中国商人掌握，但新航线的开通和电报的启用使华茶的交易主导权被伦敦市场取代。茶叶的价格和销量从过去受商品的数量与质量的供求关系支配，转变成受伦敦存货量和英国乃至欧洲的茶叶销路以及消费者需求支配。商船航运时间的缩短和载重量的增加，在使华茶出口量迅速扩大的同时，也使中国逐渐失去了对全球茶叶市场的垄断权和领导地位。

穆尔在《美国国民工业史》中认为，在英国人眼里，“殖民地应该为宗主国的利益而存在，在这个意义上，殖民地应该生产宗主国所需要的东西，应该向宗主国提供可以出售其产品的市场”。而其南亚殖民地刚好既具备生产宗主国所需茶叶的客观条件，又能为宗主国所出售的棉纺织品提供市场。基于上述双重条件，英属印度、锡兰，荷属爪哇等地的植茶、制茶工业迅速发展起来。

鸦片战争之后直至清代结束，英国以红茶为主的茶叶消费量和人均消费量均逐年升高。到 19 世纪末，英国每年消费的茶叶量竟然接近 2 亿磅。然而，在茶叶消费量急速攀升的同时，华茶出口量却呈下降趋势。显而易见，其中不断扩大的茶叶生产都被印度、锡兰、爪哇等地所控制。

印度茶

早在1780年，中国茶种就已传到英属印度，当时英国东印度公司为了从对华茶叶贸易中获取高额利润，曾反对在印度种植茶树。1834年，印度设立茶叶委员会，诚征“适宜于茶树生长之气候、土质与地形或地势”，并派遣委员会秘书戈登到中国研究茶树栽培技术和茶叶加工方法，同时采办茶籽、茶树以及雇用中国茶工。1835年，武夷茶籽被寄到了加尔各答，又因为阿萨姆山中亦发现有野生茶树，所以印度当局最终决定在阿萨姆栽种茶树。虽然输入的中国茶树取得了一定成绩，但是印度土种茶树的栽培更加兴旺发达。

1838年，3箱阿萨姆小种和5箱阿萨姆白毫被运往英国伦敦拍卖售出，当时有评价说，“阿萨姆茶即使不能超过中国茶叶，也会与中国茶叶相等”。印度茶叶之所以获得如此高的评价，是因为茶园所在的喜马拉雅山区具备适合茶树生长的土壤和气候条件，所以茶叶在品质和产量上均得到较好较快的发展，“不仅可满足英国的需求，而且可满足全世界的需求”。1840年，阿萨姆公司成立，印度茶业逐步进入科学栽培时期，其他茶叶公司亦如雨后春笋般纷纷设立，印度茶叶生产量和消费量快速发展。

18世纪70年代以后，印度茶业发展迅猛，茶叶出口涨幅持续扩大。1871年，华茶占英国茶叶销量的91.3%。1876年以前，英国茶叶销量的增加主要由中国和印度共同分担；从1876年以后，英国茶叶销量的增加全部来自印度茶。这成为中国茶叶出口贸易衰落的征兆。到1887年，英国茶叶销量中印度茶所占比重即与中国茶持平。华茶的出口份额不仅在英国茶叶市场被印度抢占，而且在世界茶叶市场所占比例也逐年减少，至清末已完全被印度赶超。

19 世纪印度茶业

印度茶后来居上，不仅取代了华茶独占两百年的欧洲茶叶市场，而且足迹遍布北美洲、南美洲、非洲、澳洲，甚至在亚洲也有很多人喜欢印度茶，印度茶已“遍及于世界饮茶或产茶各国”。

19 世纪印度阿萨姆茶业

锡兰茶

以咖啡著称的锡兰，从 18 世纪末便开始进行茶树栽培试验，但均以失败告终。不过锡兰具备对茶叶种植和生产有利的自然环境条件，到 19 世纪后半叶，茶叶种植终于发展起来。1875 年，锡兰茶叶种植面积是 1000 多英亩[1]，1895 年达到 30 万余英亩，1915 年增至 40 万余英亩。茶园数量则由 1880 年的 13 个，迅速增长至 1883 年的 110 个，1885 年竟达到 900 个。茶产量的持续上升为不断增长的茶叶出口量提供了保障，锡兰茶占世界茶叶销量的比重也由 1887 年的 3.09%迅速提高到 1900 年的 24.64%。

印度和锡兰联手抢占世界红茶市场的行动，到 1890 年即获得成功，当年印度和锡兰茶叶出口总量占世界茶叶销量的 62.70%，高于中国 25 个百分点。仅仅 3 年之后，印、锡茶出口量总和即达到中国的 3 倍。

爪哇茶

除英属印度和锡兰以外，荷属印度尼西亚同样具有很好的植茶条件，历史上其茶产区以东西狭长的爪哇岛为主。1728 年，荷属爪哇首次真正植茶，但未见成效。

从 1826 开始，爪哇启动新一轮的植茶、制茶试验，此次活动由荷兰贸易公司的茶叶技师雅可布逊和植物学家史包得负责和指导。从 1828 年至 1833 年，雅可布逊 6 次考察中国，为爪哇带回大量茶籽、茶苗、茶工、茶具，以及植茶、制茶技术。1835 年，荷兰政府在爪哇实施统治下所产制的茶叶首次在阿姆斯特丹的市场上出售，但因其品

1　1 英亩=4046.86 平方米。

斯里兰卡茶园

19 世纪末斯里兰卡制茶机械

质不良，价格低于英属印度茶。1877 年，爪哇茶叶首次输入伦敦，仍未能引起市场反响。后来，爪哇的茶树品种由中国种转为阿萨姆种，加之重视茶园管理、采用机器制茶的先进方式等一系列举措，使爪哇茶的品质和出口量在 1880—1890 年不断提高，1885 年在英国的销量甚至高于锡兰茶。至清代末年特别是 1908—1912 年，爪哇茶平均每年的出口货值高达 4450 万镑，位列世界茶叶出口的第四位。

日本茶

除了中国红茶出口英国及欧洲市场被印度、锡兰以及爪哇抢占份额以外，绿茶出口美国也遭遇日本的竞争。1856 年，日本输入美国的茶叶仅 50 箱，1857 年升至 400 箱，1859 年则增加到了 10 万箱。1860 年，日本模仿中国的茶叶制造方法取得了成功，其输往美国的茶叶数量急剧增加。虽然当时中国的绿茶出口在美国进口贸易中仍占据显著地位，约占每年进口总额的 60% ~ 80%，但其重要性已呈衰落趋势。

随着日本与美国成功建立茶叶贸易联系，输入美国的绿茶数量逐年增加。美国市场对日本绿茶的接受大大刺激了日本的绿茶生产，其产量和出口量均大幅升高，到 1874—1875 年贸易季度即已超过中国。毋庸置疑，“日本茶在美国销量的增加，是华茶销美停滞的原因”。

19 世纪 70 年代，平均每年输入美国的茶叶数量接近 6000 万磅，但是其中华茶所占比例不足 1 / 6。到清代结束，输入美国的茶叶数量仍然持续增长，其中多是日本绿茶，华茶数量已是微乎其微了。

长期以来，频繁的国际茶叶贸易主要是在中国与其他国家之间展开。中国既是惟一能够向世界提供茶叶的国家，也是世界各国茶商争相购买和批发茶叶的惟一场所。

其他国家不产茶，或生产的茶叶尚不能形成大规模的商业贸易，所以即便中国内部茶产业自身存在茶叶品质低下、茶叶利润偏低、茶商茶农资金缺乏、茶税较高等诸多问题，但是国际茶叶出口贸易一直为中国所垄断。而从 19 世纪中叶以后，英国和荷兰开始在其殖民地大力发展植茶业。随着印度与锡兰红茶畅销英国，日本绿茶抢占美国市场，华茶贸易逐渐衰减式微。由一国独霸到多个国家同时出口茶叶，中国茶叶出口先是从数量上发生螺旋式下降，并再也没能返回到过去的规模。

清代广彩瓷盘

| 摄于广州十三行博物馆 |

第四节 传统茶业向近代转化

19世纪80年代中期，中国茶业由顶峰骤然坠向低谷，因此，『如何重振、复兴茶业』成为清末民初有关各界探讨和努力实践的重要课题。

对于清末茶业迅速败落的原因，当时人们从不同角度提出了许多说法。除了国际茶市的竞争之外，国内茶产业自身也存在很多缺陷，包括茶叶品质低下、茶农茶商的投入过高而利润较低等。茶叶是饮品也是商品，皆是发展越成熟，影响范围越大，消费者对其品质的要求也就越高。在茶叶生产过程中，种植、管理、采摘、加工、包装、储运等各个环节均与茶叶的品质密切相关。纵观清代茶产业，虽然出口贸易极度繁荣，且从业人员众多、商业组织遍布各地，但是彼此之间却是一盘散沙，缺少相互联系和协作。这种过度涣散的状态，直接或间接导致了茶叶产销过程中出现的诸多问题。而这些问题的存在，又严重影响茶叶品质，同时一点点蛀蚀掉了华茶在世界茶叶市场上的竞争力。

采茶、种茶、制茶与贸易图：茶叶产销画，约绘制于 18 世纪，法国国家图书馆

茶叶采摘和加工

以种茶为副业的小业主和小农户，采摘数量较少的茶树鲜叶在市场出售的做法，经常使鲜叶因未能及时得到烘焙而萎凋甚至发酵，以此变质鲜叶制成的成茶质量必然受到影响。采摘芽叶没有统一标准，不仅采摘次数偏多，而且连粗老叶、枝条一并采摘混入芽叶的现象普遍存在，对茶叶品质造成严重损害。1870年，茶叶揉捻机通过鉴定并在爪哇推广使用，标志着整个制茶工艺实现了机械化，而中国的茶叶加工方法依然沿用旧制。印度等国的机械制茶工艺到19世纪80年代已经陆续完成揉茶机、烘茶机、碎茶机、拣茶机、包装机等各项技术的革新。完备的机械化茶叶生产不仅提高了茶叶质量，而且使茶叶的加工成本大大降低。

茶叶包装

包装人员不负责任，将不同地区、不同等级的茶叶混在一起，严重影响茶叶香气。茶叶装箱制度不健全，包装材料和方法不统一，无法起到保护茶叶的作用，从而影响茶叶品质。有些经营者往往舍不得在包装上增加花费：如果铅的价格昂贵，便用厚纸代替铅罐；如果木材缺乏，就把箱板制作得非常薄。一旦木箱劈裂，铅罐也会随之破裂，严重损害茶叶品质。

筛茶叶：晚清照片

丨中国国家博物馆藏丨

茶业结构落后

一般情况下，“生产周期越短的生产事业，越能适应市场的变换，调整产销；反之，生产周期越长，则适应周期变换的能力就越低”。茶叶生产属于后者。茶树地上部分从第一次生长期开始至营养生长和生殖生长均进入旺盛期，需要6~8年，在这期间茶农基本没有直接经济收益；只有到了茶树生长进入产茶旺盛期之后，茶农才能分年取得收益，在此期间如若遭受重大市场冲击，茶农被迫为减小损失而降低茶价，从而获取较低利润。随着市场竞争的持续恶化，茶农长期无法收回所投成本，难免陷入困境。

因此，积极整顿茶业，去弊兴利，大力引进西方近代科学技术，已是势在必行。19世纪末至20世纪初，中国茶业正是在这种被迫要求改革的声浪中，推进和实践对古代或传统茶业的近代化的。

清末茶商：晚清照片

| 中国国家博物馆藏 |

采用机器制茶

中国最早实行机器制茶的是福州茶商。1896 年，福州茶商在英国商人的协助下筹建并成立了“福州机械造茶公司”。英国人菲尔哈士特在参观福州茶厂后描述，该厂制茶机械有“卷叶（揉捻）之机五，焙叶（烘干）之机三”及“统（通）用蒸器鼓（发动机）一具”。除福州外，还有汉口和皖南等，但所购都只是烘干机一种。在生产红茶时使用机器最初见于 1897 年的浙江温州。此前温州红茶，西人不甚欢迎，“而裕成茶栈购机器焙制”后“独得喜价”。

在派员出国调查学习、普及推广茶叶科学技术方面，也积极展开了一系列工作。1896 年，福州茶商派人至印度学习。1905 年，两江总督也派出郑世璜等官员去印度、锡兰考察茶业，回国后写了一份翔实的“印锡种茶制茶”技术报告。除了力陈中国茶业必须改革之外，对印度、锡兰的植茶历史、气候、茶厂情况、茶价、茶种、修剪、施肥、采摘、茶叶产量、茶叶机器、晾青、碾压、筛青叶、变红、烘焙、筛干叶、扬切、装箱一直到锡兰绿茶工艺以及机器制茶公司章程等，都逐一作了记载。后来这份报告由清政府和四川等地方机构印刷成书，广为散发。值得一提的是，清政府还在遣使俄国考察中国出口土产所书的条陈中，对以前包装“或箱或罐，皆粗拙不堪”而受到俄国市场冷遇提出严厉的批评。这些出国考察对以后茶树的培育、茶叶的采制以及出口茶的包装，都起到了一定的促进作用，也受到了社会的一致肯定。

清乾隆（1736—1796 年）仿雕漆茶船

| 中国茶叶博物馆藏 |

引进和传播近代种茶、制茶技术

除翻译、出版1903年康特璋的《红茶制法说明》、1910年高葆真的《种茶良法》（英译本）等技术专著外，宣传、普及近代科技的报刊，特别是《农学报》，以及随后出现的1896年上海印发的《时务报》，1897年上海编印的《译书公会报》、湖南《湘报》等，都在传播西方近代茶叶科学技术方面起到了显著作用。

发展茶务教育

四川于1906年决定次年开办“四川通省茶务讲习所”，但其实际创立时间是1910年8月，地址是在灌县。继而办学的有1909年创建的四川峨眉县“蚕桑茶业传习所”和湖北羊楼洞茶场附设讲习所二处。这些讲习所在当地传播茶业科技方面都取得了相应的成绩。

另外，自20世纪初始，为提高茶叶的品质，中国开始参加国内外举办的有关博览会及赛会。如1900年，中国台湾出产的茶叶和日本茶一起，首次亮相于“巴黎世界大博览会农民馆”。1904年，清政府派官员率商民参加美国圣路易博览会。在此基础上，1909年湖北省在汉口主办、翌年由南洋大臣在江宁（今江苏南京）主持，接连召开了两次全国性博览会。

这些努力一步步缩小了中国茶业、茶叶科技与国外的差距，使古代或传统茶业开始向近代方向转变。

第六章

茶香悠远

茶对世界的影响

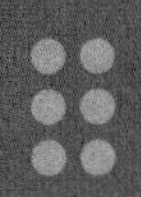

传播可以从一个地域横向传输至另一个地域，也可以从一个时代纵向传递到另一个时代，茶的传播正是由这两种基本方式共同作用而产生的。茶在传播过程中会吸收传入区域的精神文化内涵，形成丰富多彩的地域茶文化，而茶文化也会随着时代的推移发展、变迁甚至消亡。在茶的传播过程中，最重要的是由其产生的深远影响。如今，茶树已遍植于 50 多个国家和地区，茶在世界三大无酒精饮料中居于首位，全世界约半数以上的人口有饮茶习惯。追根溯源，世界各国的饮茶习俗都直接或间接来自中国。

第一节 日本茶道

茶道是日本特有的一个综合文化体系。日本茶道包含的内容非常广泛，既有日常饮食性质，又包含了宗教、道德、艺术等更深层次的内容。可以说，日本茶道是当今世界上最完善的茶文化形式，是东方茶文化的典型代表。而谈及这一文化体系的缘起，则要从中国茶叶传入日本开始。

日本与中国的交流开始得很早。平安时代（794—1185年），日本为了学习中国文化，频繁派遣使者、学生和僧人进入中国，试图将中国传统文化完整地复制到日本。在空海、永忠、最澄等遣唐僧人的推广之下，唐代茶文化逐渐在日本上层社会普及。

在日本史书《日本后纪》中，就郑重记载了永忠和尚为嵯峨天皇煎茶的事。嵯峨天皇在接受永忠献茶的两个月后（弘仁六年六月），便下令在畿内、近江（今日本大阪、京都，及奈良、和歌山、滋贺三县的一部分）等地种植茶树，并将茶叶作为每年的贡品。很多汉文茶诗史料也在这一时期相继问世，其中所记载的春茶采摘、烤炙干燥、水的过滤、盐的投放、贵族茶会等加工和饮用方法，均与中国唐代一致，形成了日本茶文化史上的第一个高潮。因嵯峨天皇年号“弘仁”（786—842年），这一时期的茶文化热潮也被称为“弘仁茶风”。

804年7月，空海和其他遣唐使一起，登上了开往中国的使船，开启了到大唐取经的旅程。目的地是都城长安，不过当时的航海技术还不够成熟，所以大约一个多月之后，空海在福州登陆了，又几经辗转，最后终于抵达长安。一开始空海住在西明寺，后来通过西明寺的僧侣介绍，去了青龙寺，跟随惠果学习密宗。空海在长安生活了两年，之后他带着大量佛经典籍和唐朝的文物回到日本，成为日本佛教的一代宗师。空海得到嵯峨天皇的赏识，经常出入宫廷，与天皇讲经论法，喝茶聊天，天皇还为空海写过茶诗《与海公饮茶送归山》。虽然没有专门为茶著书立说，但是空海在长安两年的留学生活，早已让佛教茶礼和世俗茶道成了习惯。茶，频繁地出现在空海的社交生活中，在弘扬佛法的同时，他也有意无意地传播着大唐的饮茶文化。

空海像

| 王宪明　绘 |

唐代茶文化传入初期，日本社会的整体发展程度还比较低，尚不具备将中国茶文化“日本化”的能力。当时的日本文化以贵族文化为主导，武士、庶民文化尚未发展起来，遣唐僧人引入的中国饮茶习俗仅仅停留于上层社会，未能普及至日本民间。发生在日本的“中国热”跟唐王朝一同终结以后，日本的饮茶文化随之衰退。直到镰仓时代（1185—1333 年），确切地说是在 12 世纪末，中国文化以民间往来的形式再次进入日本。茶与饮茶习俗的大规模引入，掀起了日本茶文化热潮的又一次迸发，并促使茶从宫廷走向民间，成为社会各阶层享乐与游戏的形式和内容。

1191 年，荣西和尚将茶籽带回日本种植，大力宣传佛教与茶饮，并写成了《吃茶养生记》。有一次，实朝将军饮酒过量，请荣西祷告保佑，荣西则劝其喝下茶汤。将军为茶的解酒功效所震惊，荣西趁机献上《吃茶养生记》，极力宣传茶的药效，鼓吹饮茶习俗，为茶在日本的推广和普及起到积极作用。《吃茶养生记》是日本的第一部茶书，在日本茶史上的地位堪比中国茶圣陆羽所著《茶经》。此后，日本茶文化正式进入繁荣发展阶段，为日本茶道的形成奠定了基础。

至 15 世纪，被誉为“茶道之祖”的村田珠光（1422—1502 年）将饮茶的精神性从娱乐性中剥离出来，去除赌博游戏、饮酒取乐等内容。他将当时人们崇尚的漆器茶托天目台和龙泉青瓷，换成质朴粗糙的“珠光茶碗”，饮茶的场所也缩小到了四叠半[1]的面积，简化物质追求的同时更加注重主客的精神交流，开创了以闲寂质朴为核心理念

---

1 日本的房间是按榻榻米（地上铺的那种长方形的草席子）计算的。标准的房间大小就是六叠和四叠半。四叠半是指房间能铺四个半榻榻米那么大。比如，日本人称“和室”的房间内的榻榻米，一个榻榻米约为 180 厘米 × 91 厘米。四叠半约为 7.37 平方米。

的日本茶道。这种建立在佛教思想基础上、注重精神调节、宁静致远的茶道精神，正好迎合了武士阶层的趣味，从而得以不断发扬光大。

16 世纪晚期，千利休（1522—1591 年）集茶道之大成，提炼出“和、敬、清、寂”四规，进一步构建了茶道体系，并将其发扬光大。此后，日本茶道虽然衍生出多个流派且各具特色，但“和、敬、清、寂”始终是日本茶文化的核心内容。

日本茶道在精神上融入了佛教思想，在形式上则延续了中国宋代的饮茶方式。如前文所述，茶与饮茶习俗在 12 世纪末大举引入日本，其时正值中国的南宋时期，引入日本的茶叶及饮用方法恰好是南宋社会流行的末茶及点茶法。从 15 世纪茶道创立至 16 世纪形成完整体系，将茶叶研成粉末并用开水点泡的方式始终未发生大的改变。

日本茶道传承了中国古典茶文化的核心内容，成为东方饮茶习俗的代表。因此，从日本茶道中，我们或许可以再度领略中国古典茶文化的极致之美。

赤乐烧

| 王宪明　绘 |

一只侘寂的杯子。

第二节 英国茶产业

「水为茶之母，器为茶之父」，茶具是茶产业与茶文化的重要组成部分，其中，瓷器更是储存和品啜茶叶的最佳容器。因此在中国茶叶大量进入欧洲的同时，瓷器的价值也被重新定位。可以说，茶叶贸易不仅引发了瓷器贸易，更是欧洲瓷器制造业产生和发展的原动力。

如果说茶叶改变了欧洲人的日常饮食生活习惯，瓷器则在一定程度上丰富了欧洲人的审美情趣。新航路开辟之后，葡萄牙人首先将瓷器从中国运至欧洲。“海上马车夫”荷兰人紧随其后，将瓷器贸易逐步扩大。1610 年，荷兰人首次将茶叶从澳门传入欧洲，与此同时，瓷器也随之进入欧洲市场。进入欧洲的瓷器数量逐年增多，和茶叶一起列入每个贸易季度的投资计划中。1637 年，荷兰东印度公司的斯文汀勋爵在写给巴达维亚总督的信函中，不仅令其采购茶叶，还要求采购喝茶的瓷杯、瓷壶。据记载，这一年运至欧洲的瓷器达到了 21 万件，其中茶具占据了很大一部分。

17 世纪英国出现了中国瓷器收藏热，王公贵族竞相收集各式各样的中国瓷器，以显示主人身份的高贵和优雅的品位。伊丽莎白一世将自己所藏的一件白瓷碟和一件青瓷杯视为无上珍宝，查理五世和菲利普二世也都是中国瓷器的爱好者或收藏家，单菲利普一人就拥有 3000 多件中国瓷器。中国瓷器以其坚硬的质地、高雅的品位以及良好的保温功效赢得了西方人的青睐。

随着饮茶习俗在英国和欧洲的形成与发展，为配合茶叶的特性，茶具贸易特别是瓷器贸易随着“茶叶世纪”不断增长的茶叶消费需求也得到巨大发展。据记载，18 世纪初，年均约有 200 万件瓷器从中国进入欧洲；18 世纪后期，进口到欧洲的中国瓷器平均每年超过了 500 万件。

四个要素和五种感官线图

| 王宪明　绘，原件由林纳德于 1627 年绘于巴黎 |

画中的瓷碗通体施白釉，釉色洁白，略泛青，有玻璃质感，外壁四周绘人物、文字是《赤壁赋》。此类青花，多是由荷兰东印度公司从中国购入，而后运回荷兰转手卖给欧洲各国。

中西方瓷器贸易的发展促进了欧洲瓷器制造业的兴起。此前，欧洲瓷器烧造发展缓慢，始终不能通过高温烧成瓷器。直到 17 世纪 70 年代后期，荷兰陶工才仿制出保温茶壶。据记载，“欧洲第一件真正的瓷器”于 1709 年创制成功，之后于 1717 年初次制成蓝色瓷器。17 世纪末至 18 世纪初，德国一批化学家在对中国陶瓷的研究中发现，可以用长石粉取代玻璃粉作熔剂，最终成功烧制出了与中国陶瓷相仿的硬质陶瓷。又经历了一段时间的研究和探索，欧洲的瓷器制造工艺终于发展到较高水平。法国、德国、意大利、西班牙等国先后建成瓷器厂。18 世纪中期以后，欧洲各国均掌握了中国瓷器的仿制方法，不仅能够烧制出中国的青花瓷、彩瓷、德化瓷，而且发明出具有欧洲风格的瓷器，为中国瓷器的滞销埋下伏笔。

虽然英国的陶瓷制造业较欧洲起步稍晚，但是“英国陶瓷之父”乔治亚·威基伍德在瓷器制造方法和使用原料上的创新和改进，以及将艺术与工业相结合的经营理念，促使英国瓷器制造业取得了巨大成功。在 18 世纪，由机械制作的标准化大众产品越来越多地进入市场。18 世纪末，英国的陶瓷业制造中心——斯托克所生产的陶瓷制品已经销售到英国各地和欧洲各国。以威基伍德、斯波德、伍斯特、明顿和德比命名的陶器、瓷器和骨瓷茶具渐渐占据了英国及欧洲市场。

欧洲生产的瓷器不仅适销对路、供货快捷，而且价格低廉，于是中国瓷器在欧洲市场渐失生存空间。鉴于此，英国东印度公司董事部于1792年起终止了对中国的瓷器进口。有记载称，1792年运至英国的最后一批中国瓷器直到1798年才销售完毕。中国瓷器的出口贸易先茶叶贸易一步走向衰落。

英国制陶厂线图

| 王宪明　绘 |

17 世纪上半叶，茶叶由荷兰人运至英国。在英国与广州建立茶叶贸易联系之前，茶叶在英国还只作为新兴商品出现在咖啡馆里。伦敦的咖啡馆为了刺激其销售，甚至刊出广告，“这种被所有医生都称赞的卓越的中国饮料，被中国人称为Teha，在其他国家被称为Tay或Tee，在伦敦皇家交易所之旁的沙特尼斯·汉德咖啡屋有售”，以此扩大民众对茶叶的认识。甚至连商家都缺乏对茶叶饮用方法的了解，商人们甚至以卖啤酒的方式在咖啡馆中卖茶：将茶叶冲泡之后存放在小桶内，待有客人需要，再倒出来加热。茶叶在民间虽被当作奢侈品以昂贵的价格出售，但人们对其饮用方法却知之甚少。《闲话报》报道，“一位贵妇收到一位朋友送给她的一包茶，就加入胡椒、盐一锅煮了，用来招待一些性格怪僻或心情忧郁的客人”。连上流社会的贵妇也不知道如何饮用这种来自东方的、神秘且昂贵的“中国饮料”。不过，这种状态没有持续多久，很快被嫁入英国的葡萄牙公主打破了。

1662 年，查理二世与葡萄牙国王约翰四世的女儿凯瑟琳公主联姻，这位人称“饮茶皇后”的凯瑟琳公主喜欢且懂得“在小巧的杯中啜茶”。她的嫁妆就包括 221 磅中国红茶和精美的中国茶具。凯瑟琳公主经常在王宫招待贵族饮茶，贵族阶层争相效仿，使得饮茶很快成为一种英国宫廷礼仪，茶叶也随之成为豪门贵族社交活动中风行的时尚饮料。当时茶叶价格非常昂贵，只局限在上流社会作为饮料，而凯瑟琳公主对饮茶的偏爱很快引起英国社会对茶叶的关注与热情。

17 世纪后期，英国东印度公司还未与中国建立茶叶贸易关系，但英国皇室的饮茶习俗却已呈现“中国式”。据记载，英皇玛丽二世、安妮女王也都热衷推广饮茶文化，经常在宫廷内举办茶会，并采用屏风、茶具等中国器具，使饮茶成为一种尊贵的身份象征和炫富的方式。名媛淑女们都在腰间藏一把镶金嵌玉的精致小钥匙，用以开启为保存茶叶而特制的茶叶箱；泡茶则由女主人亲自主持，以防佣人偷盗茶叶。

到17世纪末，英国人已经习得了一定茶叶种类和冲泡方法的知识。塔特在《茶诗》中详细介绍了松萝茶、珠茶和武夷茶的特性，并谈到饮用前两种绿茶可以不加或少量加糖，而武夷茶则“必须加入较多的糖”，以便更好地调和茶汁的颜色与味道。另外，在17世纪葡萄牙独霸巴西蔗糖生产的时期，英国需要进口砂糖，且价格昂贵。向价格昂贵的茶叶冲泡出的茶汁中加入同样价格昂贵的糖，是皇家奢华生活的绝佳体现。

德国学者汉斯·瑙曼在20世纪20年代提出“文化产物的规则”理论，即“社会群体在各方面都会让其行为效仿更高社会阶层的行为”。饮茶在英国就是按照“模仿贵族”“接受贵族文化模式”的方式，由上层阶级的“小传统”逐渐转化成为“大众文化”，很快在市民阶层广泛传播开来。

维多利亚时代茶具

| 王宪明　绘，原件藏于大英博物馆 |

随着英国东印度公司与广州茶叶贸易的大规模展开，在英国茶叶的销售价格稳步下降，1728 年每磅红茶 20 ~ 30 先令，到了 1792 年只需 2 先令就能买到 1 磅品质良好的武夷茶。茶叶价格的大幅下降、市民阶层购买力的壮大以及对高雅生活方式的追求，促使茶叶在 18 世纪末的英国社会“几乎普及一般民众”“甚至成为农业工人的经常性饮品”。据记载，“每周一家人喝茶的花费一般不到 1 先令”。茶叶已经成为普通家庭的日常消费和必需品。与此同时，茶叶在英国的饮用方法经过本土化过程，也形成了独具特色的英国茶文化。

英国人的饮茶方式在吸收欧洲饮茶礼仪的同时也进行了一定程度的改造和创新，尤其是在茶汤中加糖和牛奶。荷兰人只在茶汤中加入少量红糖以去除苦涩味，英国人则是加入大量的糖，这也成为英式饮茶习俗中独具特色的形式。除了与糖调配，红茶还能与牛奶完美结合成为香气浓郁、滋味醇厚的奶茶。牛奶是英国的传统饮食，饮茶时出于自然地添加牛奶，使饮茶具有了浓郁的英伦本土特色，18 世纪这种英式的饮茶文化逐渐普及并细化起来。

英式下午茶

至于“先奶后茶”还是“先茶后奶”，据说早期在沏茶时英国的茶杯会因受热而爆裂，要先向杯中倒入一些牛奶才能再注入沸水冲茶；而拥有中国茶具的富人们，则有意先将滚烫开水倒入茶杯然后再注入牛奶。“先茶后奶”是奢华与品位的体现。

随着日渐本土化，饮茶在英国社会越来越普及。“早晚餐时代替啤酒，其余时间代替杜松子酒”，到18世纪茶已经成为英国最流行的饮料。为满足不同阶层在不同时间和场合对于饮茶的不同需求，英国市场上销售的茶叶种类越来越多。以英国皮卡迪利大街212号店铺为例，该店主要销售绿茶和红茶，其中绿茶档次由低至高分别为绿茶、优质绿茶、混合绿茶、熙春茶、优质熙春茶、精品熙春茶、珍品熙春茶和极品熙春茶等，价格逐级升高；红茶分为武夷茶、优质武夷茶、工夫茶、优质工夫茶、极品工夫茶、小种茶、优质小种茶、极品小种茶等，价格稍低于绿茶。由此可知，18世纪末英国市场上主要销售绿茶和红茶两大类茶叶且对茶叶品种和档次的划分非常细致。随着茶叶在英国销量的不断增加，走私与掺假越来越严重。绿茶比红茶容易混入其他植物叶子，导致越来越多的绿茶消费者转而购买红茶。

19世纪下半叶，茶叶价格继续下降，饮用更加普及并成为全民饮品。到了19世纪末，茶叶完全融入了英国社会，“茶”与“英国”已经是密不可分了。

第三节　茶与美国社会

中美直接茶叶贸易开始于1784年，大致经历了1784—1794年的起步阶段，1795—1860年的繁荣发展阶段，1860年至19世纪末国际茶叶市场激烈竞争引发的逐步衰落阶段。中美茶叶贸易的发展对美国的政治、经济产生了深远影响，既是美国独立战争的导火索，又是近代中美关系史的开端，同时还为美国茶叶市场和饮茶习俗的形成奠定了基础。

1765年，英国政府在英皇乔治三世的主持下通过印花条例，对殖民地人民的茶叶及其他物品征收税款。该条例遭到美洲殖民地人民的强烈反对，被迫于1766年废止。1767年，英国议会通过财政大臣唐森德提出《唐森德法》。其中“贸易与赋税法规”规定，自英国输往殖民地的纸张、玻璃、茶叶等均征收进口税，对茶叶征收的税款为每磅3便士。再度征收茶税的法令颁布后，美洲殖民地人民仍然拒绝缴纳，并因此转而购买从荷兰进口的茶叶，结果导致英国东印度公司丧失了美洲殖民地茶叶市场，囤积的上千万磅茶叶滞销。

为摆脱经济上的窘境和将积存的1700万磅茶叶尽快出售，英国东印度公司向国会提议，要求被准许将茶叶免税输往美洲，只缴纳少量税银出售。1773年议会接受英国东印度公司的提议而颁布茶叶法，授权英国东印度公司将茶叶直接输往美洲殖民地，而不必转售给殖民地商人，这一授权损害了英国中间商和美洲进口商的利益。茶叶法还规定，美洲殖民地需缴纳每磅3便士的茶税。

为了抗击这种不合理的政策，殖民地人民坚决抵制进口英国茶叶，并于同年12月16日将英国东印度公司的342箱茶叶投入海中，即“波士顿倾茶事件”。1774年，又发生多起英国东印度公司运至美洲的茶叶被投入海和被焚烧的事件。英国政府宣布封闭波士顿港口、取消马萨诸塞自治等条例，并使用暴力镇压殖民地人民的反抗运动。英国当局与殖民地人民的矛盾到了空前尖锐的程度，而英国仍然只顾自身利益强行征收茶叶等多项税收的行为，更加激起美洲殖民地人民的强烈不满，终于导致美国独立革命的爆发。1776年7月4日，《独立宣言》获得通过。至此，北美十三个殖民地脱离英国管辖宣布独立。

波士顿倾茶事件

| 王宪明　绘 |

18 世纪末，中美茶叶贸易渐趋稳定，贸易量逐年增多，但这一时期美国国内茶叶消费十分有限。于是，在满足本国茶叶需要的同时，美国商人将大部分从中国购买的茶叶转运至欧洲和走私到英国，由此催生了美国的茶叶转口贸易。18 世纪末，美国茶商从中国购买的茶叶有一半以上都销往其他国家。到 19 世纪上半叶，美商转口运往他国的茶叶仍占其从中国购入茶叶总量的 20%以上。

早在 17 世纪中叶，荷属新阿姆斯特丹有钱购买茶叶的人就已经开始饮茶了。从当时留存的茶盘、茶台、茶壶、糖碗、银匙等茶具来看，新阿姆斯特丹的社交风尚和饮茶方式与荷兰一致。“品茶时间多半在下午两点至三点左右；女主人致辞之后以谦恭的态度招呼客人；茶室中四季皆准备暖脚炉供客人使用；女主人准备若干种茶叶供客人选择，并负责备茶；客人大多会依从女主人的推荐；盛有番红花的小型茶具放在一旁，当客人有需要时可将番红花加入茶中，成为番红花茶；茶中多半会加入昂贵的砂糖，但不加奶精；品茶时把茶杯放在茶碟上；品饮时要发出声音，并给予赞美；茶桌上所谈论的话题仅限于茶与即席供应的糕点；每人可以续上十至二十杯茶。”

早期美洲殖民地常用的茶类以武夷茶或红茶为主，直至建国初期美国人都保持着以饮用红茶为主的习惯。一方面是因为美洲殖民地的饮茶习惯受荷兰和英国的直接影响；另一方面茶叶转口贸易令利于转销欧洲的红茶在中美茶叶贸易中占据主导地位。1800 年以后绿茶逐渐受到美国消费者的青睐，进口量大增，至 1810 年已与红茶持平。19 世纪 20 年代，美国本土茶叶市场逐渐成熟，绿茶进口随即迅速超过红茶，至 30 年代已经占据中美茶叶贸易的绝对主导地位，美国人的饮茶习惯也由红茶转为绿茶。19 世纪 20—40 年代中美茶叶贸易大幅增长，此时茶叶转口贸易渐减，美国国内茶叶消费开始急剧增长。

早期美国对茶叶需求的增长在很大程度上源于茶叶转口贸易的高额利润，随着国内民众对茶饮品类逐渐了解并确立了自己的饮茶习惯，美国国内市场对茶叶的需求成为拉动中美茶叶贸易的主要动力。

茶叶贸易是中美关系发展中的一个重要部分。美国独立战争的爆发、茶叶转口贸易的发展以及饮茶习俗的形成和转变，均是在与中国建立直接的茶叶贸易关系之后，由华茶大量涌入美国市场所引发的。中美茶叶贸易的发展对美国的政治、经济、文化等方面均产生了深远的影响，茶叶贸易在增进两国民众的相互了解和文化交流方面也起到了积极的推动作用。

华盛顿弗利尔美术馆孔雀屋

| 王宪明　绘 |

内藏瓷器已不是雷兰收藏的瓷器，也不是弗利尔收藏的瓷器，由福尔克家族收藏捐赠，几乎都是 17 世纪景德镇烧造的青花瓷器。孔雀屋见证了几个世纪“中国风”横扫欧美的盛况，也见证了英美两国几代人的“青花梦”。

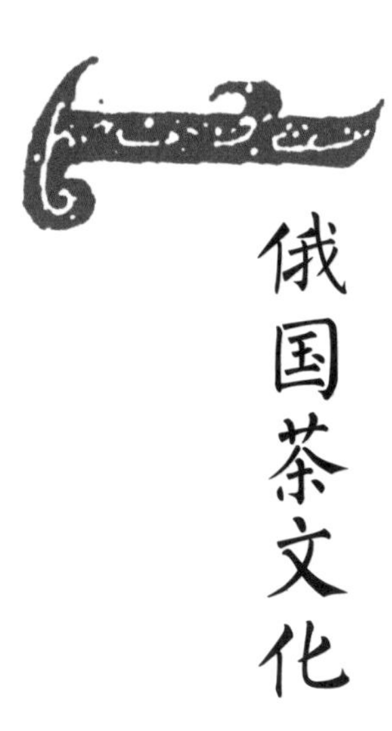

第四节 俄国茶文化

中国茶叶通过海路进入欧洲始于17世纪初，此后海上茶叶贸易逐渐展开，来自中国的茶叶随即成为享誉世界的东方饮料。其实除了海路以外，华茶入欧还有另一条通路，就是沿着陆路向北直接进入俄国。

荷兰人将茶叶带入欧洲之后，哥萨克首领彼得罗夫就在卡尔梅克汗廷初尝茶味，并对这种“无以名状的叶子”深表惊异。1640年，俄使者瓦西里·斯达尔科夫从卡尔梅克汗廷返国，带回200袋茶叶，奉献给沙皇，可以作为华茶入俄之始。

清代初年，来华的俄使臣继续将茶叶作为礼品带回俄国。1675年，俄使臣尼果赖在觐见康熙帝后接受“御赐”茶叶四匣，以及托他转送沙皇的茶叶八匣。除了官方交往礼品，17世纪后期，茶叶也开始作为商品在俄境内出售，消费者主要是富裕家庭。1689年《尼布楚条约》订立后，中俄边关贸易日益活跃，销俄的茶叶数量随之增多。1729—1755年，恰克图互市正式开放，茶叶成为“买卖城”中交易量最大的商品，并在此后近一个世纪的时间里随着贸易商路的进一步拓展，持续增长。

19世纪俄国对茶叶的需求量不断扩大，中俄贸易中的入俄商品也以茶叶为主。同时非法销往俄国的茶叶数量明显增加，到19世纪40年代末茶叶的出口货值已经占到出口总值的90%以上。1851年清政府被迫与俄国签订《伊塔通商章程》，给予俄在伊宁和塔城免税贸易的权利，使茶叶贸易增幅在一倍以上。

从中国西部销往俄国的茶叶有白毫茶和砖茶。白毫茶主要指红茶，也包括花茶，但数量不多；砖茶指廉价的紧压茶，价格和税费都低于白毫茶。19世纪30年代销俄的茶叶90%以上是砖茶，40年代以后白毫茶销量开始明显增长，并于1850年首次超过砖茶。输入俄国的茶叶除了供其国内消费以外，还要销往塔什干、吉尔吉斯斯坦、浩罕、土耳其（亚）、波斯、希瓦、布哈拉等中亚、西亚地区，这也是砖茶销量长期占据较高比重的原因之一，而俄国城市居民对白毫茶消费量的不断提高则促进了白毫茶销量的增长。

俄式下午茶

随着中俄茶叶贸易的增长，饮茶风气在俄国蔓延开来，并逐渐普及到各个阶层。俄国人不但喜欢饮茶，而且逐步创造出自己独特的茶文化。

俄国民族饮茶习俗的一大特点是喜欢喝甜茶，常在红茶中加入糖、柠檬片、果酱、牛奶等以增加甜味。加糖的方式有三种：一是把糖放入茶水里，用勺搅拌后喝；二是将糖咬下一小块含在嘴里再喝茶；三是看糖喝茶，既不把糖搁到茶水里，也不含在嘴里，而是看着或想着糖喝茶。第一种方式最普遍，第二种方式多为老年人和农民所采用，第三种方式则有些“望梅止渴”的意味。除了糖以外，蜂蜜或者果酱也经常被加入茶中调味。先泡上一壶浓浓的茶，再在杯中加蜂蜜、果酱然后冲制。冬天，俄国人还会在茶中加入甜酒以预防感冒。在俄国的乡村，人们喜欢把茶水倒进小茶碟而不是茶碗或茶杯，将手掌平放托着茶碟，用茶勺送进嘴里一口蜜含着，再将嘴贴着茶碟边带着响声一口一口地吮茶。这种喝茶的方式俄语叫“用茶碟喝茶”。另外，喝茶时一定要佐以大盘小碟的蛋糕、甜面包、果酱等“茶点”，将饮茶作为就餐的重要部分。

俄国人饮茶还有一个特点，就是喜欢用茶炊煮茶。茶炊可以看作俄国茶文化的代表，甚至有“无茶炊便不能算饮茶”的说法。俄国茶炊最早出现在18世纪，分为茶壶型和炉灶型两种。茶壶型茶炊主要用于煮茶或装热蜜水沿街贩卖，茶炊中部竖有一空心直筒，内盛热木炭，茶水或蜜水环绕在直筒周围，从而起到保温的功效。炉灶型茶炊的内部除了竖直筒外还被隔成几个小的部分，其用途更加广泛，烧水、煮茶可同时进行。到19世纪中期，茶炊基本定型为三种：茶壶型（也称咖啡壶型）茶炊、炉灶型茶炊、烧水型茶炊。外形也逐渐多样化，出现了球形、桶形、花瓶形、小酒杯形、罐形以及一些不规则形状的茶炊。

俄国作家和艺术家的文学作品中有很多对茶炊的描写。普希金的《叶甫盖尼·奥涅金》中就有这样的诗句：

> 天色转黑，晚茶的茶炊，闪闪发亮，在桌上咝咝响，它烫着瓷壶里的茶水，薄薄的水雾在四周荡漾。
>
> 这时已经从奥尔加的手下，斟出了一杯又一杯的香茶，浓酽的茶叶在不停地流淌。

诗人笔下的茶炊既烘托出时空的意境，又体现出浓浓的特有的俄国茶文化氛围。

俄国茶壶艺术品

| 王宪明　绘 |

主要参考文献

[1] 阿·科尔萨克．俄中商贸关系史述［M］．米镇波，译．北京：社会科学文献出版社，2010.

[2] 陈文华．长江流域茶文化［M］．武汉：湖北教育出版社，2004.

[3] 陈文华．中国茶文化学［M］．北京：中国农业出版社，2006.

[4] 陈宗懋．中国茶经［M］．上海：上海文化出版社，1999.

[5] 陈祖槼，朱自振．中国茶叶历史资料选辑［M］．北京：农业出版社，1981.

[6] 丁以寿．中国茶文化［M］．合肥：安徽教育出版社，2011.

[7] 方铁，方悦萌．普洱茶与滇藏间茶马古道的兴盛［J］．中国历史地理论丛，2018（1）.

[8] 方铁．清代云南普洱茶考［J］．清史研究，2010（4）.

[9] 房玄龄，等．晋书［M］．北京：中华书局，1974.

[10] 格林堡．鸦片战争前中英通商史［M］．康成，译．北京：商务印书馆，1964.

[11] 贡特尔·希施费尔德．欧洲饮食文化史——从石器时代至今的营养

史［M］. 吴裕康，译. 桂林：广西师范大学出版社，2006.
［12］顾景舟. 宜兴紫砂珍赏［M］. 台北：远东图书公司，1982.
［13］关剑平. 茶与中国文化［M］. 北京：人民出版社，2001.
［14］关剑平. 禅茶：历史与现实［M］. 杭州：浙江大学出版社，2011.
［15］关剑平. 世界茶文化［M］. 合肥：安徽教育出版社，2011.
［16］关剑平. 文化传播视野下的茶文化研究［M］. 北京：中国农业出版社，2009.
［17］国立故宫博物院编辑委员会. 故宫书画图录［M］. 台北：国立故宫博物院，1990-2012.
［18］李昉，等. 太平御览·饮食部二五［M］. 北京：中华书局，1960.
［19］李国荣，林伟森. 清代广州十三行纪略［M］. 广州：广东人民出版社，2006.
［20］廖宝秀. 宋代喫茶法与茶器之研究（茶盏）［M］. 台北：国立故宫博物院，1996.
［21］廖宝秀. 也可以清心：茶器、茶事、茶画［M］. 台北：国立故宫博物院，2013.
［22］马士. 东印度公司对华贸易编年史（1635—1834年）［M］. 区宗华，译. 广州：中山大学出版社，1991.
［23］马士. 中华帝国对外关系史［M］. 北京：生活·读书·新知三联书店，1958.
［24］沈冬梅. 茶与宋代社会生活［M］. 北京：中国社会科学出版社，2007.
［25］史晓红. 试析普洱茶文化的特征［J］. 边疆经济与文化，2018（7）.
［26］孙机. 中国古代物质文化［M］. 北京：中华书局，2014.
［27］汪敬虞. 中国近代经济史（1895—1927）［M］. 北京：人民出版社，2000.
［28］王方中. 中国近代经济史稿（1840—1927）［M］. 北京：北京出版社，1982.

[29] 王祯．王祯农书．王毓瑚，校．北京：农业出版社，1981．

[30] 威廉·乌克斯．茶叶全书［M］．中国茶叶研究社，译．上海：中国茶叶研究社，1949.

[31] 吴觉农．茶经述评［M］．北京：中国农业出版社，2005．

[32] 吴觉农．中国地方志茶叶历史资料选辑［M］．北京：农业出版社，1990．

[33] 萧子显．南齐书［M］．北京：中华书局，1972．

[34] 徐秀堂，山谷．宜兴紫砂五百年［M］．南京：南京出版社，2009．

[35] 徐秀堂．中国紫砂［M］．上海：上海古籍出版社，1998．

[36] 徐震堮．世说新语［M］．刘义庆，撰．北京：中华书局，2001．

[37] 严中平．中国近代经济史（1840—1894）［M］．北京：经济管理出版社，2007．

[38] 姚贤镐．中国近代对外贸易史资料（1840—1895）［M］．北京：中华书局，1962.

[39] 袁正，闵庆文．云南普洱古茶园与茶文化系统［M］．北京：中国农业出版社，2014．

[40] 郑培凯，朱自振．中国历代茶书汇编校注［M］．香港：香港商务印书馆，2007．

[41] 中国农业遗产研究室．中国农业古籍目录［M］．北京：图书馆出版社，2003．

[42] 仲伟民．茶叶与鸦片：十九世纪经济全球化中的中国［M］．北京：生活·读书·新知三联书店，2010.

[43] 朱自振．茶史初探［M］．北京：中国农业出版社，1996．

[44] 朱自振．中国茶叶历史资料续辑［M］．南京：东南大学出版社，1991．

dà

大

dòu
豆

中国农业的『四大发明』

王思明 丛书主编
石 慧 著

中国科学技术出版社
·北 京·

图书在版编目（CIP）数据

中国农业的“四大发明”. 大豆 / 王思明主编；石慧著 . -- 北京：中国科学技术出版社，2021.8

ISBN 978-7-5046-9151-4

Ⅰ . ①中… Ⅱ . ①王… ②石… Ⅲ . ①大豆－文化史－中国 Ⅳ . ① S-092

中国版本图书馆 CIP 数据核字（2021）第 163233 号

总 策 划	秦德继
策划编辑	李　镅　许　慧
责任编辑	李　镅
版式设计	锋尚设计
封面设计	锋尚设计
责任校对	邓雪梅
责任印制	马宇晨

出　　版	中国科学技术出版社
发　　行	中国科学技术出版社有限公司发行部
地　　址	北京市海淀区中关村南大街 16 号
邮　　编	100081
发行电话	010-62173865
传　　真	010-62173081
网　　址	http://www.cspbooks.com.cn

开　　本	710mm × 1000mm　1/16
字　　数	125 千字
印　　张	11
版　　次	2021 年 8 月第 1 版
印　　次	2021 年 8 月第 1 次印刷
印　　刷	北京盛通印刷股份有限公司
书　　号	ISBN 978-7-5046-9151-4 / S · 780
定　　价	398.00 元（全四册）

序言

谈到中国对世界文明的贡献，人们立刻想到“四大发明”，但这并非中国人的总结，而是近代西方人提出的概念。培根（Francis Bacon，1561—1626）最早提到中国的“三大发明”（印刷术、火药和指南针）。19 世纪末，英国汉学家艾约瑟（Joseph Edkins，1823—1905）在此基础上加入了“造纸”，从此“四大发明”不胫而走，享誉世界。事实上，中国古代发明创造数不胜数，有不少发明的重要性和影响力绝不亚于传统的“四大发明”。李约瑟（Joseph Needham）所著《中国的科学与文明》（*Science & Civilization in China*）所列中国古代重要的科技发明就有 26 项之多。

传统文明的本质是农业文明。中国自古以农立国，农耕文化丰富而灿烂。据俄国著名生物学家瓦维洛夫（Nikolai Ivanovich Vavilov，1887—1943）的调查研究，世界上有八大作物起源中心，中国为最重要的起源中心之一。世界上最重要的 640 种作物中，起源于中国的有 136 种，约占总数的 1/5。其中，稻作栽培、大豆生产、养蚕缫丝和种茶制茶更被誉为中国农业的“四大发明”[1]，对世界文明的发展产生了广泛而深远的影响。

1 王思明．丝绸之路农业交流对世界农业文明发展的影响．内蒙古社会科学（汉文版），2017（3）：1-8.

中国农业的『四大发明』

大豆

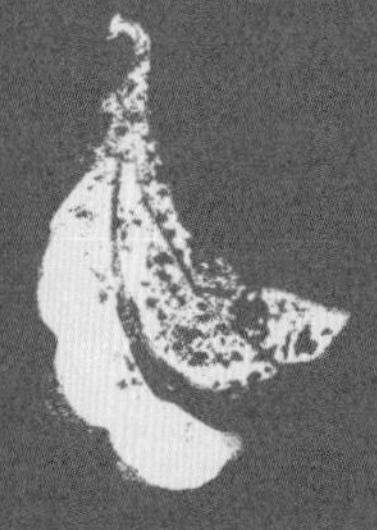

大豆是中国古代重要粮食作物之一，中国先民5000年前已经开始种植大豆。甲骨文中即有『菽』，周朝的时候，『菽粟』并提，『豆饭藿羹』，司马迁《史记·五帝本纪》将『菽』列为『五谷』之一。在部分地区，大豆种植几乎占到了粮食作物种植面积的40%。

大豆走向世界时间相对较晚，但影响却不容低估。今天世界大豆命名中大多以中国古代对大豆的称呼“菽”为原音，如英文的soy，法文的soya，德文的soja，等等。世界各地的大豆大多是从中国直接或间接传入的。大豆在汉代随着“丝绸之路”传入波斯和印度，向东传入朝鲜和日本，1300年前传入印支国家，13世纪通过海上丝绸之路传入菲律宾、印度尼西亚和马来西亚等东南亚地区。1740年，欧洲传教士将大豆传入法国，1760年传入意大利，1786年德国开始试种，1790年英国皇家植物园邱园（Kew Gardens）首次试种大豆，1873年维也纳世界博览会掀起了大豆种植的热潮，进而流布欧洲。1765年曾受雇于东印度公司的水手塞缪尔·鲍文（Samuel Bowen）将大豆带入美国，1855年在加拿大种植。中亚外高加索地区直到1876年方种植大豆。1882年中国大豆在阿根廷落地并开始了其南美传播的进程。1898年俄国人从中国东北地区带走大豆种子，在俄国中部和北部推广；1857年传播到埃及；1877年墨西哥等中美洲地区始见栽培；1879年大豆被引种澳大利亚。今天，世界已有50多个国家和地区种植大豆。

大豆蛋白质含量高，被誉为“田中之肉”和“绿色牛乳”。百年前，因中国人多地少，缺乏大规模发展畜牧业的条件，民食中肉类蛋白严重不足。为了弥补动物蛋白的不足，发展大豆生产无疑成为补充蛋白质不足的重要途径。因此，孙中山先生说：“以大豆代肉类是中国人所发明。”仰仗大豆的蛋白质，才满足了中华民族正常的人体需求。民国时期人们又发现大豆为350余种工业品之原料，其价值远甚于单纯作为粮食作物。

豆腐的发明，是中国对世界食品加工的一大贡献，是大豆利用的一次革命。豆腐制作技术从唐代首先传到日本。一般认为豆腐技术是鉴真和尚在754年从中国带到日本的，所以日本人将鉴真奉为日本豆腐业的始祖，并称豆腐为“唐符”。隐元和尚1654年把压制豆腐的技术带入日本。中国豆腐技术约在20世纪初传到西方，1909年国民党元老李石曾在法国建立西方第一个豆腐工厂，生产豆制品，称豆腐为“20世纪全世界之大工艺”。

晚清和民初的时候，中国仍是世界第一大大豆生产国，迟至1936年，中国大豆产量仍占世界总产量的91.2%。但到1954年，美国已经超过中国，成为世界最大的大豆生产国。今天美国仍为世界第一大大豆生产国，其次为巴西和阿根廷。近年，因比较优势的因素，中国大豆进口持续增长，2016年中国大豆进口高达8391万吨[1]。

王思明

2021年3月于南京

1 1吨=1000千克。

前言

大豆是最早起源于中国的古老作物，数千年来，华夏先民不但种植和收获着大豆，还在世界上最早开始了对大豆的加工和利用。在远古时期的神话传说中我们看到了大豆的身影，在古代的文献资料中记载了关于大豆的知识，在各地的考古挖掘遗址中发现了距今千年以上的大豆遗存。

可以说，大豆在中国有着悠久的发展历史。中国野生大豆不仅历史悠久，而且品种资源丰富、地理分布范围广阔，凭借古代先民的智慧和劳作，至迟到春秋时期以前，大豆已基本实现了由野生采集到人工驯化的转变，栽培大豆的品种类型也趋于成熟。战国时期，大豆一举成为人们食物系统中最主要的粮食作物，并有“豆饭藿羹”和“啜菽饮水”的记载。推动大豆地位不断提高的深刻原因，主要是大豆与当时的社会经济文化状况相互耦合。秦汉之后，大豆从豆饭藿羹的主粮食物转向品类多样的大豆副食品，豆酱、豆豉、豆浆、豆腐等多种多样的大豆利用方式被不断开发出来。大豆由主食变副食，并不能简单看作是大豆地位的下降，这是中国粮食体系内部优化配置的结果。到明清时期，大豆的种植范围已经遍及全国各地，大豆及其制品豆油和豆饼还成为国际市场上的主要商品之一，中国大豆的生产、加工和利用消费已经全面发展并处于世界领先地位。然而，中国大豆的种植生产和贸易出口优势在20世纪以后发生了根本改变，进入21世纪，中国的大豆产业同时面临着机遇与挑战。

在不同历史时期，大豆在中外交流活动中，通过陆上和海上丝绸之路，被多次引种传播至亚洲、欧洲、美洲等多个国家和地区。由于大豆在人们生产生活中的食用、经济、生态和文化等方面的多功能价值，到目前已被世界各地的人们广泛地栽培和利用。大豆源于中国，对世界农业的发展、人类文明的进步都起到了十分重要的作用，足以名列中国农业的“四大发明”。

石　慧

2021 年 3 月

目录

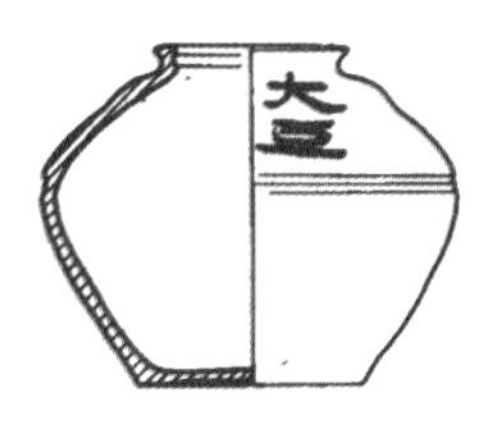

第一章

得天独厚

从野生到栽培

中国是大豆的故乡，这绝不是出于民族自豪感的自夸之词，而是由世界农业考古专家、中外学者达成的基本共识。在远古的部落时代，华夏先民就已开始采集野生大豆，经过不断尝试与经验的积累，一步步将大豆从野生植物驯化为日常栽培作物。虽然数千年的历史烟尘已将这条驯化之路掩埋湮没，但是循着历史残留下来的『草蛇灰线』，我们依然能通过神话故事、自然资源、考古发现和古代文献等多重证据，来回溯春秋以前大豆在中国从野生到栽培的历史过程。

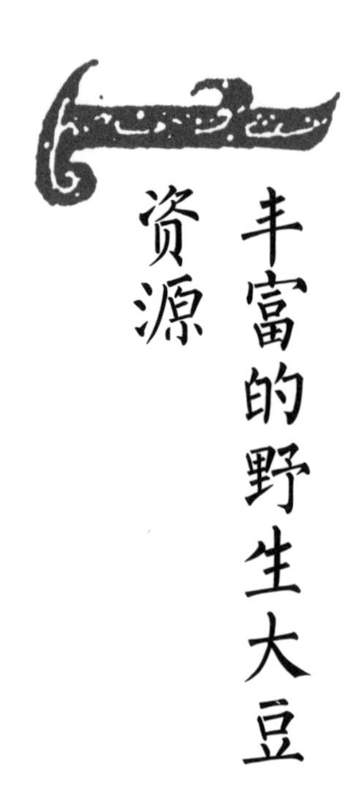

第一节 丰富的野生大豆资源

人们常说，中国是大豆的故乡。严格来说，中国是栽培大豆的故乡，而野生的大豆资源，则在世界其他国家和地区也有分布。那么，野生大豆和栽培大豆的区别在哪里？

人类在认识自然和改造自然的漫长岁月里，经过最初的观察和采集活动，逐渐驯化了很多农业作物。古老的作物大豆便是其中的一种。

野生大豆与栽培大豆是同大豆属不同品种的、有着密切联系的作物种类，它们在外部形态、营养物质、生长习性等多个方面有着较为明显的差异。农学家通过搜集和整理发现，在中国、俄罗斯、朝鲜、日本等国都发现了野生大豆的分布。既然野生大豆资源在不同国家和地区都有分布，那又为何说中国的野生大豆资源是得天独厚的呢？

首先，在分布地域方面，野生大豆资源可谓遍及中国各地。大体上看，分布范围北起黑龙江的漠河县北极村，南到广西的象州和广东的英德；东起黑龙江的抚远县通江乡东辉村，东南到舟山群岛，并延至台湾岛，西到西藏察隅县的上察隅镇，西北到甘肃的景泰县；除青海、新疆及海南外，其他各省（自治区）均有野生大豆资源分布。其垂直分布是：东北地区分布的上限在海拔 1300 米左右，黄河及长江流域在 1500～1700 米，西藏海拔上限 2250 米，全国野生大豆资源分布的最高点在云南省宁蒗县 2738 米处。可见，野生大豆资源基本覆盖了中国的绝大多数地区，从边疆省份到中原腹地都有分布，特别是在北纬 30° 到北纬 45° 之间呈现出逐渐增多的趋势，而在气温较低即最暖月平均气温不足 20℃或气温较高即月平均气温高于 20℃的、时间在 6 个月以上的地区没有野生大豆。丰富的野生大豆资源为人们进一步将之驯化为栽培大豆品种提供了必要的物质基础。

野生大豆线图[1]

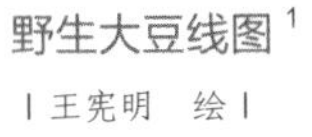

| 王宪明　绘 |

大豆线图[1]

| 王宪明　绘 |

1　参考中国科学院植物研究所《中国高等植物图鉴（第二册）》图像资料绘制。

其次，在品种数量方面，中国的野生大豆品种数量非常多。从20世纪40年代起，已有学者对中国的野生大豆进行零散的调查与研究，之后逐步开始了数轮大规模的野生大豆考察搜集活动。其中影响较大、成果较多的包括：1978年，吉林省农业科学院和吉林省农业厅组织相关人员对遍及吉林省所有县（市）的野生大豆进行了大规模考察，不但搜集到数千份野生大豆种质资源，还发现了之前未被发现的新类型，为此后全国大规模野生大豆考察活动积累了宝贵的经验；1979—1981年，中国农业科学院品种资源研究所和油料作物研究所、吉林省农业科学院共同合作，在全国范围内对野生大豆资源进行了大规模的考察搜集，此次采集种质资源达到5000多份；1982—1984年，由中国农业科学院品种资源研究所主持的对西藏自治区野生大豆资源的考察活动，又进一步丰富了中国的野生大豆种质资源；2002—2004年，中国农业科学院品种资源研究所领导进行了野生大豆资源补救性考察搜集工作，对之前没有涉及但有可能存在野生大豆资源的地区进行考察，并增补了800多份不同生态类型的野生大豆；2008—2009年，吉林省农业科学院和云南省环保站组织力量对滇西北地区的野生大豆资源进行调查，结果使野生大豆在中国垂直分布的海拔得到了提高；2008—2014年，吉林省农业科学院又对29个野生大豆原生环境保护点进行考察和研究，通过分析结果显示中国野生大豆蛋白质含量的记录得到更新，同时还获得一些抗病性、氨基酸等含量较高的野生大豆。综上，截至2010年年底，国家种质库已累计保存野生大豆8518份，已编目入库的各类野生大豆资源和含有野生大豆血缘的中间材料共计6172份。中国野生大豆资源不仅在地域上分布广泛，而且品种上数量繁多。丰富的野生大豆种质资源成为保障大豆遗传多样性、大豆品种驯化改良的前提条件。

最后，在品种类型方面，中国的野生大豆同栽培大豆更为接近。要了解大豆从土地间野生生长到农田中人工驯化的变化过程，就应首先对大豆属植物有一些基本的认识和了解。大豆属是豆科、蝶形花亚科、菜豆族下一小属，又可以分为Glycine和Soja两个亚属。Glycine亚属下有 16 个多年生野生种，分布于澳大利亚、巴布亚新几内亚和中国东南部少数民族地区，而Soja亚属的野生种分布于中国、朝鲜半岛、日本、俄罗斯等地，其下属有两个一年生种，这两个一年生种就分别是我们现在所说的野生大豆和栽培大豆。一年生种的野生大豆和栽培大豆由于染色体数相同，所以它们两者之间更易于杂交，且结实性良好。中国境内的野生大豆资源绝大部分是一年生种，仅有烟豆和短绒野大豆两个多年生种。中国的野生大豆与栽培大豆的种属更为接近，这也为中国是大豆由野生到栽培的发生地的观点提供了佐证。野生大豆和栽培大豆在根、茎、叶、花、果实、种子等多个方面有着形态上的差别。

大豆：文俶《金石昆虫草木状》，明万历时期彩绘本

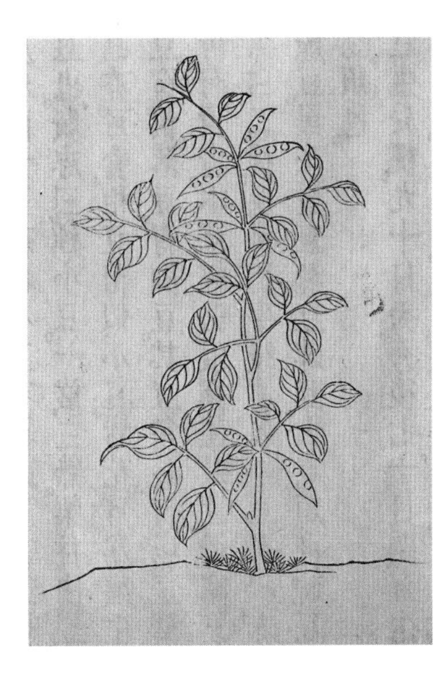

大豆：鄂尔泰，张廷玉《钦定授时通考》，清乾隆七年武英殿刊本

第二节 考古发现中的大豆遗存

丰富的野生大豆资源为栽培大豆最早起源于中国提供了有力的自然证据，还需要考古中不断出现的新发现才能将这种可能性的或然变为确证性的实然。目前，通过考古工作者的辛勤努力，大量的考古发现已经可以证明中国是栽培大豆的起源地。

早期出土的大豆考古遗存主要分布在中国的北方地区，20 世纪 50 年代末到 60 年代初，在黑龙江省宁安县大牡丹屯和牛场遗址、吉林省永吉县乌拉街遗址都分别出土过距今约 3000 年西周时期的大豆遗存。1957—1958 年，中国科学院考古研究所洛阳发掘队先后对洛阳市郊金谷园村和七里河村两处的几百座汉代墓葬进行清理发掘，在出土的陶仓上发现有“大豆万石”和“大豆百石”的字样，并有部分豆类遗存一起出土。1959 年在山西省侯马市“牛村古城”南的东周遗址中也出土了颜色呈淡黄色的形态类似于栽培大豆的遗存物。

陶仓上的文字摹本[1]

1 陈久恒，叶小燕．洛阳西郊汉墓发掘报告．考古学报，1963（2）：1-58.

1973年，湖南长沙马王堆汉墓出土了距今2100多年的随葬盒装已炭化大豆颗粒，百粒重4克，其中一盒上有“黄卷”字样。1980年，吉林省永吉县大海猛遗址发掘出距今2590±70年东周时期的炭化大豆遗存，经碳14实验测定，该品种属于目前东北栽培的抹食豆类型，为栽培型小粒大豆或半野生大豆即半栽培大豆。

伴随着早期传统考古技术的运用和考古工作的进行，先后有东北、华北、华中等多地的大豆遗存被发掘，显示出大豆已成为当时农业生产的一部分。而作为随葬品或者遗物在墓葬中存在，也表明大豆在当时的生产生活和农作物系统中占有了一定地位。

大豆万石陶仓

| 中国国家博物馆藏 |

金谷园出土的西汉时期粮食模型陶仓，腹外面用粉色隶体写着“大豆万石”字样。

随着现代浮选法等先进的植物考古技术方法在考古发掘工作中的广泛应用，越来越多春秋时期以前或年代更加久远的大豆考古遗存相继被发现，为大豆起源探寻工作提供了新的证据支撑。1992—1993 年，河南洛阳皂角树遗址出土了一批农作物样品，其中就有炭化大豆籽粒，经确定为龙山以后、殷商之前、距今 3900 ~ 3600 年的栽培种的大豆遗存。1995 年，陕西省考古研究所在西安北郊地区进行考古勘探的过程中发现了五座汉代墓葬，其中两座经清理发现有陶器、石玉器、铁器等大量随葬品，当中有一件陶罐上有朱书“大豆”二字，字体清晰且结构匀称。1998—2000 年，在黑龙江省友谊凤林古城遗址先后出土了 507 粒炭化大豆，经测定年代为距今 2000 年前后的汉魏时期。此次出土的大豆平均粒长 5.55 毫米、宽 3.83 毫米、厚 3.03 毫米，与现代栽培大豆的大小相当接近。2001 年，陕西省宝鸡市周原遗址通过浮选技术发现炭化大豆 159 粒，其中龙山文化时期的有 122 粒，先周时期的有 37 粒。2006 年，山东省济南市东郊的唐冶遗址出土了周代时期的 12 粒炭化大豆，多为椭圆形且略鼓，种脐细长。2014 年，该遗址再次通过浮选获得 24 粒炭化大豆样品。

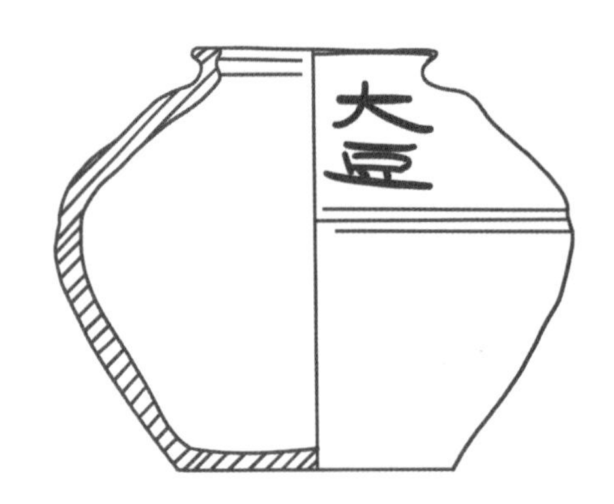

写有“大豆”的B型陶罐 · 出土于西安北郊汉墓

| 王宪明　绘 |

2007年，河南省禹州瓦店遗址出土龙山时期晚期炭化大豆573粒，其中有完整豆粒的157粒，经分析应属栽培品种的早期阶段。2007年，山东即墨北阡遗址出土一批农作物遗存，其中得到周代时期69粒炭化大豆，测量分析认为应是完全驯化品种，推测是栽培大豆的成熟阶段。2009年，内蒙古赤峰的夏家店下层文化聚落遗址，出土距今4000~3500年新石器时代向青铜时代过渡时期的135粒炭化大豆，豆粒呈长椭圆形，背圆鼓，腹微凹。2013年，考古工作者在河南贾湖遗址的第八次发掘中，通过浮选获得距今8500~8000年的共131个炭化野生大豆遗存。2012—2017年，福建南山遗址浮选得到距今5800~3500年新石器时代的炭化植物种子遗存共50000多粒，当中就包括一些炭化大豆种子。随着植物考古技术的持续发展和应用，不断有来自中国东北、西北、华北、华中、华南等地大豆的野生、半野生半栽培、栽培品种遗存出土，为我们从考古研究角度探讨大豆的起源和传播提供了十分有力的证据。

炭化大豆[1]
凤林古城遗址出土的炭化大豆属于栽培大豆类型，
从豆粒的尺寸上已接近现代栽培大豆粒的平均尺寸。

---

1 赵志军. 汉魏时期三江平原农业生产的考古证据——黑龙江友谊凤林古城遗址出土植物遗存及分析. 北方文物，2021（1）：68-81.

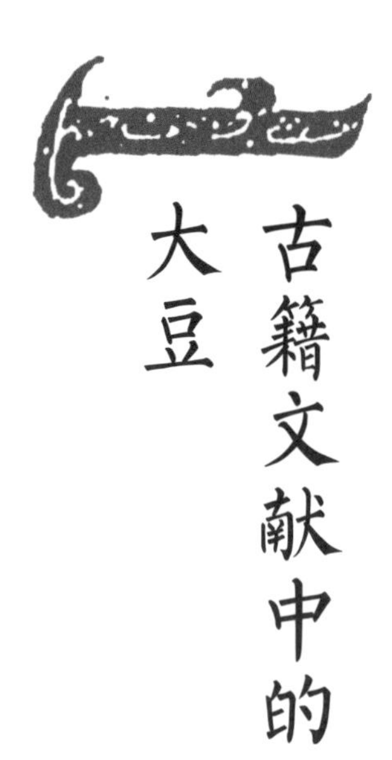

第三节 古籍文献中的大豆

中国不仅有着悠久的大豆种植和利用历史，也是世界上最早对大豆进行文字记载的国家。古代，大豆被称为菽，商代甲骨文中就已经出现了菽的最初字形。各类中国古代文献中有关菽的记载，更是为我们研究大豆提供了丰富的资料。

古代文献中大豆被称为“菽”或“尗”，菽可作为豆类的总称，也可专指大豆。《说文解字》中有：“尗，豆也。”“尗”字中间的是一横代表地面，而贯穿上下的一竖代表是豆株，地下的一撇一捺代表着根系，地面上的一短横代表的是豆荚，非常形象。

大豆传入其他国家以后，在当地使用的名称在读音上都与“菽”字相近，如大豆的英文为“soy”、德文为“soja”、法文为“soya”、俄文为“соя”等，这些词基本都是对“菽”字读音的转化，这也间接表明大豆在中国起源发展历史的悠久——中国是大豆的故乡。

据中国古代文献资料记载，菽早已被广为种植。

大豆：寇宗奭《新编类要图注本草》，宋末元初建安余彦国励贤堂刊本

《史记·五帝本纪》记载：

黄帝者，少典之子，姓公孙，名曰轩辕。生而神灵，弱而能言，幼而徇齐，长而敦敏，成而聪明。轩辕之时，神农氏世衰。诸侯相侵伐，暴虐百姓，而神农氏弗能征。於是轩辕乃习用干戈，以征不享，诸侯咸来宾从。而蚩尤最为暴，莫能伐。炎帝欲侵陵诸侯，诸侯咸归轩辕。轩辕乃修德振兵，治五气，艺五种，抚万民，度四方，教熊罴貔貅貙虎，以与炎帝战于阪泉之野。三战，然后得其志。

上述记载中提及轩辕黄帝艺五种，即教百姓种植五种作物，但并未对“五种”是哪些作物做解释。东汉时期郑玄对此五种进行批注：“五种，黍稷菽麦稻也。”郑玄作为东汉末年的儒家领袖，以治学严谨和考据周密著称，其注释颇可信。说明在轩辕黄帝时期，中国古代先民就已经开始栽培大豆了。

另外，《周礼·夏官司马》中记载了豫州、并州“其古宜五种”，是说山西、河南、山东等地适宜种植大豆。《左传·成公十八年》中记载：“周子有兄而无慧，不能辨菽麦，故不可立。”意思是，周子的哥哥因为不能辨识大豆和麦子，而被视为缺乏智慧，因此不可以被立为国君。可见在春秋时期大豆已经被人们普遍认识和食用了，甚至成为区分贤明和愚钝的标志。

春秋之前关于大豆记载最多的典籍当属《诗经》，其中曾多次出现“菽”。《诗经・大雅・生民》是周人赞颂始祖后稷在农业生产中所做事迹的诗歌，当中有：“诞实匍匐，克岐克嶷，以就口食。蓺之荏菽，荏菽旆旆。禾役穟穟，麻麦幪幪，瓜瓞唪唪。”

《诗经・毛传》对此注解为：“荏菽，戎菽也。”这里所说的“荏菽”就是“戎菽”，《郑笺》则记载：“艺，树也，戎菽，大豆也。”因此，“艺之荏菽”可以被理解为人工栽培种植的大豆。有学者据此认为，4000多年前的关中地区已有栽培大豆，且大豆生长茂盛。又因“荏”字代表柔弱纤细之意，有人判断当时大豆被人工驯化不久，在形态上更接近于纤细的野生大豆。

《诗经・小雅・小宛》是一首忧伤的抒情诗，作者是西周王朝的一个小官吏，父母离世后，原先还算优越的生活发生了变化，他在贫困交加、力不从心之际作诗怀念父母、劝诫弟兄，当中一句提道：“中原有菽，庶民采之。螟蛉有子，蜾蠃负之。教诲尔子，式穀似之。”其中“中原有菽，庶民采之”可以理解为田野间满是茂盛生长着的大豆，众人可以合力一起去采摘。

另一首《诗经・小雅・采菽》则是展现了周天子会见各诸侯，并向众人赏赐、祝福的盛大画面，开头第一句：“采菽采菽，筐之筥之。君子来朝，何锡予之？虽无予之？路车乘马。又何予之？玄衮及黼。”诗歌开篇以符合劳动人民口吻的质朴诗句“赶紧采大豆吧采大豆，用筐盛来用筥盛”烘托出周天子会见诸侯时隆重、热烈的场面。

《诗经》中的菽、麦和麻：《诗经名物图解》，日本江户时代细井徇撰绘，1847 年

《诗经》收集了从西周初年到春秋中期的大量诗歌，其中生动丰富的描述充分展现了当时社会生活的方方面面。

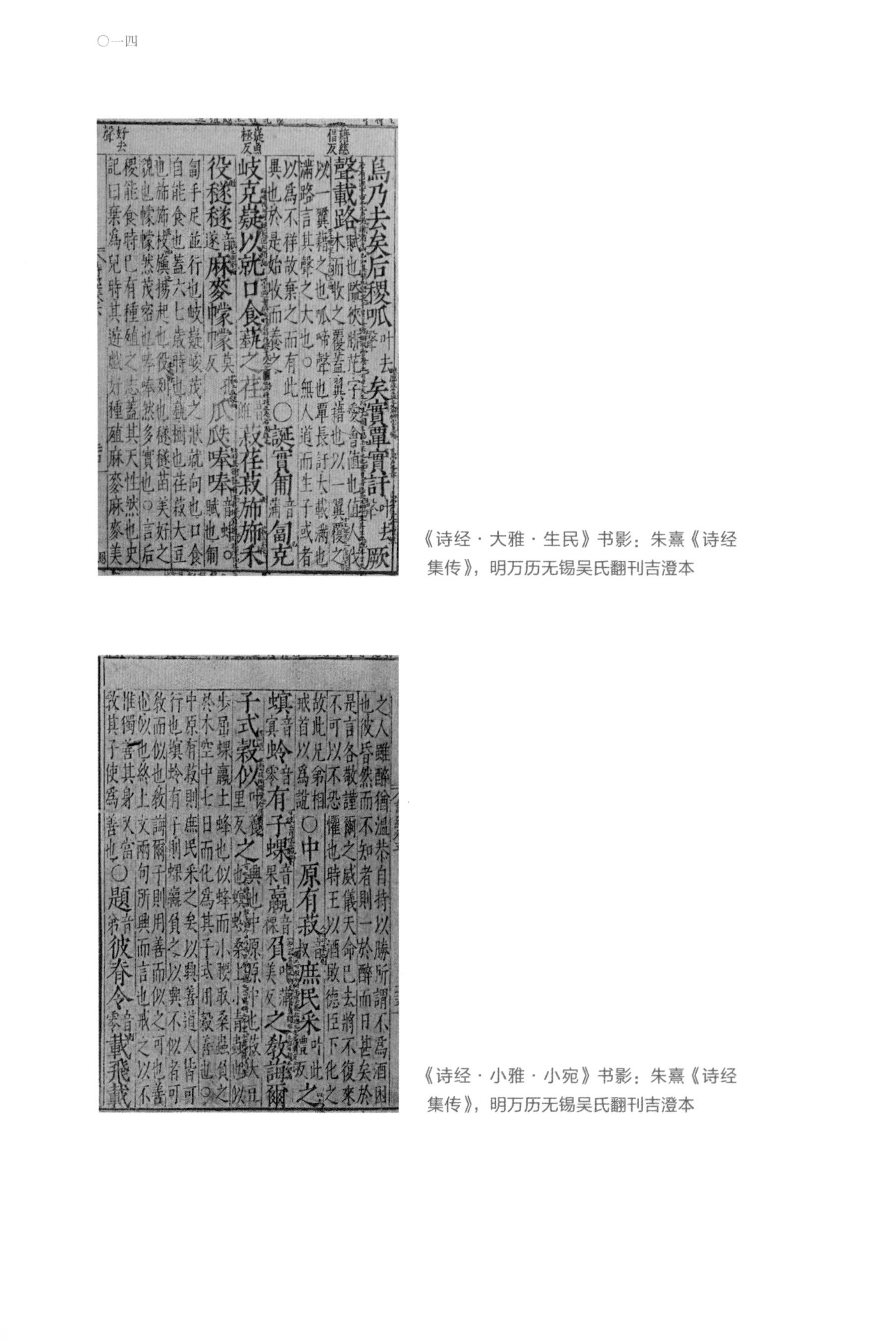

《诗经·大雅·生民》书影：朱熹《诗经集传》，明万历无锡吴氏翻刊吉澄本

《诗经·小雅·小宛》书影：朱熹《诗经集传》，明万历无锡吴氏翻刊吉澄本

《诗经·小雅·小明》中，一位官吏常年在外因公务缠身而不得归乡。他心情复杂地借“菽”抒情：“昔我往矣，日月方奥。曷云其还？政事愈蹙。岁聿云莫，采萧获菽。心之忧矣，自诒伊戚。念彼共人，兴言出宿。岂不怀归？畏此反覆。”当中“岁聿云莫，采萧获菽”意思为眼看着年末就要到来，大家都正忙着采蒿收豆呢。

可见，《诗经·小宛》《诗经·采菽》中都有关于“采菽”的诗句出现，而《诗经·小明》中与菽相关的表述是“获菽”，据部分学者考证认为“采菽”和“获菽”分别对应了两种不同的农业活动方式。“采菽”应指采集野生或半野生的大豆果实，“获菽”指的则是收获栽培大豆。因此，也有观点认为，西周时代的先民既采集野生大豆又栽培人工驯化大豆，处于从野生大豆驯化为栽培大豆的初期阶段。

第四节 神话传说里的大豆

通过与大豆相关的自然资源、考古遗存、文献古籍等多种证据，对于栽培大豆最早起源于中国的观点，国内外学者普遍达成一致。在远古时期的神话传说中也有着大豆的身影，这为我们探寻大豆的由来增添了依据。

神话传说是彰显一个国家和民族精神的珍贵文化遗产，具有重要的文学价值、历史价值和美学价值，也为早期人类社会的生活、风俗等研究提供了重要的参考资料。远古神话传说中就已有关于大豆的描述。传说尧舜时代的农官后稷（一说为官职名），幼时就对农业感兴趣，经常在田间搜集并尝试种植各类种子，还收获了较好的果实。但是远古时期粮种作物少，人们常以打猎和采集野果为生。后稷决心寻找粮种，并在女娲的支持下成功收获了黍、稷、稻、菽、麻，即“五谷”，这里的“菽”指的就是大豆了，后稷又将种植耕作的方法和经验传授给百姓，因此有“后稷种五谷”之说。《诗经·大雅·生民》中“艺之荏菽，荏菽旆旆”是关于后稷种植大豆的诗句。后稷由于在农业方面的重要贡献，被后人尊称为“农神”或“农耕始祖”。

在舜的时代还有著名的舜种豆的故事。神话之中，舜自幼丧母，父亲瞽叟也是因为眼疾而脾气非常暴躁。瞽叟的继室名为仇，颇为不贤。她在生了儿子象之后，由于嫉妒舜比象英俊多才，而对舜十分苛刻，平时常常处心积虑地谋害舜。一天，她把舜和象叫到了自己的跟前，分别给了每人一包装满豆子的袋子，并对他们说："等春天来到的时候，你们俩就去把这些豆子种下。等到秋天时，我要看看谁收获的豆子更多，如果到时候谁收获不到豆子，那么就不用再回家了。"听完，两兄弟就按照他们母亲的要求，离开家到附近的地里去种豆。在路上，有一股诱人的香味不时地从舜的豆袋里飘出来，象好奇地走上前并夺过舜的那袋豆子，他忍不住打开尝了尝，意外地发现原来舜拿的是一袋炒熟的豆子，吃了几粒后发觉这豆子真是又香又脆呀。

黍和稷：文俶《金石昆虫草木状》，明万历时期彩绘本

于是，他干脆直接把自己的那一袋豆子扔给了舜，然后拎起舜的那个熟豆袋，头也不回地跑开享受去了。其实，舜在出发前拎起他的那袋豆子时就什么都明白了，现在看着弟弟象因为嘴馋，还竟然和自己换了豆袋，心里暗暗庆幸。于是他连忙跑到自家的地里，开始松土整地，并把一颗颗饱满的豆子埋在了土地里。一场春雨过后，舜种下的豆子一颗颗破土而出，墨绿的豆苗，茎儿粗，叶儿肥，它们一天一天地茁壮成长，舜看在眼里也喜在心头。秋天到了，舜种下的豆子终于到了收获的季节，他着手收割豆株，一担又一担地挑回家，晒干敲豆后竟然一共收了三石三斗。而弟弟象那边却是荒地一片，颗粒无收，最后，舜也用他的勤劳和智慧证明了自己。

与舜相关的豆传说故事还有一例，北京大学陈泳超教授在山西省洪洞县（舜传说的核心地区）进行田野调查和走访时发现，当地有舜帝二妃“争大小”的传说。尧帝的两个女儿娥皇和女英，在嫁给舜之后，一开始并没有和睦相处，关于二人地位的高低还有过一番争夺。尧或是舜为了有个公平的结果，就设计了三个竞赛环节来让二人比拼，其中一个环节就是煮豆子。关于最后的比拼结果在不同的神话版本中有着区别，但无论结果如何，由这类神话传说可见，尧舜时代的先民已经开始尝试种植、食用豆类作物了。再结合考古发现和文献记载，当多重证据相吻合时，神话传说也就具有了可信度。

“五谷”作物[1]

1 吴其浚．植物名实图考．北京：商务印书馆，1957.

第二章

菽粟并重

大豆成为主食

大豆在中国有着悠久的历史，勤劳朴实的古代先民运用自己的聪明智慧和辛勤劳作，在不断地观察、实践和总结后，将原野中满地生长的野生大豆带回自己的家园田地里进行栽培种植。至迟到春秋时期以前，大豆已基本实现了逐渐由野生采集到人工驯化的转变，栽培大豆的品种类型也逐渐趋于成熟。大豆不再只是田间地头的野生杂草，而是开始成为北方地区田地里的常见作物，每年收获后的大豆粒也被人们利用了起来。

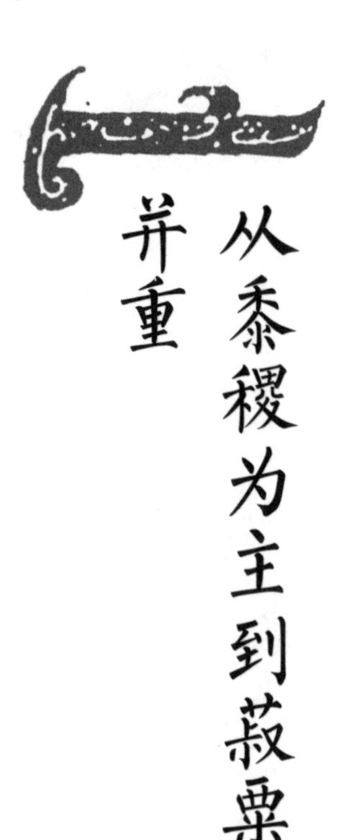

第一节 从黍稷为主到菽粟并重

中华民族是长期以农耕种植为主要生产作业的民族，从最初的采集渔猎为生到逐步依靠种植大田作物来满足日常生活的食物需求。早期的主要粮食作物经历了从黍稷为主到菽粟并重的转变过程，大豆也在这其中一跃成为人们的主食。

在大豆被更多人作为主粮之前，中原地区的大田粮食作物以黍和稷占最主要地位，这在古代文献记载中有所体现。《诗经》里曾多次出现关于黍和稷的记载。

一

《诗经·豳风·七月》《诗经·小雅·甫田》中有这样的诗句：

九月筑场圃，十月纳禾稼。黍稷重穋，禾麻菽麦。嗟我农夫，我稼既同，上入执宫功。昼尔于茅，宵尔索綯。亟其乘屋，其始播百谷。

倬彼甫田，岁取十千。我取其陈，食我农人。自古有年，今适南亩。或耘或耔，黍稷薿薿。攸介攸止，烝我髦士……曾孙之稼，如茨如梁。曾孙之庾，如坻如京。乃求千斯仓，乃求万斯箱。黍稷稻粱，农夫之庆。报以介福，万寿无疆。

诗中描绘了周代先民的生活劳作景象和大田作物种植情况。诗中提到黍稷生长茂盛、年年丰收，而普天下的百姓都能幸福地生活，可见黍和稷在粮食中的重要地位。

《诗经》中的黍和稷：《诗经名物图解》，日本江户时代细井徇撰绘，1847 年

据史料记载，直到春秋时期，黍和稷仍是百姓日常生活中最重要的粮食作物。当时人们的生产和生活水平相对较低，农业生产对自然条件的依赖性很大，五谷之中种植更多的还是抗旱耐贫性强、生产周期短的黍和稷类作物。

春秋之后，黍稷为主的现象开始发生变化，特别是从战国至秦汉，虽然主粮种类变化不大，但彼此的地位大有不同。“五谷”之一的大豆一度被大规模种植，跃身成为食物系统中非常重要的主粮品种，粟的地位也快速上升，菽粟并列成为主要粮食作物。战国时期是形成精耕细作农业传统的奠基时期，农业生产技术有了长足发展，农业生产在一定程度上开始摆脱对自然条件的极度依赖，黍、稷以外作物的种植比例也在提高。大豆的种植曾经达到作物种植比例的40%，这也足以彰显大豆在当时的重要地位。

粟[1]

战国以后，大豆在食物系统中的主粮地位快速提高。管仲《管子·重令》中有载：“菽粟不足，末生不禁，民必有饥饿之色，而工以雕文刻镂相稚也，谓之逆。”其中，“菽”与“粟”指百姓日常食用的粮食。粮食不足的情况下，一些奢侈生产还不禁止，会造成重视奢靡享乐而忽视基础粮食生产的局面，使百姓落入挨饿的境地。百姓饮食供给不足，工匠却以雕木镂金相夸耀，这就是“逆”了。管仲从侧面反映了当时社会菽和粟是保证百姓免于饥饿的基本食物。

《墨子·尚贤中》中也有关于菽和粟的记载：“贤者之治邑也，蚤出莫入，耕稼树艺、聚菽粟，是以菽粟多而民足乎食。”墨家重视民众生存，宣扬兼爱非攻，将重视农业种植活动作为贤人治理地方的标准。他们认为，贤明的人治理城市，以身作则、早出晚归、勤于农事，耕作就是为了收获储藏更多的菽和粟，以保障百姓拥有充足的粮食。

1 吴其濬. 植物名实图考. 北京：商务印书馆，1957.

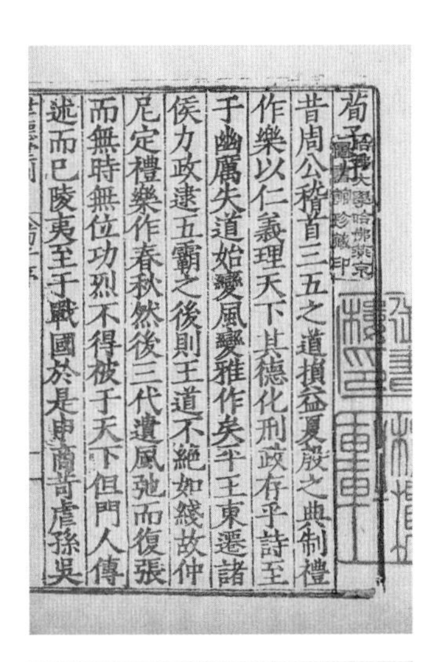
昔周公稽首三五之道損益夏殷之典制禮
作樂以仁義理天下其德化刑政存乎詩至
于幽厲失道始變風變雅作矣平王東遷諸
侯力政逮五霸之後則王道不絕如綫故仲
尼定禮樂作春秋然後三代遺風弛而復張
而無時無位功烈不得被于天下但門人傳
述而已陵夷至于戰國於是申商苛虐孫吳

《荀子 · 王制》书影：《荀子》，唐代杨倞注，明嘉靖时期顾氏世德堂刊本

《孟子·尽心章句上》中：“圣人治天下，使有菽粟如水火。菽粟如水火，而民焉有不仁者乎?”孟子认为仁治是最理想的社会状态，从发展生产和节约减赋两个层面可以实现仁治社会。百姓的生活离不开水和火，而圣人治理天下，就是要让百姓的口粮充裕得像水和火一样，当日常的主粮菽和粟都能得到满足，自然就达到了仁治的境界。由此可见，菽和粟在当时社会的重要地位。

《荀子·王制》中载：“故泽人足乎木，山人足乎鱼，农夫不斫削、不陶冶而足械用，工贾不耕田而足菽粟。”作为战国后期儒家学派重要的思想著作《荀子》，其关于工匠、商人、农夫的论述表现出当时社会商品交换已经有所发展，也体现了菽在农业生产中的粮食价值。

综合以上，从战国哲学家、思想家的著作中都可发现，这一时期菽和粟已经成为北方地区居民的主要粮食作物，并在食物系统中占有重要地位，大豆作为普通百姓的主粮在农业生产中得到了重视。春秋以前“黍稷为主”的粮食构成转变为这时的“菽粟并重”了，在讨论治国治家与百姓民生的相关问题时，想要维护国家的安定、推进社会的发展、满足人民的日常生活所需，都提到得有充足的菽（和粟）来作为重要的前提保障，不然就会有国家危亡、社会不稳、人民贫困的隐患。

秦汉以后，大豆仍是重要的粮食作物。秦二世曾下令“下调郡县转输菽粟刍藁”，以满足兵丁的口粮。大豆一度成为秦代军粮中的主要部分，被广泛食用。西汉《淮南子·主术训》中载：“肥醲甘脆，非不美也，然民有糟糠菽粟不接于口者，则明主弗甘也。”是说如果普通百姓连日常的大豆、小米这类主粮都吃不饱，君主口中的美酒佳肴，也会寡淡无味。

班固《汉书·昭帝纪第七》载：“夫谷贱伤农，今三辅、太常谷减贱，其令以菽粟当今年赋。”意思是西汉昭帝时期曾用大豆和小米替代小麦充当田赋。“菽粟当赋”说明秦汉时期大豆的种植面积较广，具有一定产量。但此时大豆在食物系统中的主粮地位却有所下降，排到了粟和麦之后，有古籍内容显示大豆主要用作荒年救灾或作穷人的主粮，这一时期也开始出现大豆副食品。

《淮南子·齐俗训》载：“贫人则夏被褐带索，含菽饮水以充肠，以支暑热，冬则羊裘解札，短褐不掩形，而炀灶口。”对比鲜明地展示了富人和穷人衣着、物品、生活迥异。富人穿着鲜艳的绫罗绸缎，骑着高头大马，车马都用锦绣来装饰；而穷人夏天穿着粗布短衣，“含菽饮水以充肠”，方可熬过酷暑。

东汉《越绝书·越绝计倪内径》也曾详细记载黍、赤豆、麦、稻、大豆、水果各类作物的流通交换方法：“甲货之户曰粢……丙货之户曰赤豆……丁货之户曰稻粟……戊货之户曰麦……己货之户问大豆，为下物，石二十。”其中大豆在南方吴越地区的售价比稻、麦等低，非贵重之物。

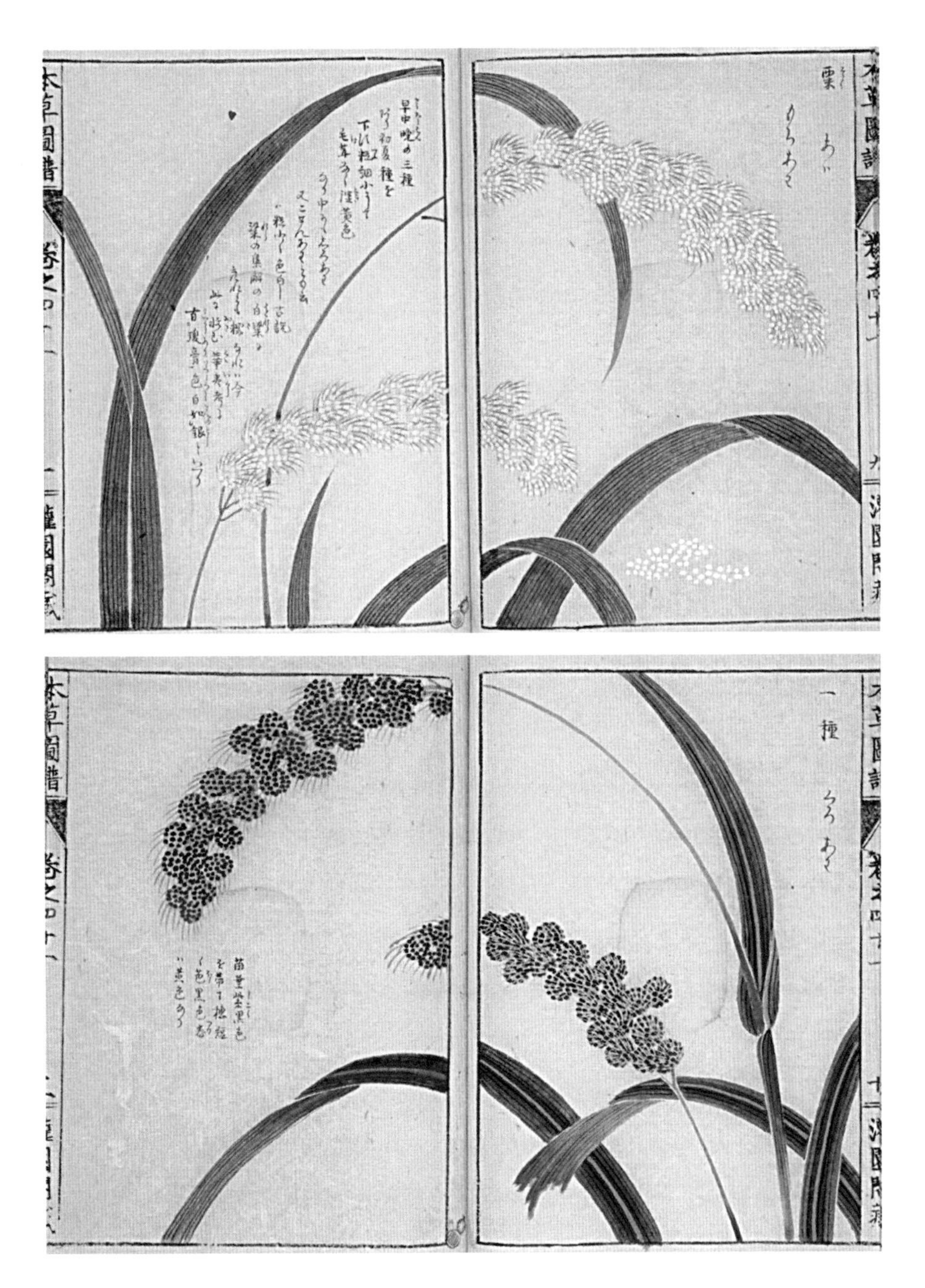

粟：刘文泰《本草品汇精要》，王世昌等绘，明弘治十八年彩绘写本

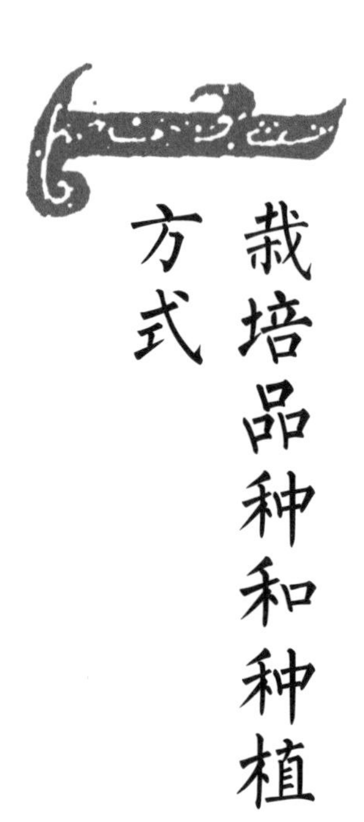

第二节 栽培品种和种植方式

春秋末年到战国时期，随着种植范围的扩大和收获产量的提高，大豆成为黄河流域地区的重要农作物，是百姓餐桌上的主要粮食。随着大豆地位的不断提升，人们对大豆的品种类型和栽培特性也有了进一步的认识。

早在先秦时期，中国古代先民对大豆的品种特性已经有了初步的认识。《诗经·鲁颂·閟宫》第一章追叙周代先祖姜嫄和后稷，有诗句："……弥月不迟，是生后稷。降之百福。黍稷重穋，植稚菽麦。奄有下国，俾民稼穑。有稷有黍，有稻有秬。奄有下土，缵禹之绪。"

《毛传》说"先种曰稙，后种曰稚"，后稷能够辨识黍子和谷子哪个先成熟，菽和麦下地播种有先有后是选育出的不同作物品种成熟期不同的生物特性反映。稙、稚指播种的早晚，重穋指成熟的先后，可见周代先民已经形成并掌握了一些不同播种期和作物成熟期的农业耕作概念。

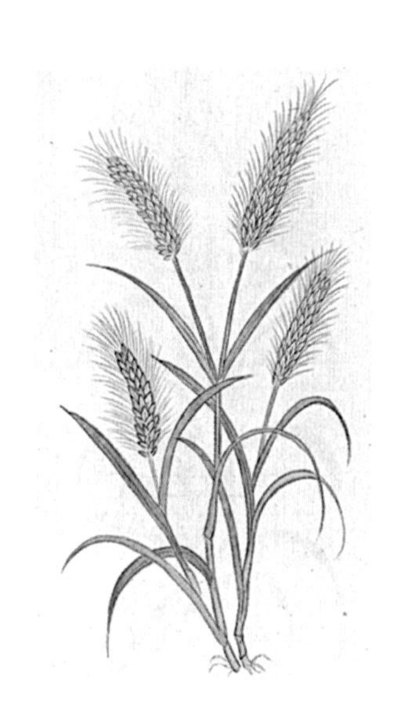

麦：文俶《金石昆虫草木状》，明万历时期彩绘本

在中国最早的一篇有关土地分类植物生态学著作《管子·地员》中就有："五殖之次，曰五觳。五觳之状娄娄然，不忍水旱。其种，大菽、细菽，多白实。蓄殖果木，不如三土以十分之六。"是说在"五种觳土"的这类土壤上适宜种植的豆类多为白色的"大菽"和"细菽"，后来夏纬瑛先生的《管子地员篇校释》中写道："菽是现在的大豆，又分大菽，细菽二品。"

因此，从先秦时期的历史文献记载看到，古代先民在把大豆从野生驯化为栽培品种的实践过程中，逐步认识并选育出了不同的大豆品种，虽然春秋到战国时期还没有足够具体的关于不同大豆品种分类和种植技术的讨论，但是从有关大豆成熟时期、大豆形态的文字描述上看，已经有了大豆成熟期早晚、大豆的大粒和小粒品种的区别等。

管子卷第十九

唐司空房　玄齡　注

地員第五十八　弟子職第五十九

地員第五十八（地員者土地高下水泉深淺各有其位）

襍篇九

夫管仲之匡天下也。其施七尺。（施者大尺之名）瀆田悉徙。（瀆田謂穿溝瀆而溉田悉徙）五種無不宜。其立后而手實。（謂立君以主之手常握此地之實數也）其木宜蚖蓄與杜松。（蚖蓄二木名也）其草宜楚棘。見是土也。命之曰五殖。五殖之狀甚澤以疏。離坼以臑塉。其種鴈膳（草名）黑實。朱跗黃實。（跗花足也）蓄殖果木。不如三土以十分之六。五殖之次曰五觳。五觳之狀婁婁然。（婁婁疏也）不忍水旱。其種大菽細菽。多白實。蓄殖果木。不如三土以十分之六。觳土之次曰五凫。五凫之狀。堅而不骼。（雖堅不同骨之骼也）其種陵稻。（陵稻謂陸生稻）黑鵝馬夫。（皆草名也）蓄殖果木。不如三土以十分之七。凫土之次曰五桀。五桀之狀甚鹹以苦。其物為下。其種白稻長狹。（謂稻之形長而狹也）蓄殖果木。不如三土以十分之七。凡下

菽：《管子》，房玄龄注，刘绩增注，明万历十年赵用贤刊本

战国以后，大豆从普通作物变为主粮，同时，人们在大豆品种选育方面积累了一定成果，在大豆种植特性方面也有了深刻的认识。在土地耕作方法上，黄河流域地区从西周到春期战国至秦汉时期主要采用垄作法、平作法、局耕法等土地耕作法，因此这一时期种植大豆所使用的工具和栽培技术也与之相适应。在大豆播种时间上，对播种期选择已经具备一定经验。

《吕氏春秋·审时》中载有："得时之菽，长茎而短足，其荚二七以为族，多枝数节，竞叶蕃实。大菽则圆，小菽则抟以芳，称之重，食之息以香，如此者不虫。先时者，必长以蔓，浮叶疏节，小荚不实。后时者，短茎疏节，本虚不实。"这里强调种植大豆必须选择合适的时间，如果播种期运用得当，大豆的植株、叶子、豆荚都会生长得较好，种出的大粒品种豆籽饱满，小粒品种圆鼓实在，称起来分量重，吃起来味道香，且不易生虫。反之，如果种早了则茎节稀疏，豆荚小又不长粒，种晚了则分枝短，茎节稀，营养基础不牢又不长粒。

《神农书·八谷生长》中对大豆的生长时期有所讨论："大豆生于槐，出于沮石之山谷中。九十日华，六十日熟，凡一百五十日成。"说明古人对大豆的生长周期已有一定认识，指出大豆从出苗到开花要九十天，从开花到成熟要六十天，整个生长期一共一百五十天。

西汉农学家氾胜之曾在陕西关中地区进行农事生产指导工作，后著《氾胜之书》总结当时黄河流域地区作物栽培技术和耕作制度等农业生产经验，当中有"大豆"篇，专门记述与大豆相关的内容。

氾胜之从播种、施肥、收获等多个方面对大豆栽培技术进行总结，对播种时期、播种数量、播种密度等进行详细记述。如三月榆树结荚时赶上下雨，则适合在高田种大豆，而夏至过后二十日仍然可以种大豆。要根据种子下地前整地的质量决定大豆种子的播种量，整地质量不好的需要增加播种的数量。此外，在区种大豆的同时主张施“美粪”肥一升，且有具体的操作方法，秋收可获得每亩[1]十六石[2]大豆的显著增产效果。收获大豆需要掌握好时间，应当根据豆荚、豆茎颜色的变化适时判断，避免收获过晚大豆粒脱落而造成的损失，从而保证大豆产量。

《氾胜之书》中记载的大豆:

大豆保岁易为，宜古之所以备凶年也。谨计家口数，种大豆，率人五亩，此田之本也。

三月榆荚时有雨，高田可种大豆。土和无块，亩五升；土不和，则益之。种大豆，夏至后二十日尚可种。戴甲而生，不用深耕。种之上，土才令蔽豆耳。厚则折项，不能上达，屈于土中则死。

大豆须均而稀。

豆花憎见日，见日则黄烂而根焦也。

获豆之法，荚黑而茎苍，辄收无疑；其实将落，反失之。故曰，豆熟于场。于场获豆，即青荚在上，黑荚在下。

区种大豆法：坎方深各六寸，相去二尺，一百得千二百八十坎。其坎成，取美粪一升，合坎中土搅和，以内坎中。临种沃之，坎三升水。坎内豆三粒；覆上土。勿厚，以掌抑之，令种与土相亲。一亩用种二升，用粪十二石八斗。豆生五六叶，锄之。旱者溉之，坎三升水。丁夫一人，可治五亩。至秋收，一亩中十六石。

1 1亩=666.7平方米。

2 1石=60千克。“石”是古代重量单位，今读dàn，在古书中读shí。古时1石约等于1担（即10斗）。

第三节 作为主粮食用

大豆自身富含优质植物蛋白和多种营养物质，自古以来就为中华先民的生存和健康发挥着重要作用。在今天，有各种各样的大豆利用方式，这也不禁让人好奇起来，在大豆作为主食的那个时代，古代先民究竟如何食用大豆？又有哪些原因促成了大豆成为当时人们的主食？

《诗经·豳风·七月》中载："七月烹葵及菽。"早期大豆的叶和嫩荚可同葵一样作蔬菜烹食。到战国时期，大豆成为主食，食用方法相对简单，基本就是"豆饭藿羹""啜菽饮水"。如《战国策·韩卷第八》中有："韩地险恶，山居，五谷所生，非麦而豆；民之所食，大抵豆饭藿羹；一岁不收，民不厌糟糠；地方不满九百里，无二岁之所食。""豆饭藿羹"即用豆子做的饭和以大豆嫩叶做的汤。《荀子·天论》中有："君子啜菽饮水，非愚也，是节然也。"《礼记·檀弓下》又有："孔子曰，啜菽，饮水，尽其欢，斯之谓孝。"这里"啜菽"指的就是喝豆粥或喝豆羹，可见，古时大豆作为主食的加工方式并不复杂。

除了作主食，大豆也开始用于制作豆制品。豆酱的前身醢和醯、酱油的前身酱清、豆豉的前身大苦、豆芽的前身黄卷、豆浆的前身饵等都已经开始出现。当然，这一时期的大豆副食品多是雏形。

大豆黄卷：文俶《金石昆虫草木状》，明万历时期彩绘本

战国到秦汉时期大豆担当主食与当时的社会文化状况相契合。首先，大豆是短光照性、喜好温暖且对土壤条件要求不太高的作物，只要不是特别寒冷或炎热且土质很差的地区，都可种植大豆，适种性广泛为其能成为主粮作物提供了保障。黄河流域地区的温度、土壤等条件适合大豆生长，古代先民的劳作又为大豆的农业生产提供了劳动力保障，大豆有了成为人口密集区广大民众主食的可能。

其次，大豆有短光性、裂荚性、固氮性等特性，经过古代先民的长期劳动实践，他们掌握了一整套成熟的栽培技术，能保障其稳定高产，也是大豆能成为主食的重要原因。

再次，战国时期铁质工具的使用和牛耕的推广，使土地耕作效率提高，连种后的土地需要有足够的肥力适应来年的种植。人们通过不断实践发现，大豆作物参与禾谷类轮作，收获的豆子不仅可以作为主粮，且广泛种植大豆还可以实现耕地用养的有效结合，很好地解决了土壤肥力保持的问题。因而，大豆种植快速发展。此外，在当时的农业生产条件下，大豆相比其他作物较为高产，由于其耐贫耐寒耐旱，即使在灾荒之年产量也能保持稳定。在古代，大豆这一旱涝保收的特性着实可贵。所以，统治阶级规定每家每户至少要种植定量的大豆，作救荒作物之用。

在加工技术上，战国至秦汉时期，大豆的加工方式较为简单，主要是火烹、石烹、陶烹和青铜烹，烹饪手法则以烤、煮、蒸为主。受到当时烹饪加工技术水平的限制，人们主要是用水煮熟豆子食用。水煮可以去除豆腥味，增强适口性。同时，还会食用不加工或稍做加工的豆粒、豆叶等，虽也出现过“羞笾之实，糗饵粉”这种将豆子磨成豆粉食用的情况，但对平民百姓而言，豆饭、豆羹等才是日常食物。另外，在营养价值上，古人的主粮黍和稷的淀粉含量较高，而大豆含有丰富的植物蛋白，可以满足先民对不同营养物质的需求。大豆也成为古代中国平民最容易获取的蛋白质食物来源，受到普通民众的接纳。

汉代时期的陶灶

丨王宪明　绘，原件藏于中国国家博物馆丨

西汉中期以后的墓葬中常常出现陶灶，反映出了汉代民众对灶文化的重视。图中所示为汉代船型陶灶，在灶台上有三眼，分列釜形炊具，灶侧附有汤缶，灶门口还堆塑了猫、狗等动物。

第三章

推陈出新

从主食转为副食

清晨时一杯浓郁醇厚的豆浆，餐桌上一盘清爽美味的豆腐，闲暇时一片鲜香解馋的豆皮，健身后一勺营养健康的蛋白粉……大豆及其品种多样的大豆制品已经融入中国人日常饮食的诸多方面，成为不可或缺的一部分。大豆从豆饭藿羹的主食到品类丰富的大豆副食品，其转变主要从汉代以后开始。

第一节 汉代以后的栽培和种植

从三国两晋南北朝至宋元时期，中国农业科学技术在实践中不断成熟，分别形成了以『耕耙耱』为中心的北方旱地耕作技术体系和以『耕耙耖耘耥』为中心的南方水田耕作技术体系，中国以种植业为主的农业结构和精耕细作的农业生产方式不断完善。大豆的栽培种植和生产利用也进一步发展。

南北朝时期，北魏农学家贾思勰系统总结了6世纪以前黄河流域地区的农业生产技术，著成了《齐民要术》，这也是中国现存最早、最完整的古代农学巨著。《齐民要术》全书共十卷，九十二篇，约十几万字，记载内容广泛，包括植物栽培、动物饲养、食品加工与储藏、南方植物资源等，被誉为“中国古代农业的百科全书”。《齐民要术》第二卷中专著“大豆”篇，对大豆的下地时间、播种方式、田间处理、收获方法等内容均有详细记载。因此，《齐民要术》是我们研究中国古代农业科技和大豆栽培技术的重要文献。

齊民要術序 史記曰齊人無蓋藏如淳注曰齊無貴賤故謂之齊人者古今言平人也

後魏高陽太守賈思勰撰

蓋神農爲耒耜以利天下堯命四子敬授民時舜命后稷食是爲政首禹制土田萬國作乂殷周之盛詩書所述要在安民富而教之管子曰一農不耕民有飢者一女不織民有寒者倉廩實知禮節衣食足知榮辱丈人曰四體不勤五穀不分孰爲夫子傳曰人生在勤勤則不匱語曰力能勝貧謹能勝禍蓋言勤力可以不貧謹身可以避禍故李悝爲魏文

齊民要術卷第二

後魏高陽太守賈思勰撰

大豆第六

爾雅曰戎叔謂之荏菽孫炎注曰戎叔大菽也張揖廣雅曰大豆菽也小豆荅也䜴豆豌豆留豆也胡豆䜴䜴也廣志曰重小豆一歲三熟𧄍甘白豆麤大可食刺豆亦可食秬豆苗似小豆紫花可爲麪生朱提建寧大豆有黃落豆有御豆其豆角長有楊豆葉可食胡豆有青有黃者本草經云張騫使外國得胡豆今世大豆有白黑二種及長梢牛踐之名小豆有菉豆赤白三種黃高麗豆黑高麗豆鷰豆䴷豆大豆類也豌豆江豆䝁豆小豆類也

春大豆次植穀之後二月中旬爲上時一畝用子八升三月上旬爲中時用子一斗四月上旬爲下時用子一斗二升歲宜晚者五六月亦得然稍晚稍加種子地不求熟秋鋒之地即稿種地過熟者苗茂而實少收刈欲晚此不零落刈早損實必須耬下種欲深故豆性強苗深則及澤鋒耩各一鋤不過再葉落盡然後刈葉不盡則難治刈訖則速耕大豆性雨秋不耕則無澤也

種茭者用麥底一畝用子三升先漫散訖犁細淺䣛良輟反而勞之旱則萁堅葉落稀則苗莖不高深則土厚不生若澤多者先深耕訖逆垡擲豆然後勞之澤少則否爲其浥鬱不生九月中候近地葉有黃落者速刈之葉少不黃必浥鬱刈不速逢風則葉落盡遇雨則爛不成

雜陰陽書曰大豆生於槐九十日秀秀後七十日熟豆生於申壯於子長於壬老於丑死於寅惡於甲乙忌於卯午丙丁

孝經援神契曰赤土宜菽也

氾勝之書曰大豆保歲易爲宜古之所以備

《齐民要术》书影：贾思勰《齐民要术》，明钞本在耕地技术方面，中国古代就有“秋耕愈深，春夏耕愈浅”的主张。秋季深耕使土壤容重减轻，孔隙度增大，通气性变好。土层翻转之后经高温暴晒，加速了土壤熟化，利于释放更多矿质养分；加深耕作层又增加了土壤蓄水保水容肥保肥能力，为作物根系生长发育创造了良好的环境；秋季耕地还有利于消灭杂草和病菌与害虫。《齐民要术·大豆》载：“大豆性炒，秋不耕则无泽也。”这是说大豆耗水量大，秋收后需要马上翻耕以保墒。此外，古人开始注重土壤的湿度，《齐民要术·耕田》中载：“凡耕高下田，不问春秋，必须燥湿得所为佳。若水旱不调，宁燥不湿。”对土壤湿度条件不稳定的地区，宁可选择干燥的土地也不选择潮湿的土地。《齐民要术·大豆》中载：“若泽多者，先深耕讫，逆垡掷豆，然后劳之。泽少则否，为其浥郁不生。”如果土地相对潮湿，需先深耕一遍，再撒豆种并耢平；如果土壤不湿，就不能这样做。

在轮作技术方面，轮作方式由简单粗糙到细致成熟，因而使土地利用集约、合理化，即在麦豆轮作基础上，发展出小麦—大豆—谷子轮作、黍—小麦—大豆轮作、大豆—黍或稷—谷轮作等模式。《齐民要术·黍穄》载，“凡黍穄田，新开荒为上，大豆底为次，谷底为下”，是说要种黍子、穄子的田最好是新开荒的土地，肥力最高，其次是种过大豆的土地，再次是种过谷的土地，大豆和谷可与黍轮作。《陈旉农书·耕耨之宜篇》载：“早田刈获才毕，随即耕治晒暴，加粪壅培，而种豆麦蔬茹，以熟土壤而肥沃之，以省来岁功役；且其收，又足以助岁计也。”在早稻收获后立刻整地种植大豆，不仅可以恢复稻田的肥力，产出的大豆还能用以维持生计，是一举多得的益事。

在种子处理技术方面，《齐民要术·收种》载：“凡五谷种子，浥郁则不生；生者，亦寻死。种杂者，禾则早晚不均；舂复减而难熟；粜卖以杂糅见疵，炊爨失生熟之节，所以特宜存意，不可徒然。”意思是对五谷的种子必须精心拣选，受潮或是闷热的种子，要么种不出粮食，要么种出不久就死了。如果种子混杂不一、良莠不齐，种出的作物在收获、储藏、烹饪时也会耗费更多工夫。《农桑辑要·收九谷种》又载：“将种前二十许日，开，水洮，浮秕去，则无莠。即晒令燥，种之。”这描述的也是关于种子下地前筛选、处理的技术。

收種第二

楊泉物理論曰梁者黍稷之總名稻者溉種之總名菽者衆豆之總名三穀各二十種爲六十蔬果之實助穀各二十凡爲百種故詩曰播厥百穀也

凡五穀種子浥鬱則不生生者亦尋死種雜者禾則早晚不均舂復減而難熟糶賣以雜糅見疵炊爨失生熟之節所以特宜存意不可徒然粟黍穄梁秫常歲歲別收選好穗純色者劁才彫反刈高懸之至春治取別種以擬明年種子耬耩稜種一斗可種一畝量家田所須種子多少而種之其別種種子嘗須加鋤鋤多則無秕也先治而別埋先治場淨不雜窖埋又勝器盛

大豆收种：贾思勰《齐民要术》，明钞本

在收获和加工技术上，《天工开物·粹精》载：“凡豆菽刈获，少者用枷，多而省力者仍铺场，烈日晒干，牛曳石赶而压落之。凡打豆枷，竹木竿为柄，其端锥圆眼，拴木一条长三尺许，铺豆于场，执柄而击之。凡豆击之后，用风扇扬去荚叶，筛以继之，嘉实洒然入廪矣。是故春磨不及麻，碾不及菽也。”可见，大豆成熟后，需要经过收割、脱粒等步骤，才能获得饱满的豆粒入仓。

中国古代先民很早就已开始尝试选育不同生态类型的大豆品种，汉代以后的大豆品种也较之前更为丰富。晋代郭义恭撰写的《广志》载：“大豆：有黄落豆；有御豆，其豆角长；有杨豆，叶可食。”《齐民要术》载：“今世大豆，有白、黑二种，及长梢、牛践之名。小豆有菉、赤、白三种。黄高丽豆、黑高丽豆、燕豆、豍豆，大豆类也。豌豆、江豆、小豆类也。”可见，这一时期已经有了不同种皮颜色、不同地区特征、不同培育技术需求的大豆品种。

大豆 附豍豆

大豆有白黑黃三種廣雅曰大豆菽也爾雅曰戎菽謂之荏菽春大豆次植穀之後二月中旬為上時一畝用子八升三月上旬為中時畝用子一斗四月上旬為下時畝用子一斗二升歲宜晚者五六月亦得然時晚則種子當稍加地不求熟故也尤當及時鋤治使之葉蔽其根庶不畏旱崔寔曰正月可種豍豆二月可種大豆又曰三月桑椹赤可種大豆又曰四月時雨降可種大小豆大槩美田欲稀薄田欲稠也穫豆之法貴晚蓋早則零落而損實也其大豆之黑者食而充飢可備凶年豐年可供牛馬料食黃豆可作豆腐可作醬料白豆粥飯皆可拌食三豆色異而用別皆濟世之穀也

大豆：王祯《农书》，文渊阁四库全书本

元代王祯所著的《农书》是一部系统兼论中国北方和南方农业技术的著作，内容主要由农桑通诀、百谷谱、农器图谱三大部分组成，其“百谷谱”有一章专述“大豆”，当中根据豆种颜色不同分白、黑、黄3个品种，它们的利用方式也不同。如黑色品种灾荒之年用以充饥，丰收之年用以喂养牲畜；黄色品种主要用来制作豆腐和酱料；白色品种则用以做豆粥、豆饭。

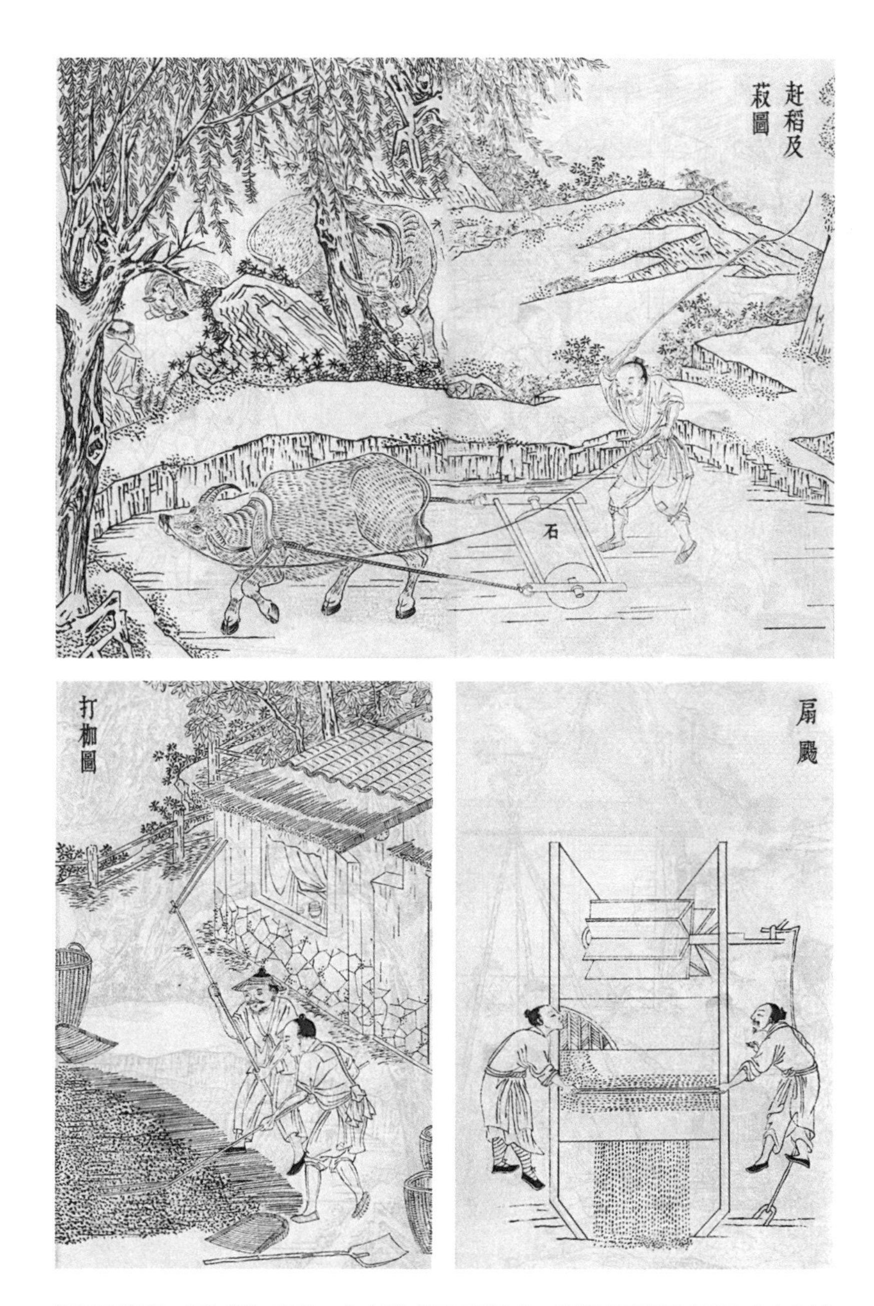

赶稻及菽图、打枷图与扇风：宋应星《天工开物》，武进涉园据日本明和八年刊本

明代李时珍《本草纲目》载："大豆有黑、白、黄、褐、青、斑数色：黑者名乌豆，可入药，及充食，作豉；黄者可作腐，榨油、造酱；余但可作腐及炒食而已。"从文献记载中看到，明代大豆品种已由元代的白、黑、黄增加为黑、白、黄、褐、青、斑数色，且出现了入药、炒食等利用方式。明代宋应星《天工开物》"菽"中提到，这一时期大豆的种类已与稻黍一样多了。清代《植物名实图考》载，大豆"有黄、白、黑、褐、青斑数种，豆皆视其色以供用……"

李时珍[1]像

| 王宪明　绘 |

1 李时珍，明代著名医药学家，中国医学史上的重要人物，曾先后赴多地进行实地考察、搜集药物标本资源，并参考历代医药著作，历时数载完成巨著《本草纲目》。全书共52卷，配有文字和绘图，内容丰富，不但在中国产生了重要影响，刊行后也被译成多国文字，传播于世界。

大豆 大豆，本經中品，葉曰藿，莖曰萁，有黄、白、黑、褐、青斑數種。其嫩莢有毛，花亦有紅、白數色，豆皆視其色以供用。

雩婁農曰：古語稱菽，漢以後方呼豆，五穀中功兼藥飯者也。黑者服食，棧中上料，若青、黄、白皆資世用。夫飯菽配鹽，炊萁煎藿，食我農夫，獨殷北地。而倉卒濕薪，饑寒俱解；咄嗟煮末，

《植物名实图考》中记载的大豆[1]

大豆：李时珍《本草纲目》，明万历二十四年金陵胡承龙刻本

種者花實亦待中秋乃結耨草之功唯鋤是視其色有黑白赤三者其結角長寸許有四稜者房小而子少八稜者房大而子多皆因肥瘠所致非種性也收子榨油每石得四十觔餘其枯用以肥田若饑荒之年則留供人食

菽

凡菽種類之多與稻黍相等播種收穫之期四季相承果腹之功在人日用蓋與飲食相終始 一種大豆有黑黄兩色下種不出清明前後黄者有五月黄六月爆冬黄三種五月黄收粒少而冬黄必倍之黑者刻期八月收淮北長征騾馬必食黑豆筋力乃强凡大豆視土地肥磽耨草

天工開物卷上 乃粒

勤怠雨露足慳分收入多少凡爲豉爲醬爲腐皆于大豆中取質焉江南又有高脚黄六月刈早稻方再種九十月收穫江西吉郡種法甚妙其刈稻田竟不耕墾每禾藁頭中拈豆三四粒以指扱之其藁凝露水以滋豆豆性充發復浸爛藁根以滋已生苗之後遇無雨亢乾則汲水一升以灌之一灌之後再耨之餘收穫甚多凡大豆入土未出芽時防鳩雀害驅之惟人 一種綠豆圓小如珠綠豆必小暑方種未及小暑而種則其苗蔓延數尺結莢甚稀若過期至于處暑則隨時開花結莢顆粒亦少豆種亦有二一日摘綠莢先老者先摘人逐日而取之一日拔綠則至

菽：宋应星《天工开物》，武进涉园据日本明和八年刊本

1 吴其浚．植物名实图考．北京：商务印书馆，1957.

清代，在东北地区、黄河流域、长江流域、珠江流域、云贵高原等地区的府州县志中也出现大量关于大豆类型和品种的记载。根据《中国大豆栽培史》的内容整理，这一时期东北地区的大豆品种类型主要是黄豆和黑豆，品种名为六月黄、七月黄、大金黄、小金黄、白眉、青皮；黄河中下游地区以黄豆、黑豆、青豆为主要品种，有白豆黄、青豆黄、铁黑豆、小黑豆、二粒黄、天鹅蛋、白果、羊眼豆、青皮豆、六月报、九月寒、虎皮豆、大黑豆、一窝蜂、酱色豆、花豆、鸡眼豆等；长江流域地区的大豆品种有青茶、沉香、麻皮、鸡趾、牛庄、香珠、莲心、白果、半夏黄、铁壳、黄香珠、茶褐豆、乌豆、水白豆、马鞍豆、十家香、稻熟黄、淮黄、六月白、等西风、麻熟子、大青豆、鸭蛋青、鸡子黄、高脚黄、早豆、晚豆、肉里青、八月白、西山豆、老鼠豆、广东青、五月豆、九月豆、观音豆、茶黄金、八月榨、七月绿、八月爆、中秋豆、油绿豆等；珠江流域地区则是黄豆、黑豆等类型的品种，名为早黄豆、晚黄豆、三收豆、雪豆、山豆、田豆、大黄豆、小黄豆、六月黄、八月黄、青丝豆、九月豆、乌金豆、黄花豆、田坎豆等；云贵高原地区也有大豆种植，品种类型多为黄豆、黑豆、褐豆等，如大黑豆、青皮豆、羊眼豆、茶豆、小黑豆、黄花豆、寸金豆、老鼠豆、鸭眼豆、蟹眼豆、靴豆、白早豆、松子豆、料豆、大白豆、绿皮豆、百日豆、泥黄豆、乌嘴豆、七十日豆等。

大豆植株

| 王宪明　绘 |

大豆虽品种各异，但作为同属植物，仍具有共性。大豆植株高度普遍在30～90厘米，植茎粗壮直立，叶多分为三小叶，豆荚肥大、稍弯下垂、密布褐黄色长毛，豆种近球形，种皮有黄、褐、黑等多色。

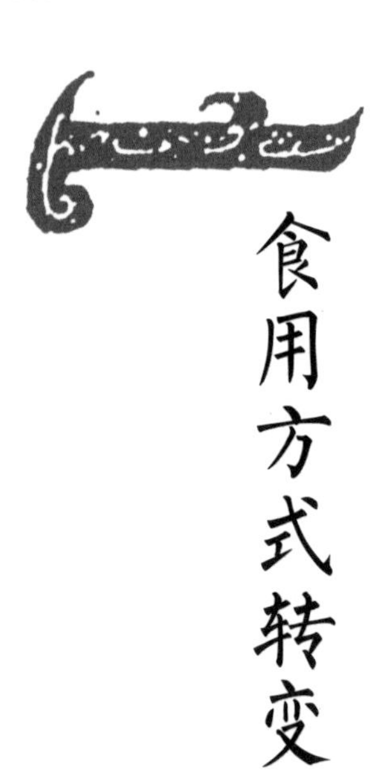

第二节 食用方式转变

汉代之后，大豆栽培技术不断进步，品种也不断多样化，但在大豆种植范围持续扩大的同时，其在作物栽培中的比例却有所下降，落到了粟、麦、稻等之后，大豆作为主食利用减少，渐入蔬饵膏馔之中了。

除了作为主食，大豆用作副食品的加工和利用早有出现。《楚辞·招魂》中有“大苦咸酸，辛甘行些”，王逸注“大苦，豉也”，是指豆豉。西汉时期又有淮南王刘安发明豆腐之说。魏晋南北朝以后，大豆制品不断多样化。《齐民要术》中就有关于豆豉、豆酱加工制作方法的详细记载：豆豉以“四月、五月为上时，七月二十日后八月为中时，余月亦皆得作”，豆酱则要“十二月、正月为上时，二月为中时，三月为下时”。可见，当时的先民已经总结了有关大豆加工利用的技术和方法。

到了隋唐宋元时期，大豆种植范围进一步扩大，大豆副食品的种类也更加丰富。豆腐已被广泛食用，《清异录》有“肉味不给，日市豆腐数个，邑人呼豆腐为小宰羊”，南宋朱熹、元代郑允端都曾作诗赞颂豆腐。这一时期，大豆也开始被用来榨取豆油。宋代苏轼的《物类相感志》就有“豆油煎豆腐，有味”和“豆油可和桐油作艌船灰”的记载，可见当时的人们已经认识到豆油在食用和制造业方面的价值。南宋周密的《南宋市肆记》提到市场上已有豆团、豆芽、豆粥、豆糕等豆制品出售。

至明清时期，大豆的各项栽培技术又进一步完善，人们对大豆多功能性的认识逐渐深化。这一时期，豆豉、豆腐、豆酱等传统发酵类和非发酵类大豆食品的制作工艺和品种类型都有了新的发展，明代《物理小识》中还出现了腐乳的制作方法和腐竹生产的内容。清代以后，大豆及其加工后的豆油和豆饼还成为贸易商品，被出口到国际市场。

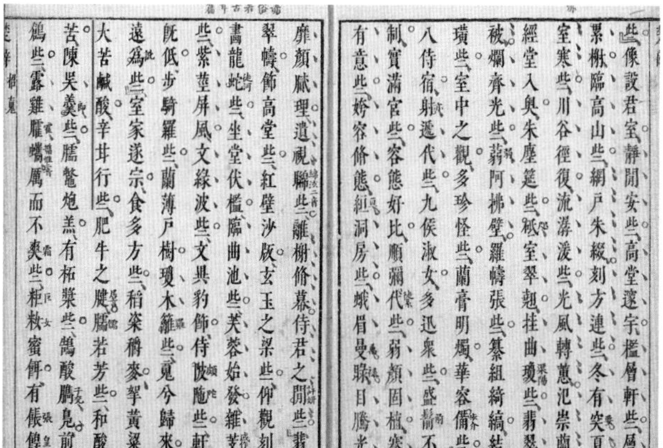

《楚辞 · 招魂》所载豉：《楚辞》，明万历四十八年乌程闵齐伋三色套印本

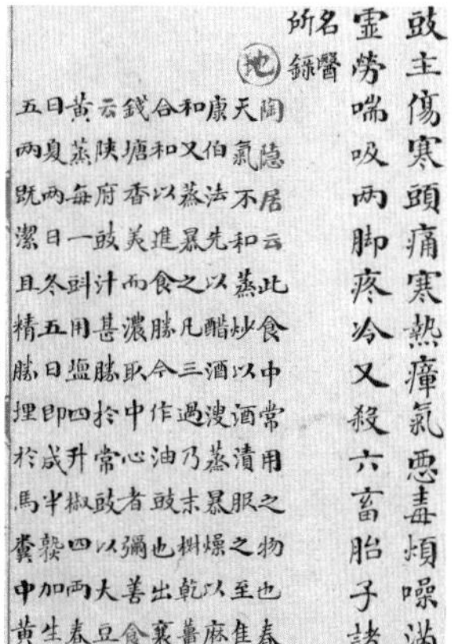

豉主傷寒頭痛寒熱瘴氣惡毒煩躁滿悶
虛勞喘吸兩脚疼冷又殺六畜胎子諸毒
名醫所錄

豆豉：刘文泰《本草品汇精要》，王世昌等绘，明弘治十八年彩绘写本

汉代之后，大豆多样的利用方式被不断开发。大豆由主食变为副食，并不能简单理解成大豆作物地位的下降，而是中国粮食体系内部优化配置的结果，且推动大豆利用方式的转变是多维度的。

春秋以前，中国的主粮作物是黍和稷。春秋末年至战国，菽粟并重，成为主食。汉代以后，麦作栽培和加工技术进步，被大规模种植，加上石磨的推广使用，使粗粝难咽的麦粒加工成精细易食的面粉，备受人们欢迎。受耕地面积所限，麦作种植面积的扩大自然影响到大豆的种植。另外，在江南地区大开发之前，粟、麦和大豆位于主粮前三位。随着人口南迁，江南地区的水稻种植快速发展，宋元以后又形成了以稻麦为主粮的作物结构。大豆则因种植范围和产量较低等因素，主粮地位逐渐下降。明清时期，高淀粉含量且高产的美洲作物传入，丰富了中国传统的主食品种，大豆则主要用于制作副食品。

北耕兼种图和南种牟麦图：宋应星《天工开物》，武进涉园据日本明和八年刊本

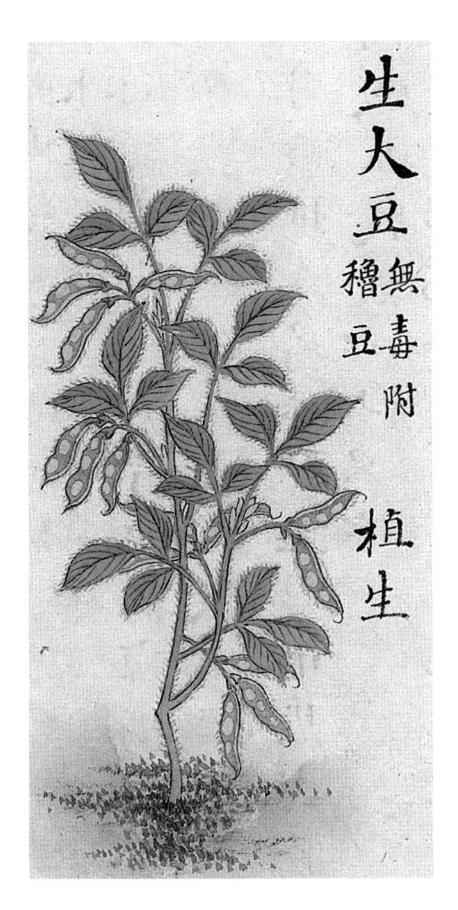

生大豆：刘文泰《本草品汇精要》，王世昌等绘，明弘治十八年彩绘写本

早期，煮食大豆虽然去除了一些豆腥味，但多食仍会引起腹部胀气或消化不良。汉代以后，随着食品加工技术的快速发展，豆酱、豆豉、豆腐等相继出现。这些加工后的豆制品，解决了煮食豆粒容易引起的胀气、消化不良等问题，使大豆含有的优质营养可以被充分地吸收和利用，极大地丰富了中华民族的特色食品。

汉代以后，大豆的主粮地位渐失，但仍位处中国农业种植系统的重要环节。战国时期，种植制度从休闲制过渡到了连种制，其后轮作、间作、套种、混作等方式出现并发展。古代先民发现，大豆适宜轮作和间作。西汉王褒《僮约》中“四月当披，五月当获。十月收豆，抡麦窖芋”就是指豆麦轮作。黄河中下游的南部地区早在汉代就采用了麦豆秋杂二年三熟为主的轮作复种制度。魏晋南北朝时期，禾谷类与豆类的北方轮作制度趋于成熟，《齐民要术》中“麦—大豆（小豆）—谷”的轮作，豆类作为主粮作物的前作，提供了好的茬口。大豆适合轮作，并可以参与间、混、套作等，不仅可以发挥其生态效益，肥沃土壤、恢复地力，做到用养结合，还能增加农作物产量，因此可持续性农业生产系统的发展离不开大豆作物的参与。

第三节 中国传统大豆制品

大豆的加工利用历史悠久且方式多样，豆酱、豆豉、酱油、豆芽、豆浆、豆腐等各类大豆食品尽情展现着中国特色的饮食文化，大豆也因其极高的利用价值而享有『豆中之王』的美称，受到世界各地人民的欢迎。

根据民间传说，豆酱是由春秋时期的政治家范蠡无意中创制而成。范蠡年少时在财主家的厨房管事，因经验不足常常剩下食材，时间一长就会酸馊变质。主人要求他将这些酸馊食材利用起来。于是，他先将长了毛的食材处理干净，再经过晒干、烹饪等去除异味，竟然制作出了美味的酱。

在中国食品史上，酱的出现很早，而最初关于豆酱的确切记载是西汉《急救篇》中的“芜荑盐豉醯酢酱”，隋唐时期颜师古对此注释为“酱，以豆合面而为之也”，说豆酱是用大豆和面粉加盐发酵而成，可见当时民间已用大豆制作豆酱了。

《汉书·货殖传》中有“通邑大都酤一岁千酿，醯酱千瓨……”“翁伯以贩脂而倾县邑，张氏以卖酱而隃侈……”，这是说一年之中可以卖醋酱千缸，可见生产规模和消费量很大。而张氏靠卖酱发家致富、生活宽裕，说明当时酱已是百姓日常生活所需。

北魏贾思勰《齐民要术》中的“作酱法”篇有关于豆酱、肉酱、鱼酱、麦酱、榆子酱等十几种酱的介绍，以及制酱方法的记述，其中豆酱的主要制作流程包括制酱时间的选择、原料的处理、酱曲的制作、发酵工艺等。

作醬法第七十

十二月正月為上時，二月為中時，三月為下時。用不津瓮（瓮津則壞醬。常為菹酢者，亦不中用之。）置日中高處石上。（夏雨，無令水浸瓮底。以一鉎（一本作生縮）鐵釘子，背歲殺釘著瓮底石下，後雖有妊娠婦人食之，醬亦不壞爛也。）用春種烏豆（春豆粒小而均，晚豆粒大而雜。）於大甑中燥蒸之。氣餾半日許，復貯出更裝之，迴在上者居下，（不爾則生熟不多調均也。）氣餾周徧，以灰覆之，經宿無令火絕。（取乾牛屎，圓累令中央空，然之不烟，勢類好炭。若能多收，常用作食，既無灰塵，又不失火，勝於草遠矣。）齧看，豆黃色黑極熟，乃下，日曝取乾。（夜則聚覆，無令潤濕。）臨欲舂去皮，更裝入甑中蒸，令氣餾則下，一日曝之。明旦起，淨簸擇，滿臼舂之而不碎。（若不重餾，碎而難淨。）簸揀去碎者。作熱湯於大盆中，浸豆黃，良久，淘汰，挼去黑皮。（湯少則添，慎勿易湯；易湯則走失豆味，令醬不美也。）漉而蒸之。（淘豆湯汁，即煑碎豆作醬，以供旋食。大醬則不用汁。）一炊頃，下，置淨席上，攤令極冷。預前，日曝白鹽、黃蒸、草𦳂（居郎反）、麥麴，令極乾燥。（鹽色黃者發醬苦，鹽若潤濕令醬壞。黃蒸令醬赤美。草𦳂令醬芬芳。𦳂，挼簸去草土。麴及黃蒸，各別擣末細簁，馬尾羅彌好。）大率豆黃三斗，麴末一斗，黃蒸末一斗，白鹽五升，𦳂子三指一撮。（鹽少令醬酢，後雖加鹽，無復美味。其用神麴者，一升當笨麴四升，殺多故也。）豆黃堆

酱的制作：贾思勰《齐民要术》，明钞本

对于《楚辞·招魂》中“大苦咸酸”的记载，东汉王逸注为“大苦，豉也”。也有一种观点认为豆豉应是秦汉时出现，司马迁在《史记·货殖列传》中记述：“通邑大都，酤一岁千酿，醯酱千瓨，浆千甔，……蘖麴盐豉千答，鲐鮆千斤，……”此时集市中已有豆豉贩售且有一定规模。古时，豆豉又被称为幽菽。根据宋代学者周密在《齐东野语·配盐幽菽》中的记载，可以看到幽菽的名称在宋代已有，但不普及，即便自负博学的江西仕子尚未听闻，杨万里则借此警示仕子学无止境，应戒骄戒躁持续学习。明代杨慎在《丹铅杂录·解字之妙》中对豆豉（幽菽）详述：“盖豉本豆也，以盐配之，幽闭於瓮盎中所成，故曰幽菽。”原来幽菽二字意味幽闭豆菽，形象地反映了将大豆封闭在罐子中的样子。

豉：刘文泰《本草品汇精要》，王世昌等绘，明弘治十八年彩绘写本

豆豉营养丰富，不仅可以用作调味品，还具有药用保健功效。入药用豆豉一般由黑大豆加工而成，陶弘景在《名医别录》载："豉：味苦，寒，无毒。主治伤寒、头痛、寒热、瘴气、恶毒、烦躁、满闷、虚劳、喘吸、两脚疼冷，又杀六畜胎子诸毒。"

传说，豆豉还可作为麻黄的替代品入药。相传被唐高宗称为"大唐天纵英才"的王勃，因作《斗鸡檄文》惹怒高宗，又因杀官奴被下狱，其父也被牵连贬到交趾。王勃遭此劫难，心情抑郁，探望父亲路过洪州（南昌），在长江边沙滩上偶遇一位正在制作豆豉的老翁。他发现老翁除了使用常见的辣蓼、青蒿、藿香、佩兰、苏叶、荷叶等原料，还加入麻黄汁浸泡大豆，所做成的豆豉具有麻黄的药效，又有豆豉的美味。之后，洪州都督阎伯屿因重修滕王阁落成大宴宾客，席上王勃作《滕王阁序》，阎都督拍案叫绝，众宾客惊为天人。第二天，阎都督专为王勃设宴，席间，阎都督因外感风寒，疼痛难安，但怕麻黄药性过猛不愿使用，王勃则用所学豆豉良方，使阎都督药到病除。

作豉第七十二
作豉法先作煖蔭屋坎地深三二尺屋必以草蓋瓦則不佳密
泥塞屋牖無令風及蟲鼠入也開小戶僅得容人出入
厚作藁籬以閉戶四月五月爲上時七月二十日後八月爲中時
餘月亦皆得作然冬夏大寒大熱極難調適大都每四時交會之

豉的制作：贾思勰《齐民要术》，明钞本

大豆种子稍微发芽，再进行干燥加工，可制成大豆黄卷，具有透邪解表、利湿解热的功效。如果大豆充分发芽，就是豆芽了。有别于豆酱、豆豉、酱油等，豆芽是介于大豆和大豆制品之间的半加工形态。大豆受土壤的湿气影响就会发芽，对种子浸泡保墒也可发芽。豆芽制作简单，应该很早就被发现食用了。汉代的《神农本草经·大豆黄卷》中有相关制作方法的描写："造黄卷法，壬癸日（指的是冬末春初之时），以井华水浸黑大豆，候芽长五寸，干之即为黄卷。用时熬过，服食所需也。"这说明大豆黄卷是选用黑大豆制成的长五寸[1]的豆芽。此外，豆芽还有"种生"的别称，意为豆芽是从种子中生长出来的。宋代孟元老所著的追述北宋都城东京汴梁风貌的《东京梦华录》中载："又以绿豆、小豆、小麦于瓷器内，以水浸之，生芽数寸，以红蓝草缕束之，谓之'种生'，皆于街心彩幕帐设出络货卖。"清乾隆时期的袁枚在《随园食单》中有："豆芽柔脆，余颇爱之。炒须熟烂，作料之味才能融洽。可配燕窝，以

大豆黄卷：刘文泰《本草品汇精要》，王世昌等绘，明弘治十八年彩绘写本

1 1寸=3.33厘米。

柔配柔，以白配白故也。然以其贱而陪极贵，人多嗤之，不知惟巢由正可陪尧舜耳。”袁枚不仅爱食豆芽，而且将豆芽比作上古时的隐士巢父和许由，将豆芽配燕窝的美食用来类比贤士配明君，这实在是对豆芽的莫大赞许。

在中国很多地区，豆浆油条是传统早餐的标准配置。据说豆浆由淮南王刘安所创。刘安用泡好的黄豆磨成豆浆，治好了母亲的病。经过浸泡的大豆，无论是舂压还是研磨都会形成豆浆。事实上，先秦就已经流行“饵”作食物，就是由粮食加水煮过后舂成的，按《史记·魏公子列传》中“薛公藏于卖浆家”所述，在春秋战国时期就有售卖“浆”类饮料的行业了。到了西汉，把谷物磨成浆更是普遍。《史记·货殖列传》中载“卖浆，小业也，而张氏千万”，可见那时售卖浆类已经是常见的生计手段，甚至有人将其做成了大买卖。

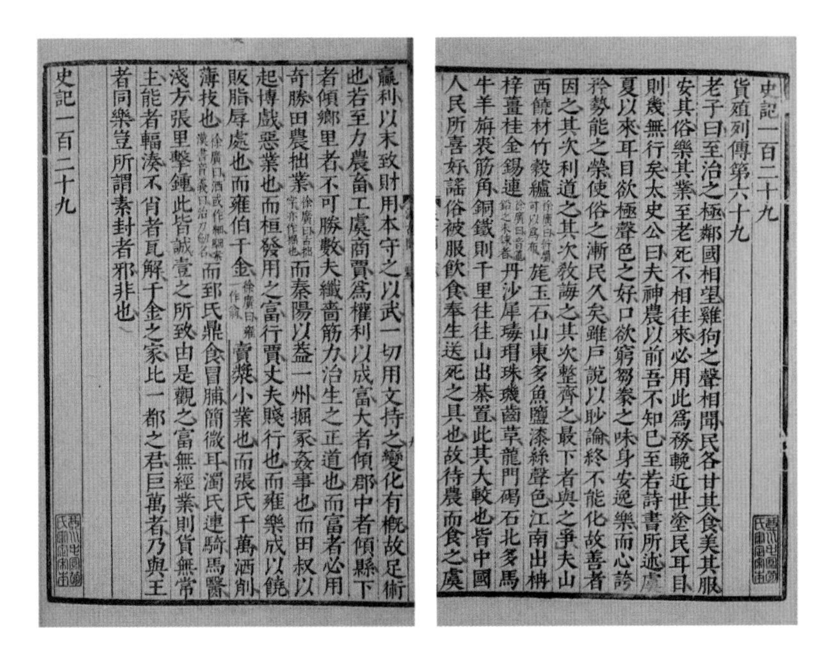
史記一百二十九
貨殖列傳第六十九
老子曰至治之極鄰國相望雞狗之聲相聞民各甘其食美其服
安其俗樂其業至老死不相往來必用此爲務輓近世塗民耳目
則幾無行矣太史公曰夫神農以前吾不知已至若詩書所述虞
夏以來耳目欲極聲色之好口欲窮芻豢之味身安逸樂而心誇
矜勢能之榮使俗之漸民久矣雖戶說以眇論終不能化故善者
因之其次利道之其次教誨之其次整齊之最下者與之爭夫山
西饒材竹穀纑旄玉石山東多魚鹽漆絲聲色江南出枏
梓薑桂金錫連丹沙犀瑇瑁珠璣齒革龍門碣石北多馬
牛羊旃裘筋角銅鐵則千里往往山出棊置此其大較也皆中國
人民所喜好謠俗被服飲食奉生送死之具也故待農而食之虞

贏利以末致財用本守之以武一切用文持之變化有概故足術
也若至力農畜工虞商賈爲權利以成富大者傾郡中者傾縣下
者傾鄉里者不可勝數夫纖嗇筋力治生之正道也而富者必用
奇勝田農拙業而秦陽以蓋一州掘冢姦事也而田叔以
起博戲惡業也而桓發用之富行賈丈夫賤行也而雍樂成以饒
販脂辱處也而雍伯千金賣漿小業也而張氏千萬洒削
薄技也而郅氏鼎食胃脯簡微耳濁氏連騎馬醫
淺方張里擊鍾此皆誠壹之所致由是觀之富無經業則貨無常
主能者輻湊不肖者瓦解千金之家比一都之君巨萬者乃與王
者同樂豈所謂素封者邪非也
史記一百二十九

《史记·货殖列传》所载浆：司马迁《史记》，裴骃集解，1656 年重镌汲古阁版酱油一词出现的时间较晚，宋代林洪的《山家清供》中有“韭叶嫩者，用姜丝、酱油、滴醋拌食”“取鱼虾之鲜者同切作块子，用汤泡裹蒸熟，入酱油、麻油、盐……”的记载，在这些文字中，酱油已经是同盐、醋一样经常使用的调味品了。虽然酱油的确切表述到宋代时期才出现，但是类似于酱油的调味品却早已被古代先民广泛使用，如酱清，其实已是酱油的早期形态。除了酱清，最著名的早期酱油当属豉汁。

关于豉汁的记载，曾出现在三国时期的著名历史故事中。曹操死后长子曹丕继位，曹丕唯恐几个弟弟与他争位，便觉得应当先下手为强从而夺了二弟曹彰的兵权。此时就剩下老三曹植了，曹植是曹丕竞争王位时的最大对手，二人为竞争继承权早已兄弟不睦，曹植以诗文闻名于世，曹丕非常嫉恨他，便命令曹植在大殿之上走七步，然后以兄弟为主题即兴吟诗一首，但诗中却不能出现“兄弟”二字，成则罢了，不成便要痛下杀手。曹植见到屋中正在煮着的豆子和作为燃料的豆萁，触景生情，不假思索地脱口而出：“煮豆持作羹，漉菽以为汁。萁在釜下燃，豆在釜中泣。本自同根生，相煎何太急。”这便是赫赫有名的“七步成诗”。曹丕听后内心感触，没能下得了手，只把曹植贬为安乡侯。可见，当时已有“漉菽为汁”制作大豆酱汁的方式了。之后，豉汁的记载大量出现，《齐民要术》中就记录了几十条用豉汁调味的内容。

豉汁毕竟是比较原始的酱油，等到宋代更为成熟的酱油出现时，酱油的地位也跃升为人们生活的必需品了。如南宋钱塘文人吴自牧，在宋亡之后撰写了《梦粱录》一书，用以表达对故国的追思，在书中记述南宋临安风俗时就有写道：“盖人家每日不可阙者，柴、米、油、盐、酱、醋、茶。”此处的酱是对酱和酱油的统称，酱已经是人们生活饮食的必备物品。无独有偶，相传明代才子唐伯虎，在弘治十二年科举案之后断绝仕途，深受打击的唐伯虎寄情于山水书画，留下了“琴棋书画诗酒花，当年件件不离它。而今般般皆交付，柴米油盐酱醋茶”的诗句，当中感叹日常生活里要为柴米油盐酱醋茶而费心的无奈。当然，也有学者指出此诗的作者是清代张灿。无论此诗作者是否另有其人，起码可以得出判断，酱油已经成为中国人饭桌上必不可少的调味品，人们也在实践中不断积累和传承着酿造酱油的工艺技术方法。

造成都府豉汁

九月後二月前可造好豉三斗用青麻油三升熬令炟斷香熟為度又取一升熟油拌豉上甑熟蒸攤冷晒乾再用一升熟油拌豉再蒸攤冷晒乾更依此一升熟油拌豉透蒸曝乾方取一斗白鹽勻和搗令碎以釜湯淋取三四斗汁淨釜中煎之入川椒末胡椒末乾姜末橘皮各一兩葱白五斤並搗細和煎之三分減一取不津磁罷中貯之須用清香油不得濕物近之香美絕勝

制作豉汁：张履平《坤德宝鉴》，清乾隆四十二年遹修堂刊本豆腐可谓是中国大豆制品的代名词，凡谈及大豆制品必言及豆腐。同时，豆腐类食品自成体系，在豆腐的基础上又有豆腐脑、豆腐干、豆腐乳等一系列豆制品。相传豆腐是在公元前 164 年由西汉开国皇帝汉高祖刘邦之孙——淮南王刘安发明。据说，当年刘安集合了一群道士，在如今安徽省寿县与淮南交界处的八公山上尝试烧制丹药，试图长生不老、羽化登仙。炼丹时，偶然以石膏点入一锅煮沸的豆汁之中，见豆汁凝结成块状的固体，试吃之下发现凝块鲜美滑嫩，从而也就发明了豆腐。宋代朱熹《次刘秀野蔬食十三诗韵》中写道："种豆豆苗稀，力竭心已腐。早知淮王术，安坐获泉布。"并注明"世传豆腐乃淮南王术"。李时珍也在《本草纲目》中将豆腐的发明归于淮南王刘安。

当然，在历史学的领域从来就不会缺少不一样的声音。化学家袁翰青就主张豆腐并不是发明于西汉，而是到了五代时期才有豆腐。豆腐的发明者更不是什么帝王将相，而是中国古代平凡而伟大的劳动人民，因为只有经过长期辛苦的磨豆、煮豆浆等劳动工序，才会积累出经验并发明出豆腐。也有学者认为，古代的豆浆腥味较重，口感不算好，在饮用时要加入盐、卤水等来调味，而卤水不仅可以改变豆浆的味道，也能将液体的豆浆变成凝结成块的固体，于是人们在给豆浆调味的过程中就出现了豆腐的雏形。日本学者筱田统将豆腐生产和在市场销售的时间推算到唐代中期，主要根据五代陶谷所著《清异录》中"为青阳丞，洁己勤民，肉味不给，日市豆腐数个"的记载。1960 年在河南密县打虎亭东汉墓发现的石刻壁画，再度掀起豆腐是否起源于汉代的争论。学界部分学者偏向于认为打虎亭东汉壁画描写的不是酿酒，而是制造豆腐的过程。认为早在公元前 2 世纪，豆腐生产就已在中原地区普及，所以才会在汉墓画像石中有所体现。而画像石中没有煮浆场面，也引起多方讨论。

东汉豆腐作坊画像石·河南密县打虎亭一号汉墓出土

| 王宪明 绘 |

东汉豆腐作坊画像石图样

| 王宪明 绘 |

关于豆腐的制作工艺，李时珍在《本草纲目》中引用前人著述，对豆腐做法有较为详细的记载：“豆腐之法，始于汉淮南王刘安。凡黑豆、黄豆及白豆、泥豆、豌豆、绿豆之类，皆可为之。造法：水浸硙碎，滤去渣，煎成，以盐卤汁或山叶（山矾叶）或酸浆、醋淀就釜收之。又有入缸内，以石膏末收者，大抵得咸、苦、酸、辛之物，皆可收敛尔，其面上凝结者，揭取晾干，名豆腐皮，入馔甚佳也。味甘、咸、寒，有小毒。”

素食品

吃豆腐法

將豆腐攪如泥用絹羅過之其細膩如膏加芝蔴油鹽葱薑汁調和勻以得味為度再加菉豆粉丸如雞腰子大投滚水中浸熟撈入凉水中用時與口蘑冬笋等品同做亦可為素菜中之一脉也

做豆腐法

青皮豆或黃豆用磨加水磨下以馬尾羅取汁於鍋中燒火煑之將滚先用鐵勺煎棉油二三兩待之如

坤德寶鑑 卷五 素食 六 遹修堂

豆汁沸散棉油其上沸即止已熟點滷水鍋中以勺攪勻即盛布單中包之用重物壓其上豆腐之軟硬全憑壓物之輕重

做芝蔴粉法

芝蔴三斤用水洗去土漂去稗者摻水磨之用細絹羅取汁於鍋中菉豆粉一斤用水攪亦用細羅過之同攪勻然後燒大熟即盛於布單上或磁盆中候冷用之或冷用加醋鹽芝蔴油王瓜菜香椿芽拌之或熱用白肉湯燴之或炒用均無不美

吃豆腐法和做豆腐法：张履平《坤德宝鉴》，清乾隆四十二年遹修堂刊本

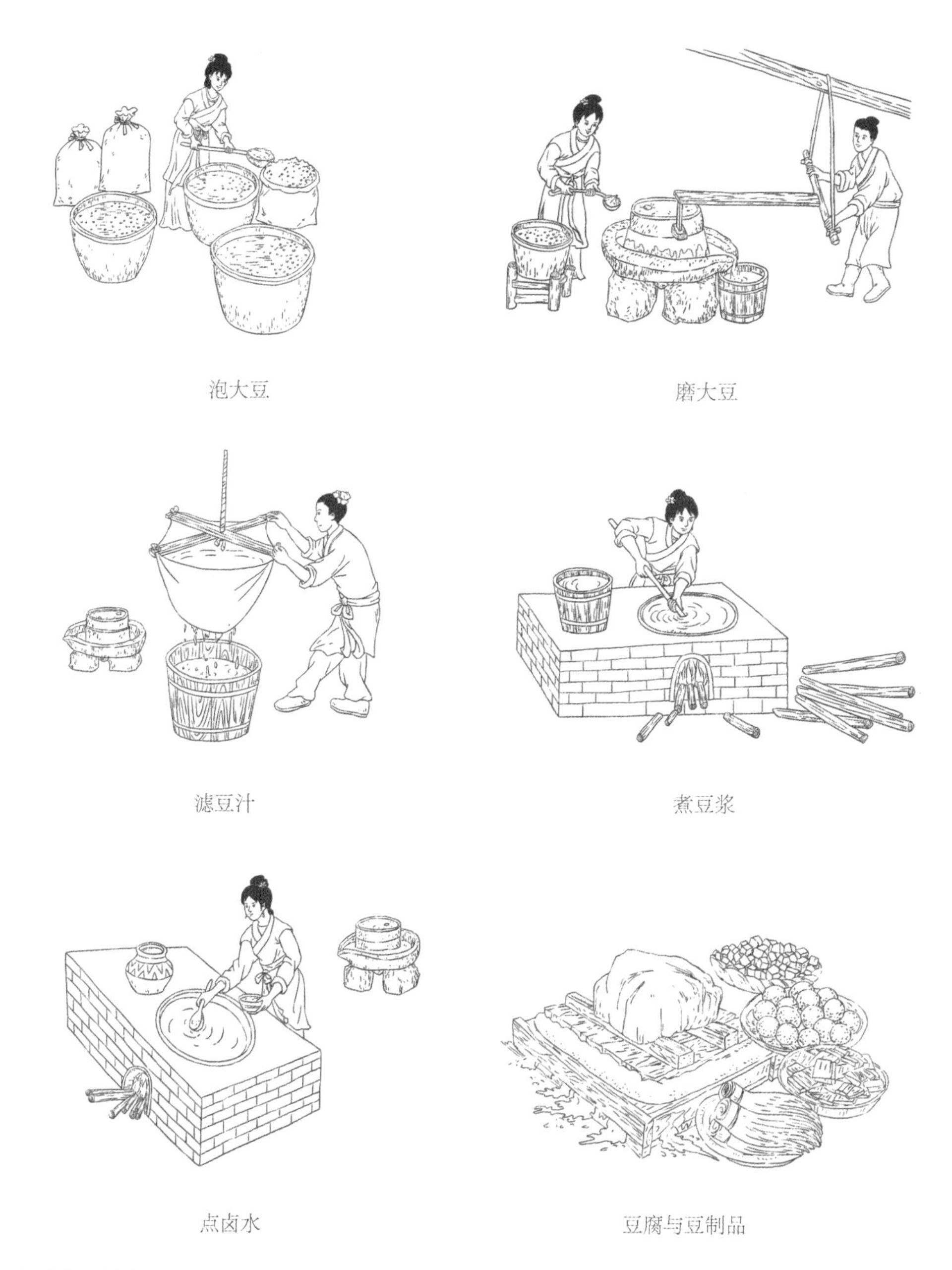

泡大豆　磨大豆

滤豆汁　煮豆浆

点卤水　豆腐与豆制品

豆腐制作工艺图

| 王宪明　绘 |

第四章

机遇 挑战

明清以后的大豆生产

虽然汉代以后大豆的主食地位逐渐弱化，但是由于在人们生产生活中的广泛利用，大豆并没有退出中国作物的种植系统。相反，当东亚和东南亚少数国家刚开始种植大豆，欧洲人对大豆的认识还只停留在它是制作豆酱、豆腐的原材料之时，大豆在中国的种植、生产、加工和利用已经全面发展并处于世界领先地位。然而，中国大豆的种植生产和贸易出口优势在20世纪以后发生了改变，进入21世纪，中国大豆产业同时面临着机遇与挑战

第一节 大豆生产一枝独秀

中国与亚洲、欧洲等国的进出口贸易往来历史悠久。最初，西方人十分青睐中国的丝绸和茶叶，而大豆贸易走向世界的时间要稍晚一些，大豆早期的出口总产值也远落后于茶叶和丝绸。明清以后，中国大豆及其制品的产量和贸易出口量开始在世界范围内占据领先地位。

明清时期，统治者曾在不同阶段多次实施海禁。康熙二十三年（1684 年），朝廷宣布废除海禁。开海贸易后，东北地区产出的大豆随着南北商船的往来开始流动。《安吴四种·中衢一勺》卷一《海运南漕议》中有载：“自康熙廿四年开海禁，关东豆麦每年至上海者千余万石，而布、茶各南货至山东、直隶、关东者亦由沙船载而北行”，可见到明清时期，大豆的种植不仅遍及中国各地，并且已经成为贸易市场上的交换商品之一。

清朝初年，大豆及其制品并不在清政府允许出口的商品之列，虽实行禁运政策，但却出现了一些商人私运交易。乾隆十四年（1749年），朝廷允许少量大豆运输，据《钦定大清会典事例》记载："商人自奉天省回时，大船带黄豆200石，小船带100石。"鸦片战争之后，伴随通商口岸的打开，近代中国东北地区大豆对外出口的大门也随之打开。当时的大豆三品（大豆、豆油、豆饼）不仅吸引了中国关内和南方商人的运销，外商更是看到其中的经济利益，多次要求参与大豆运销。面对"许销禁豆"的要求，清政府下令从1862年开始解除部分大豆禁令，允许外商运售。此后，越来越多的外国商船驶入牛庄（营口）口岸，其中大多数租给中国商人从事大豆三品转口贸易活动。早期的大豆运输主要是从中国的东北地区运销到华中、华南等地。

停靠在牛庄（营口）口岸装载大豆的货船[1]

1 Charles V. Piper, William J. Morse. The Soybean. New York: Peter Smith, 1943: 6.

从1869年开始，清政府完全解除了对大豆的出口禁令，大豆开始进入东亚、东南亚、欧洲等市场。根据《中国近代农业生产及贸易统计资料》的数据显示，1870—1911年中国大豆出口量发生了较大变化：从1870年的总出口量578千关担[1]、价值688千关两[2]，发展到1891年的663千关担、价值791千关两，处于平稳中波动发展阶段；1892年起出口迅速增长，从1143千关担、1188千关两，增至1907年的1337千关担、3242千关两，其间虽受战争等因素影响出现过巨幅下降，但总体增长趋势依然明显，特别是在1908年后，大豆出口量剧增，1911年相比1870年，大豆的总出口量增加了18倍。此外，从1894年起，随着大豆三品出口量的不断增加，政府开始对大豆三品进行分类统计。大豆受到国内和国际市场的一致欢迎，主要归功于大豆的多功能利用价值。此时，大豆已不仅是作为豆饭、豆粥的主食，更能加工制成各类大豆制品，而其加工后产出的豆油和豆饼，还可有效地用于人们的生产与生活。

20世纪以前，中国大豆的出口市场主要是日本、东南亚等地区国家，最主要的出口口岸是牛庄（营口）。中日甲午战争以后，日商利用不平等条约在中国东北地区经营大豆出口贸易的同时，又在华开设油坊，大肆掠夺大豆三品。1908年，英国榨油业出现了原料短缺问题，日商乘机将大量东北大豆运销英国，大豆的油用价值也很快获得英国市场的认可。从此，东北大豆持续运销欧洲，世界市场得以拓展，大豆在油脂加工业和工业生产等行业中的巨大价值逐渐显现。大豆三品相继出口，陆续进入欧洲、美洲等多个国家和地区，大豆及其产品的世界需求量随之迅速增长起来。

---

1 关担：清中后期海关所使用的一种计量货物重量单位，1关担 = 100关斤 = 119.36市斤=59680克。

2 关两：清中后期海关所使用的一种记账货币单位，1关两的虚设重量为583.3英厘或37.7495克（后演变为37.913克）的足色纹银（含93.5374%纯银）。

清末民初，中国大豆及豆饼和豆油的对外出口不断扩大，东北三省、河北、河南、山东等地区成为大豆的主产区。1914—1918年，东北地区的大豆种植面积和总产量分别占全国的41.4%和36.55%，是中国最重要的大豆主产区。清政府又相继开放了安东、大连等出口口岸。东北地区南部的大豆主要通过安东港（丹东的旧称）、大连港和牛庄港对外出口，东北北部的大豆则通过符拉迪沃斯托克对外出口。

满仓的大豆[1]

成袋的大豆等待运往欧洲[1]

1 William J. Morse. The Versatile Soybean. Economic Botany, 1947(2): 141.

20世纪30年代，中国的大豆总产量仍占世界大豆总产量的80%以上，是全球最大的大豆生产国。大豆出口量从1912年的7666千关担持续增长，1928年达到35854千关担。1928年，大豆出口总额占全国商品输出总值已从19世纪末的1%左右上涨至19.8%，成为中国重要的出口商品。中国不但是大豆的原产国，而且是世界最大的大豆生产国和出口国。从世界范围来看，当时的中国大豆生产与出口可谓一枝独秀。

清末，中国大豆的主要出口市场是东亚和东南亚地区。到了1912—1928年，大豆的最主要外销市场则是苏联和日本，东南亚、欧洲等地区也都是中国大豆商品的输入地，不过出口总量相对前者较小。除了大豆，豆饼和豆油相继对外出口，这一时期，豆饼的最大消费市场是日本，占到中国豆饼出口总量的一半以上。豆饼富含植物蛋白质，适于用作农事耕作肥料、牲畜饲料、人类蛋白质食品等。而豆油的出口量相对较少，主要销往英国、苏联、荷兰、美国、日本等国。当时，欧洲市场多将豆油用于工业生产和产品制造业，即所谓“豆饼销日本、豆油销欧洲”。

牛庄（营口）口岸搬运大豆的人们[1]

1 Charles V. Piper, William J. Morse. The Soybean. New York: Peter Smith, 1943: 196.

另外，从大豆品种来看，民国时期中国有多个省的地方志中都出现了关于大豆品种资源的记载，表明大豆品种数量比明清时期又有了快速的增长，且品种类型更加丰富和多样化。全国各地区由于不同的自然生态条件，分别形成了具有各自特色的地方型大豆品种。

根据郭文韬先生《中国大豆栽培史》记载，清末到民国时期东北地区的大豆类型有所增加，有黄豆、黑豆、青豆、杂豆等，包括金黄豆、大金黄、小金黄、四粒黄、黑壳黄、青黄豆、白眉豆、小黑脐、黑豆、乌豆、大乌、小乌、黑皮青、尖大粒、猪眼黑、黑青瓢、青皮豆、大粒青、四粒青、铁荚青、红毛青、两粒青、青瓢子、猫眼豆、天鹅蛋、磨石豆、虎皮豆、羊豆、白露豆、霸王鞭等品种；山东、河北等黄河流域地区主要是牛腰齐、铁荚青、河南黄、白花早、蓝花早、平顶黄、水黄豆、大白果、大青果、当年陈、小青黄、早四粒、小鼠眼、大四粒、碰节黄、风皮豆、猪眼豆、干打锤、铜皮豆、羊眼豆、老鸦豆、花斑豆、天鹅蛋、泥豆、九月寒、黄金躁、笨豆、小子黑豆等品种；长江流域的安徽、湖南、浙江等地区均有大豆品种记载，包括白毛壳、八月白、柿子核、喜鹊茅、紫青、十月黄、十月白、黄羊眼、节节三、节节四、盐青、关青、白花珠、白果、鸡趾、沉青、白渍、瓢青、水白豆、六月白、白香圆、苏州黄、圆珠黄、高脚黄、南京黄、六月黄、随稻黄、黄瓜青、七月白、待霜黄、大黑豆、六月乌、牛腿豆、火炮豆、十月豆、梅豆、冬豆、泥鳅豆、秋风豆、老林豆、老鼠皮、和尚衣、田坎豆、半年黄、早大豆等品种；此外，珠江流域地区的大黄豆、小黄豆、六月黄豆、青皮豆、埂豆、黄花线豆、橹豆等和云贵地区的青皮豆、羊眼豆、茶花豆、云南豆、钟子豆、稻豆、六月黄、泥黄豆等，也是当地的特色品种。

大豆

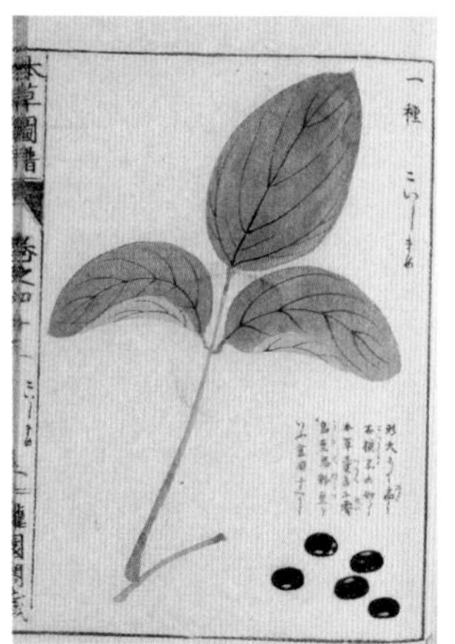
一種

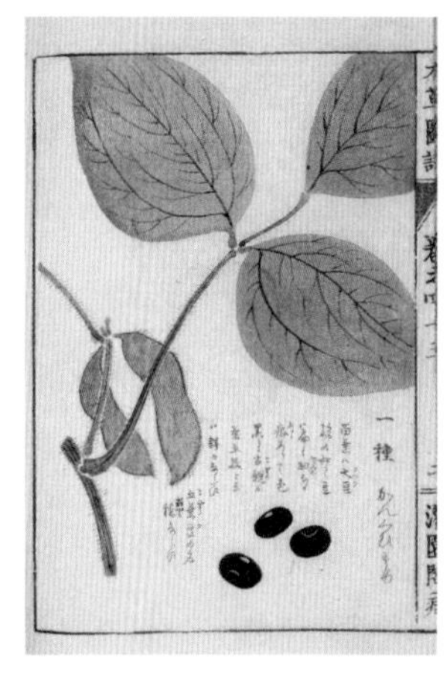
一種

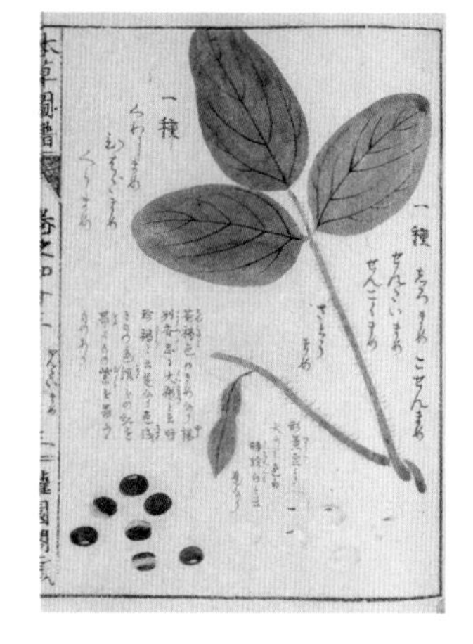
一種
一種

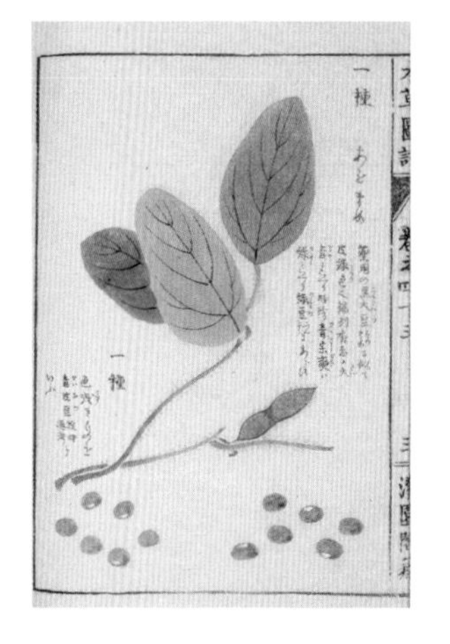
一種
一種

一種

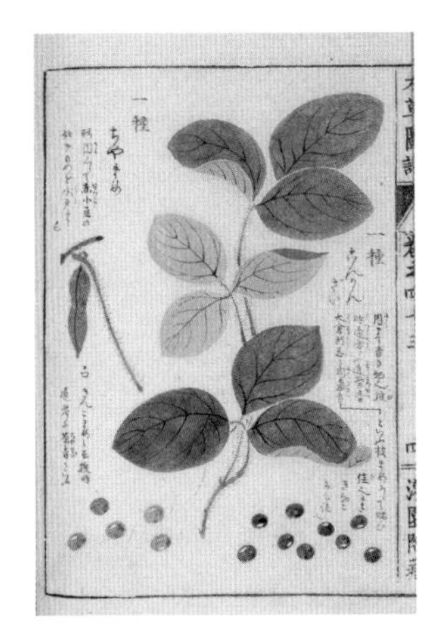

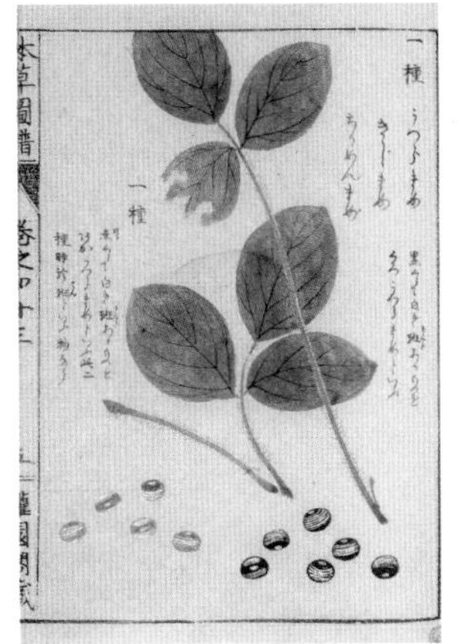

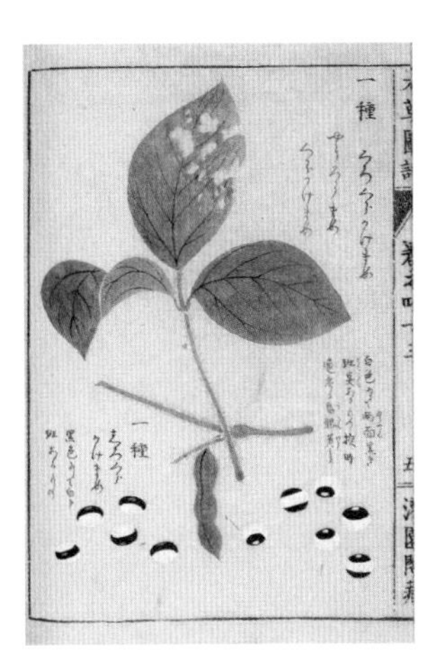

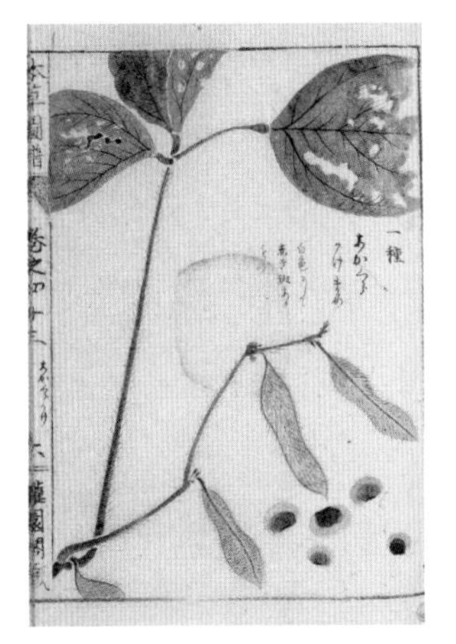

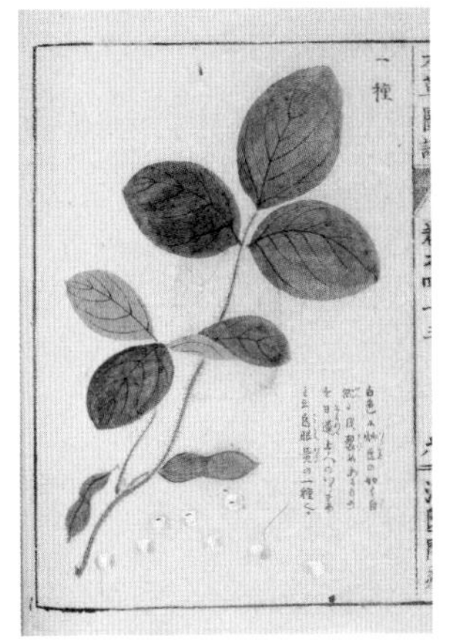

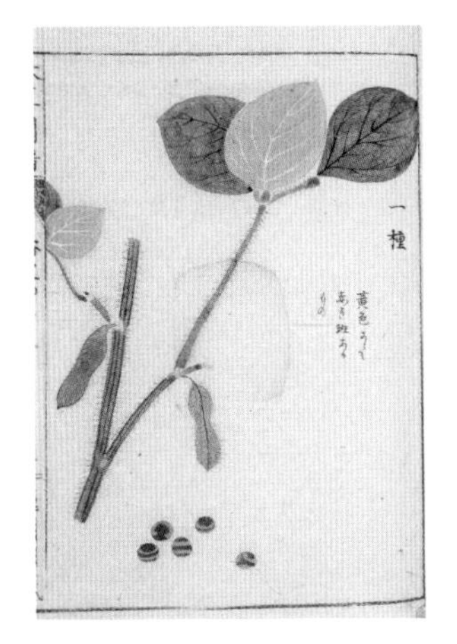

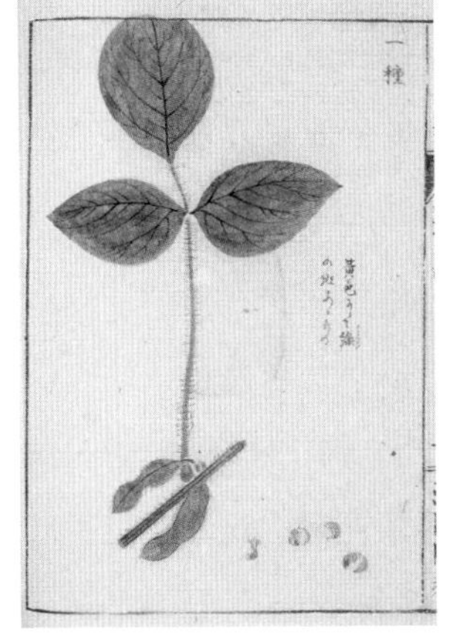

大豆：岩崎灌园《本草图谱》，江户晚期绘本

第二节 优势地位逆转

中国大豆的生产、消费和出口曾处于世界领先地位，大豆及其制品远销海外。但到了20世纪30年代，中国大豆的生产和出口量开始下降。20世纪50年代初，在经历了中美大豆产量交替领先的发展态势后，美国大豆生产全面赶超了中国。此后，美国、巴西和阿根廷分列世界三大大豆生产国。

1929年爆发了全球范围的经济危机，欧、美、日等市场都受到不同程度的影响，对大豆产品的购买力大幅降低，中国大豆的出口量开始减少。从20世纪30年代起，虽然中国大豆的总产量在波动中下降，但是直到1937年抗日战争全面爆发前，年总产量仍占世界大豆年总产量的80%以上，保持着世界最大大豆生产国地位。然而，随着日本侵华战争和内战的爆发，中国的经济发展和农业生产遭受了巨大破坏，中国的大豆生产也不例外。到1949年中华人民共和国成立之际，中国的大豆年产量占世界大豆生产总量的比重已下降至不足40%。

抗战胜利后，农业生产得到恢复，中国的大豆生产得以重振旗鼓。而此时，美国的大豆种植和生产已进入快速发展时期。1949—1953年，中美大豆生产在经历了总产量交替领先的发展态势后，美国于1954年赶超中国，并进入持续快速产业化发展阶段。中国则由于耕地和人口等制约因素，出现了大豆种植面积下滑、年产量增长缓慢等问题。可以说，20世纪中叶以后，中美大豆生产的差距越来越大，美国继而取代中国成为世界最大大豆生产和出口国。

20世纪70年代后，南美洲国家开始大规模种植大豆，其中巴西和阿根廷的大豆生产最为引人注目。在短短数年间，两国大豆生产从无到有，并相继超越中国，成为世界第二、第三的大豆生产国。而中国大豆生产发展相对缓慢，产量跌落至世界第四，且占世界大豆生产总量的份额也持续下降。随着中国居民大豆消费量的不断增长，从1996年开始，中国政府暂时取消了大豆进口配额政策，并降低约束关税，通过进口大豆来满足国内市场的用豆需求，中国也由大豆净出口国转变成为大豆净进口国。

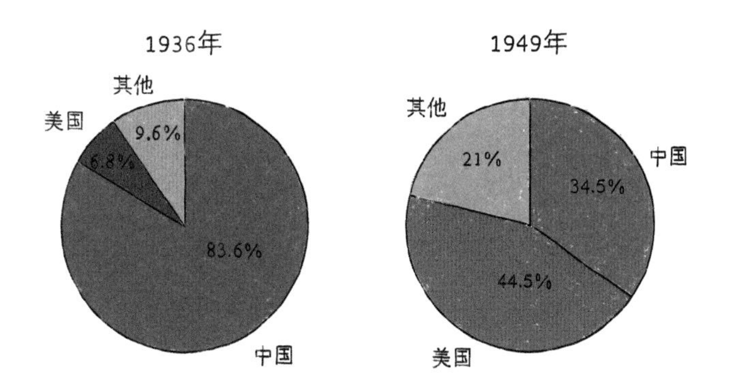

1936年与1949年世界大豆生产格局比较[1]

| 王宪明　绘 |

1　根据美国农业部发布的Agricultural Statistics相关数据整理绘制。

第三节 当前生产格局

中国有着悠久的种豆、用豆历史，大豆也是中国人饮食生活不可或缺的部分。中国大豆的品种资源丰富，大豆产量也在平稳中前进。在当今社会，大豆及其制品在食品、油脂、饲料、医疗、新能源开发等多行业都发挥了效用，大豆在农业生产和国家发展中的关键作用应得到重视。

中国的大豆品种类型极为丰富，不同地区又拥有一些独具特色的地方品种。根据不同大豆品种的种皮颜色、生育期时间、豆粒形态也出现了各式各样的大豆品种名，如东北地区黄种皮的金元型、小金黄型、黄金型、黄宝珠型，黄淮夏大豆在不同地方形成多个品种类型，山东夏大豆中有平顶黄、铁角黄、腰角黄、小粒青、大黑豆、小黑豆、大红豆、红滑豆，河南有牛毛黄、小籽黄、白豆、八月炸、药黑豆等，江苏有小油豆、软条枝、大白角、豌豆团、天鹅蛋等类型。

根据当前中国不同大豆品种的主要特性，对应人们日常的生活生产需求，不同的大豆品种可以分别用于油用、蛋白用、菜用、药用、饲用等。《中国作物及其野生近缘植物·经济作物卷》中记载，油用大豆粒中油分含量较高，主要用来提取油脂，东北地区及黄淮北部的大豆品种较多为此类型，如东农 46、黑农 37、合丰 42、吉林 35、辽豆 11、冀黄 13 等，大豆含油量均在 22% 以上；蛋白用大豆粒中蛋白质含量较高，以蛋白质利用为主，其中蛋白质和可溶性蛋白含量都超过 40%，中国南方地区的不少品种甚至超过 50%，如东农 42、黑农 35、冀豆 12、豫豆 25、郑 92116 等；菜用大豆主要用作蔬菜，如市场上销售的新鲜毛豆和豆芽；此外，黑豆主要用以做豆豉；药用大豆多为黑种皮绿子叶，称药黑豆，主要用作入药原料，主治中风脚弱、心痛、痉挛、五脏不足气等；饲用大豆是以大豆豆荚植株饲喂牲畜，该类大豆茎秆较细软，适口性好，如东北的秣食豆类型、南方的马料豆。

黄大豆

黄大豆

| 王宪明　绘 |

20世纪中期以后，中国的大豆产量虽然相继落后于美洲三国，但直到20世纪90年代，仍能基本满足国内的消费需求，并有部分出口。此后，随着中国大豆消费量的快速增长和大豆国际市场的不断扩大，美洲大豆进入中国市场，中国开始大量进口大豆。近20年来，虽然国产大豆的年均产量始终保持在1000万吨以上，但却远不能满足国内的用豆需求。在农产品国际贸易发展中，价格相对低廉、产量高、出油量多、田间管理简化的美洲转基因大豆不断进入并逐步占领中国市场。2017年，中国大豆进口总量达到9600万吨，是同年国产大豆总产量的6.6倍，中国成为世界最大的大豆进口国和消费国。

大豆制品

| 王宪明　绘 |

客观地说，进口大豆对中国大豆市场的影响具有两面性：一方面，中国人多地少，有限的耕地资源制约了种植业的大规模发展，进口大豆缓解了国内的消费需求，同时可以将有限的耕地用于主粮生产，以保障国家的粮食安全；另一方面，大豆进口量不断加大，中国市场对国外大豆过分依赖，国产大豆的市场因而受到严重影响。近 20 年来，中国大豆的种植面积和总产量在起伏中波动下降，亩产量增长缓慢，豆农的权益缺乏保障，有着几千年文明历史的中国大豆正在遭受美洲大豆的强烈冲击。

大豆是中华民族的“奇迹豆”，作为中国农业的重要发明之一，在漫长的历史岁月中哺育并供养了一代又一代的华夏儿女。大豆的故乡在中国，大豆产业的发展不能仅仅依赖于大豆种植能力的提高，而是要由种植生产、加工利用、交通运输、贸易出口、科学研究、协会组织等多个环节紧密配合，而这些环节又受到国家政治、经济、技术、文化等大环境背景的影响。因此，大豆产业的发展需要依靠国家统筹兼顾进行调控，同时由多方积极协同、完善供给，才能再创新的辉煌。

各类大豆制品

第五章 环球航行

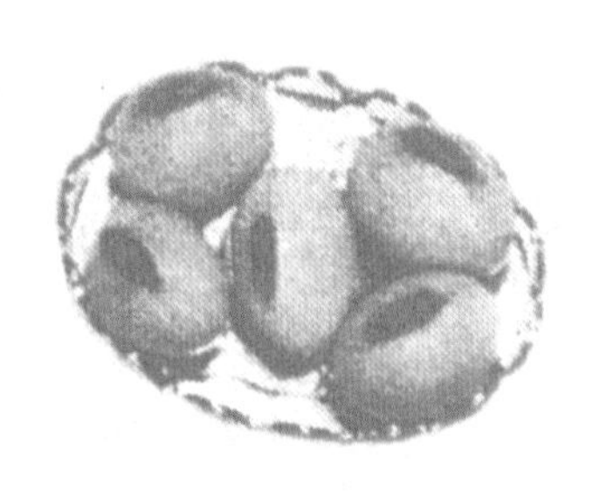

大豆在世界的传播

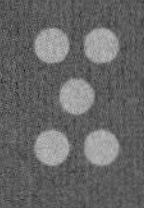

从历史的维度来看，大豆在中国有着悠久的栽培利用传统，然而大豆被引种传播于世界的时间却稍晚于稻、粟等其他古老栽培作物。大豆最早主要传播于亚洲地区，之后扩展到欧洲及美洲地区。素有『豆中之王』美称的大豆，开启了在不同文化间的环球旅程，各类大豆产品也在传播的过程中得到了本土化发展，根据不同地区的民族文化和饮食习惯，衍生出各式各样的大豆特色食品，且受到人们广泛的接受和喜爱。

第一节 光耀亚洲

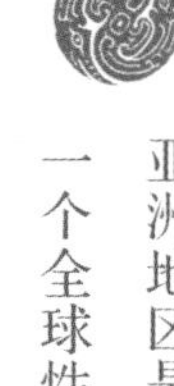

亚洲地区是大豆引种和传播的第一个全球性地域圈。大豆种子在亚洲落地生根，各类大豆制品也被当地人所熟知。根据不同地区的民族文化和饮食习惯，人们创制出包括日本味噌、印度尼西亚天贝等符合当地人喜好的特色大豆制品，从而实现了在各国的本土化发展。

学术界一般观点认为，古代中国文化对东亚地区朝鲜、日本等国的影响，主要是通过两个途径实现的：一个是由中国大陆直接传到朝鲜或渡海传递到日本列岛，另一个是经由朝鲜半岛传至日本。大豆作为中华农业文明的珍贵文化基因、中国农业生产的重要作物品种，在中国与朝鲜半岛、日本地区漫长的历史交融中，被多次通过陆上和海上途径引种传播，在当地落地生根的同时，也逐渐形成了各具特色的大豆生产、利用和饮食消费习惯。

学界普遍认为，在公元前200年左右，大豆由中国大陆经东北地区被引至朝鲜半岛，然后自朝鲜传到了日本。也有人说，大约在6世纪，大豆经由中国东部沿海的海上线路被直接传到日本的九州岛。有资料记载，在日本山口县的宫元遗迹和群马县的八崎遗迹都曾有日本弥生时代的大豆遗存出土。传入日本以后，大豆适应了当地的自然环境并得以栽培种植。701 年，日本第一部法典《大宝律令》中最早出现了关于豆酱和豆豉记载的内容，而日本的第一部文学作品《古事记》和日本最早的正史《日本书纪》中也有关于大豆的神话故事记载。这说明，日本早在一千多年前就已普遍种植大豆。

8 世纪，东亚各国的政局相对统一，日本处在奈良时代（710—794 年），当时的日本天皇注重农耕和社会生产，促使国民经济得到较大发展。其间，日本通过不断向唐朝派遣使者与中国频繁往来，陆续引进并吸收了唐朝先进的科技、文化、艺术、建筑、衣食和风俗等，促进了本国的进步和发展。奈良时代建造的宝物殿——正仓院中收藏了大量从中国和亚洲其他地区搜集的珍宝。据说，在一些来自中国的中医药材中就有大豆，这与大豆最早是作为草药植物引入日本的说法相契合。

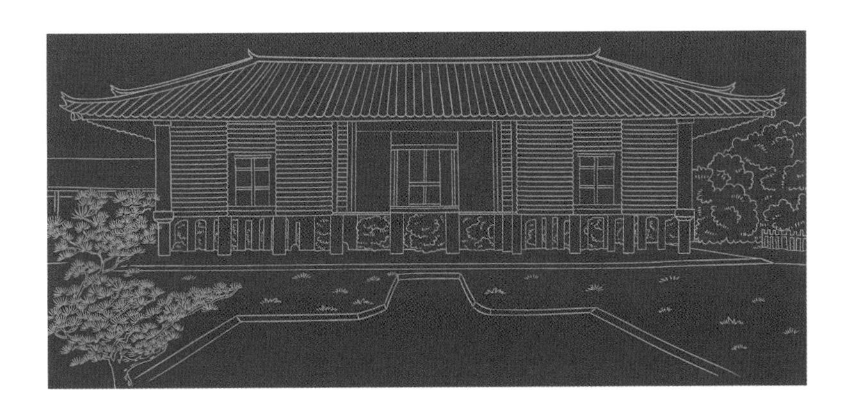

正仓院

| 王宪明　绘 |

与大豆一起东传的还有一些古老的豆制品，豆腐、豆酱等很早就出现在日本。而大豆在日本的本土化过程中又衍生出了极具日本特色的味噌、纳豆等大豆制品，从而形成了精彩纷呈的日本大豆饮食文化。

对于豆腐最早传入日本的时间和路径，学界说法不一，有唐初期传入说、南宋初年传入说、明代传入说以及经由朝鲜半岛传入说，等等，每一种观点的背后都有相关的故事或传说为依据。日本学者筱田统认为，日本最初出现类似豆腐的记载是在1183年，在“御菜种”中有“唐符”一词，他认为这可能指的就是豆腐。早期，豆腐还只是专供贵族和僧侣阶层食用。14—15世纪，日本的古文献中开始频繁地出现“豆腐”，可见这一时期豆腐已成为百姓生活的日常食品。江户时代天明二年（1782年）所出的《豆腐百珍》中记载了一百道豆腐菜肴的料理方法，并将其分为寻常品（26种）、通品（10种）、佳品（20种）、奇品（19种）、妙品（18种）、绝品（7种），共六个等级。此后，又相继推出《豆腐百珍续篇》《豆腐百珍余录》，各类豆腐菜肴随之在日本民间广为流传，深受欢迎。

日本豆制品

| 王宪明　绘 |

在日本，较为常见的两个豆腐品种是木棉豆腐和绢豆腐。而日本人食用豆腐的方法也很丰富，如煎、炸、炖、做汤、凉拌等。现在，在日本多地的餐厅里可以吃到颇具特色的各类豆腐菜品，豆腐已经充分融入了日本国民的饮食文化，是餐桌上不可或缺的一道菜肴。

如今，在中餐馆里常见一道菜叫“石锅日本豆腐”，原料用的是日本豆腐，又名“玉子豆腐”。它兴起于日本江户时代，玉子是鸡蛋的意思。这种豆腐是用鸡蛋加上水和调味料制作而成，口感有点像中国的嫩豆腐。但无论是原料还是制作手法，中国传统豆腐同日本豆腐都是两种不同的食品。

木棉豆腐

| 王宪明　绘 |

又叫普通豆腐，质地较硬，弹性和韧性较强，类似于中国的卤水豆腐。

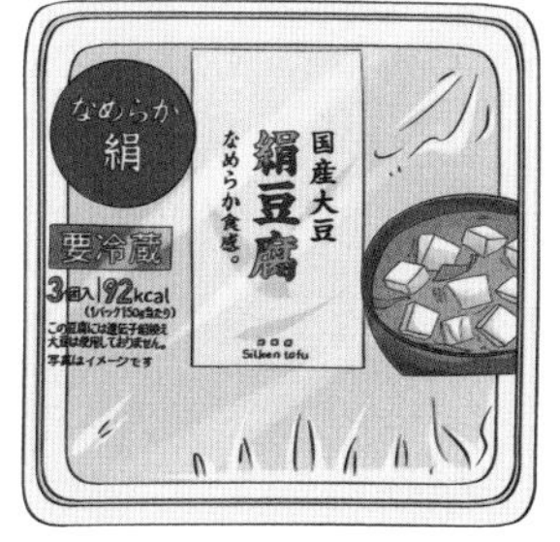

绢豆腐

| 王宪明　绘 |

水分较多，质地和口感软滑细腻，与嫩豆腐相似。

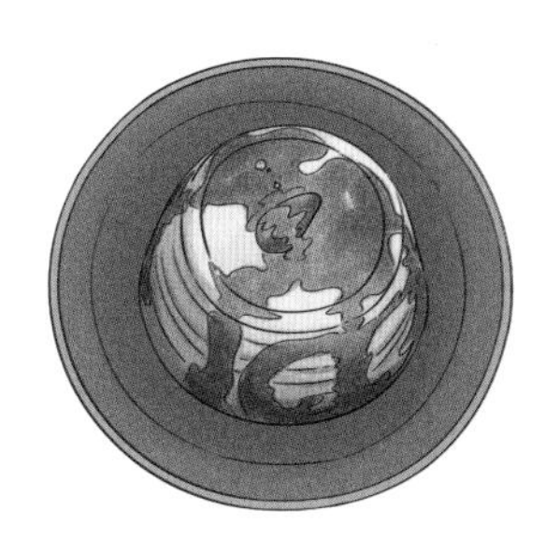

日本餐厅里的特色豆腐

| 王宪明　绘 |

日本餐厅里的麻婆豆腐

| 王宪明　绘 |

石锅日本豆腐

| 王宪明　绘 |

味噌是在日本广受欢迎的调味料之一，是以大豆为主要原料发酵制作而成，在日本具有长久的制作和发展历史。根据原料使用的多少、用曲比例的高低、操作手法的不同，做出的味噌不仅颜色不同，口感也各有差异。在日本，味噌主要是用于制作酱汤，或是烹饪肉类、蔬菜等的调味料。味噌汤是一道家常料理，日本人认为，不同地域的人所熬制的味噌汤的味道不同，享用味噌汤可以让人回忆起家乡往事，一碗豆腐味噌汤更是一道“精神料理”。味噌中富含植物蛋白质、食物纤维等营养物质，因而又是广受日本人欢迎的健康食品，在日常饮食中不可或缺。味噌则作为日本大豆食品的代表，传播到世界各地，被各国人民所广泛熟知。

日本瓶装味噌

| 作者摄于美国国家档案馆 |

制作味噌之蒸煮大豆[1]

制作味噌之加入曲和盐[1]

制作味噌之充分混合后入桶[1]

1 Charles V. Piper, William J. Morse. The Soybean. New York: Peter Smith, 1943: 247-249.

据《史记》《汉书·地理志》等记载，公元1世纪左右汉朝已与中南半岛的缅甸、越南等国有往来，三国时期东吴孙权黄武五年（226年），中郎将康泰、宣化从事朱应曾受命出使南海诸国，他是有记载的较早在东南亚地区进行交流活动的官员。唐代以后，随着海上丝绸之路活动的发展，从北方地区南下到东南亚地区的移民逐渐增多，其间交流活动日渐频繁，明代郑和下西洋标志着海上丝绸之路的兴盛。

目前已有资料对大豆最早引入东南亚地区各国种植时间的记载还不确切，而在各地出现关于大豆种植和生产活动的文字记载之前，已经先有了关于大豆制品的记载。据说，有人在爪哇岛地区的902年铜刻板铭文内容中发现了关于豆腐的记载，虽然并未明确提到大豆，但人们推测，由于豆腐很难直接从中国大量运达该地，所以很可能当地已有大豆种植以及豆腐制作。12—13世纪，出现了印度尼西亚东爪哇省外南梦地区栽种大豆和其他作物的故事记载。泰国、越南、柬埔寨、菲律宾等东南亚国家较早关于大豆制品的记载出现在17世纪左右，主要是通过荷兰东印度公司的海上贸易从东亚地区订购得来。18世纪左右，各地开始出现大豆在东南亚种植的文献记载。因此，大豆在东南亚地区的引种和传播时间晚于其在东亚地区的传播，也是通过陆上和海上路线多次同时进行的。

当前，大豆及其制品在东南亚地区人民的日常饮食中随处可见。该地区纬度较低、气候炎热，大豆传入以后，在本土化进程中衍生出符合当地特色的大豆食品。如东南亚地区喜食的油炸豆制品，又如印度尼西亚的天贝和泰式的豆浆等。

受到国土资源条件、作物品种资源和栽培技术等制约，印度尼西亚的大豆产量不高，但消费需求旺盛。近十年来，印度尼西亚一直是美国大豆的主要出口国之一。

天贝是印度尼西亚的一种特色大豆食品，又叫丹贝、天培等，属于大豆发酵制品。制作天贝需先将大豆脱皮、浸泡、接种根瘤菌，再用阔叶树的叶子将其包裹，利用根霉发酵制成。天贝可通过煎、炒、炖、蒸、炸等多种方式烹饪。经过发酵的豆饼蛋白质含量、蛋白质消化率、氨基酸含量等均得到提高，营养价值更高。天贝在印度尼西亚备受喜爱，每年消耗大量的大豆用于制作天贝，并将其传播到世界各地。天贝因富含优质的植物蛋白和多种维生素等营养物质，也深受天然食品爱好者和素食主义者的欢迎。

天贝食品

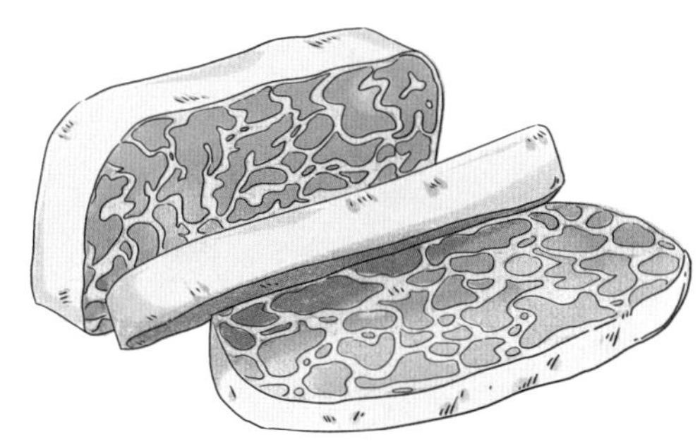

天贝

| 王宪明　绘 |

泰国的大豆种植范围和年产量虽然不高，但在泰国的商场、超市和街边集市上，大豆制品随处可见。曼谷连锁超市的货架上陈列着各类豆腐（绢豆腐、木棉豆腐和油豆腐等）、豆奶、大豆优格等豆制品，供顾客挑选。街边夜市上售卖豆浆和油条的小店客流量很大。

泰国超市琳琅满目的大豆制品

| 王宪明　绘 |

曼谷超市的豆奶饮品

| 王宪明　绘 |

曼谷超市的大豆优格

| 王宪明　绘 |

夜市商贩将豆浆装入小塑料袋，加入薏米、大颗红色豆粒、西米、龟苓膏等配料，打包后搭配油条一起售卖。当地人还喜欢往豆浆里加入具有天然芳香和调色功能的植物香料，如香兰叶。将香兰叶打成汁，倒入豆浆，豆浆变成一抹绿色，同时又带着香兰叶的清香，是颇具东南亚特色的泰式风味豆浆。

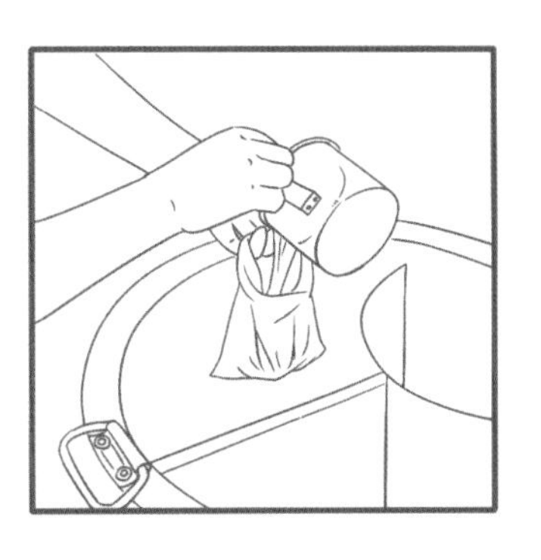

打豆浆

加入料

装成袋

待出售

豆浆和油条

泰国夜市售卖的豆浆

| 王宪明　绘 |

第二节 东方来客

自古以来，中华民族不但与亚洲近邻早有往来，而且一直勇于探索通往西方世界的道路。同样，欧洲人也在努力，探索能够抵达世界各地的新航路。随着欧洲海上强国的崛起、新航路的开辟和东西方贸易的加强，载着传教士、商人、海员等的商船不断出现在亚洲的海域上，东西方的海上贸易建立起来。

大豆随着东西方贸易的航船进入了欧洲，首先被欧洲人所认识的并非是大豆作物的植株和种子，而是东方神奇的大豆制品。东西方海上航线开辟以后，贸易往来不断，一些欧洲的传教士、商人先后随船队来到中国和日本等亚洲国家，他们在进行宗教传播和商业活动的同时，也领略了迥然相异的东方文化。他们中的一些人在所撰写的游记等书籍中介绍了在当地所见的豆腐、酱油这类欧洲人前所未闻的东方食品。

意大利佛罗伦萨的弗朗西斯科·卡莱蒂（Francesco Carletti）曾经到访过日本的长崎一带。1597 年，他在回忆录中写道："那里的人们用鱼肉制成各个品种的菜肴，在用餐的时候他们会配上一种叫作酱（油）的特殊调味品一起食用，这种调味品是由当地盛产的一种豆子作为原料进行加工发酵制成的，用餐的时候配上一点会让菜肴变得更加美味。"西班牙传教士闵明我（Domingo Fernández Navarrete）曾在明末时期来到中国传教，并游历了东南亚的菲律宾等国。他的日记在1665年出版，其中记有："我需要详细地介绍一种在中国很常见的、非常平民化的食物，叫作豆腐，虽然我不知道当地的人们具体是如何将它制作成功的，大致的过程是他们把豆子研磨的汁水过滤后，将剩下的部分做成颜色呈白色，形态类似奶酪的块状食物，也就是豆腐了，人们通常会将豆腐煮熟后再配上蔬菜和鱼肉等一起食用……"日本江户时代的德川幕府实行闭关锁国政策，仅与中国、朝鲜和荷兰等少数国家通商。17世纪中期，日本酱油通过荷兰东印度公司运销东南亚等地，受到当地居民的欢迎，后被传入欧洲。1679年，英国学者约翰·洛克（John Locke）在他的日记中写道："伦敦现在有两种从东印度群岛地区进口的产品——分别是杧果酱和酱（油）。"

酿制中的酱油[1]

制成的酱油[1]

1 Charles V. Piper, William J. Morse. The Soybean. New York: Peter Smith, 1943: 254-255.

德国生物学者恩格柏特·坎普法（Engelbert Kaempfer）首先将大豆作物的利用方法介绍到欧洲。1690 年，他作为荷兰东印度公司商船的随行医生到达日本长崎岛，并停留了两年多时间。回到欧洲以后，于 1712 年出版《可爱的外来植物》、1727 年出版《日本史》，详细记录了当时日本社会的政治、文化、宗教、动植物等情况，其中就包括用大豆制作酱油和味噌的方法。

随着欧洲社会对大豆关注度的提高，从 18 世纪起，多个国家陆续引入大豆并进行试种。据记载，大豆种子最早可能是在 1739 年由一名传教士从中国寄到了法国，并于 1740 年首次在巴黎植物园种植。1779 年有了关于大豆种植的确切记载后，陆续出现了大豆试种和成熟后收获的记录。早期大豆主要是在植物园和自然博物馆内进行试种，后来曾有农业协会派发种子在小部分地区尝试种植，但一直没能获得大规模的推广。直到 1880 年，威马安德里厄种子公司从奥地利引进了新豆种，大豆才在法国得到更多的种植。

此外，在英国一些店铺的商品广告中曾有："有最新从东印度群岛进口来的一种优品豆酱（油），在本店可供批发或零售。"英国种植大豆则要到 18 世纪末期。1790 年，沃尔特·尤尔（Walter Ewer）从东印度群岛地区将一种大豆种子带回英国，并在皇家植物园邱园种植，七八月份开花成熟。受大豆品种有限、自然环境适应性、饮食习惯差异等因素影响，大豆在英国的推广种植范围有限。此外，18 世纪中期的意大利和 18 世纪末期的德国也有关于大豆早期种植的记载。

可见，早期大豆在欧洲未能得到大规模的推广种植，而真正推动大豆在欧洲进一步种植与发展的是德国植物学家弗里德里希·哈伯兰德（Friedrich Haberlandt）。1873 年，奥地利政府宣布举办世界博览会，有 30 多个国家、成千上万件展品参加了展览，其中就包括来自中国的大豆。世博会期间参展的豆种引起了国外参会代表和一些学者的关注。哈伯兰德教授在博览会上共获得了多个大豆种子，分别是来自中国的 5 个黄粒种、3 个黑粒种、3 个绿粒种、2 个棕红粒种，来自日本的 1 个黄粒种、3 个黑粒种，来自外高加索的 1 个黑粒种以及来自突尼斯的 1 个绿粒种。这些宝贵的大豆品种也成为他日后开展大豆研究的重要资料。

博览会后，哈伯兰德教授在维也纳皇家农学院试验场中对来自不同国家的大豆种子进行了品种比较试验，结果来自中国的 4 个大豆品种试种成功，且相比其他品种，油脂和蛋白质含量均较高。1876 年，他在维也纳农业杂志上发表了关于大豆品种试验和栽培经验的报告，充分肯定了大豆作物的价值。此外，他还将试种成功的大豆品种分发到匈牙利、波希米亚等 20 多个地区试种，并在次年得到了各地的反馈。1877 年，他又将品质优秀的豆种推广到德国、波兰等 100 多个欧洲国家和地区。1878 年，他将自己关于大豆的研究成果进行综合整理，出版了《大豆》一书。可以说，哈伯兰德是欧洲进行大豆系统研究的开拓者、欧洲大豆产业的先驱，他在大豆方面的先导性工作，很大程度地促进了大豆在欧洲乃至之后在美洲的种植和推广。

维也纳世博会的圆顶大厅罗托纳达

| 王宪明　绘 |

20世纪以后，对大豆及其制品在欧洲传播和推广曾做出过巨大努力的是李煜瀛先生。李煜瀛又名李石曾，1902年在法国留学期间学习农学，后来在法国大豆食品开发和中法文化交流等方面都做出过重要贡献。

李煜瀛留学期间进入了巴黎的巴斯德研究所，主要从事大豆生物化学方面的研究，并出版了专著《大豆》，其中对大豆的生物学特性、加工利用、营养价值等进行了详细阐述。1912年，李煜瀛与法国农学家合作出版了法文版《大豆》（*Le Soja*），后被翻译成英语、意大利语、德语等多个语言版本，对大豆及其制品后来在欧洲的本土化发展产生了重要影响。此外，他还曾发表《豆腐为二十世纪全世界之大工艺》《大豆工艺为中国制造之特长》等著述。

李煜瀛

曾提道：

现在西人尚少食之者，然将来未必不能普及也。

中国之豆腐为食品之极良者，其性滋补，其价廉，其制造之法纯本乎科学。

西人之牛乳与乳膏，皆为最普及之食品；中国之豆浆与豆腐亦为极普及之食品。就化学与生物化学之观之，豆腐与乳制无异，故不难以豆质代乳质也。且乳来自动物，其中多传染病之种子；而豆浆与豆腐，价较廉数倍或数十倍，无伪作，且无传染病之患。

中文版《大豆》[1]

法文版 *Le Soja*[2]

为了在法国更好地研究和推广大豆及其制品，1908 年，李煜瀛在巴黎郊区小城科伦布创办了一家豆腐厂，尝试利用生物化学方法制造豆腐。据说，工厂当年的规模可观，厂房内设电机设备、化学研究室、办公室等，有近百位工人，多数是来自李煜瀛家乡的青年。为了提高工人的文化素养，豆腐厂的工人们白天做工，晚上学习，李煜瀛还亲自为他们编写教材。豆腐厂除了生产豆腐，也生产一些迎合法国人口味的豆仁可可、豆仁咖啡、点心罐头等食品，受到人们的喜爱。1911 年 1 月，当地新闻记者以录像的形式记录了当时工厂的情况。为了在法国推广豆腐，李煜瀛还开办了一家“中华饭店”，这也是法国的第一家中餐馆。饭店除了销售中国的传统菜品，还推出各类豆腐菜肴供顾客选择。

李煜瀛通过创办豆腐工厂和生产推广大豆制品积累了经验，继而同蔡元培等人发起勤工俭学活动，招收有理想、有信念，但经济困难的青年学生前往法国边工作边学习，前后有数千名学生参加，其中就有周恩来、邓小平等后来中国革命的杰出领导者。

---

1 李煜瀛．大豆．巴黎远东生物学研究会刊行，1910.

2 Li Yuying, L. Grandvoinnet. Le Soja. Paris: Les Soins de la Société Biologiqued' Extrême-Orient, 1912.

据说，孙中山先生曾在1909年到巴黎的豆腐工厂参观。他在《建国方略》中对中国的大豆制品和豆腐工厂给予了高度评价。

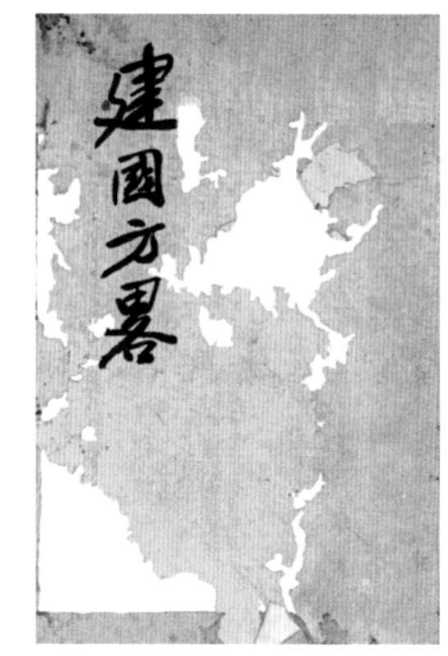

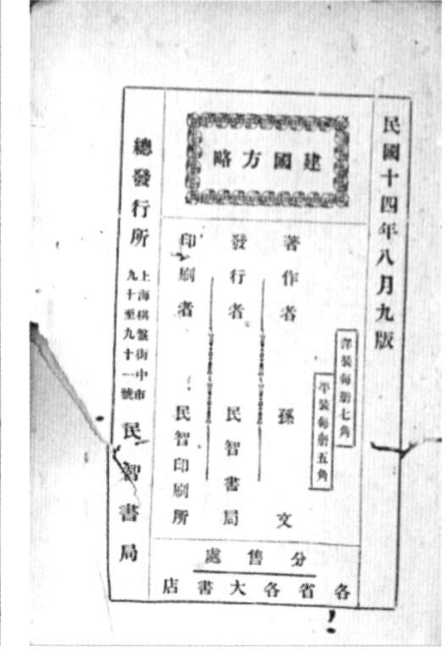

民國十四年八月九版

建國方略

洋裝每册七角
平裝每册五角

著作者 孫文
發行者 民智書局
印刷者 民智印刷所
總發行所 上海棋盤街中市九十至九十一號 民智書局

分售處 各省各大書店

孙中山《建国方略》[1]

孙中山

在《建国方略》中写道：

近年生物科学进步甚速，法国化学家多伟大之发明，如裴在輅氏创有机化学，以化合之法制有机之质，且有以化学制养料之理想；巴斯德氏发明微生物学，以成生物化学；高第业氏以生物化学研究食品，明肉食之毒质，定素食之优长。吾友李石曾留学法国，并游于巴氏、高氏之门，以研究农学而注意大豆，以与开“万国乳会”而主张豆乳，由豆乳代牛乳之推广而主张以豆食代肉食，远引化学诸家之理，近应素食卫生之需，此巴黎豆腐公司之所由起也。夫中国人之食豆腐尚矣，中国人之造豆腐多矣，甚至穷乡僻壤三家村中亦必有一豆腐店，吾人无不以末技微业视之，岂知此即为最奇妙之有机体化学制造耶？岂知此即为最合卫生、最适经济之食料耶？又岂知此等末技微业，即为泰西今日最著名科学家之所苦心孤诣研求而不可得者耶？

1 孙中山．建国方略．上海：民智书局，1925.

機體之物質者。有機體之物質之最重要者。莫糧食若。近日泰西生理學家。考出六畜之肉中。涵有傷生
之物甚多。故食肉之人。多有因之而傷生促壽者。然人身所需之滋養料。以肉食爲最多。若捨肉食而他
求滋養之料。則苦無其道。此食料之衛生問題。爲泰西學士所欲解決者非一日矣。近年生物科學進步
甚速。法國化學家多偉大之發明。如裴在輅氏創有機化學。以化合之法製有機之質。且有以化學製養
料之理想。巴斯德氏發明微生物學。以成生物化學。高第業氏以生物化學研究食品。明肉食之毒質。定
素食之優長。吾友李石曾留學法國。並游於巴氏高氏之門。以研究農學而注意大豆。以與開「萬國乳
會」而主張豆乳。由豆乳代牛乳之推廣。而主張以豆食代肉食。遂引化學諸家之理。近應素食衛生之
需。此巴黎豆腐公司之所由起也。夫中國人之食豆腐尚矣。中國人之造豆腐多矣。甚至窮鄉僻壤三家
村中。亦必有一豆腐店。吾人無不以末技微業視之。豈知此即爲最奇妙之有機體化學製造耶。豈知此
即爲最合衛生最適經濟之食料耶。又豈知此等末技微業。即爲泰西今日最著名科學家之所苦心孤
詣研求而不可得者耶。又夫陶器之製造。由來甚古。巴比倫埃及則有以瓦爲宮。以瓦爲郭。而墨西哥比
魯等地。於西人未發見美洲以前。亦已有陶器。而近代文明之國。其先祖皆各能自造陶器。是知燒土成

建國方略之一　孫文學說　四七

《建国方略》中关于大豆的记载[1]

1 孙中山．建国方略．上海：民智书局，1925.

第三节 远渡重洋

新航线的不断开辟改变了各大洲之间相互隔绝的状态，将东西方世界连接成了一个整体。航海大发现后，通过各种形式的贸易和交换活动，原产于中国的大豆在世界各地传播。而美洲地区引入大豆的时间比亚洲和欧洲要晚一些。

1750年，美国（当时是英属北美殖民地）的《纽约公报》曾刊登纽约华尔街一家商铺的广告称："华尔街的罗谢尔和夏普进口了来自英国伦敦商船上的一些商品并在低价出售，包括有高档和中档的绒面呢、熊毛皮……咸菜、芥末……绿茶、胡椒……瓶装腌制蘑菇、腌制洋葱、酱（油）等一批价格优惠的商品……"，可见大豆制品此时已有出现。至迟在18世纪中期以后，大豆陆续经过多种路径被多次引种到北美大陆，引入后的大豆没有立刻得到大规模地推广种植，而只是在个别州零星试种和加工利用。此后，大豆在美国经历了一百多年的持续引种和缓慢发展时期。

从19世纪下半叶开始，随着美国农业部、赠地大学、农业试验站、农业推广站的相继建立，大豆在美国的引种和推广得到了有力的支持。这一时期主要是由美国高校的农学家通过在欧洲、日本等地进行农业交流和教学的机会，将当地经过改良、品质较好的大豆品种引入，再由多个农业试验站试种。到19世纪末期，美国各州的农业试验站基本都已开展了大豆种植或品种比较试验，并逐年对其种植、生产和利用大豆的情况进行详细记载。各州的试种报告显示，大豆作物更适于用作牧草或动物饲料，此时大豆的价值尚未得到充分开发，利用率还不高。此后，人们对大豆的认识逐步深入，意识到大豆具有食用价值，其加工后的副产品豆油和豆粕则适合用作工业生产原料，如可用于肥皂、油漆等工业制造业。随着大豆经济价值的彰显，中国东北地区的大豆三品相继出口到英国、德国、美国等国家和地区。1898年，美国农业部作物引种办公室正式成立，引种局的作物学家和农学家陆续前往世界各地，采集和引进当地的作物品种。被引入美国的作物品种都需通过作物引种命名系统进行统一编号。这期间，不同国家和地区的大豆品种也被持续地采集和引入美国。

弗吉尼亚州大豆品种[1]

美国第一台大豆联合收割机试工[2]：伊利诺伊州嘉伍德农场，1924年

1 Charles V. Piper, William J. Morse. The Soybean. New York: Peter Smith, 1943: 170.

2 American Soybean Association. First Soybean Combine. Soybean Digest. 1944(11): 26.

1929—1931 年多塞特和摩尔斯在亚洲地区的大豆采集与调研活动

| 作者摄于美国国家档案馆 |

酱的制作

日本菜用大豆种植

制作中的日本味噌

酱的制作、日本菜用大豆种植和制作中的日本味噌：1929—1931 年多塞特和摩尔斯在亚洲地区的大豆采集与调研活动

| 作者摄于美国国家档案馆 |

从 1898 年起，陆续有来自不同国家的豆种通过作物采集活动被引入美国。美国国家档案馆陈列着多幅由农学家在中国、日本等地考察时拍摄的照片。通过大豆新品种的试种和品种比较试验，他们发现大豆不仅适于在美国南方地区作牧草种植，而且适合在中部玉米带以及北方地区种植，以收获豆粒、进行加工利用。20 世纪初期以后，大豆在美国的种植面积不断扩大，总产量和出口量也不断提高。1954 年，美国超越中国成为世界第一大大豆生产和出口国，大豆在美国进入快速产业化发展阶段。

弗兰克·梅耶尔（Frank N. Meyer）
受美国农业部派出，曾在中国进行作物采集活动，并将上千种作物品种输入美国

帕列蒙·多塞特（Palemon H. Dorsett）[1]（左立）
受美国农业部派出，曾与查尔斯·皮珀（Charles V. Piper）前往亚洲地区进行大豆品种采集与调研活动，他们分批次寄回了多个大豆品种

1 Nelson Klose. America's Crop Heritage: the History of Foreign Plant Introduction by the Federal Government. Iowa: Iowa State College Press, 1950.

受大豆品种的多样化、大豆生产技术的发展、大豆产业机械化的完善、国家大豆政策的支持、大豆组织机构的建设、大豆科研教育推广的深入等有利条件影响，美国逐步形成了以中部玉米带为最主要产区，北部大湖区、北部平原区、南部三角洲地区协同发展的大豆产业化生产布局。在不同的历史发展时期，各大豆主产区还呈现出各自的生产变化和特色。

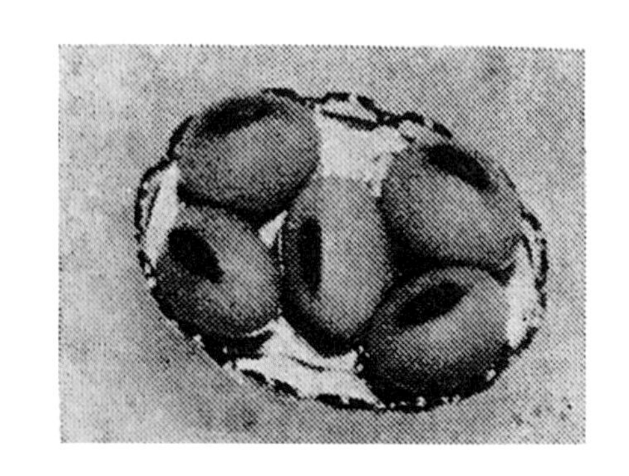

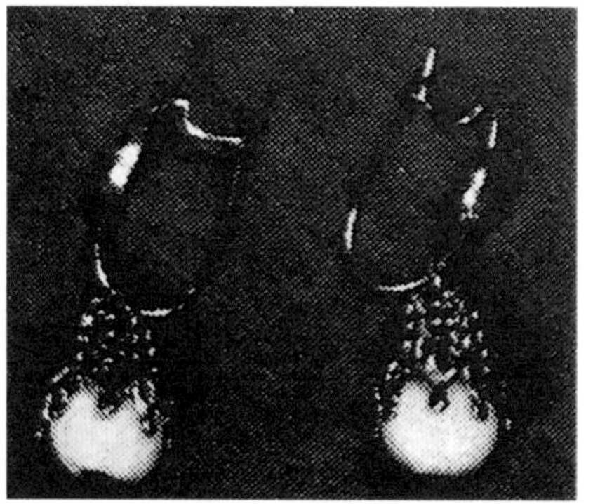

大豆袖扣、领带扣和大豆耳环 [1]

为了在美国本土更好地推广大豆，美国大豆协会充分发挥大豆的文化价值，开发出各种以大豆为主题的周边产品，如将大豆制作成首饰、配饰等日常消费品。

1 American Soybean Association. Soybean Jewelry. Soybean Digest, 1969(2): 31.

由于美国人没有食用大豆类食品的传统，为了更好地进行推广，早期一些书籍、杂志经常会介绍大豆的食用价值。美国国家档案馆现在还存有一些记载以大豆为原料制作沙拉、面包、饼干和烤制食品等的资料，并附有相关食谱。

为了进一步扩大大豆在美国的种植范围，开拓美国大豆的海外市场，保障美国豆农的切身利益，带动大豆产业链经济和促进国家出口贸易发展，美国大豆协会、美国各州大豆豆农、农业化学公司等机构积极开展合作，共同致力于美国大豆产业在国内市场的推广和海外市场的拓展。

CONTRIBUTED BY HARRIET COATES

SOY BEANS BOILED WITH HAM SHANK. The ham shank, which is looked upon by many housewives as of small importance, may be utilized not only to serve as meat for the family meal, but for the seasoning for many a savory dish. The following recipe for boiling soy beans with a ham shank will be found to be not only an appetizing one, but it will afford an opportunity to use up part of the ham bone: Soak one cupful of soy beans for twelve hours. Put them into a stewpan with the ham bone and cover with water; add one onion stuck with a clove, and let this boil until the beans are tender; then drain, and serve the beans on a hot platter with the ham bone.

美国的大豆食谱

| 作者摄于美国国家档案馆 |

美国大豆协会每年都会在大豆主产州组织举办全国“大豆公主”（Princess Soya）选拔活动。“大豆公主”是美国的大豆形象代言人。协会期望挑选容貌出众、姿态优雅、富有个人魅力且能很好地理解和诠释美国大豆故事的青年女性，作为美国“大豆公主”，代表美国的广大豆农参与大豆推广活动，以推动美国大豆产业的发展。

1969年，来自明尼苏达州的朱莉·卡尔森（Julie Carlson）战胜了其他大豆主产州的参赛者，获得了美国“大豆公主”的称号。卡尔森是明尼苏达大学的大一新生，她的父亲是一名当地农户，他的农场每年种植大豆上百英亩[1]。次年3月，受美国大豆相关企业、美国大豆协会和美国农业部外国农业事业部赞助，卡尔森同伊利诺伊、俄亥俄、艾奥瓦等9个州当年的大豆种植冠军组成美国大豆代表团，从洛杉矶出发，开启了一次“大豆日本行”的考察和宣传之旅。

美国“大豆公主”朱莉·卡尔森[2]

1 1英亩=4046.86平方米。

2 American Soybean Association. Princess and Champs to Go to Japan. Soybean Digest, 1969(2): 9.

美国大豆代表团一行参观日本养牛场[1]

在日本考察期间，代表团在东京和京都两地参观了豆制品加工厂，观摩了烹饪学校的展示，参加了媒体发布会，拜访了日本当地家庭，深入了解了日本的大豆加工和消费情况。“大豆公主”也向日本媒体和大众介绍了美国大豆的种植产量、品质保证、供应情况等。此次活动在加深美日大豆文化交流的同时，进一步开拓了美国大豆在日本的消费市场。

美国大豆代表团日本之行活动[2]

1 American Soybean Association. Champs Saw Our Markets in Japan. Soybean Digest, 1970(8): 10.

2 American Soybean Association. Champs Saw Our Markets in Japan. Soybean Digest, 1970(8): 94.

到 21 世纪，美国大豆生产进入了全新的发展阶段。生物技术在大豆育种研究中的应用取得了重大突破，转基因大豆问世。1996 年，美国抗草甘膦转基因大豆进入商业化生产，转基因大豆最初只占全美大豆种植总面积的 7.4%。2017 年年底，转基因大豆的种植比例已高达 94%。如今，美国是世界第一大大豆产出国，全美有 20 多个州大规模、高度机械化地生产大豆，从种子培育到田间种植、从收获到运输、从加工到出口，形成了一条完整的产业链，大豆产业成为美国农业经济中的重要部分。

一望无际的大豆田

| 作者摄于美国农场 |

大豆传入南美地区的时间相对更晚，大概要到19世纪末期。1882年，农艺工程师古斯塔沃·杜特拉（Gustavo Dutra）最早在巴西东北部的巴伊亚州地区种植了几个大豆品种。巴西东南部城市坎皮纳斯农艺所于1887年成立，并从1889年开始向附近有种植意愿的农民分发大豆种子，之后其他地区陆续开始试种，如1900年巴西南部的南里奥格兰德州农艺学校的大豆种植试验。

19世纪末20世纪初，在工业革命的推动下，为了不断寻求海外市场和掠夺原材料，资本主义海外扩张在全球蔓延，国际范围内的大规模人口迁移随之出现。受当时国际社会环境和日本国内变革的影响，从1908年开始，大批日本移民来到巴西。日本移民为大豆在巴西的种植和推广起到重要作用。在巴西南部的圣保罗等地，日本移民辛勤劳作，在从事咖啡种植和生产工作之外，他们开辟荒地或利用庭院种植大豆，制作豆腐、酱油、豆酱等大豆制品，以满足本民族的传统饮食消费需求。

大豆

从1910年开始，巴西、墨西哥、阿根廷、巴拉圭等南美洲国家不断出现关于大豆作物和大豆制品的文献记载。20世纪40年代，巴西南部的南里奥格兰德州等地多有大豆种植，且进行小规模的商品化生产和出口。第二次世界大战期间，全球性的食物短缺又使大豆在美洲地区获得了更多关注。

到20世纪70年代以后，巴西的大豆生产进入飞速产业发展阶段，在大豆主产区逐步拓展的同时，大豆总产量也逐年快速增加。90年代，南部传统大豆产区栽培面积已基本稳定，大豆生产以家庭农场为主。随着政府对大豆鼓励政策的推动和大豆新品种的培育，中西部稀树草原区和热带地区逐渐发展成为巴西最大的大豆连片种植区域，且以大型农场生产为主。此外，东北部和北部地区也有少量的大豆种植和生产。

在产区不断扩大的同时，巴西大豆的年产量也在近半个世纪出现了大幅增长。联合国粮农组织的官方数据显示，1961年，巴西的大豆种植面积低于100万公顷[1]，年总产量约为27.1万吨，仅占世界大豆总产量的1%左右；到20世纪末，种植面积已扩大到1000多万公顷，年总产量高达3000多万吨，占世界大豆总产量近20%，成功跃升为世界第二大大豆生产国。进入21世纪以后，巴西大豆生产依然保持了快速增长的趋势，到2016年，大豆总产量达9600万吨，占世界大豆总产量的28.8%。半个世纪以来，巴西大豆总产量激增上百倍，在不断扩大种植面积、提高产量的同时，巴西大豆的国际市场占有量也持续增加。随着新的大豆生产区的开发、农牧轮换方式的实施和供应链体系的完善，未来巴西大豆增产潜力依然可观。

1 1公顷=10000平方米。

据文献记载，大豆最初在阿根廷的种植可以追溯到 1862 年，但当时试种的大豆品种并不适应当地的自然条件。1880 年前后，阿根廷西部门多萨省的一位法国葡萄酒商人提出，希望通过种植大豆来改善葡萄种植园的土壤。1909 年，阿根廷中部普里梅罗河畔的科尔多瓦农业试验站开始种植大豆，通过连续的品种试验，人们发现早期在当地种植的大豆适合用作田间绿肥、动物饲料，收获豆粒也可用来榨油，剩下的豆饼则可喂养牲畜。

20 世纪 60 年代以后，一些农业研究所、高校和公司共同合作，致力于推动阿根廷不同地区的大豆科研和试验项目。1996 年，阿根廷开始引进栽培由美国孟山都公司开发的抗除草剂转基因大豆，之后几年，转基因大豆在各个产区快速扩展，并很快实现了全部的转基因化种植。之后的短短几十年间，阿根廷大豆的年产量出现剧增，2016 年总产量达到 5880 万吨，占世界大豆总产量的 17.6%，成为世界第三大大豆生产国。

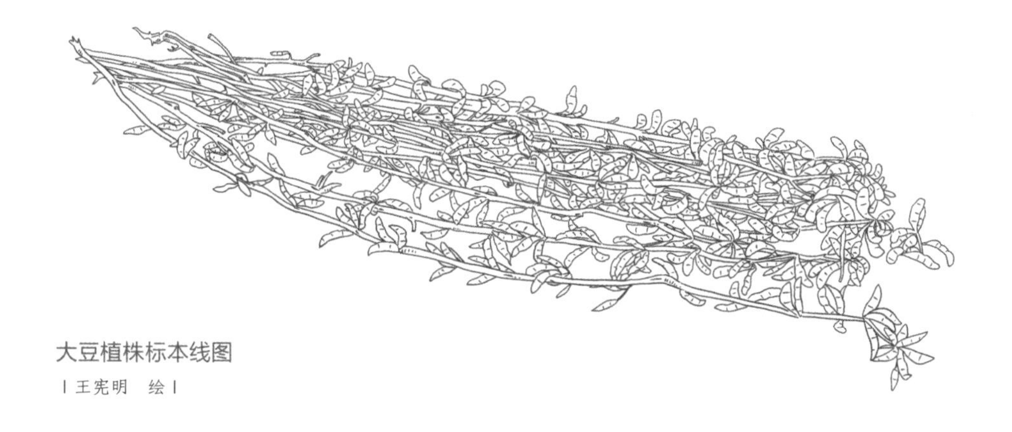

大豆植株标本线图

| 王宪明　绘 |

第六章

多彩斑斓

大豆的多重价值

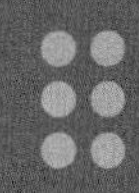

大豆起源于中国，其种植和利用的历史悠久。数千年来，大豆因其丰富多样的用途成为人们生产生活中不可或缺的重要作物，在历史的长河中闪烁着灿烂的光华。作为中国农业的重要发明之一，大豆在中国乃至世界文明的发展进程中都起到了不可忽视的作用。『不辞其小用，方能成其大用』，大豆的价值主要体现在食用、经济、生态和文化等诸多方面。

第一节 绿色牛乳

大豆被称为“奇迹作物”，具有迥异于其他植物的营养成分和利用价值。在物质匮乏、肉食稀缺的年代，尤其是在果腹之粮不足的古代，大豆以肉食替代品之姿解决了普通民众的蛋白质缺乏问题，养育了无数的中华儿女。

人类的生长发育和生命活动都离不开营养素的供给，蛋白质、糖类、维生素和矿物质等人体必需的营养物质可以通过日常饮食获得。人体通过对食物营养的吸收和利用来维持机体的平衡与健康。

大豆中含有蛋白质、脂肪、糖类等丰富的营养成分，但因受不同大豆品种、栽培方法、地域环境的多重因素影响，大豆中的各类营养成分含量也有所差异。

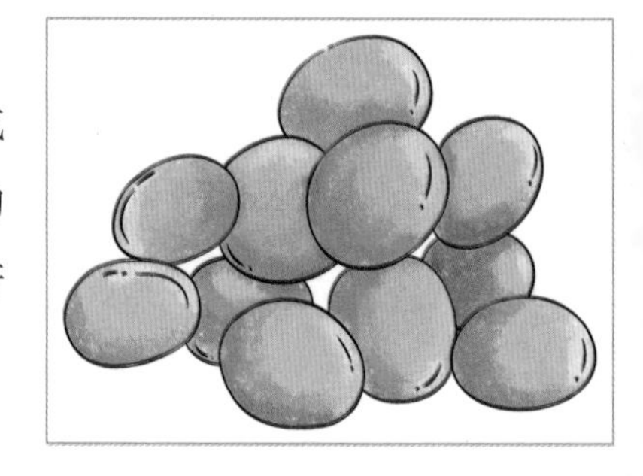

大豆

| 王宪明　绘 |

富含优质营养素

在可大面积种植和食用的作物中，大豆的蛋白质含量最为丰盛，普通的中国大豆品种含有40%左右的蛋白质，含高蛋白的特殊品种甚至可以达到50%左右，远远超过小麦、稻等作物，因此，大豆被誉为“植物蛋白之王”。大豆蛋白不仅含量高，而且品质好，更适宜人体所需，其氨基酸组成与牛奶蛋白质的氨基酸组成接近，除蛋氨酸较低，其他几种人体必需氨基酸含量都较丰富，属于植物性的全价蛋白，在营养价值上可比拟动物蛋白。此外，大豆蛋白又有着动物蛋白所不具备的自身优势，对人体的发育和健康有着重要作用。因此，大豆及其制品很好地保证了中国古代先民对蛋白质的摄取需求，在人们日常生活中的食用价值也显而易见。

大豆中含有一定量的脂肪，部分高脂品种能达到20%以上。大豆脂肪中有85%左右是不饱和脂肪酸。不饱和脂肪酸具有维持人体细胞的正常运作、降低胆固醇和甘油三酯、合成前列腺素、改善血液微循环、增强记忆力和思维能力等功能。不饱和脂肪酸中的亚油酸和亚麻酸无法由人体自身合成，只能通过膳食补充。所以，大豆脂肪是适宜人体所需的优质脂肪。

此外，大豆中还含有糖类，其中最主要的是低聚糖。低聚糖有利于双歧杆菌等有益菌的增殖，从而调节肠胃功能，提高人体的免疫力。大豆中还含有一定量的生物活性物质，包括异黄酮、皂苷、甾醇、磷脂等，其价值可观，应用潜力巨大。

食疗和医药价值

中医药文献中，大豆及其制品曾多次出现。《黄帝内经·素问·藏气法时论》中记载：“脾色黄，宜食咸，大豆、豕肉、栗、藿皆咸。”论述了如何用大豆治疗脾脏疾病。《神农本草经》中有：“大豆黄卷，味甘平，主湿痹，筋挛，膝痛。生大豆，涂痈肿，煮汁饮，杀鬼毒，止痛”，可见东汉时期已对大豆黄卷和生大豆的用法、疗效有了详细研究。《延年秘录》记述：“大豆为五升，如做酱法，取豆捣末，以猪肝炼膏，和丸梧子大，每服百粒，温酒服下，可令人长肌肤，益颜色，填骨髓，加气力，补虚能食。”则翔实记录了大豆猪肝丸的神奇功效。

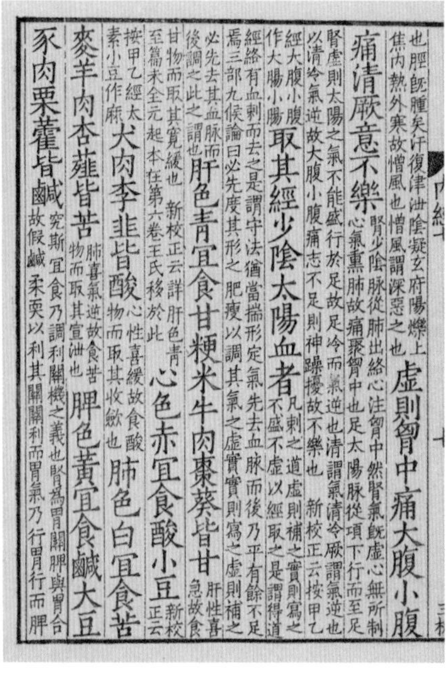
也脛既腫矣汗復津泄陰凝玄府陽爍上焦內熱外寒故憎風也憎風謂深惡之也虛則胷中痛大腹小腹痛清厥意不樂腎少陰脉從肺出絡心注胷中然腎氣既虛心無所制心氣熏肺故痛聚胷中也足太陽脉從項下行而至足腎虛則太陽之氣不能盛行於足故足冷而氣逆也清謂氣清冷厥謂氣逆也以清冷氣逆故大腹小腹痛志不足則神躁擾故不樂也　新校正云按甲乙經大腹小腹作大腸小腸取其經少陰太陽血者凡刺之道虛則補之實則寫之不盛不虛以經取之是謂得道經絡有血刺而去之是謂守法猶當揣形定氣先去血脉而後乃平有餘不足焉三部九候論曰必先度其形之肥瘦以調其氣之虛實實則寫之虛則補之必先去其血脉而後調之此之謂也肝色青宜食甘粳米牛肉棗葵皆甘肝性喜急故食甘物而取其寬緩也　新校正云詳肝色青至篇末全元起本在第六卷王氏移於此心色赤宜食酸小豆新校正云按甲乙經太素小豆作麻犬肉李韭皆酸心性喜緩故食酸物而取其收斂也肺色白宜食苦麥羊肉杏薤皆苦肺喜氣逆故食苦物而取其宣泄也脾色黃宜食鹹大豆豕肉栗藿皆鹹究斯宜食乃調利關機之義也腎爲胃關脾與胃合故假鹹柔耎以利其關關利而胃氣乃行胃行而脾

中医文献里的大豆：王冰《重广补注黄帝内经素问》，明嘉靖二十九年顾从德覆宋刊本

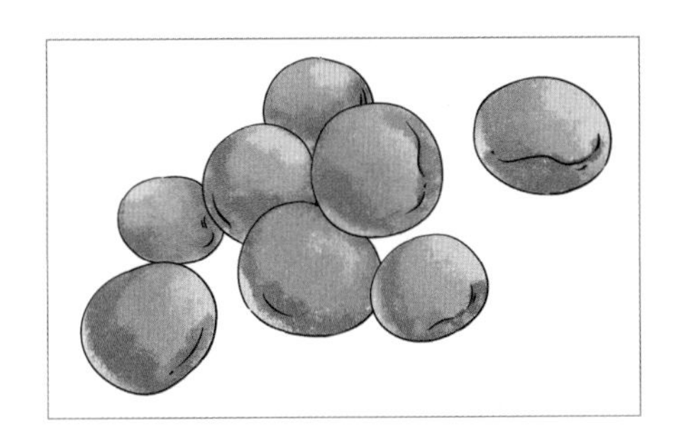

黑大豆

| 王宪明　绘 |

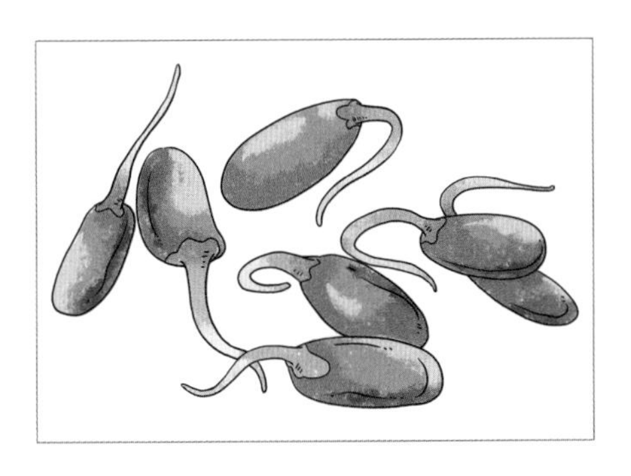

大豆黄卷

| 王宪明　绘 |

大豆有多种颜色，而中医里常用的大豆一般是黑色种皮、绿色子叶的黑大豆，称为药黑豆。明代李时珍在《本草纲目》中记载："大豆有黑、白、黄、褐、青、斑数色：黑者名乌豆，可入药，及充食，作豉；黄者可作腐，榨油，造酱；余但可作腐及炒食而已。"不仅在颜色上对大豆进行了区分，而且对不同颜色大豆的主要用途做了描述。

李时珍在《本草纲目·谷部》中分大豆、大豆黄卷、黄大豆，分别记载了大豆及其制品针对不同疾病入药的具体方法。此外，智慧勤劳的中国古代先民还根据大豆的性状、疗效、禁忌开发出大豆相关的食疗方法，其中广为流传的包括黄豆首乌烩猪肝、黑豆红枣汤、黄豆金针鲤鱼汤、黑豆炖桑葚、黑豆酒等。

履井石煩熱消腫 [illegible] 主中風腳弱產後諸疾 同甘草煮湯飲
去一切熱毒氣治風痺筋攣膝痛脹滿 同
桑柴灰煮食下水鼓腹脹 和飯搗塗一切毒腫 療男女陰
腫以綿裹納之 [illegible] 治腎病利水下氣制諸風熱活血解諸毒
發明 [illegible]
附方 [illegible]

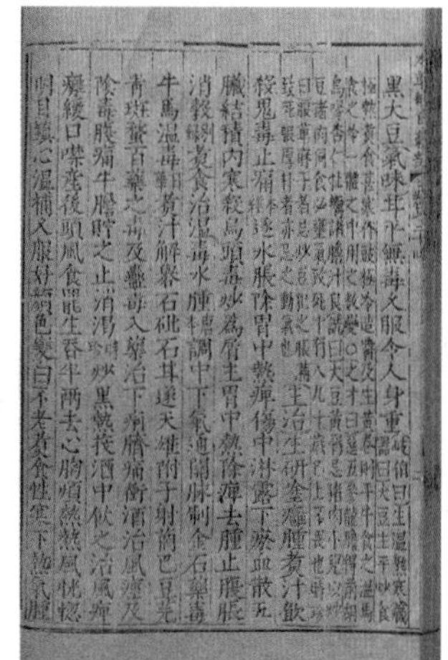

黑大豆 氣味甘平無毒 [illegible] 久服令人身重
主治 生研塗癰腫 煮汁飲
殺鬼毒止痛 [illegible] 逐水脹除胃中熱痺傷中淋露下瘀血散五
臟結積內寒殺烏頭毒 炒為屑主胃中熱除痺去腫止腹脹
消穀 [illegible] 煮食治溫毒水腫 [illegible] 調中下氣通關脈制金石藥毒
牛馬溫毒 [illegible] 搗汁解礬石砒石甘遂天雄附子射罔巴豆芫
青斑蝥百藥之毒及蠱毒入藥治下痢臍痛 [illegible] 治風痙及
陰毒腹痛 牛膽貯之止消渴 炒黑熱投酒中飲之治風痺
癱緩口噤產後頭風 食罷生吞半兩去心胸煩熱熱風恍惚
明目鎮心溫補入腹 [illegible] 久服好顏色變白不老 [illegible]

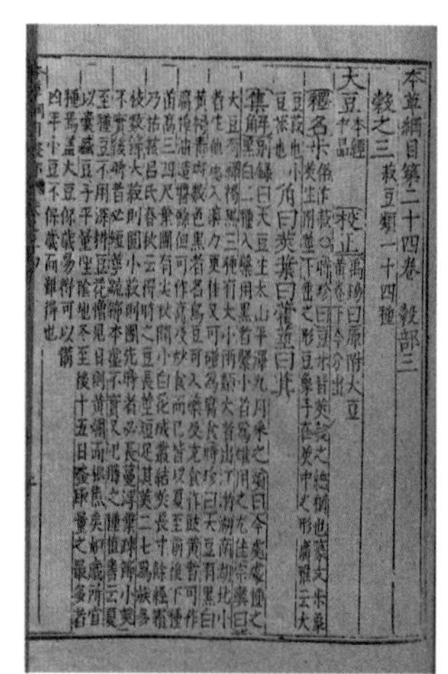

本草綱目第二十四卷 穀部三
穀之三 菽豆類一十四種
大豆 本經中品 校正 [illegible]
釋名 尗 [illegible] 角曰莢 葉曰藿 莖曰萁
[illegible]
集解 別錄曰 大豆生太山平澤 九月采之 [illegible]

大豆：李时珍《本草纲目》，明万历二十四年金陵胡承龙刻本

氣味甘溫無毒 [illegible] 主治 [illegible]
下氣利大腸消水脹腫毒 [illegible] 研末熟水和塗痘後癰 時珍
附方 新一 痘後生瘡 [illegible]
豆油 氣味辛甘熱微毒 主治涂瘡疥解髮脂 時珍
萁 主治燒灰入點痣去惡肉藥 時珍
赤小豆 本經中品 校正 [illegible]
釋名 赤豆 [illegible] 紅豆 俗 荅 [illegible] 葉名藿 [illegible]
集解 [illegible]

氣味甘平無毒 [illegible] 主治濕痺筋
攣膝痛 本經 五臟不足胃氣結積 益氣止痛去黑皯潤肌膚皮
毛 別錄 破婦人惡血 [illegible] 宜腎 [illegible] 除胃中積熱 [illegible] 消
水病脹滿 [illegible]
附方 舊一 [illegible]
黄大豆 食鑑
集解 [illegible]

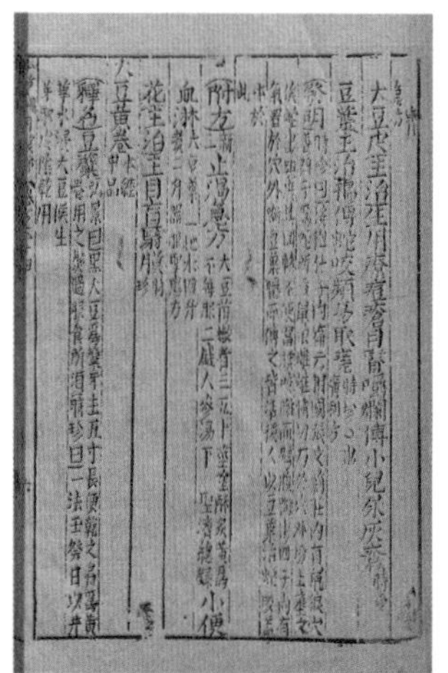

大豆皮 主治痘瘡目翳 嚼爛傅小兒尿灰瘡 時珍
豆葉 主治搗傅蛇咬 頻易取瘥 時珍 [illegible]
發明 [illegible]
附方 新二 止渴急方 [illegible]
血淋 [illegible]
花 主治目盲翳膜 時珍
大豆黄卷 本經中品
釋名 豆蘖 [illegible]

大豆黄卷和黄大豆：李时珍《本草纲目》，明万历二十四年金陵胡承龙刻本

餐桌上的豆制品

在过去物质匮乏的年代，一种食物被大量食用的主要原因是其产量大、易获取，“能吃就行”。随着现代科技的快速发展，物质生活得到了极大丰富，人们要求食物“好吃才行”。大豆不仅没有远离人们的餐桌，反而越来越受欢迎。种类丰富的大豆制品，不仅能够满足人们对美味的追求，而且成为开启健康膳食生活大门的钥匙。

豆制品按发酵与否可以分为非发酵类豆制品和发酵类豆制品，豆浆、豆腐是非发酵类豆制品的代表，而发酵类豆制品除了豆腐乳，还有豆豉、纳豆和天贝等。

琳琅满目的大豆制品

豆浆是深受国人喜爱的中国传统早餐饮品，在国外同样享有“植物牛奶”的美誉。豆浆中含有大量植物蛋白、磷脂、B族维生素以及钙、铁等营养物质，适合各类人群的消化吸收。豆浆一年四季都可饮用，中医认为，春秋饮用豆浆可以滋阴润燥，调和阴阳；夏季饮用豆浆可以消解暑气热毒，生津解渴；冬季饮用豆浆可以抵御严寒，温暖肠胃，滋养进补。除了用黄豆磨制豆浆，还可加入红枣、枸杞、黑豆、绿豆、百合等配料，五谷豆浆更是营养丰富，口味多样，风靡各地。

清代集市贩卖豆浆线摹图

| 王宪明　绘 |

豆腐也是以大豆为原料制成，因其不逊于肉类的营养价值而有着“植物肉”的美称。豆腐中含有大量的水分，此外还有蛋白质、脂肪、糖类、纤维素等。大豆本身虽然含有丰富而全面的营养物质，但人体对它们的吸收率却不高，制成豆腐，既保留住了营养成分，又利于消化，因而成为饮食中的佳品。豆腐还具有一定的医疗价值，中医认为，豆腐是具有补益清热功效的养生食品，经常食用豆腐可补中益气、清热润燥、生津止渴、清洁肠胃。现代医学证实，豆腐对牙齿、骨骼的生长发育有益，还可增加血液中铁的含量。豆腐因不含胆固醇，又是高血压、高血脂、高胆固醇症及动脉硬化、冠心病患者的佳肴。

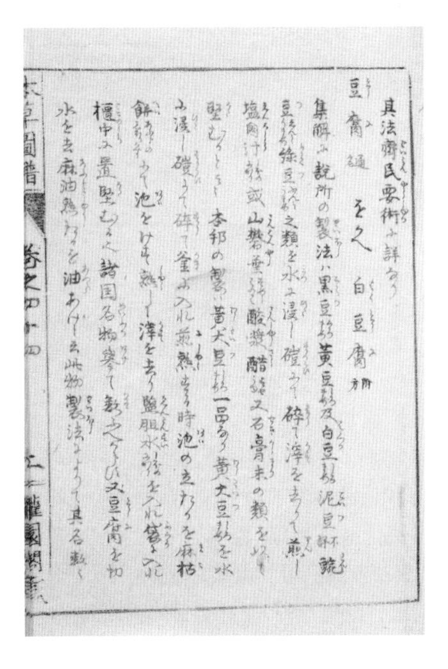

豆腐：岩崎灌园《本草图谱》，江户晚期绘本

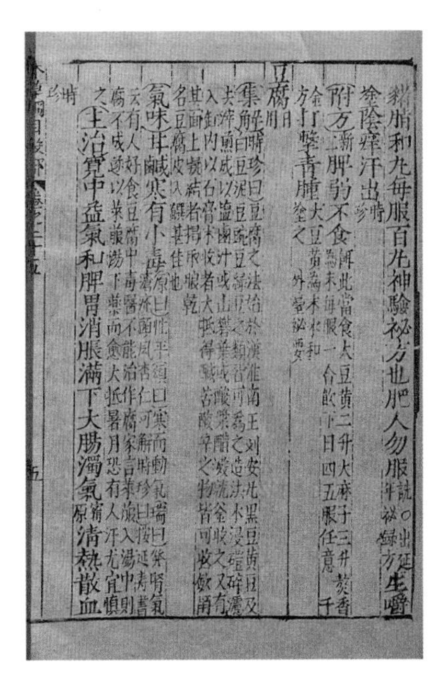

粉脂和丸每服百丸神驗秘方也肥人勿服
塗陰痒汗出（時珍）
【附方】新二。脾弱不食：餌此當食。大豆黄二升，大麻子三升，熬香，爲末。每服一合，飲下，日四五服，任意。（千金）
打撲青腫：大豆黄爲末，水和塗之。（外臺秘要）
豆腐（日用）
【集解】時珍曰：豆腐之法，始於漢淮南王劉安。凡黑豆、黄豆及白豆、泥豆、豌豆、綠豆之類，皆可爲之。造法：水浸，磑碎，濾去滓，煎成，以鹽鹵汁或山礬葉或酸漿、醋澱就釜收之。又有入缸內，以石膏末收者。大抵得鹹、苦、酸、辛之物，皆可收斂爾。其面上凝結者，揭取晾乾，名豆腐皮，入饌甚佳也。
【氣味】甘、鹹，寒，有小毒。原曰：性平。穎曰：寒而動氣。瑞曰：發腎氣、瘡疥、頭風，杏仁可解。時珍曰：按延壽書云：有人好食豆腐中毒，醫不能治。作腐家言：萊菔入湯中則腐不成。遂以萊菔湯下藥而愈。大抵暑月恐有人汗，尤宜慎之。
【主治】寬中益氣，和脾胃，消脹滿，下大腸濁氣。（寧原）清熱散血。（時珍）

豆腐：李时珍《本草纲目》，明万历二十四年金陵胡承龙刻本豆腐乳在明代就已大量制作，根据生产工艺的不同分为腌制腐乳和发霉腐乳两大类，也可根据颜色、味道、形状的不同再行分类，品种众多。各地都有独具特色的豆腐乳品种及传说，其中最著名的当属王致和的臭豆腐。

豆腐乳有青、白、红等色，对应为青方、白方和红方，是豆腐乳最主要的三大类别。其中，青方指臭豆腐乳，闻着臭，吃着香；白方以桂林腐乳为代表，以酸浆水点豆腐，不加红曲和盐，直接装坛发酵，呈白色；红方则是在豆腐腌制后加红曲、白酒、面曲等发酵，呈红色。总之，豆腐乳风味独特，极具特色，无愧于“东方奶酪”的称号。

制作腐乳的大陶罐[1]

王致和是安徽宁国府太平县的举人，康熙年间赴京赶考，名落孙山后用尽了盘缠。窘迫之时，想起自己幼年曾帮家人做过豆腐，于是重拾旧业，在北京城卖起了豆腐，赚钱果腹的同时为下次科举备考。一天，王致和做的豆腐没有卖完，当时正值酷暑高温，新鲜的豆腐不能久存，他就在豆腐上撒了盐和佐料，将其放入小缸封存起来。不想一忙起来，他竟忘了此事，想起来时已到了秋天，却发现存放在小缸内的豆腐已经变成青色，且有一股奇异的臭气，王致和大着胆子尝了一口，发现极其美味。后来王致和几次科举仍然未中，干脆一心一意卖起了豆腐乳，进而创立了“王致和南酱园”，到清末已发展成为广销全国的著名老字号。慈禧太后也喜食王致和的豆腐乳，还称其作“青方”。孙家鼐曾撰“致君美味传千里，和我天机养寸心”“酱配龙蟠调芍药，园开鸡跖钟芙蓉”两副对联，联中藏着“致和酱园”四字，一时传为美谈。

1 Charles V. Piper, William J. Morse. The Soybean. New York: Peter Smith, 1943: 242.

豆豉是用整粒的黑大豆或黄大豆经筛选、清洗、浸泡、蒸煮、冷却、制曲、洗曲、拌曲、发酵等工艺而制成，可作调味品，又可入药。豆豉除了含有大豆中的营养成分，还含有发酵后的豆豉纤溶酶等酶类。中国有许多地方特色的豆豉种类，如采用自然发酵、口味鲜香回甘的四川潼川豆豉，以黄豆为原料、辅料丰富的重庆永川豆豉，驰名港澳市场、曲霉发酵的广东阳江豆豉，用西瓜瓤汁拌醅、口味甜软的河南开封西瓜豆豉，辅料种类多、发酵周期长、口感醇厚的山东临沂八宝豆豉等。这些地方品牌豆豉的共同局限是以传统作坊为主要生产方式，遵循古法，产量有限。得益于现代食品科技的进步，传统的地方特色豆豉获得了新生，诞生出一批具有国际影响力的豆豉品牌。

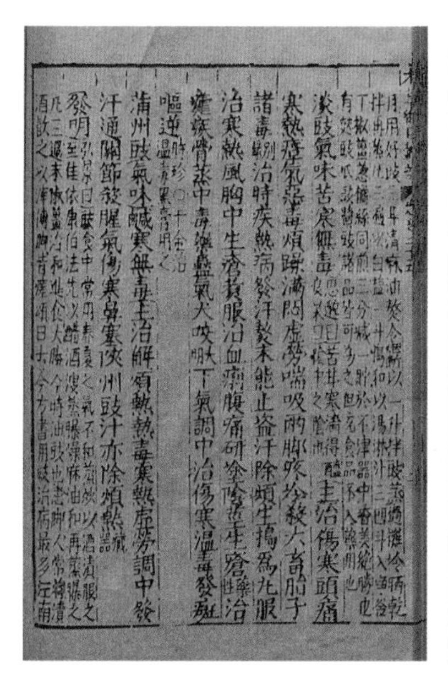

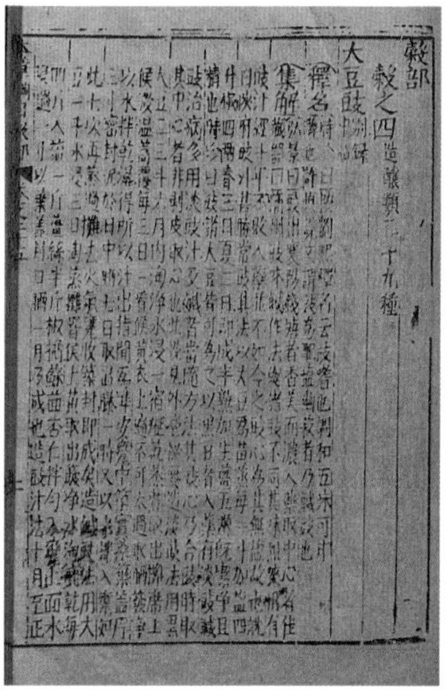

豆豉：李时珍《本草纲目》，明万历二十四年金陵胡承龙刻本

纳豆是将经过蒸煮的大豆加入纳豆菌，放入容器（稻草）中自然发酵而成，附着在纳豆表面的纳豆菌膜具有很强的黏性，有时甚至可以拉出数米长的丝，因此，纳豆也有拽丝纳豆的叫法。

据《鉴真和尚东征传》记载，唐代高僧鉴真将30石甜豉带到了日本。甜豉是类似纳豆的大豆发酵食品，因此，很多学者认为鉴真是日本纳豆的鼻祖。“纳豆”一词出现在平安时代（794—1192年）藤原明衡的《新猿乐记》中，平安时代的寺庙被称为纳所，而最早由鉴真带来的豆豉是在寺庙中制作并发展的，因而被称为纳豆。直到今日，日本寺庙的纳豆依然十分有名。

用稻草捆扎煮熟后的大豆[1]

将捆扎好的大豆放入发酵室中[1]

1 Charles V. Piper, William J. Morse. The Soybean. New York: Peter Smith, 1943: 243.

日本纳豆源于寺庙之中，一开始主要是僧侣食用以代替肉食，也有一部分作为寺庙特产赠予施主或贡给皇室，并不是平民的食物。后来，纳豆逐渐由寺庙、皇室走入寻常百姓家，并成为风靡日本的豆制食品。曾经流传着“乌鸦有不叫的日子，但没有不卖纳豆的日子”，足以说明日本民众对纳豆的喜爱。现在，纳豆是日本人餐桌上的常见食物，将纳豆配上酱油或其他食材，搅拌后置于米饭上食用，口味独特。

日本纳豆产品

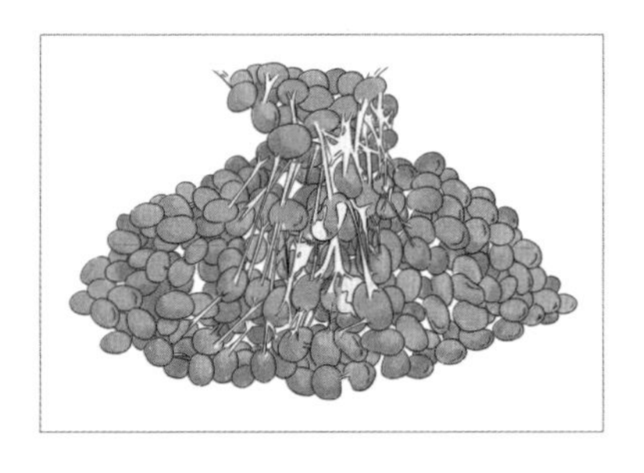

纳豆和纳豆配米饭

| 王宪明　绘 |

第二节 一豆千金

大豆有着悠久的种植历史，是重要的经济作物。历史上，未经加工大豆的经济价值相对较低，如中国古代先民煮食大豆借以扛过灾荒之年，或是用其植株作饲料喂养牲畜。随着现代工业的进步，大豆的经济价值才真正得以彰显。大豆加工制品在食品、工业、饲料、新能源等领域得到了深入开发与广泛应用。

近年来，大豆在国际贸易中所扮演的角色备受瞩目。全球范围总量巨大、利润丰厚的大豆产业已然形成，多方势力在大豆产业中博弈角逐，都期望获取更多收益。美国、巴西、阿根廷，美洲的三个大豆主产国持续发力，大豆总产占世界大豆总产量的近90%；中国则是世界最大的大豆消费市场，是实现大豆经济价值的主要场所；ADM、邦吉、嘉吉和路易达孚，全球四大粮食商贸公司掌控了大豆的收获、仓储、物流、加工等中间环节。

豆油是大豆加工后的重要产出品，可被投入多种行业再次加工利用。大豆油主要有压榨法和浸出法两种加工生产方式。压榨法较为传统，是采用物理手段直接挤压大豆颗粒榨取油脂。浸出法是更为现代的方法，是用化学溶剂将大豆中的油脂萃取溶解，获得溶剂与油脂的混合液，再脱去溶剂，就得到了大豆油。当前也有将两种产油方式相结合的预榨——浸出法。除了食用价值，大豆油在各行各业都可以进行综合利用，堪称“万能油”。大豆油的加工和生产不仅可以满足国内外市场的消费需求，而且是对外出口的重要物资，具有巨大的经济价值和应用前景。

国外市场售卖的大豆油

| 王宪明　绘 |

大豆油是现代家庭烹饪中最常见的食用油，作为优质植物油的一种，含有多种营养成分，且营养成分的消化率高。大豆油除了用于菜肴烹调，还可用来制作起酥油和人造奶油等。大豆起酥油，是在大豆油中加入一定量的抗氧化剂和乳化剂所制成，在烹调和糕点制作的过程中加入起酥油，可使食物酥脆可口。用不同熔点的大豆油和大豆硬化油混合配比，可以生产出塑性更好的起酥油。人造奶油的制作方法与起酥油相似，可以替代动物脂肪，在制作冰激凌、糖果、糕点酥皮、酥油甜点时添加使用。

除烹调食用，大豆油的工业用途也很多。首先，大豆油中含有大量的硬脂酸。硬脂酸可以在橡胶合成中起到硫化活性剂、增塑剂、软化剂的作用；也可以在化妆品制造中作为乳化剂，用于雪花膏、粉底膏、护肤乳等生产，使其形成稳定洁白的膏体。其次，大豆油可用以制造油漆。将大豆油和亚麻油或桐油混合制造的油漆，具有不易氧化、不变色掉色、韧性强、色彩自然的特点，因此，大豆油被大量用于生产优质的室外油漆、汽车油漆和高档家具喷漆等。再次，大豆油经过氧化加工可以制成环氧大豆油。环氧大豆油是一种广泛使用的无毒增塑剂兼稳定剂，在食品包装、医疗制品、管材、电线电缆中大量使用；进一步催化后还能用作软泡、硬泡、涂料等；也可氧化制成氧化大豆油，具有更高的比重和黏滞性，可作为机械、汽车、轮船的润滑油使用；甚至在添加鱼油之后，可作为航空航天的高级润滑油使用。最后，大豆油还可以制成大豆油墨，成为石油油墨的最佳替代品。1980 年左右，石油价格飞涨，带动了石油油墨价格的上涨。研究人员在 2000 多种替代方案中选定了大豆油墨作为石油油墨的替代品。大豆油墨具有环保无毒、耐热耐摩擦、易降解易回收、色泽艳丽、着墨性好、廉价可再生等优点，广泛用于报纸、儿童图书、纺织品印刷等领域。此外，大豆油也可以制成生物燃料。方法主要是用碱催化剂使大豆油和甲醇发生转酯化反应，制造出生物柴油。目前利用大豆油制造生物柴油的技术已经比较成熟，达到了实际应用的水平。进入 21 世纪以后，美国本土生产的大豆油被越来越多地用于制造生物柴油，以开发可再生型能源和环境友好型能源。

汽车大王亨利·福特与“大豆塑料汽车”[1]

大豆油的广泛用途

| 王宪明　绘 |

1 American Soybean Association. Henry Ford and His Plastic Car. Soybean Digest. 1970(8): 45.

豆饼是大豆制取豆油后产生的残留物。浸出法制油工艺最早起源于法国，从 20 世纪中期开始成为普遍、大规模使用的制油方法。之前，中国获取大豆油采取的是压榨法，借助机械力挤压大豆料坯之后留下扁平的原料残余，其形状像饼，故称“豆饼”。豆饼保留了大豆中的营养成分，最重要的是丰富的植物蛋白质，因此，可以用于生产食用的高蛋白豆饼粉、豆腐制品，也可以作为优质的蛋白饲料使用。豆饼作饲料也有一些禁忌，如要根据情况与其他饲料搭配使用，要适量而不能一味大量使用等。此外，豆饼还可被用作田间的肥料，通常称为“过腹还田”，顾名思义，就是先用豆饼饲喂禽畜，再将禽畜粪便用作肥料，这样利用动物消化吸收与排泄的功能预先降解肥料中的蛋白，再来滋养土地，达到充分利用豆饼蛋白的目的。

豆粕是用浸出法提取大豆油之后得到的副产品。由于大豆加工生产获得豆油的产量巨大，与之相应，豆粕的产量也非常高。随着科技的不断发展，豆粕在各个行业的应用不断得到拓展。目前，豆粕是全球畜牧业广泛使用的高蛋白饲料，加工后的豆粕所含的蛋白质、氨基酸等营养成分全面且均衡，可以满足畜禽对营养的要求。

在大豆田里放牧的羊群[1]

大豆干草堆[1]

大豆所含营养丰富，其植株本身就是很好的饲料作物。有些地区的农民专门种植小粒种的大豆，这类豆种植株茎秆细、草质优且易于大面积栽培，在结荚期割下既是牲畜优质的青饲料，又可晒干作干草使用。

1 Charles V. Piper, William J. Morse. The Soybean. New York: Peter Smith, 1943.

第三节 用养结合

近现代科学技术的突飞猛进给农业生产带来种种便利，实现了大规模机械化的农业生产。但同时也带来了一系列问题，如农药残留对人体危害较大，化肥的使用破坏了土壤结构……人类呼唤绿色、生态、有机农业时代的到来。

大豆在当前国际市场走俏，炙手可热，除其食用价值和经济价值，还受其生态价值的驱动，即大豆对实现绿色、生态、有机农业非常重要。在农业生产中，有效利用各种农作物的自然特性，采取合理的轮作倒茬、间作套作等种植方式，从而实现用地养地、用养结合、提高产量、保持生态，是中国古代先民从大量农业生产实践中积累的宝贵经验。在农田种植中，大豆的生态价值主要是通过大豆在田间轮作、间作、混作等不同作物种植方式中的重要作用体现出来的。

大豆的根系[1]

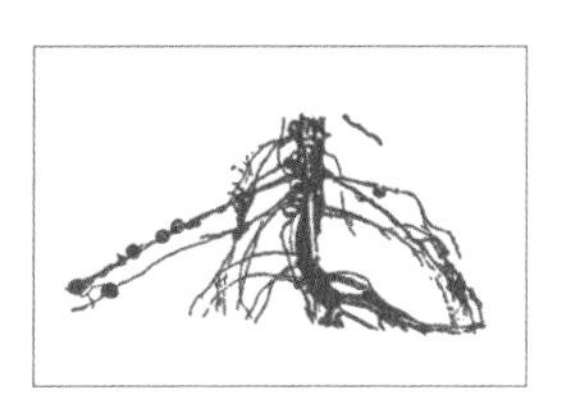

大豆根部的根瘤[1]

大豆的根部有与之共生的根瘤菌。在大豆的幼苗期，根瘤菌就通过大豆的根毛或其他部位侵入并开始大量繁殖形成根瘤。大部分根瘤集中生长在大豆的主根上，它们颜色不同、形状各异。生产在根瘤中的根瘤菌通过吸收大豆植株中的碳水化合物、水分等生长和繁殖，同时通过固氮作用将空气中游离的氮素固定下来，从而转化成为植物生长所需的化合物。根瘤菌在与大豆共生的过程中会分泌一定量的有机氮进入土壤，加上部分根瘤残余在土壤中，大大提高了土壤自身的肥力。据田间试验测算，1 亩大豆可以固氮 8 千克左右，相当于 18 千克尿素的氮含量。大豆与不同作物配合种植，能够减少地力消耗，节约化肥用量，为实现绿色、高效的农业生产创造了可能。因此，农民称大豆为大田生产中的“铁杆庄稼”。

中国古代先民早就发现并利用了大豆的固氮作用。《氾胜之书・小豆篇》记载：“大豆、小豆不可尽治也。古所以不尽治者，豆生布叶，豆有膏，尽治之则伤膏，伤则不成。而民尽治，故其收耗折也。故曰：豆不可尽治。”豆有膏并不是说大豆中有油脂，而是指大豆能够提供营养，膏养自身。正是基于大豆的这一特性，即使在自然条件不好的年份，大豆仍能保持稳定的产量。因此，古人认为大豆是保岁备荒的理想作物。

1 王金陵．大豆．北京：科学普及出版社，1966.

早在几千年前，中国古代先民就已开始用大豆与禾谷类作物进行轮作倒茬，以提高作物产量。所谓轮作，就是指在同一片土地上，大豆与其他作物在一定年限内进行交替种植，通过大豆根瘤的固氮作用恢复土壤团粒结构以蓄养土地肥力，从而使作物能够均衡地利用土壤养分。小麦和大豆轮作早已有之，后来又发展出小麦—大豆—谷子、小麦—大豆—黍等多种作物轮作形式。随着美洲作物玉米的传入，大豆又迎来了轮作的“黄金搭档”，出现了大豆—玉米的轮作方式。长期的生产实践和科学实验结果显示，豆茬小麦比一般重茬小麦增产 26%～27%，豆茬玉米比谷茬玉米增产 13%，豆茬高粱比玉米茬高粱增产 16%。因而，黑龙江地区的农民形象地把大豆称为“肥茬”。

除了轮作，大豆还适合与玉米、高粱、麦子等作物进行间作和混作。大豆是深根作物，可以充分利用土壤深层的养分；在与高秆作物间作时，可以实现高矮搭配以充分利用阳光资源，但需把握好播种时间和土壤肥力；大豆与玉米等作物间混作有互补优势，可实现整体产量提升。

大豆是放淤压沙、放淤压碱以及新垦荒地的先锋作物。此外，大豆豆粕的过腹还田利用，即用饼粕饲喂牲畜，再将牲畜粪便作肥料投入农田润养土地，是一种充分利用大豆营养成分的循环农业模式，既提高了大豆蛋白质的使用率，又不会造成田地营养失衡，还节约了饲料和肥料投入，一举数得而又不污染环境，生态效益显著。

大豆秸秆是大豆籽实收获后剩余的茎叶等植株部分。作物的光合作用产物大量残留在秸秆中，大豆秸秆含有蛋白质、纤维素等，是可以再次利用的可再生资源。中国农业发展早期，农作物秸秆往往是晒干作燃料使用，或饲喂牲畜，这种使用方式的利用率不高。随着大豆产量的不断提升，大豆秸秆的产量也随之增加。有研究发现，加工生产后的大豆秸秆蛋白质含量多、消化率高、营养效果好，适合用作牛羊等牲畜的配合饲料，这样一来，大豆秸秆的利用率得到了大大提升。秸秆饲料的开发利用，使精饲料所需粮食的消耗量得到了节省，收获籽粒后残余的大量大豆植株不再需要焚烧也减轻了环境污染问题，秸秆饲料通过牲畜过腹还田又提高了土壤肥力，可谓高效和环保的生产模式。

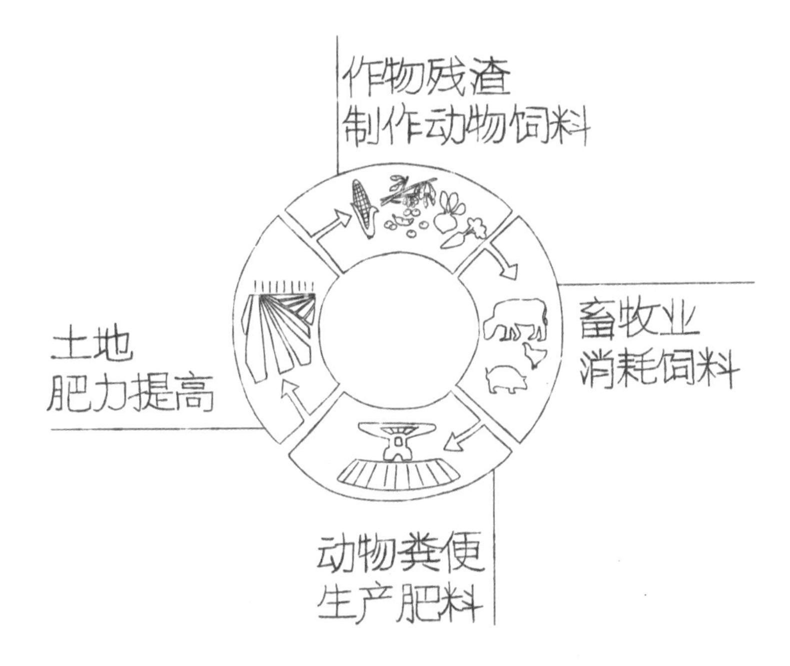

生态循环示意图

| 王宪明　绘 |

第四节 菽水承欢

历史上，大豆与中国百姓的饮食起居生活息息相关，大豆及其制品频繁出现在历代文学作品之中，并被赋予特殊的文化寓意，受到文人雅士的吟咏歌颂。在日常生活用语中，与大豆相关的成语、俗语众多，中华民族围绕大豆创造出了一系列的风俗习惯。

大豆古时称“菽”。菽字在文学作品中的意象主要体现在以下方面。首先，菽字展现出中国古代文人醉心于山水之间和向往田园生活的浪漫主义情怀，此意缘起于《诗经》。《诗经》成书于春秋中期，当时的大豆种植处于半野生半栽培阶段，采菽多在山野之中。古代先民于山野间劳作，面对碧水青山，心旷神怡，不禁放声高歌。这些歌有的歌颂后稷发明大豆的栽培方法，有的因采菽兴奋而讨论国家兴旺、诸侯来朝的盛况，还有的表达对远方亲朋的思念。总之，《诗经》中的菽字寄托了浪漫主义的精神与情怀，且被后世的文学作品继承并不断深化。

《诗经》通过“菽”字所传递的浪漫意境，不仅表现在菽田的景色恬淡、菽花的颜色雅致，甚至于制作豆制品的过程也都充满了工艺美感。《菽乳》回顾了豆腐的发明过程，盛赞了豆腐的美味，更将豆腐的制作过程浪漫化，用流膏、雪花、白玉等形容豆腐，是形神兼备的绝妙好词。颇为有趣的是，诗人在诗名“菽乳”旁还专门批注，豆腐的名称不雅观，故改名为菽乳。可见，在古人心中，菽是无比浪漫而美好的字眼。

豆腐

| 王宪明　绘 |

古代文学作品中关于“菽”的记载：

《诗经·大雅·生民》诗云：

蓺之荏菽，荏菽旆旆。禾役穟穟，麻麦幪幪，瓜瓞唪唪。

《诗经·小雅·采菽》诗云：

采菽采菽，筐之筥之。君子来朝，何锡予之？

《诗经·小雅·小明》诗云：

岁聿云莫，采萧获菽。心之忧矣，自诒伊戚。

明代孙作《菽乳》诗云：

淮南信佳士，思仙筑高台。八老变童颜，鸿宝枕中开。异方营齐味，数度真琦瑰。作羹传世人，令我忆蓬莱。茹荤厌葱韭，此物乃呈才。戎菽来南山，清漪浣浮埃。转身一旋磨，流膏入盆罍。大釜气浮浮，小眼汤洄洄。顷待晴浪翻，坐见雪花皑。青盐化液卤，绛蜡窜烟煤。霍霍磨昆吾，白玉大片裁。烹煎适吾口，不畏老齿摧。蒸豚亦何为，人乳圣所哀。万钱同一饱，斯言匪俳诙。

菽，寄托着君子清贫自适、啜菽自足的乐观主义精神。在中国古代文学作品中，菽所代表的另一层精神寓意就是文人甘于清贫、不移本心的高洁操守和乐观态度。荀子在《天论》中提出“天行有常，不为尧存，不为桀亡”的唯物主义自然观，并雄辩地论证了“制天命而用之”的进步观点，对后世文人立身处世产生了深远影响。

《天论》中有：“楚王后车千乘，非知也。君子啜菽饮水，非愚也，是节然也。”这里将楚王声势浩大的奢靡出行队伍和君子食豆饮水的贫贱生活做对比。虽然，荀子在此并无褒贬，但是后世之人自有取舍。在古代文人心中，君子啜菽饮水，是安贫乐道的表现。

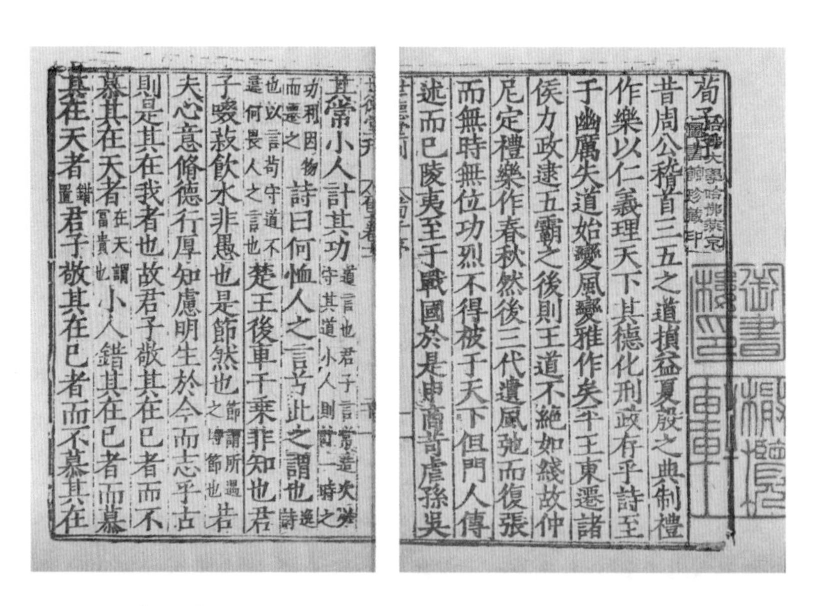
其常小人計其功道言也君子言常道守其道小人則計一時之功利因物而遷之詩曰何恤人之言兮此之謂也逸詩也以言苟守道不遷何畏人之言也楚王後車千乘非知也君子啜菽飲水非愚也是節然也節謂所遇之時節也若夫心意脩德行厚知慮明生於今而志乎古則是其在我者也故君子敬其在己者而不慕其在天者在天謂富貴也小人錯其在己者而慕其在天者錯置君子敬其在己者而不慕其在

荀子序

昔周公稽首三五之道損益夏殷之典制禮作樂以仁義理天下其德化刑政存乎詩至于幽厲失道始變風變雅作矣平王東遷諸侯力政逮五霸之後則王道不絕如綫故仲尼定禮樂作春秋然後三代遺風弛而復張而無時無位功烈不得被于天下但門人傳述而已陵夷至于戰國於是申商苛虐孫吳

啜菽饮水：《荀子》，唐代杨倞注，明嘉靖时期顾氏世德堂刊本唐末徐寅在《自咏十韵》又有："粗支菽粟防饥歉，薄有杯盘备送迎。僧俗共邻栖隐乐，妻孥同爱水云清。"表达了文人安贫乐道的情操。徐寅高中状元，但梁太祖朱温不喜他文章中"一皇五帝不死何归"之说，命徐寅改写，徐寅则直接答道："臣宁无官，赋不可改。"而被削籍不得为官。士大夫宁折不屈，能够不违本心，即便过清贫生活，也能充满乐趣。徐寅诗中所展现出的是坚守本心的操守，而在宋代杨万里诗中所表现的，则是看破功名的洒脱。《侧溪解缆》中："莫笑一蔬兼半菽，饱餐万岳与千岩。蓬莱云气君休望，且向严滩濯布衫。"全诗潇洒豪迈，"莫笑一蔬兼半菽，饱餐万岳与千岩"更是神来之笔，不苦恼于生活贫困，乐观地享受生活、感悟自然，这是何等的气魄！

江山代有才人出，各领风骚数百年。菽字所蕴含的乐观主义精神，在八百年后被发挥到了极致。1959 年，毛泽东主席回到阔别 32 年的故乡，写下了动人的诗篇《七律·到韶山》：

别梦依稀咒逝川，故园三十二年前。
红旗卷起农奴戟，黑手高悬霸主鞭。
为有牺牲多壮志，敢教日月换新天。
喜看稻菽千重浪，遍地英雄下夕烟。

诗中指出辛苦种豆的劳动人民才是真正的英雄，遍地英雄用勤劳的双手创造了大豆千重浪的盛世，他们才是真正配得上稻菽丰收喜悦的人。劳动人民才是历史的创造者，这正是菽字乐观精神的深刻内涵。

菽被赋予奉养双亲、孝顺父母的中华孝道文化精神。菽的文化意象同孝道之间的联系可以从《礼记·檀弓下》中的记载得到体现：

> 子路曰："伤哉贫也！生无以为养，死无以为礼也。"孔子曰："啜菽饮水尽其欢，斯之谓孝；敛首足形，还葬而无椁，称其财，斯之谓礼。"

当中记载了孔子对孝道内涵的阐释：子女因贫穷而无法为父母提供富足的物质生活，甚至只能让父母食豆饮水，但是只要能让父母心情愉快，就可以说是孝顺了。孔子对孝的此番解读成为后世尽孝的规范，菽和水也成为表现孝道的固定搭配，在文学作品中反复出现。

苏轼在《留别叔通元弼坦夫》中夸赞朋友时写道："石生吾邑子，劲立风中草。宦游甑生尘，菽水媚翁媪。"这是用菽水的文化寓意表现乡友石坦夫孝顺父母。陆游的诗作经常使用"菽水"这一词汇。《寓叹》有："故国鸡豚社，贫家菽水欢。至今清夜梦，犹觉畏涛澜。"这是形容普通人家虽然贫寒，但有子女孝顺的乐趣。又如《子遹入城三宿而归独坐凄然示以此篇》载："明恩华其行，汝亟忝一官。得禄宁甚远，惧违菽水欢。"这里充分展现了陆游之子在为国尽忠和为父尽孝之间的纠结。

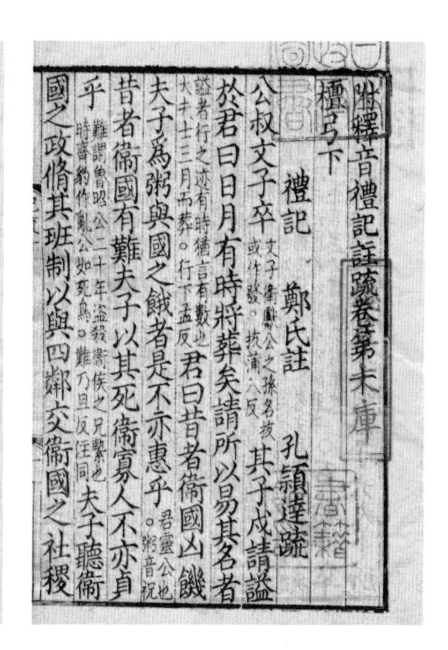
附釋音禮記註疏卷第十

檀弓下　禮記　鄭氏註　孔穎達疏

公叔文子卒文子衛獻公之孫名拔或作發○拔蒲八反其子戍請謚於君曰日月有時將葬矣請所以易其名者謚者行之迹有時猶言有數也大夫士三月而葬○行下孟反君曰昔者衛國凶饑夫子爲粥與國之餓者是不亦惠乎君靈公也○粥音祝昔者衛國有難夫子以其死衛寡人不亦貞乎難謂魯昭公二十年盜殺衛侯之兄縶也時齊豹作亂公如死鳥○難乃旦反注同夫子聽衛國之政脩其班制以與四鄰交衛國之社稷

孔子对孝道内涵的阐释：《附释音礼记注疏》，郑玄注，孔颖达疏，清乾隆六十年和珅影覆刻南宋刘叔刚本

菽水承欢的典故在近现代诗歌中仍有出现。郁达夫的诗作《再游高庄偶感续成》中就有："陇上辍耕缘底事，涂中曳尾复溪求。只愁母老群儿幼，菽水蒲编供不周。"菽水指奉养母亲，蒲编指养育儿女。菽水承欢的用法同样出现在各类文学作品当中，如元代戏曲家高明的《琵琶记・蔡宅祝寿》中有："入则孝，出则弟，怎离白发之双亲？到不如尽菽水之欢，甘齑盐之分。"又如清代小说家吴敬梓的《儒林外史》中有："晚生只愿家君早归田里，得以菽水承欢，这是人生至乐之事。"

中国古代先民在长期的生产生活和语言运用当中创造出大量与大豆相关的成语、俗语，这些成语、俗语相比文学作品更加生动鲜活，与大众文化的关联也更加紧密。与大豆相关的成语、俗语都有一个共同的构词模式，就是针对大豆的一种或几种特质创造词汇，因此，可以遵循大豆的特质对这些词汇进行归类。

事物最直观的特征是其外形特征，很多大豆的成语、俗语都是根据大豆的外形特征创造出来的。如大豆在泡水之后会胀开，于是有歇后语“泡水的大豆——自我膨胀”。大豆从豆荚里裂出来的样子，被人用来形容国土分裂，就有了成语“豆分瓜剖”。大豆和小麦的外形有明显的区别，但是一些不从事生产劳动的人却区分不出，于是就有成语“不辨菽麦”，用来形容人的愚笨和不事劳动。还有很多和豆制品外形特征相关的成语、俗语。如豆芽外形弯曲，由此产生了“豆芽拌粉条——里勾外连”的歇后语；还有“豆芽炒虾米——两不值（直）”的歇后语，是利用谐音形容两头受气。又如，歇后语“豆豉焖豆腐——黑白分明”，巧妙地利用了豆豉的黑色和豆腐的白色来构词。“小葱拌豆腐——一清二白”，也是抓住了豆腐的颜色特点。

大豆制品的内涵特质也反映在了成语、俗语之中。如豆腐最重要的特点就是软，与软相关的就有“豆腐做门墩——难负重任”“豆腐做匕首——软刀子”“刀子嘴，豆腐心”“豆腐打根基——底子软”等俗语。还有“卤水点豆腐——一物降一物”，用来形容事物之间相互关联和相互制约。

总之，这些成语、俗语取材于现实生活，集中反映了大豆及其制品的外形特征和内在特质，既是大豆贴近民生、立足生活的结果，又是大豆特点多样、可塑性强的体现。它们丰富了大豆文化的内涵，扩展了大豆文化的外延，是中华民族农耕文化中值得继承与弘扬的部分。

豆腐干

| 作者摄于美国国家档案馆 |

豆芽

| 作者摄于美国国家档案馆 |

在古代先民长期从事农业生产活动的过程中，围绕着农作物创造出一系列传统风俗习惯，这是中国传统农耕文化中十分宝贵的部分。大豆作为五谷之一，与其相关的习俗自然会有不少。所谓“百里不同风，千里不同俗”，大豆的文化习俗也是各地劳动人民在长期生产中形成的，既是民生民情的指南针，反映了大众的文化诉求，也是大豆历史的活化石，可以从中寻见历史的端倪。

钱钱饭

| 王宪明　绘 |

现在的大豆特色食品琳琅满目，有陕西特色小吃“钱钱饭”、湖北特色美食“合渣”，等等，种类之多、品类之盛足以组成豆菜宴、豆腐宴。歌谣《中国娃》中有“最爱吃的菜是那小葱拌豆腐，一清二白清清白白做人不掺假”，足以体现大豆食品是中华文化符号之一。

腊月二十五，推磨做豆腐

| 王宪明　绘 |

春节在中国是一年当中最重要的节日，民间俗语“腊月二十五，推磨做豆腐”，说的就是在这一天，人们有泡黄豆、磨豆子、做豆腐的习俗。读音上“豆腐”又与“头富”“都福”相近，也体现了人们在新的一年祈求幸福富贵的美好心愿。现在，已经很少有人自己在家做豆腐了，但过年期间家家户户都要准备些豆腐菜肴，“青菜豆腐保平安”就体现了人们对豆腐的需求。

节日是风俗研究中的重要内容，是人们喜爱、思念、缅怀等情绪、情感在时间维度的强烈集中表达，当人们为某件事物举办节日时，说明对这件事物有着强烈而深厚的感情。而以大豆为主题节日的出现，表现了广大人民群众对大豆的热爱。中国各地都有以大豆为名的节日，其中较有代表性的有“北大荒大豆节”“海伦市大豆节”。除了大豆节，豆腐、豆瓣酱等也都有属于自己的节日，如佛冈的豆腐节、中国豆腐文化节等。

第六届北大荒大豆节吉祥物

| 王宪明　绘 |

2010 年，大豆的重要产地黑龙江省首次举办“北大荒大豆节”，此后又多次举办，其宗旨是弘扬大豆文化、振兴大豆产业、建设绿色豆城。第一届的主题是“挺起民族产业脊梁，打造绿色大豆之都”，第二届的主题是“绿色北大荒，金色大豆节”，第五届的主题是“传承大豆文化，畅享豆都美食”……主办方通过多年摸索已经认识到，大豆经济、大豆文化、大豆生态是一个和谐共生的系统，需要依靠文化、经济、城市多元协同发展推动。

评委对豆腐进行品鉴打分以及精美的参赛作品：海伦大豆丰收庆祝活动

| 王宪明　绘 |

2019 年黑龙江省海伦市农民丰收节以“黑土硒都同欢庆，海伦金豆话丰收”为主题，展现了海伦大豆产业的新势头、海伦农村的新风貌和海伦农民的新形象，节日期间还举行了评选“十大种豆能手”“十佳豆腐工匠”“十佳豆宴名菜”等活动。这些评选都有严格规范的标准，还聘请了专家指导监督评选流程。如豆腐的评选标准，就有“豆腐呈均匀的乳白色或淡黄色，稍有光泽。豆腐块形完整，富有一定的弹性，质地细腻，结构均匀，无杂质。香气平淡，无豆腥味。豆腐口感细腻鲜嫩，味道纯正清香。”最能引起大众共鸣的还是“十佳豆宴名菜”的活动，种类繁多、花样百出、色香味俱全的大豆菜品引得观众尽露饕餮之相，让人大开眼界的同时还大饱了口福。

掷豆腐、送祝福：广东省清远市佛冈县每年正月十三的豆腐节

| 王宪明　绘 |

在豆腐节时，豆腐不是用来吃的，而是用以相互投掷、“打仗”的“武器”。这缘起于四百多年前，正月十三一村人都在祠堂里吃斋，一位村民无意间把豆腐洒到了另一位村民身上，由此引发了一场互掷豆腐的争端。第二年，被洒了豆腐的村民家里喜添新丁，大家认为这是豆腐带来的好运气。自此，每年正月十三村民都会在祠堂打豆腐仗，希望全村人丁兴旺，五谷丰登。这一风俗传承了四百多年，进而成为当地的著名节日。

安徽省淮南市的“中国豆腐文化节”

| 王宪明　绘 |

“中国豆腐文化节”由原商业部、国内贸易部等部门发起主办，由淮南市人民政府承办，在海峡两岸共同举办，体现了两岸一家的大豆文化。“中国豆腐文化节”从 1990 年开始到 2013 年，每年在淮南王刘安的诞生日 9 月 15 日举办，共举办了 20 届，成为大豆食品节日的一大盛事。此后，“中国豆腐文化节”改成豆制品展销会，以崭新的形式继续弘扬大豆文化。2019 年中国豆腐文化节暨论坛、祭拜豆腐始祖活动在淮南市寿县举行，来自国内外的多位豆制品从业人员集体拜谒了豆腐始祖刘安，并就中国豆腐文化精神内涵、豆制品未来发展等问题进行研讨，共同推动中华豆腐文化的传承与弘扬。

大豆风俗浓郁、大豆文化资源丰富的一些地区建起了大豆博物馆、大豆文化村、大豆文化城等。如中国大豆的重要产区黑龙江省黑河市建立了寒地大豆博物馆，分为大豆历史、大豆文化、沃野豆乡、上膳智慧等展区，全方位地向游人展示大豆的历史文化和未来价值。黑河的嫩江县以及与黑河相邻近的海伦市建立了“大豆城”。安徽省淮南市寿县打造了“中国豆腐第一村”，利用历史传说结合当地风俗，围绕淮南王发明豆腐的故事做文章。另外，各种地方特色豆腐也都有相应的豆腐村、豆腐城，如白水豆腐第一村、鲁南豆腐第一村等。这些都是对大豆文化风俗的集中挖掘和展示，是实现大豆文化和大豆经济联动发展的有益尝试。

主要参考文献

（一）论著

[1] 楚辞[M]. 朱熹集注. 上海：上海古籍出版社，2010.

[2] 董英山，杨光宇. 中国野生大豆资源的研究与利用[M]. 上海：上海科技教育出版社，2015.

[3] 方嘉禾，常汝镇. 中国作物及其野生近缘植物·经济作物卷[M]. 北京：中国农业出版社，2007.

[4] 葛剑雄. 中国人口发展史[M]. 福州：福建人民出版社，1991.

[5] 管子[M]. 房玄龄注. 上海：上海古籍出版社，1989.

[6] 郭文韬. 中国大豆栽培史[M]. 南京：河海大学出版社，1993.

[7] 淮南子[M]. 高诱注. 上海：上海古籍出版社，1989.

[8] 吉林省农业科学院. 中国大豆育种与栽培[M]. 北京：农业出版社，1987.

[9] 贾思勰. 齐民要术[M]. 北京：中华书局，1956.

[10] 蒋慕东. 二十世纪中国大豆科技发展研究［M］. 北京：中国三峡出版社，2008.

[11]［美］考德威尔. 大豆的改良生产和利用［M］. 吉林省农业科学院，译. 北京：农业出版社，1982.

[12] 李璠. 中国栽培植物发展史［M］. 北京：科学出版社，1984.

[13] 梁永勉. 中国农业科学技术史稿［M］. 北京：农业出版社，1989.

[14] 洛阳文物工作队. 洛阳皂角树1992—1993年洛阳皂角树二里头文化聚落遗址发掘报告［M］. 北京：科学出版社，2002.

[15] 吕不韦. 吕氏春秋［M］. 太原：山西古籍出版社，2001.

[16] 墨子［M］. 唐敬杲，选注. 上海：商务印书馆，1926.

[17] 农业部计划司. 中国农村经济统计大全1949—1986［M］. 北京：农业出版社，1989.

[18] 彭世奖. 中国作物栽培简史［M］. 北京：中国农业出版社，2012.

[19] 石声汉. 氾胜之书今释［M］. 北京：科学出版社，1956.

[20] 司马迁. 史记［M］. 北京：中华书局，1982.

[21] 司农司. 农桑辑要［M］. 北京：中华书局，1985.

[22] 宋应星. 天工开物［M］. 北京：商务印书馆，1933.

[23] 苏轼诗集［M］. 王文诰，辑注. 北京：中华书局，1982.

[24] 孙醒东. 大豆［M］. 北京：科学出版社，1956.

[25] 孙义章. 大豆综合利用［M］. 北京：中国农业科技出版社，1986.

[26] 孙中山. 建国方略［M］. 上海：民智书局，1925.

[27] 唐启宇. 中国作物栽培史稿［M］. 北京：农业出版社，1986.

[28] 佟屏亚. 农作物史话［M］. 北京：中国青年出版社，1979.

[29] 万国鼎. 氾胜之书辑释［M］. 北京：中华书局，1957.

[30] 王金陵. 大豆［M］. 北京：科学普及出版社，1966.

[31] 王连铮. 大豆研究50年［M］. 北京：中国农业科学技术出版社，2010.

[32] 王绶，吕世霖. 大豆［M］. 太原：山西人民出版社，1984.

[33] 王祯. 农书 [M]. 北京: 商务印书馆, 1937.

[34] 吴其浚. 植物名实图考 [M]. 北京: 商务印书馆, 1957.

[35] 徐正浩, 等. 农业野生植物资源[M]. 杭州: 浙江大学出版社, 2015.

[36] 许道夫. 中国近代农业生产及贸易统计资料 [M]. 上海: 上海人民出版社, 1983.

[37] 荀子 [M]. 安小兰, 译注. 北京: 中华书局, 2007.

[38] 杨国藩. 大豆的栽培与改良 [M]. 上海: 商务印书馆, 1934.

[39] 杨乃坤, 曹延汹. 近代东北经济问题研究(1916—1945)[M]. 沈阳: 辽宁大学出版社, 2005.

[40] 杨树果. 产业链视角下的中国大豆产业经济研究 [M]. 北京: 中国农业大学出版社, 2016.

[41] 赵荣光. 中国饮食文化史 [M]. 上海: 上海人民出版社, 2006.

[42] 朱希刚, 奥博特. 中国大豆经济研究 [M]. 北京: 中国农业出版社, 2002.

[43] 朱熹. 诗集传 [M]. 上海: 上海古籍出版社, 1980.

[44] 曾雄生. 中国农学史 [M]. 福州: 福建人民出版社, 2012.

[45] American Soybean Association. Soy Stats[M]. Published online, 2000-2018.

[46] Charles V. Piper, William J. Morse. The Soy Bean: History, Varieties, and Field Studies[M]. Washington D. C.: United States Government Printing Office, 1910.

[47] Charles V. Piper, William J. Morse. The Soybean[M]. New York: Peter Smith, 1943.

[48] Charles V. Piper, William J. Morse. The Soy Bean with Special Reference to its Utilization for Oil, Cake, and other Products[M]. Washington D. C.: United States Government Printing Office, 1916.

[49] Edward Jerome Dies. Soybeans: Gold from the Soil[M]. New York: The Macmillan Company, 1943.

[50] Edwin G. Strand. Soybean Production in War and Peace[M]. Washington D. C.: United States Government Printing Office, 1945.

[51] H. Roger Boerma, James E. Specht. Soybeans: Improvement, Production, and Uses [M]. Madison, WI: American Society of Agronomy, 2004.

[52] KeShun Liu. Soybeans: Chemistry Technology and Utilization[M]. Singapore: Chapman and Hall, 1997.

[53] Lawrence A. Johnson, Pamela J. White, Richard Galloway. Soybeans: Chemistry, Production, Processing, and Utilization[M]. IL: AOCS Press, 2008.

[54] National Agricultural Statistics Service (NASS), Agricultural Statistics Board, U.S. Department of Agriculture. Corn, Soybeans, and Wheat Sold Through Marketing Contracts[M]. Washington D. C.: online, 2003.

[55] Nelson Klose. America's Crop Heritage: the History of Foreign Plant Introduction by the Federal Government[M]. IA: Iowa State College Press, 1950.

[56] United States Department of Agriculture. Agricultural Statistics[M]. Washington D. C.: United States Government Printing Office, 1920-2017.

（二）论文

[1] 安静平，董文斌，等. 山东济南唐冶遗址（2014）西周时期炭化植物遗存研究[J]. 农业考古，2016（6）：7-21.

[2] 陈久恒，叶小燕. 洛阳西郊汉墓发掘报告[J]. 考古学报，1963（2）：1-58.

[3] 陈文华. 豆腐起源于何时[J]. 农业考古，1991（1）：245-248.

[4] 董钻，杨光明. 李煜瀛和他的大豆专著 [J]. 大豆科技，2012 (2): 337-340.

[5] 盖钧镒，许东河，等. 中国栽培大豆和野生大豆不同生态类型群体间遗传演化关系的研究 [J]. 作物学报，2000 (5): 513-520.

[6] 盖钧镒. 美国大豆育种的进展和动向 [J]. 大豆科学，1983 (3): 225-231.

[7] 顾善松. 对国产大豆面临问题的思考 [J]. 管理世界，2006 (11): 70-76.

[8] 郭文韬. 略论中国栽培大豆的起源 [J]. 南京农业大学学报 (社会科学版)，2004 (4): 60-69.

[9] 韩天富，王彩虹，等. 美国大豆生产、科研、推广和市场体系 [J]. 大豆通报，2006 (3): 37-39.

[10] 湖南省博物馆，中国科学院考古研究所. 长沙马王堆二、三号汉墓发掘简报 [J]. 文物，1974 (7): 39-48.

[11] 李福山. 大豆起源及其演化研究 [J]. 大豆科学，1994 (1): 61-66.

[12] 李晓芝，张强，等. 美国大豆生产、育种及产业现状 [J]. 大豆科学，2011 (2): 337-340.

[13] 刘昶，方燕明. 河南禹州瓦店遗址出土植物遗存分析 [J]. 南方文物，2010 (4): 55-64.

[14] 刘世民，舒师珍，等. 吉林永吉出土大豆炭化种子的初步鉴定 [J]. 考古，1987 (4): 365-369.

[15] 于晓华，Bruemmer Bernhard，钟甫宁. 如何保障中国粮食安全 [J]. 农业技术经济，2012 (2): 4-8.

[16] 强文丽. 巴西大豆资源及其供应链体系研究 [J]. 资源科学，2011 (10): 1855-1862.

[17] 陕西省考古研究所. 陕西卷烟材料厂汉墓发掘简报 [J]. 考古与文物，1997 (1): 3-12.

[18] 孙永刚. 栽培大豆起源的考古学探索[J]. 中国农史, 2013(5): 3-8.

[19] 王金陵, 张仁双. 巴西的大豆生产与科学研究[J]. 大豆科学, 1984(1): 53-63.

[20] 王连铮. 大豆的起源演化和传播[J]. 大豆科学, 1985(1): 1-6.

[21] 王绍东. 南美洲大豆育种现状及展望[J]. 中国油料作物学报, 2014(4): 538-544.

[22] 王振堂. 试论大豆的起源[J]. 吉林师大学报(自然科学版), 1980(3): 76-84.

[23] 谢甫绨. 日本的大豆生产历史和现状概况[J]. 大豆通报, 2007(6): 45-47.

[24] 杨坚. 古代大豆作为主食利用的研究[J]. 古今农业, 2000(2): 16-22.

[25] 张居中, 程至杰, 等. 河南舞阳贾湖遗址植物考古研究的新进展[J]. 考古, 2018(4): 100-110.

[26] 张守中. 1959年侯马"牛村古城"南东周遗址发掘简报[J]. 文物, 1960(Z1): 11-14.

[27] 赵敏, 陈雪香, 等. 山东省济南市唐冶遗址浮选结果分析[J]. 南方文物, 2008(2): 120-125.

[28] 赵团结, 盖钧镒. 栽培大豆起源与演化研究进展[J]. 中国农业科学, 2004(7): 954-962.

[29] 中国社会科学院考古研究所东南工作队, 福建博物院, 明溪县博物馆. 福建明溪县南山遗址[J]. 考古, 2018(7): 15-27.

[30] Alvin A. Munn. Production and Utilization of the Soybean in the United States[J]. Economic Geography, 1950(3): 223-234.

[31] American Soybean Association. Princess and Champs to Go to Japan[J]. Soybean Digest. 1969(2): 9.

[32] Christopher Cumo. The Soybean Breeding Program in Content, 1951-1993 [J]. Northwest Ohio History, 2015 (2): 100-113.

[33] Ping-Ti Ho. The Introduction of American Food Plants into China[J]. American Anthropologist, 1955 (2): 191-201.

[34] R. Fiedler. Economics of the Soybean Industry[J]. Journal of the American Oil Chemists' Society, 1971 (1): 43-46.

[35] Tadao Nagata. Studies on the Differentiation of Soybeans in the World, with Special Regard to that in Southeast Asia: 2 [J]. Japanese Journal of Crop Science, 1959 (1): 79-82.

[36] Tadao Nagata. Studies on the Differentiation of Soybeans in the World, with Special Regard to that in Southeast Asia: 3 [J]. Japanese Journal of Crop Science, 1961 (2): 267-272.

[37] Theodore Hymowitz, J. R. Harlan. Introduction of Soybean to North America by Samuel Bowen in 1765[J]. Economic Botany, 1983 (4): 371-389.

[38] Theodore Hymowitz. Dorsett-Morse Soybean Collection Trip to East Asia: 50 Year Retrospective[J]. Economic Botany, 1984 (4): 378-388.

[39] Theodore Hymowitz. On the Demestication of the Soybean[J]. Economic Botany, 1970 (4): 408-421.

[40] W. E. Riegel. Twenty-five Years of Soybean Growing in America[J]. Soybean Digest, 1944 (9): 25-27.

[41] W. Pregnolatto. Soybean Oil in Brazil and Latin America: Uses, Characteristics and Legislation[J]. Journal of the American Oil Chemists' Society, 1981 (3): 247-249.

[42] William J. Morse. The Versatile Soybean[J]. Economic Botany, 1947 (2): 137-147.